新知
文库

XINZHI

Why People Believe
Weird Things

Copyright ©1997, 2002 by Michael Shermer. All rights reserved.

为什么人们
轻信奇谈怪论

[美]迈克尔·舍默 著 卢明君 译

生活·讀書·新知 三联书店

Simplified Chinese Copyright © 2021 by SDX Joint Publishing Company.
All Rights Reserved.

本作品简体中文版权由生活·读书·新知三联书店所有。
未经许可，不得翻印。

图书在版编目（CIP）数据

为什么人们轻信奇谈怪论／（美）迈克尔·舍默著；卢明君译.—北京：生活·读书·新知三联书店，2022.1
（新知文库）
ISBN 978-7-108-07174-3

Ⅰ.①为… Ⅱ.①迈… ②卢… Ⅲ.①自然科学－普及读物
Ⅳ.① N49

中国版本图书馆 CIP 数据核字（2021）第 109879 号

策划编辑	张艳华	
责任编辑	唐明星	
装帧设计	刘　洋　陆智昌	
责任印制	宋　家	
出版发行	生活·讀書·新知 三联书店	
	（北京市东城区美术馆东街 22 号 100010）	
网　　址	www.sdxjpc.com	
图　　字	01-2021-3769	
经　　销	新华书店	
印　　刷	河北鹏润印刷有限公司	
版　　次	2022 年 1 月北京第 1 版	
	2022 年 1 月北京第 1 次印刷	
开　　本	635 毫米 × 965 毫米 1/16 印张 25.75	
字　　数	353 千字	
印　　数	0,001-6,000 册	
定　　价	59.00 元	

（印装查询：01064002715；邮购查询：01084010542）

新知文库

出版说明

在今天三联书店的前身——生活书店、读书出版社和新知书店的出版史上，介绍新知识和新观念的图书曾占有很大比重。熟悉三联的读者也都会记得，20世纪80年代后期，我们曾以"新知文库"的名义，出版过一批译介西方现代人文社会科学知识的图书。今年是生活·读书·新知三联书店恢复独立建制20周年，我们再次推出"新知文库"，正是为了接续这一传统。

近半个世纪以来，无论在自然科学方面，还是在人文社会科学方面，知识都在以前所未有的速度更新。涉及自然环境、社会文化等领域的新发现、新探索和新成果层出不穷，并以同样前所未有的深度和广度影响人类的社会和生活。了解这种知识成果的内容，思考其与我们生活的关系，固然是明了社会变迁趋势的必需，但更为重要的，乃是通过知识演进的背景和过程，领悟和体会隐藏其中的理性精神和科学规律。

"新知文库"拟选编一些介绍人文社会科学和自然科学新知识及其如何被发现和传播的图书，陆续出版。希望读者能在愉悦的阅读中获取新知，开阔视野，启迪思维，激发好奇心和想象力。

生活·讀書·新知三联书店
2006年3月

目 录

中文版序   1

前言   怀疑论的积极意义   斯蒂芬·杰伊·古尔德   3

平装版书引言   神奇的秘密之旅——怪诞事物的成因和来源   7

对本书改版和扩版的注释   23

序言   奥普拉访谈现场   25

第一部分   科学和怀疑论   1

第一章   我在，故我思   3

第二章   我们所拥有的最珍贵的东西   16

第三章   人的思维方式是如何出错的   38

第二部分   伪科学和迷信   59

第四章   背离常规   61

第五章   穿越不可见之域   69

第六章   身遭绑架   86

第七章   指控风尚   98

第八章   最不可能的时尚   115

第三部分　进化论和创世论　　129
- 第九章　发展之始　　131
- 第十章　与创世论者对抗　　143
- 第十一章　为科学辩护，为科学定义　　163

第四部分　历史和伪历史　　185
- 第十二章　多纳休访谈　　187
- 第十三章　谁说大屠杀从来都没发生过，他们为什么这么说　　201
- 第十四章　我们怎么知道大屠杀确有其事　　228
- 第十五章　分类和连续关联体　　265

第五部分　希望之树常青　　277
- 第十六章　蒂普勒博士会见潘洛斯博士　　279
- 第十七章　人们为什么相信一些稀奇古怪的东西　　300
- 第十八章　为什么聪明人也相信一些稀奇古怪的东西　　308

参考文献　　345
译后记　　363

中文版序

> 具有怀疑精神是一种美德,是对"怀疑者"一词的本义所做的深刻且带有反思意味的探索。
>
> 迈克尔·舍默

使我懊恼不已的是,《怀疑》杂志创刊之后的第五年,古尔德在本书的前言中提到,"怀疑"的历史渊源要追溯到古希腊的"深思"的"质疑者"一词。直到这时我才意识到,在这么长的时间内我竟然没花半点儿心思去界定一下"怀疑"这个词,更没有去注意别人是怎么用它的。实际上,从词源上来说,"怀疑"是从拉丁语"探思"一词派生来的。"探思"含有"探索"和"反思"的意思。怀疑主义指的是一种探索精神,这种精神具有深刻的反思特征,具有怀疑精神就是要达到思索的目的。坚持怀疑主义的态度不仅可以防止出现逻辑分析上的错误,而且还可以使有害的观念得到及时更正。

现代人都把"怀疑论"与"吹毛求疵"或"虚无主义"等词相提并论。本书是对这种错误观念的一种声讨。从"怀疑"一词的发展史中,我们可以了解到"怀疑论"沦落到"吹毛求疵"和"虚无主义"的过程。《牛津英语词典》因其对单词用法及其历史渊源的详尽说明而著称。该词典给出了"怀疑者"一词的原始定义:一种像古希腊皮罗及其追随者所持有的观点。这些人认为,不存在任何一种真实的知识；或对任何一个假设的真实性都不能做出确定的判断。从哲学上来说，这种观点可能正确；从科学的角度来看却不尽然。有十分充足的理由可以证明任何一种假设都存在着正确的可能性。这里我要玩一下文字游戏，把可能性换成确定性怎么样？如果客观现实含有百分百的确定性，那么科学中就不存在事实。古尔德对科学中事实的定义已相当精确：事实能证明到这个程度，如果你还不相信，那就有点儿不正常了。如果人们对这些事实只给予暂时的认可，那会是件很荒谬的事。我不能做出比这更好的定义。

超弦理论可能没有什么确定性，太阳中心说可是一个确定的理论；是渐进主义还是"时断时续的平衡学说"能对生命发展史做出最好的解释，这个问题还有待商榷。然而，生命是物种进化的结果，这可是不争的事实。这其中的差别可以用"可能性"的观点来解释，"怀疑者"的第二个用法中也反映出这一点儿：怀疑者是指在某些特别的研究领域对其中任何一种观点都持怀疑态度的人。如此说来，我们不是对所有的东西都持怀疑态度，而只是怀疑某些东西，尤其是那些缺乏证据和逻辑的东西。有些怀疑者不幸陷入了该词第三种用法所阐述的情形：怀疑者是那些具有怀疑癖好的人。因为这些人已养成一种怀疑的习惯，所以不管遇见什么样的观点，即使显而易见的事实，也要怀疑一番。这千真万确。从性情上来说，为什么有的人比其他人更容易持怀疑态度，这是另一篇文章所要探讨的问题。但有些人天生就盲目轻信，对什么都不加批评地接受，这也是不可否认的事实。这两种极端的做法都有害处，容易导致逻辑上的错误。

或许与我们所谓的怀疑精神或科学态度最为接近"怀疑者"的第四种含义，即怀疑者是那些追求真理的人、那些尚未得到肯定信念的探索者。怀疑论者孜孜不倦地进行探索，一直保持开放的思想态度。"保持开放的思想"是什么意思？这指的是要在正统宗教和异端邪说之间、墨守成规和盲目追随新观念之间、开放地接受激进的新观念和过分开放不加批评地接受之间找到一个平衡点。

前言
怀疑论的积极意义

像垃圾清理工作一样，怀疑论或其他一些揭露行为也经常被活动贬低。为了保证一个健康安全的生存环境，必须得有人去清理垃圾或扬善揭恶。看来这两种活动都不受人欢迎，也不值得褒奖。然而，怀疑并揭露不实之事有其可贵的历史渊源，上可追溯到希腊人开始杜撰"怀疑者"一词（深思的意思），下可延伸到卡尔·萨根的最后一本书《魔鬼出没的世界》。（我也写过一本这方面的书，叫《人的误测》。我得承认自己是怀疑运动的笃信者。）

不管从学术还是道德的角度来看，人们对怀疑论的需要都来自帕斯卡那个著名的比喻，即人类是会"思维的芦苇"。也就是说，人类既高居独一无二的荣耀地位，又非同寻常地敏感脆弱。综观地球的生命史，只有人类享有思维的特权，这也是物种演化中最具神性和潜力的革新。虽然这个特权带有偶然性，又难以预测，但不管是在人类还是整个生物界的演化中，它都赋予"智人"一种前所未有的巨大力量。

然而，我们虽是"思维的芦苇"，但不是理性的动物。我们所具有的思维和行为模式常常招来毁灭和残忍，但也频频带来仁慈和思想启蒙。我不想去推究人类黑暗一面的渊源：是"弱肉强食"的进化结果，还是大脑因不适应新环境而产生的一些怪癖，因为人脑最初要应对的环境与现代社会集体生活截然不同？不管怎样，人类既能从事难以言传的恐怖活动，也能胜任那些显示尊严和勇气、令人荡气回肠的英雄事业。这两种迥然不同的行为都是在宗教、专制、民族自尊心等这些理想主义的名义下做出来的。没有人能像18世纪中叶的亚历山大·蒲柏那样，一针见血地道破人类在善与恶两种极端本性之间所做的挣扎：

> 悬浮于无顶无底的深渊……
> 邪恶的智慧和粗犷的悍勇，
> 他进退维谷：
> 安歇还是行动；
> 不知自己是神明还是野兽；
> 不知身之所欲、心之所望；
> 虽死犹生，虽错犹理。

只有两个途径可以使我们摆脱生命中潜在的阴暗所带来的伤害，也就是这些阴暗曾导致了十字军东征、猎巫运动、奴隶和大屠杀运动。道德体面只是必不可少的一部分。这远远不够。第二个基点必须来自我们思想中的理性。因为除非我们能严格地运用理性来发现和认识自然的客观现实，遵循这种客观属性中的逻辑暗示，并以此去有效地指导我们的行为，否则我们会屈从于因丧失理性而导致的可怕行为，以及不现实的浪漫主义、倔强固执的"正确"信仰和乌合之众所造成的不可避免的后果。理性不仅是生命的基本本质，它还是我们潜在的救星，可以把我们从狂热、残忍而又危险的大规模行动中解救出来。怀疑论是反对有组织的狂热运动中的理性代言人，是保持社会和公民尊严的关键之一。

作为美国领先的怀疑组织之一的带头人，一个为理性现实运作而奔走的有影响的活动家和评论家，迈克尔·舍默是美国公众生活中一个举足轻重的人物。舍默在本书中对狂热信仰的研究分析和经验探讨给了我们审视怀疑论的需要和成就的重要视角。

自由是以不懈的警惕为代价的，怀疑事业一定要用这句陈旧的格言作为运动的口号。如果这明显带有仁慈色彩的事业，也含有与公然好战的猎巫运动一样强大的非理性因素，那我们就要时刻警惕和批判一切以压制思想而进行的活动。给我印象最深的是舍默对艾恩·兰德的"客观主义运动"的分析——一个好像最没潜在危害的运动。乍看上去，该运动本身不构成什么问题，倒更像是在解决问题。但舍默却向我们证明，虽然这个流派就逻辑和理性信仰发表过一些大胆的言辞，但从下面两个标准来看，还是属于偶像崇拜的范畴：第一，要求绝对忠于领袖人物的社会现象（个人崇拜）；第二，用毫无理性的观念作为选择团体成员标准的失败（错误地以为道德是独特客观的，理所当然由团体的领导决定与制订）。

舍默的书从"客观主义运动"这个有力的极简案例入手，分析了创世论和大屠杀否定运动中出现的一些更为"概念性"的非理性现象，接着转入像历史上的十字军东征和猎巫运动，直到今天的撒旦崇拜和儿童性侵犯（当然这是一个不可否认的悲剧）这些更为恐怖的活动。这些因虚假的指控而无意引起的迫害活动规模宏大，令人难以置信。

我们只有一种反击这种种怪诞现象的主要工具，即理性。但在当今的美国社会，形势对理性主义极其不利，甚至在奥普拉或多纳休节目上善意的露面（正如本书所描写的，舍默曾试着出现在这两个节目中，但结果令人堪忧），结果也只能是评论式的大肆宣传而不是正儿八经的分析研究。因此我们得再加把劲儿。我们有这个实力，我们已经这样做过，我们还将继续努力下去。我们已经赢得了大大小小的胜利，从在高级法院上成功地驳斥创始主义到揭露那些假通灵术和信仰疗法。

我们所拥有的最好的工具来自基本的科学方法。没有什么可以和双盲程序中基本的实验技术以及统计观察分析相媲美。如果运用得当，当代几乎每一种荒诞信仰都会倒在这些最基本的科学工具面前。拿我最在乎的一个例子来说（我儿子是一个患自闭症的年轻人），不善言谈的自闭症患者通过"促媒"（这些人宣称，在键盘上引导自闭症患者的手指，电脑就能打印出一些信息）就可以达到交流的目的，尤其是当大多数"促媒"打印出父母们想听的话时（"爸爸，我爱你；对不起，我一直都没能说出这句话"）。这听起来令人心酸但却无理性可言的交流方法已引起相当的怀疑。（在我看来，这一直都像那些老式的显灵板把戏！）后来社会上卷起这样一股狂热，认为孩提时代遭受性侵犯是造成成年人心理问题的症结所在。有几个促媒者便由此断定（或许是下意识中），自闭症也是由同样原因造成的。于是通过他们虚假的"促媒"方式打印出控诉性侵犯的信息。慈爱的父母遭到无端的指控，"并无恶意"的慰藉刹那间变成了噩梦。这个问题通过经典的双盲实验得到了解决。自闭者了解而"促媒"不知道的信息从来都不会打印出来，而被打印出来的都是那些"促媒"知道而自闭者不知道的信息：所有这一切都是瞒着爱子心切的父母进行的（自己的孩子患上自闭症，这已够他们受的了）。不幸的是，这些父母又遭到了莫须有的指控，他们的生活很可能因这指控而被彻底毁掉（对于如此可憎的指控，很少有人能受得了，即使有一天人们撤销了这个指控，他们的生活也会因此而遭到扭曲）。

　　怀疑论容易招来的坏名声是，不管怀疑有多重要，它只是在用反面的方法抨击错误的观点。远非如此。本书交代得很清楚。合理的批驳不是虚无的否定而是提供另一个解释模式。这新的解释模式就是理性本身，加上道德体面。理性加道德，这才是人类最有力的批判工具。

　　（作者斯蒂芬·杰伊·古尔德在哈佛大学教授进化生物学和科学史。他曾发表过20部获奖作品，包括《人的误测》《火鸟的微笑》《千禧年之疑惑》《自达尔文以来》和《进化理论》等。）

平装版书引言

神奇的秘密之旅——怪诞事物的成因和来源

虚伪的危害不是别人看不见，而是伪君子自己看不见。耶稣在高山上宣读他的教义时，不仅指出而且提供了解决这个问题的办法：

> 你这假冒为善的人，先去掉自己眼中的梁木，然后才能看得清楚，去掉你弟兄眼中的刺。（马太福音7∶5）

1997年夏天，为本书精装本的出版巡回游说快要结束时，我目睹了这样一件事。按计划，我要参加由艾恩·兰德一手提拔的继承人伦纳德·派考夫主持的一个电台节目。伦纳德·派考夫是一个客观主义哲学家，恰如中世纪的那些僧侣，他继承了艾恩·兰德的衣钵，在其书籍和著作中，现在又通过无线电传播着师傅的真理之焰。有人告诉我，派考夫希望我出席这个节目，因为我曾写过一本颂扬理性的书，而理性正是客观主义哲学的最高理念。我想我受到邀请是因为我在书中批驳了艾恩·兰德（第八章），派考夫不会对此熟视无睹。坦率地讲，虽然我对兰德的哲学思想了如指掌（我几乎看过她所有的著作），可是在派考夫的节目中露面，我还是有些紧张。派考夫为人刻薄，脑瓜灵活，不仅熟谙兰德的著作，还能大段大段地背诵。我曾亲眼目睹他如何以才智和冷酷无情的逻辑使辩论对手溃不成军。但我写了自己认为应该写的，应该理直气壮，坦然迎接挑战。

后来，我的公关经纪人通知我，说派考夫取消了对我的采访。因为我对兰德的性格、客观主义运动及其信徒的批判令他们不悦。他们不同意我把该运动看成邪教，也不能容忍一本"含有诽谤兰德言辞"的书。可以想象我听到这个消息时的震惊。很明显，节目制作人最后还是仔仔细细读了我的书。他们说他们很乐意就绝对道德的哲学问题同我辩论（他们相信绝对的道德标准，并认为是兰德发现了这个标准），但他们不会在讨论会上和我辩论，因为那样就等于承认了我的中伤和诽谤。真正具有讽刺意味的是，我在关于兰德的那章中要表明的是关于邪教的一个很明显的特征，即团体的成员不能或者不愿批判领袖本人或其思想。因此，在否定自己是邪教的同时，派考夫和兰德协会所做的恰恰体现了邪教团体惯有的行径，即压制对其团体的批判。

对如此虚伪的言行都能等闲视之，这不免令人惊奇。我自己和节目制作人通了电话，向他指出自己在关于客观主义运动那章中阐明的两个重要声明："第一，对某一种哲学创始人和信徒的批驳并不是否定该哲学本身；第二，否定该哲学的某个部分并不意味着对该哲学的全盘否定。"我还解释说，对于兰德哲学的很多方面，我还是怀有极大的敬意的。毕竟，兰德代表了多彩的个性和纯洁的理性。对于她大部分的经济思想，我也持赞同态度。在一个寻找非传统英雄的多元和男权社会里，兰德是少数杰出的女人之一。我还告诉制作人，我的墙上还贴着一张兰德的照片呢。这一细节倒引起了他的注意，我便趁机让他举出我诋毁兰德的具体例子——有意诽谤这个罪名我可担不起。"你书中关于客观主义的每一句话都是在诋毁兰德。"制作人断言道。"举一个例子。"我坚持道，"难道她没有给自己丈夫戴绿帽子？ 没有把那些违背绝对道德标准的信徒赶出教门，即使为了音乐癖好这样的芝麻小事？"制作人回答说他得再仔细读读书的那一章。可后来他再也没和我联系。凭良心说，在大卫·凯利带领下的"客观主义研究协会"是一个富有理性的团体，他们乐于接受对兰德的批判，也不迷信兰德。在他们眼里，兰德不是她早期继承人纳撒尼尔·布兰登所吹捧的那样，是"人类有史以来最伟大的人物"。

不管是谁，只要看了艾恩·兰德的书，都会产生一种强烈的情感，不管他是否赞同书中的观点。除了诽谤罪，他们还指控说，我的书中根本没什么新意，只不过是人身攻击而已。我既不想诋毁兰德，也无意攻击她。人们已经写了那么多有关异端邪说的文章，尤其科学神教和大卫教派，我不想再去重复别人的言辞。曾一度，我认为自己相信客观主义哲学，是艾恩·兰德的热忱信徒。坦率地说，兰德身上有些英雄主义的气概，至少她书中的主人公都表现出一股英雄主义的精神，尤其是《潇洒的阿特拉斯》中的那些人物。因此，在怀疑论的镜头下审视我心中的英雄，把一个我所心仪的团体划为邪教，对我来说是不无痛苦的经历。然而，恰如我对基督教、新时代主义和其他信仰体系的批驳（本书中都有提到），随着时间的推移，我对客观主义的看法也发生了变化。我逐渐发现，该运动拥有与其他邪教和宗教相类似的观点，尤其是对领袖的个人崇拜、相信领袖的绝对权威和力量、在一些与道德有关的问题上相信绝对道德标准。大部分研究邪教的专家都是用上述特征来定义邪教的，我只不过是想看看客观主义是否符合上述标准而已。读完本章内容后你可以自己做出判断。

"判断"一词用在这里再合适不过。本章伊始，我引用了《圣经》中《马太福音》（7）有关虚伪的说教是有特殊用意的。《马太福音》（7）是这样开头的："你们不要论断人，免得你们被论断。"在追忆他早期追随兰德的回忆录里，纳撒尼尔·布兰登贴切地用"论断日"作为该回忆录的题目。布兰登利用引言对兰德做了这样的分析：

> 《圣经》中的格言"你们不要论断人，免得你们被论断"，是在引导人们背弃应负的道德责任。这是在支付一张空白的道德支票，目的是得到自己所需要的另一张空白支票。我们不能逃避必须

做出选择这个事实，也不能逃避道德标准。只要所触及的是道德标准，那就没什么道德中立。若不去谴责那些折磨人的人，真是在助纣为虐。我们所应该采用的道德准则是："做出评判，并随时准备受人评判。"

实际上，关于这一点儿，耶稣的全部教义如下：

你们不要论断人，免得你们被论断。

因为你们怎样论断人，也必怎样被论断。你们用什么量器量给人，也必用什么量器量给你们。

为什么看见你弟兄眼中有刺，却不想自己眼中有梁木呢？

你自己眼中有梁木，怎能对你弟兄说，容我去掉你眼中的刺呢？

你这假冒为善的人，先去掉自己眼中的梁木，然后才能看得清楚，去掉你弟兄眼中的刺。（马太福音7：1—5）

兰德彻底误解了耶稣的意思。耶稣所称赞的道德原则不是道德中立或一张空白的道德支票，而是让人不要自以为是、以严苛的标准"匆忙做出判断"。这种思想观念有着悠久的历史渊源，在记载着犹太人风俗和法律的犹太法典《米什那伯》中就可窥见一斑，"除非你处于朋友的立场，否则不要对朋友的言行做出评判"；"不管对谁的言行做出评判，都要设身处地从对方的立场来考虑"。耶稣想提醒我们，不要逾越正当合法和虚伪的道德判断之间的界限。有关"梁木"和"刺"的比喻别具匠心。本身毫无德行的人却以道德自居，对邻居的德行横加指责。所谓的"伪君子"是那些吹毛求疵的家伙，这些人把自己身上的毛病隐藏起来，专门盯着别人的缺点。或许耶稣一针见血地道破了这种虚伪的心理。譬如说，那些自己通奸的人却对别人的奸行耿耿于怀，反同性恋者私下里却对同性充满了向往，那些指控别人诽谤的人自己就常常造谣中伤他人。

对我来说，上述经历令人深思。我和客观主义者的交流只是用来收集证据，以便找出人们相信荒谬东西的原因。通过写书，接受上百个电台、报纸和电视采访，阅读有关采访效果的上百封信件和评论，我对人们的喜怒爱憎有了比较公正的评价。这是一个神奇的秘密之旅。

很多重要的刊物都对《为什么人们轻信奇谈怪论》一书进行了评论，其中很少有批驳反对的意见。有些读者非常友好，指出了一些被编辑（其实是非常优秀的编辑）忽略的拼写、语法和其他小错误（本书对这些错误都予以更正）。值得一提的是，有些评论的确言之有理，使我们对书中许多有争议的观点有了更深刻的理解。本着虚怀若谷、容纳异见的精神，这些批评值得进一步探讨。

从自我评论的角度来看，或许最有价值的评论来自《多伦多环球邮报》（1997年6月28日）。该评论提出了一个非常重要的问题，值得所有科学家和怀疑者深思。该评论家首先指出："理性的思考并不能带来对科学方法的信念，因为理性本身偶尔也受到各种荒诞事物的影响。"接着，他总结说："极端的怀疑主义本身也是一种邪教，一种法西斯的科学至上主义，即使怀疑是出于最纯良的理性动机。"虽然言辞有些激烈（在那些怀疑者同行中，我还没听说过谁曾被冠以邪教或法西斯的头衔），但他的确指出了重要的一点，即科学本身也有一定的局限性（我不否认这点），怀疑主义本身偶尔也带有邪教的味道。这也是我为什么在这本书，实际上是在我所有的演讲中一直强调：怀疑论本身不是一种立场；怀疑论是解释某种观点的方法，正如科学只是一种研究方法而不是研究的主题。

《理性杂志》（1997年11月）上刊登了一个深刻机智的评论：让我解释怀疑者的主要任务是"调查和批驳虚假的观点"这句话。这句话是错误的：在对某一种观点进行调查时，我们不该带有偏见，以为调查的目的就是批驳这个观点。正确态度是，"为了解某个观点的真伪而对其进行调查（书中有关内容已做了更正）"。对证据仔细审查后，人们或许会对该观点产生怀疑，或者对怀疑者本身有所疑惑。创世论者怀疑进化论。大屠杀"修正主义者"怀疑传统历史对大屠杀的描述。我对所有这些怀疑者都持怀疑的态度。对于其他一些观点，譬如恢复记忆或被外星人绑架等，我怀疑的是观点本身。重要的是证据，虽然证据本身也有一定的局限性，但科学方法是我们所拥有的判断正误的最好工具（或者，科学方法至少可以提供判断正误的可能的概率）。

纽约《时代》杂志（1997年8月4日）的评论家不相信我在本书第二章所提到的盖洛普对美国人相信占星术、超感觉的知觉和鬼神以及其他异端邪说的百分比所做的民意调查。该评论家纳闷"这种令人吃惊的调查是如何进行的、它是否真能测出人们是真相信那些荒谬的东西还是只随便和有关隐形物的观点开开玩笑而已"。实际上，我对这个以及其他的一些民意调查也怀有同样的疑虑。这些问题的措辞，以及在测定人们对某个信仰的承诺程度的过程中潜在的缺点，都是我所担心的东西。然而，如果其他一些独立进行的民意调查可以佐证那些来自个人的资料，那这些资料应该可靠。几十年来，关于相信异端邪说的美国人的比重，不同的民意调查团体得出的结论大体一致。《怀疑》杂志自己所做的一些非正式的民意调查也得出同样的结果，即相信邪教的美国人的数量的确高得不可思议。根据这些调查结果，大约四分之一到四分之三的美国人相信超正常的东西。虽然比起中世纪的欧洲，我们的社会不那么迷信，但在像《怀疑》这样的杂志过时之前，我们还有很长、很长的一段路要走。

在关于本书所有的评论中，最让我开心的是伊夫·科克伦《亘古长存》杂志（1997年9月）的开篇语。《亘古长存》是一本关于"神话、科学和古历史"的杂志。该杂志的评论之所以有趣不仅因为它独特的类比，更因为《亘古长存》就是那本与《怀疑》截然对立的杂志。然而，科克伦这样总结说："对我来说，赞美迈克尔·舍默这本新书，有点儿像辛普森在为马西娅·克拉克演讲的结束语喝彩。

在作者所醉心揭露的所有伪科学中，很可能包括我所订购的有关'土星的论文'。尽管如此，我还是要称赞该书，因为它不仅趣味横生，而且令人深思。"虽然我得到了科克伦的认可，但他和其他一些评论家及无数个通信者一起（有些是我的好朋友），仍责备我在《钟形曲线》一书（第十五章）中所论述的观点。

有人指控我说，我对"先锋基金会"的创始人威克利夫·德雷柏的分析是肆意的人身攻击。1937年以来，"先锋基金会"一直赞助智商遗传和智商的种族差别的科学研究。在这一章中，我指出了智商种族理论（黑人的低智商大多是遗传的，因而无法改变）与历史种族理论（大屠杀是犹太人所做的广告）和先锋基金会的历史联系。因为该基金和威利斯·卡图直接有关，而卡图是大屠杀否定运动的发起者之一。但因为我的专业是心理学和科学史，所以我对诸如出资人和其可能对科研造成的偏见等科学之外的话题也感兴趣。换句话说，我不仅喜欢研究资料，也喜欢探讨资料收集和解释背后的动机和偏见。所以问题是，一个在研究科学中如此有趣和重要（我认为）的一面的人怎能会不被指控在进行人身攻击呢？

但本章最终谈论的是种族问题，而不是智商或者查尔斯·默里和理查德·赫尔斯坦那争端纷起的《钟形曲线》一书。这儿谈论的主题很像区分科学和伪科学、物理和哲学中所存在的那个有名的"分界问题"：那些灰暗区域的界限怎么划分呢？同样地，每一个种族又是怎么开始或结束的？任何一个正式的定义肯定都带有随意性，因为根本不存在什么"正确"的答案。我愿意承认种族问题属于那些"模糊的范畴"。但我的同事会说（确实这样说过）："别闹了，舍默，你连白人、黑人、亚洲人或土生土长的美国人都分不清"通常，笼统地说，如果我们所谈论的人恰巧就处于模糊区域的中间地带，我分得清。但在我看来，不同的人种范畴之间（没人知道到底有多少这样的范畴）存在着极其广阔又彼此相交的模糊区域，很难把它们清楚地区分开来。而且这些区别在很大程度上受文化而不是生物的制约。泰格·伍兹属于哪个人种？今天，我们可以把他看成不同人种混合的产物。但一千多年前，几乎所有人看起来都是这个样子。历史学家回顾那段短暂的种族隔离历史时，会把它看成横跨几十万年的人类发展史上的一个小小的逗点。

如果"源于非洲"的理论成立，那么种族似乎是这样演化的。某一种族（可能是"黑人"）迁移出非洲，接着因地域上的分支形成了一个个各自独立、各具特色的民族或种族。最后在15世纪晚期随着全球探索和殖民运动的兴起，这些不同的民族或种族又混合成一个统一的种族。从16世纪到20世纪，因为不同种族间互相联姻，或者其他形式的性接触，种族间的区别就更加模糊起来。在以后的一千年内，种族间的区别将继续模糊下去，直到有一天种族不再是区别（指的是这个词的两个意思）人种的标准。不幸的是，人的大脑很善于用一定的模式来对事物进行归类，所以其他划分人种的标准会毫无疑问地应运而生，出现在我们的词汇里。

《为什么人们轻信奇谈怪论》一书出版后，荒诞学说最有趣的发展要数所谓的"新创世论"（与本书中所谈论的开始于几个世纪以前的旧的创世论相区别）。新创世论分两部分：

1. 智慧设计创世论：这是保守的右翼宗教主义者所坚持的立场。他们认为，生命"不可简约的复杂性"表明，生命本身是由一个智慧的设计师，即上帝创造的。

2. 认知行为创世论：这是主张多元文化的左翼民主主义者所坚持的立场。他们认为，不能或者不应用进化论来解释人类的言行。

想象一下这种情况：如果保守的右翼和民主的左翼结婚，会发生什么呢？

在本书的第十一章，我列举了20世纪创世论者所采用的三种不同的策略。这其中包括：禁止教授进化论、要求创世论和进化论享有同等的课堂时间、要求"创世科学"和"进化科学"享有同等的课堂时间。把创世论标榜为科学是为了迎合宪法《第一修正案》，好像改衔易名就成了真的科学。在法庭辩论中，这三条策略均遭挫败。从1925年著名的斯科普斯"猴子审判案"开始，一路诉讼到美国高级法庭的路易斯安那州案件在1987年以7:2的投票结果败诉。法律上的失败标志着创世论者企图把自己的理论纳入学校教育的"自上而下"的策略的破产。这种"新创世论"，不管它在变种为其他形式的理论之前会持续多长时间，也在支持着我的观点——创世论者不会自行退出历史的舞台，科学家也不能对他们的存在熟视无睹。

1. 智慧设计创世论。以上所述的种种挫败迫使创世论者改变了迎战策略。这一次他们采用的是"自下而上"的战术。他们把大批有关创世论的文献邮寄给各个不同的学校，在大学内举行各种辩论赛，寻求加州大学伯克利分校的法律教授菲利普·约翰森、生物化学家迈克尔·贝赫，甚至思想保守的评论家威廉姆·巴克利的帮助。威廉姆·巴克利于1997年12月曾在美国公共广播公司（PBS）的节目上举行了一场"火线"辩论。辩论的结果是，"进化论者应该承认创世论"。真正体现新创世论的"新意"的是它的措辞。新创世论者认为，生命是由一个"智慧的设计师"设计的，因为生命本身是一个"不可简约的复杂系统"。人眼的构造便是最贴切的例子。这种观点认为，人眼是一个极其复杂的系统，只有眼睛的各个部分协调才能保证正常的视力。我们还得知，人眼的复杂性是不可简约的，取出其中的任何一部分，整个系统都将瘫痪。组成眼睛的各个部分没有哪一部分拥有适应环境的能力，自然选择怎么会产生如此复杂的一个系统呢？

首先，人眼复杂到不可简约的程度，随便取出其中的哪一部分都会有失明的危险，这种观点是错误的。不管是哪一种形式的测光器官，有总胜于无。很多人的视力因疾病或其他原因而遭到损伤，但他们照样能看见东西，生活也没有因此而损失什么（这种观点落入了本书第三章所讨论的"或者—或者"的思想误区）。对这个问题更深一层的解释是，自然选择不是从一个废弃的旧部件仓库里拿出什么就创造了眼睛。就像波音公司从莱特兄弟发明飞机开始，经过无数次的停顿、挫败和反复才制造出了波音747，人眼的发展也经过了一个漫长而复杂的演化过程，其历史要追溯到几亿年前。当时的眼睛只是一个简单的"眼点"。在这个"眼点"里，一撮光感应细胞把一个重要的光源，即太阳的信息先提供给有机体；再提供给一个"凹陷眼点"——这里有一个形体颇小、充满光感应细胞的凹陷表面以方向的形式为有机体提供一些额外的信息；又提供给一个"深凹眼点"——这里较深一层的额外细胞能提供给周围环境更为准确的信息；随后又提供给一个"小孔成像眼睛"以便把视力集中到感光细胞深陷一层背面的意象上；接着提供给一个"小孔透镜眼睛"以便把视力集中到意象本身；最后提供给一个"复杂眼睛"——像人类这样的现代脊椎动物才有的眼睛。除此之外，有十几次眼睛以其特有的方式独自演化发展。单独这一点就可表明，根本不存在一个设计策划一切的创世主。

"智慧设计创世论"的观点还存在着另一个严重的缺陷，即这个世界并不总是设计得完美无缺。我们还可以用眼睛的例子来说明。眼睛中的视网膜是由三层构成的，底层是背光的感光光柱和锥体，中层由一些双极、水平的细胞构成，上层是负责把眼睛摄取到的信息传送到大脑去的细胞。而整个的视网膜则处在一层毛细血管之下。那个所谓的智慧设计者为什么不按向后或倒置的方式设计眼睛，以便取得最佳的视觉效果呢？因为设计师不可能一下子就把眼睛设计出来。在自然选择的过程中，眼睛是根据所拥有的材料、在原始眼睛的雏形基础上慢慢地从简单到复杂进化而来的。

2. 认知行为创世论。保守的右翼和民主的左翼之间反常的结合便导致了这种古怪的新创世论。新创世论认为，所有人们能想象出来的东西都是进化来的。不管从政治还是思想意识的角度来看，那些认为社会达尔文主义是对进化论的误用，并且对此充满恐惧的右翼分子（应该承认，他们的恐惧有一定的道理）无法接受生物进化左右着人们的思想和行为这种观点。美国的绝育现象和纳粹德国种族大屠杀都源于优生政策。自然法则选择是如何选择人的眼睛、人的大脑和人的行为的。这些评论家说，社会进化论只是一种社会构建的观念，其目的是压制穷人和那些处于社会边缘的人，或为有权势的人的社会现状辩护。社会达尔文主义是对休谟自然主义的"是—应该"谬误的最终确认——存在就是合理。如果自然赋予某些种族或性别"高级"的基因，那么社会的形成就应该以此为基准。

虽然热情可嘉，但这些评论家还是走得太远。你可以在他们的批评中发现诸如"压迫""男性至上主义者""帝国主义""资本主义""控制"和"秩序"等这样表意识形态的词附在像基因、遗传学、生物化学和进化论这样一些具体的概念之上。随着1997年交叉学科会议的召开，这种世俗的创世论走到了最低谷。在这次会议上，一个心理学家称颂了自1953年基因发现以来现代遗传学所取得的巨大进步，以此来维护科学和反驳那些科学评论家。有人技巧地问这位心理学家："你相信基因吗？"

虽然左翼的观点荒谬可笑，但考虑到进化论被歪曲、误用的那段坎坷不平的历史，尤其是优生学所遭遇到的挫折，我能理解他们的忧虑。让我同样感到恐惧的是，有些人把进化论当成控制、压抑，甚至是摧毁他人的工具。在斯科普斯审判案中，威廉姆·詹宁斯·布赖恩反进化论的动机之一就是在第一次世界大战期间，德国军国主义用社会达尔文主义来为自己的侵略行为辩护。对科学的滥用和歪曲已引起公众的注意，我自己也认可并参加了反对滥用科学的事业（见第十五章和第十六章）。这里，那些创世论者又落入"或者—或者"的误区。他们认为，因为对科学恶劣的误用以及偶尔出现的错误和偏见，所以应该放弃整个进化论。这真的是泼洗澡水连婴儿也泼出去了。

用一个例子就可以概括该书的简介。以我之见，这个例子说明，用进化论的观点来研究人类行为时，我们要小心谨慎。具体说来，我想探讨的是，为什么人们从进化论的角度来相信一些怪诞的东西。

人是一种喜欢在事物中寻找模式的动物。我们在一个错综复杂、怪诞陆离、变化不定的世界中寻求意义。不仅如此，人还是一种擅长讲故事的动物。几千年来的神话和宗教为我们提供了有一定模式的丰富故事，即关于众神和上帝、超自然的生命和力量、人们之间以及人类和其创造者之间的关系，还有整个人类在宇宙中所处的位置等故事。人类仍然在奇异地思考的原因之一是现代科学思维只有几百年的历史，而人类已经存在几十万年了。在过去的这几十万年里我们都做了些什么？整个世界的面貌已大为改观，大脑怎么才能应付这个世界中出现的新问题呢？

这是那些进化心理学家需要解决的问题。进化心理学家是从进化论的角度研究人的大脑和行为的科学家。他们有力地辩论说，从南方古猿人拳头大小的大脑发展（人类的思维和行为也随之得到发展）到现代人甜瓜大小的大脑，经历了大约200万年的时间。大约1.3万年前，随着种植业和畜牧业的出现，人类文明也开始萌芽。99.99%的人类进化都是在古代的环境中完成的（即所谓的演化适应环境），那时的环境塑造了人类的大脑。物种进化的速度没有那么快。进化心理学家莱达·柯斯麦和约翰·杜比（加州大学圣塔芭芭拉分校进化心理学中心主任）在1994年的一本描述性小册子里这样总结该领域的状况：

> 进化心理学是在这种认识的基础上形成的，即人脑是有大量具有特殊功能的计算设施组成的，这些设施主要是为了解决我们祖先在狩猎和收获过程中所面临的环境适应问题。因为人类共有一个普遍的进化机制，每一个普通人都形成一套可靠的个人爱好、行为动机、思想观念、情感项目、内容具体的推理程序和专门的解读系统。这些项目都受文化的制约，而且它们的设计对人的本质做了准确的定义。

在其所著的《思维的运行方式》一书中，史蒂文·平克把这些专门的计算设施描写成"智力模块"。"模块"是一个比喻的说法，没必要真的在大脑中找到一个固定的位置与其对应。"模块"理论也不同于19世纪的颅相学，因为颅相学认为大脑是由某些特定的块状物组成的，每一块都有属于自己的特定功能。平克认为，一个模块"可以分解为不同区域，是纤维把这些区域连接起来并使之运行"。这里，一捆不同的神经元交错相连，"乱七八糟地散乱在大脑的凸出和裂缝处"。理解模块学说的关键是神经元之间的相连关系，而不是它们所在的位置。

虽然我们认为大多数智力模块都有特定的功能，但进化心理学家坚持认为智力模块是大脑的"一般"而不是"特别"功能。譬如说，杜比、柯斯麦和平克拒绝接受"一般领域"的观点，而许多心理学家则相信"g"或所谓的全球智商。考古学家史蒂文·米森表现得更为过分，他在《思维的前历史》一书中指出，现代人是那种"一般领域"加工过程的产物。"现代大脑演化过程中的关键一步，是一个瑞士军刀状的大脑转变为一个具有流动智能的大脑，由专门到一般智力的过渡。也就是因为这个转变，人们才能设计出复杂的工具、创造出艺术作品、信奉各种不同的宗教。不仅如此，流动性的认知能力可以挖掘出大脑其他方面的潜力，这些潜力在现代世界中起着举足轻重的作用。"

比起模块比喻，我更建议构建一个更为笼统的"信仰引擎"——一个具有两面性的机制。在某些情况下，该引擎会产生一些神奇的想法，即所谓的"神奇信仰引擎"。在另一些情况下，它会诱发科学思想。或许我们可以把"信仰引擎"看成位于某些特定模块下的中央处理器。请允许我解释一下。

在不断的演化中，人类掌握了某些技巧，形成了利用模式进行思维、寻找事物间因果关系的习惯。那些最擅长寻找事物间所共有的模式的人的后代也最繁盛。（譬如，狩猎时站在猎物的上风头不利于捕捉猎物，牛的粪便利于庄稼的生长。）寻找和发现事物间所共有的模式可以帮我们了解哪些模式有一定的意义，哪些没有。不幸的是，我们的大脑总是不善于辨别其中的差别。即使那些毫无意义的模式（狩猎前在岩洞上画一些动物）也不会带来什么害处，甚至在有些情况下，它们会减轻我们的焦虑。我们从祖先那里继承了两种错误的思维方式：类型1，相信一些虚假的东西；类型2，拒绝接受真相。因为这些错误并不总是让我们身陷困境，所以被保留下来。"信仰引擎"在演化的过程中形成了某种特殊的机制，这种机制可以帮我们存活下来。除了纠正类型1和类型2的错误，它还帮我们发展了另外两种品质：品质1，不相信虚假错误的东西；品质2，相信真理。

大脑中既包括特定的与一般的模块，信仰引擎是一般领域内的加工系统，这种观点似乎更为合理。实际上，信仰引擎是大脑模块中最为普通的一种，因为从本质上来说，它是所有学习行为赖以存在的基础。不管怎样，我们总得对自己所处的环境寄予某种程度的信任，而这种信任是在实践中慢慢形成的。然而，信仰的形成过程却是基因的问题。信仰引擎可能使我们犯类型1和类型2两种错误，但还可以使我们拥有品质1和品质2两种品质。为了说明这个事实，我们得考虑一下信仰引擎演化的两个条件：

1. 自然选择：信仰引擎是一个有益于人类生存的机制。它不仅可以使我们了解环境中潜在的危险和危害（品质1和品质2能帮我们从这种恶劣的环境中存活下来），而且还能以魔幻的思维方式帮我们减少环境所造成的忧虑。心理学证明，魔幻思维可以减少不定环境中的焦虑因素；医学证明，祈祷、冥想及膜拜对身心健康大有益处；人类学证明，魔术师、巫术士以及利用魔术和巫术的国王会掌握更大的权力、控制更多的臣民，从而播下更多有利于魔幻思维的种子。

2. 拱肩：信仰引擎中有关魔幻思维模式的那部分也是一个拱肩，这是斯蒂芬·杰伊·古尔德和理查德·莱温顿用来形容演化产生的副产品时所用的一个比喻。古尔德和莱温顿1979年发表了一篇极有影响力的文章，即《圣玛克和潘洛斯范例的拱肩：适应主义章程之批判》。在这篇文章里，古尔德和莱温顿解释到，建筑学中拱肩指的是"由成直角的两个圆柱状弓体相互交错而形成的逐渐上尖的三角形区域"。在中世纪的教堂里，这个三角形区域内布满了美丽图案，这些图案设计得如此精细，人们会不由自主地为它们所吸引，"好像它们就是整个建筑的起点，是周围建筑所以构成的原因。但拱肩产生的这种印象会混淆对问题的正常分析"。我们不能这样来问："拱肩存在的目的是什么？"因为这好像是在问："男人为什么也长乳头？"正确的提问应该是："女人为什么有乳头？"答案是：女人需要用乳头来哺乳婴儿。男人和女人拥有相似的生理结构，对自然界来说，比起重新塑造基因结构，让男人长着乳头倒更省事。

从这种意义上来讲，信仰引擎中魔幻思维那部分就是一个拱肩。我们有魔幻的思想，那是因果思维习惯促成的。人们之所以会犯类型1和类型2的错误，是为了拥有品质1和品质2。我们需要批判精神，需要用寻找模式的方法进行思维，这是思维中具有神奇和迷信色彩的原因所在。魔幻思维是因果思维所不可避免的一个副产品。这两种思维方式密不可分。在我的另一本书《人们为什么相信上帝》中，我将通过丰富的历史和人类学资料对这个问题进行更为详尽的阐述。在本书中，我则宁愿用"稀奇古怪的东西"来描写现代人的这种魔幻思维。相信不明飞行物、遭遇外星人绑架、超感觉的知觉和心灵术等现象的人在思维方式上犯了类型1的错误——他们在相信一些虚假的东西。坚持创世论和大屠杀否定论的人则犯了类型2的错误——他们拒绝接受真理。不是这些人愚昧或资讯不足，他们都是受到错误资讯引导的聪明人，是他们的思维方式出现了问题。类型1和类型2的错误会剥夺品质1和品质2两种品质。幸运的是，有足够的证据可以证明，信仰引擎有一定的伸缩性。批判性思维可以通过学习得到，批判精神也可以因后天的学习而获得。类型1和类型2的错误是可以改正的。我很清楚这一点。因为我自己也是在经历了种种怪诞的东西后才成为一个怀疑论者的。实际上，我是一个再生的怀疑论者。

对"为什么"的问题进行了一番更深层次的探讨后,请允许我以与《底特律自由论坛》的记者乔治娅·考瓦尼斯的谈话来作为本章的结束语。考瓦尼斯问:"我们为什么应该相信你说的那些东西?"我回答:"你不应该相信。"这个回答使她对怀疑论有了更为客观的看法。

用用脑子,自己做出判断。

对本书改版和扩版的注释

很多年来，诋毁者和媒体都问怀疑者："相信不明飞行物、超感觉的知觉、占星术和伪科学到底有什么害处？你们这些怀疑者只是在拿别人的生活逗乐吧？""天堂门不明飞行物"教团引人注目的回答可以作为对上述问题的一个回应。1997年3月27日，有关"天堂门"集体自杀的故事因媒体的疯狂炒作整整持续了两天。怀疑协会的办公室也因此人满为患。一周后，《为什么人们轻信奇谈怪论》第一版正式出版，所以为宣传该书所做的巡回演讲更多地倾向于向人们解释，为什么像"天堂门"教团里那些既聪明又受过良好教育的人会如此强烈地相信一种东西，以至于为它放弃自己的生命。

目前发生在美国和世界各地的恐怖自杀事件，以及对这些事件曾经极具煽动性的回应，使这个问题具有了新的意义。本书的基本目的就是要帮助人们了解信仰体系的心理。本版最后新加的一章，即"为什么聪明人也相信一些稀奇古怪的东西"探讨的就是这个问题。这一章展示了关于信仰体系的最新研究，分析了为什么那些聪明又受过良好教育的人会相信一些明显毫无理性的东西。我的回答看似简单：聪明人会相信一些奇怪的东西，是因为他们擅长为捍卫他们出于非理性原因认同的信念。

人是善于寻找模式、讲故事的动物，执着于在看似凌乱无序的日常生活中寻找更深一层的意义。我希望本书会在某种程度上，帮我们弄清楚那些貌似具有深意的故事和模式所带给我们的那一大堆令人迷惑的观点和信仰。

序言

奥普拉访谈现场

1995年10月2日（星期一），奥普拉·温弗里主持的节目10年来第一次邀请一位心灵术士做特邀嘉宾。这位心灵术士叫罗斯玛丽·阿尔特亚，她声称自己可以和死去的人交谈。这个超乎寻常的声明出现在她所著的《老鹰和玫瑰：一个真实的神奇故事》中。这本书曾一连几周在纽约《时代》和《华尔街》杂志的畅销书排行榜中高居不下（"老鹰"是指一个美洲土著印第安人——阿尔特亚的精神导游，"玫瑰"就是阿尔特亚本人）。奥普拉在节目开始时就扬言，她制作这个节目，仅仅是因为几个可信的朋友把阿尔特亚形容成通灵世界的大师。接下来的几分钟，制片人播放了前一天拍摄的一些录像，里面展示了阿尔特亚在芝加哥的一所公寓里的工作情景。阿尔特亚向在场的几位观众提出了很多问题，都是关于他们已失去亲人的情况。她对这些问题概括性地总结一下之后，针对几个特定的问题进行了专门的分析。随即阿尔特亚开始用诸如此类的问题来煽动观众们的情绪："谁的亲人是被淹死的？""我看见一个男人正站在你身边。""淹死的时候和船有关吗？"

与我见过的其他心灵术士不一样，阿尔特亚用问题轰炸在座的观众。可观众没有反馈给她用来"刺探"死者信息的线索。后来，节目进行得正酣时，她突然如获至宝，向躲在演播室摄像机背后的一个中年妇女喊道，说她母亲是得癌症死的。听到这话，那位女士尖叫一声便大哭起来。接着阿尔特亚又注意到，站在这位女士身边的那个小伙子是她的儿子。于是她就说这个小伙子目前正面临着是上学还是就业的困扰。年轻人肯定了阿尔特亚的猜测，并讲述了一遍他的辛酸故事。在场的观众惊呆了，演播室内顿时鸦雀无声，奥普拉也沉默不语。阿尔特亚又紧追不舍，盘问出更多细节，做出了更多的预言。摄制工作结束后，刚才那位中年女士站起来宣布说，她主要是为了拆穿阿尔特亚的伎俩才到演播室来的，现在她却为其技能所折服。

这时怀疑论者走了进来。在该片摄制的三天前，奥普拉的一个制片人给我打过电话，得知《怀疑》杂志社社长竟然连罗斯玛丽·阿尔特亚的名字都没听说过，这个制片人大为吃惊。正当这个制片人打算请别人来参加这个节目时，我告诉他，虽然没有亲眼所见，但我对阿尔特亚那套把戏了如指掌。很快我便收到制片人寄来的一张飞机票。节目录制过程中，我有5分钟的讲话时间。我向观众解释说，只要有善于煽动观众情绪的心灵术士在场，随便哪个晚上都可以在好莱坞的魔术城堡里看见刚才他们所目睹的情景。我所谓的"煽动"指的是早已被验证的"冷读"技术，即心灵术士不断地问些一般性的问题，直到从观众那里获得一些有价值的反馈信息。连续不断地询问总会让他们找到容易攻击的目标。如果观众问"是不是癌症，我经常胸口痛"，心灵术士会说："是心脏病突发。""心脏病突发？没错，不然我的胸口不会痛。"或者心灵术士会说："我感觉好像有人要被淹死。事发时有船吗？我好像看见湖上或河里漂着一个类似船的东西。"这种场合交谈的大多是诸如此类的问题。面对着250位听众，心灵术士会探讨每一种重要的死因。

"冷读"的原则非常简单：开始问些笼统的问题（车祸、溺水、心脏病、癌症），尽量从正面的角度来看问题（"他想让你知道他非常爱你""她想让你知道她不难受了""他已不再感到疼痛了"）。"冷读"者还要知道观众们往往会记住那些猜中的事例，而忽视那些没有被命中的事例（"她怎么知道那是癌症？""他怎么会知道她的名字?")。但阿尔特亚没有问谁,怎么就知道那位女士的母亲死于癌症,而她儿子正面临着选择的困扰呢?对奥普拉来说,有250个目击证人在场,又有上百万名的电视观众作证,阿尔特亚好像真有通灵巫术。

阿尔特亚其实并没有什么非常之处。如果根据事先已掌握的信息来预测,心灵术士往往把这种行为称作是"热读"。节目制作当天早些时候,在从旅馆到演播室的路上,我和几位节目特邀嘉宾坐在同一辆车里,其中就包括那位女士和她的儿子。乘车期间,这对母子提到他们以前见过阿尔特亚,而且参加录制过奥普拉的节目,那时他们被要求与电视观众分享自己的经历。因为几乎没有人知道这个小小的插曲,阿尔特亚就利用对母子二人事先的了解在失败前力挽狂澜。我自然会指出这个事实。但不可思议的是,那位女士对此却矢口否认。我的质疑在节目剪辑时也被删除了。

我不认为阿尔特亚是故意在用冷读技术欺骗观众。相反,我相信她是慢慢地发现自己有"通灵的天赋",而且在错误与实验的不断尝试中学会了使用冷读技术,这里面并没有欺骗和心机的成分。据她所说,这一切都始于1981年11月,"有一天早晨我睁开眼睛,发现他站在我的床边,正低头瞅着我。虽然我还在半醒半睡之间,但我知道他不是夜晚的鬼神或幽灵"。她在书中写到,从那时起,她经历了一个漫长的过程才慢慢意识到,通过心理学家所谓的"催眠幻觉术"可以到达一个神灵的世界。这种催眠术可以让你见到鬼神、外星人,或者那些好像是从沉睡中醒来的死去的亲人。

但是,我们在谈论不管是挤在栅栏旁叫着要食吃的老鼠,还是在拉斯维加斯老虎机上赌博的人,只要偶尔地添加点儿食物或出来点儿钱,就能使他们处于不断的期待之中。阿尔特亚的信仰和行为是基于某种变量比例而形成的,虽然猜错的时候居多,但只要命中几个就足以形成和维持某种行为。每个表演会上,观众都会开开心心地付上200美元,这种积极肯定的反馈更加坚定了她对自己通灵能力的信心,鼓励她更加努力地去磨炼自己的技术。

我们也同样可以来解释通灵世界中的冷读大师詹姆士·凡·普拉格的巫术。在国家广播公司"新时代"节目的现场访谈"世界的另一面"中，该大师一连几个月都在接受观众的喝彩，直到他的巫术在"未解之密"中被揭穿。现在我们来看看普拉格的把戏。我被邀请和另外9个人坐在同一个房间里，我们都曾失去过自己的亲人。普拉格将对在场的每个人进行冷读。我密切配合制片人的工作，以确保普拉格事先对我们毫无了解。（冷读师通常订阅各种人口统计销售杂志，以事先了解其冷读对象的年龄、性别、种族和籍贯。更为过分的是，他们甚至通过聘请侦探代理来选择其冷读对象。）普拉格的冷读确实"冷"得可以。整个过程持续了11个小时，其间包括几个零餐休息时间、一次特别长的午餐，现场拍摄过程中又因为摄影师要装卸胶卷中断过无数次。会议开始时，普拉格播放了半小时新时代音乐和占星术士用的那种暧昧难解的声音，以便让我们做好到"世界的另一面"的准备。他的言谈举止间有股女人气，一副善解人意的样子，好像他真的能"感觉到我们的痛苦"。

普拉格试着用我从来没有见过的一种方法来猜测我们每个人的痛苦。他会摸着自己的胸部和头部说"我这儿痛"，同时观察着观众的反应。他这样连续做了三次后，我突然明白了其中的原因。不管具体的死因如何（如心脏病、抽风、肺癌、溺水或交通事故等），大多数人都是因心脏、肺和大脑中的疾病而丧命。有几次，他的暗示没有得到任何反馈，于是就说："对不起，我没有任何感觉。不是在那儿，不是在那儿。"然而，通过这个过程，他对我们大多数人已经有所了解，也知道我们的亲人是因何而死。但这些都是经过多次失败才猜中的。前两个小时，我把人们回答"不"和摇头的次数都记录下来。他往往猜100个才能命中十几个。只要有充足的时间，准备足够的问题，即使受过很少训练的人也能学会普拉格的伎俩。

我还注意到，在摄影师换胶卷的时候，普拉格会去和在场的观众聊聊天。"你为谁来这儿的？"他问其中的一位女士。这位女士回答说是为她母亲。冷读几次后，普拉格转身对这位女士说："我看见有个人站在你身边,她是你母亲吗?"在这种情况下他往往都能猜对。自始至终他都保持正面的解读策略。这其中的原因很简单,不管我们做错了什么,我们失去的亲人都会原谅我们,他们仍然在爱着我们。他们不再经受病痛的折磨,他们希望我们幸福快乐。除此之外,他还能说出什么别的吗?譬如说:"你父亲想让你知道,你弄坏了他的汽车,他永远都不会原谅你?"有位年轻女士的丈夫是被车轧死的,于是普拉格对她说:"他想告诉你,你得再找个男人。"事实是这位女士已经订婚,正准备结婚。当然,她认为普拉格说对了。但就像我在摄像机下解释的那样,普拉格根本没提到有关婚事的具体细节。他只是很笼统地去肯定一些事情,并不谈什么细节。他没有告诉这位女士她很快就要结婚了,只是说总有一天她会再婚。这算什么?另一种可能性是,下半辈子她都将是一个孤独的寡妇。这基本上不可能,而且说出来也让人丧气。

当普拉格叫出一对夫妇被从车里射出的子弹打死的儿子的名字时,整个节目的气氛达到高潮。普拉格宣称:"我看见字母 K。你儿子叫凯文还是肯?"那个母亲哑着嗓子、泪汪汪地说:"没错,是凯文。"我们都大吃一惊。接着我注意到这位母亲的脖子上挂着一条又大又重的链子,镶嵌在链子上的钻石衬着黑色的背景刻着字母"K"。当我指出这一点时,普拉格否认见过链子上的字母。在连续 11 个小时的拍摄、休息和不断聊天中,他肯定注意到了颈链上的字母,连我都看到了,更何况他这个职业老手呢。

与阿尔特亚和普拉格的通灵巫术相比,观众的反应更让人饶有兴趣。不管是谁,不出半个小时肯定都能把冷读术学到手。冷读术之所以奏效是因为那些相信它的人希望它奏效。除了我,参加"未解之密"节目录制的其他人都希望普拉格成功,他们到这里来是为了能和失去的亲人说说话。在事后的采访中,其他 9 个观众,即使知道他猜错了人,但依然肯定了普拉格的法力。有位女士的女儿很多年前遭人强奸而遇害,警察到现在还没找到有关凶手的任何线索。为找到杀害女儿的凶手,这位母亲曾出现在很多现场访谈节目中。

普拉格的冷读对她来说无疑是雪上加霜。他重新编造出一个犯罪现场，描述了一个男人对一个女孩强奸施暴，并用刀子刺杀女孩的详细过程。这弄得那个本来就痛苦不堪的母亲更是泪水涟涟。（在场的人都认为普拉格所描述的情景是真的。可访谈会开始时，他不停地揉胸挠头企图得到有用的线索时，这位母亲曾把手在脖子上一划，做杀头状。普拉格对这个手势发挥时只有我还记得这个细节。）

录制完"未解之密"节目后，很明显除了我，大家都为普拉格的冷读术所打动。他们质问我的怀疑，要我解释他说对的那些事情。我最终坦白了我的身份和参加节目的目的，并揭示了冷读的真正过程。但很少有人对我的解释感兴趣，有几个竟掉头走开了。有位女士狠狠地盯着我，说在人们痛苦的时候去摧毁他们的希望是很不道德的行为。

理解上述现象的关键即在于此，生命本身即为偶然，人生充满了种种不测，其中最让人感到可怕的是，人们无法预测自己最终死亡的方式、时间和地点。为人父母者，丧子之痛尤难以忍受，也就是这份剧痛使他们易于接受"通灵师"的解读。在现实的压力下，我们变得易于轻信。我们希望能从算命先生、手相师、占星术士和通灵师那里寻求到令人安定的力量。在某种程度上，这些巫师也的确能给我们生存下去的希望，帮我们找到排忧解愁的办法。可同时也就是这类希望，使我们丧失了用批判性眼光去看待事物的能力。如果我们真能长生不老，那岂不是件神奇之事？如果我们能再度与失去的亲人对话，那岂不美妙？当然是这样。对这样的诱惑，怀疑者和笃信者内心的感受是一致的。这是人类古老的冲动。生命危在旦夕，食物三餐不继，在这样一个残酷的现实世界里，人类的祖先慢慢地形成了一种信仰：相信有一个美好的来生和精神世界的存在。世界各地的文明都有这种信仰。如此看来，人们在敏感脆弱、恐惧、担忧时，那些善于给人希望的人只要向他们承诺来生的存在，即使证据再无力，人们也会笃信无疑。这是人类的轻信使然。正如诗人亚历山大·蒲柏在其1733年的《论人》中写道：

胸臆浩荡，希望永驻。
人生苦短，福佑长伴。
归途望断，魂牵梦绕。
安歇此生，来世再叙。

正是在这种希望的驱动下，我们所有人，包括怀疑者和笃信者，才会受缚于种种难以解释的神秘事物，在一个物质的世界里寻求一种精神生活，渴望能长生不老，企盼我们对永恒的希望可以如愿以偿。也是这种希望把很多人推向灵魂论者，如从新时代的印度宗师或电视里的通灵师那里去寻求解脱。但这些人所提供的是一种浮士德式的交易：以对永恒的许诺来换取人们自愿暂时搁置怀疑。

对于科学家和怀疑者来说，希望之梦亦长久不衰。神秘的大自然迷惑着我们，浩大的宇宙使我们敬畏，人类在如此短暂的时间内竟能取得如此巨大的成就也令人震惊。我们在不懈的努力和不俗的功绩中寻求着永恒，幻想永恒之梦成真。

这本书所讲述的人物亦怀有同样的信念和希望，只是他们采用了一种别具一格的方式来坚持信仰，实现梦想。本书论述了科学和伪科学、历史和伪历史之间的差别，以及这种差别所带来的不同影响。每个章节都可以独立成篇，但各个章节连贯起来将向你揭示以下内容：通灵的力量、超感官的知觉、不明飞行物、遭外星人绑架、鬼魂及闹鬼的房子，等等。不仅如此，书中还就一些长期争执的观点进行了阐述。这些争论不都涉及那些边缘化的社会问题，譬如创世论、对《圣经》的字面解读、否定大屠杀、言论自由、种族主义、智商问题、政治上的极端主义和激进的右倾主义以及因道德、危机和媒体轰炸而触发的现代迷巫狂。这其中又包括恢复记忆运动、对撒旦式宗教仪式的误用、协助通灵术等等。这其中的千差万别完全取决于不同的思维方式。

而且，还不仅如此。更具深意的是，在探索自然秘密的过程中，即使一时未能释秘解惑，人们还是表现出一种孜孜不倦的科学精神，本书旨在称颂这种精神。重要的是求知的过程，而不是最终要达到的目的。我们生活在一个科学的时代，这也正是伪科学得以欣欣向荣的原因所在。伪科学家们知道，他们所提出的观点至少得具有科学的"外壳"，因为在我们的文化中，唯有科学才是真理的试金石。大多数人都对科学寄予了某种信任，相信科学会在某种程度上解决我们所面临的一些主要问题，如艾滋病、人口过剩、癌症、环境污染、心脏病等等。有些人甚至对未来的科学存有这样的幻想：科学将发明出长生不老之术，届时我们就可以吞食一些微型电脑软件，这些软件会帮助修复我们体内损坏的细胞和器官，根除危及生命的种种疾病，使我们能随心所欲地选择自己的存活年龄。

因此不管对灵魂论者、宗教主义者、新世代主义者，还是通灵师来说，希望是历久不衰的。对唯物主义者、无神论者、科学家，甚至对怀疑者也是如此。其间的差别在于去何处寻找希望。前者方便时会拿科学和理性来阐明希望，但当科学和理性不能为其服务时，便将其弃置一旁。对他们来说，只要能满足人类对永生的渴望，随便用哪种理论来阐明希望都行。为什么会这样呢？

人类在发展中，逐渐形成了在周围环境中寻求事物和事物之间联系的能力。有些人能找出事物之间最贴切的联系，并将其发现传给后人。作为他们的后代，我们继承了他们的成果。问题是，用因果关系来解释事物之间的联系并非总是万无一失。我们把事物联系起来，不管它们之间是否存有某种联系。这会导致两种结果：错误地否定事物间的某种联系会要了你的命（如没必要避开有毒的响尾蛇）；错误地肯定事物间的某种联系，只会浪费时间和精力（飘一场小雨就会解除旱情）。前人有时错误地将事物联系在一起，而我们却继承了这些错误的观点，譬如在迷糊状态中产生的幻觉以为自己遇到鬼魂或外星人；有人在空房子里砰砰敲门，就以为是房子里在闹鬼；闪现在树丛中的灯影是圣母玛利亚；火星上杂乱无序的山影最后竟成了外星人设计的脸庞。信仰会左右人的感觉。地层中"缺失"的化石证明了神圣的创世之说；没有找到希特勒迫犹的命令就意味着该命令根本没存在过，或希特勒根本就没发动过迫犹运动；发现亚原子微粒和天体结构在形体上的偶然相似之处，便可证明宇宙间存有一个智慧的规划者；由催眠术所激发的那些模糊不清的情感和回忆，即使根本提供不出确凿的证据，也会演绎成一种关于童年遭受性侵犯的清晰记忆。

科学家也会错误地将不相干的事物联系在一起，但科学的方法就是为根除这些误断而设计的。就最近一个非常知名的例子来说，如果冷核聚变的结果在别的科学家做出旁证之前没有公布于众，那它根本就没有什么奇特之处了。错误的科学发现一旦未经验证就流传出去，那就变得非同寻常了。这恰是科学得以发展的方式——在无数次失败和错误中前进。然而公众通常听不到这种事情，因为错误的科学发现并不总是公布于众的。硅胶乳房移植手术可能导致严重的健康问题曾是热门新闻，但公众没有注意到这样的假设并没有确凿和可信的证据。

那么，你可能会问，身为一个怀疑者到底意味着什么？有人认为，怀疑者拒绝接受新观念；或更为糟糕的是，他们把"怀疑者"和"冷嘲热讽者"混为一谈，从而得出结论：怀疑者只是一群牢骚满腹的吝啬鬼，他们根本不愿意接受任何挑战现状的新观念。这种观点是错误的。怀疑主义是方法论，而不是观点立场。它是达到最终目的的一个暂时性环节。从理想主义的角度来看，如果根本无法断定一种现象或观念的真伪，怀疑者通常是不会去做无为的调查的。举例来说，在调查那些否定大屠杀的言论时，我发现自己对这些怀疑者本身产生了怀疑（见第十三章和第十四章）。在帮助恢复记忆这一个案中，最终我却站在了怀疑者一边（见第七章）。人们可以去怀疑某种信仰的真伪，亦可对那些挑战该信仰的人提出质疑。

本书从三个层面分析了人们之所以会相信一些怪诞事物的原因：（1）因为心中萌生了对永恒的希望；（2）一般情况下，人的思维会走岔路；（3）在一些特殊场合里，人的思维也会偏离正轨。我试着将几种"荒诞信仰"的特例与从观察这些特例所得出的一些规律糅合在一起。为了达到这一目的，我采用了斯蒂芬·杰伊·古尔德的方式，把具体的细节与整个蓝图有机地组合起来；同时我还从詹姆士·兰地的使命中汲取灵感，以便对这个时代和以往时代中发生的神秘之事有所了解。

在我们创建"怀疑者协会"和创办《怀疑》杂志的5年期间，我的合伙人、朋友和妻子基姆·兹爱勒·舍默在每天的饭桌上、开车和骑脚踏车时、带着我们的女儿德温和小狗去山上远足时，给我提供了无数独到的见解和建议。我的另一个合伙人，帕特·林辛不仅是位才华横溢的艺术导师，还是一个非常鲜见的博学之士，既通晓艺术，又熟谙科学。她博览群书（虽然她没有电视机），天文地理无所不知，怀疑运动从她那独到且具有建设作用的真知灼见中受益匪浅。

我还想谢谢那些在我创办《怀疑》杂志中给予我最得力的支持，以及在加州理工学院举办怀疑论讲座系列的人。没有他们无私的帮助，本书将无法面世。10年前，我在格伦代尔学院教授心理学导读时，雅伊梅·博特罗就是我的同盟军。加州理工学院的迪亚娜·克努松对于"怀疑者协会"所举行的每一次演讲都尽心尽力，且不索取任何报酬。布拉德·戴夫斯把每次演讲都制成录像，对于演讲者所论述的种种不同的观点予以极有价值的反馈。杰里·弗里德曼负责创建我们的数据库，组织"怀疑者协会"的意见调查，并且为我们提供有关动物权益保护方面的珍贵信息。泰瑞·科克以其独特的方式持续不断地为提高科学和怀疑论的地位而做出颇可称羡的贡献。

本书中的大部分章节都曾经以文章的形式刊登在我所创办的《怀疑》杂志上。读者自然会问，谁负责审查编辑的稿件？谁又来怀疑怀疑者本身呢？本书中的每一篇文章都经过出版社编委伊丽莎白·诺尔、玛丽·路易斯·伯德、米歇尔·邦尼斯以及我的合伙人基姆和帕特的审稿和裁定。除此之外，杂志的名誉编辑、编委和这一领域积极参与的专家也功不可没。为此，我衷心感谢大卫·亚历山大、克莱·德雷斯、赫内·弗里德曼、阿历克斯·格罗贝尔曼、迪亚娜等，尤其是理查德·哈德森、伯纳德·莱坎德和弗兰克·萨洛威。他们在编辑这些文章的过程中，为了尊重事实，往往置朋友之间的交情于度外。马扎特力排众议，使"怀疑者协会"、《怀疑》杂志和《千年杂志》的创办成为可能，他使我们相信遥不可及的梦想会变为现实。

在其1958年所著的《物理学的哲学》一书中，物理学家和天文学家阿瑟·斯坦利·爱丁顿爵士对科学家所做的观察提出了这样一个问题："谁来观察那些观察者呢？""是认识论家。"爱丁顿回答说，"认识论家注视着那些科学家，看他们到底在观察些什么，认识论家发现的结果往往和科学家所标榜的观察对象大相径庭。认识论家对科学家的观察程序及其观察设备的局限性进行仔细的审查，这样他们就会事先知道科学观察结果的局限性。"今天，对观察者进行观察的人是那些怀疑论者。但谁来监督怀疑论者呢？是你。读读这本书，但愿你能从中找到乐趣。

第一部分
科学和怀疑论

有效正当的经验、努力和理智是科学赖以生存的基本理念。而魔法则相信希望不息,美梦有偿。

——布罗尼斯拉夫·马林诺夫斯基,
《魔幻、科学和宗教》,1948

第一章

我在，故我思

怀疑论者的宣言

生物学家文森特·德蒂尔曾写过一本题为《认识苍蝇》的书。该书篇幅不大，却相当精彩。文章伊始，作者就孩子们如何成长为科学家这一问题做出谐趣横生的见解。"据说踩到苍蝇是会下雨的。因此孩子们往往对此心存顾忌，怕一脚踏下去会招来大雨。可拽扯苍蝇的肢体和翅翼却似乎并未触犯什么禁忌。大多数孩子长大后都不会再去理会这种事，但那些仍热衷于摆弄动物的人要么不得善终，要么成为生物学家。"（1962，第2页）童年时代，孩子们醉心于探求新知识，见到什么问什么，虽然很少对事物持怀疑态度，也很少有人试着去弄清楚怀疑和轻信之间的区别。我自己也是花了好长时间才弄明白的。

1979年，因找不到一个做全职教师的职位，我成了一家赛车杂志的专栏作家。上班第一天，我就被派去参加一个新闻发布会。一个名叫约翰·马里诺的小伙子仅用了13天1小时20分钟的时间就骑车绕美国转了一圈。该会就是为庆祝这一壮举而召开的。当问及成功的秘诀时，约翰给我列举了一大堆稀奇古怪的秘诀。譬如非同寻常的素食习惯、大剂量维生素疗法、斋戒、灌肠法、泥浴、虹膜诊病法、血细胞毒素测验、罗尔夫按摩治疗法、指压按摩和针灸、脊椎指压疗法、负离子蒸汽浴和金字塔效应力治疗等诸如此类前所未闻的东西。因为喜欢刨根究底，当决定自己也要正儿八经地去参加赛车运动时，我心里琢磨着去试试上述秘诀，看看是否真的奏效。我曾经斋戒一周，除了吞食一种由水、辣椒、胡椒、大蒜和柠檬搅拌在一起的奇奇怪怪的混合物外，我滴水未进。那个周末，我和约翰骑车在欧文和大熊湖之间打了个来回，大约有140英里的行程。快骑到半山腰时，我支撑不住瘫软下来，而且浑身异常难受，那是吞食那种混合物的结果。我俩还骑自行车去过埃尔西诺湖附近的一个温泉疗养地，据说那儿的泥浴可以吸出体内含有的毒素。进行泥浴的那一周，周身的皮肤都给染红了。其间我还在卧室里安装了一个负离子蒸汽机，以便自己能摄取更多的能量。机器搅起的灰尘落到墙壁上，把墙都给弄黑了。我请一位虹膜学家来检查我的眼睛，他说我眼中那些小小的绿斑表明我的肾脏有问题。可直到今天，我的肾也没犯过什么毛病。

我真正投身于骑车大赛中了。见到约翰的第二天我就去买了一辆赛车，而且那个周末我就参加了生平第一次的骑车大赛。一个月后，我完成了自己赛车史上的第一个百里大赛（100英里）。那年年底，我又第一次完成了一个200英里大赛。这期间我不停地试用着那些稀奇古怪的成功秘诀，我想我不会因尝试这些秘诀而损失什么。况且，谁能预知未来，说不定那些秘诀真能提高我的车技呢。我尝试过灌肠法。据说食欲不振就是因为食道受劣物的阻挡不通畅而引起的。可接受灌肠疗治的那一小时内，我只觉得体内的某个地方给插进一根管子，很不舒服。我在自己的寓所里安了一个能产生金字塔效应力的装置，用来聚能。结果只是招来客人们奇怪的眼光。我又尝试着去接受推拿按摩治疗，那的确使人通体舒畅，浑身放松。随后按摩师断定，只有继续做"深层次"的按摩，才能排出肌肉中的乳酸。这种"深层次"的按摩可不如先前那般舒适，况且还有个家伙在用双脚给我按摩。我还试过罗尔夫按摩治疗，那才是"地地道道"的"深层次"按摩。可那种折磨令我至今也未敢再去领教。

1982年,我和约翰还有其他两个人参加了由洛杉矶到纽约的首次跨美自行车大赛。比赛行程为3000英里,参赛者要穿越美国大陆,而且中途不得停歇。大赛准备期间,我们进行了血细胞毒素测验。通过对引起过敏的食物的检测,可以查出血小板凝聚、毛细血管受阻,以至于血流减缓的原因。当时我们已经开始对以上种种成功秘诀起了疑心。于是我们只提交了一个人的血液,却在上面标了不同的名字。检查结果出来后,竟然每个名字下的检测样本都列有不同的过敏食物。这表明我们的血液没问题,有问题的只能是他们的诊断。大赛期间,睡觉时我就戴上脑震波测量器,以便进入良好的睡眠状态。据称该仪器不但可以活跃肌肉,还可治愈伤口。生产这种仪器的公司宣称,乔·蒙塔纳就是因为戴了这种仪器才赢得了超级杯赛。我几乎能看出来它根本就不起什么作用。

脑震波测量器是我的脊椎指压治疗师的主意。现在我定期去看脊椎指压治疗师,不是因为我本身需要,而是我看到书上写着,身上的能量在流过脊椎时会出现受阻现象。结果我发现,治疗师给我纠正得越厉害,我就越需要继续纠正下去,因为我的脖子和后背不断地"脱节"。这种情形持续了两三年,直到我最后完全放弃。从那之后,我再也不需要什么脊椎指压治疗师了。

总的来说,我作为一个超级马拉松职业赛手已有10年的历史了。在这期间,为了增进骑车技能,我不断地尝尝这个、试试那个(除了吸毒和类固醇之类的东西)。随着环美自行车大赛的不断壮大——很多年来它都是美国广播公司《环球体育报道》关注的焦点——我尝试杂七杂八的各种东西的机会也多了起来。这10年的经历让我得出两个结论:除了长时间的不懈苦练、坚守训练规则、有规律的饮食之外,没有更好的方法能增进骑车技能、减轻痛苦或增强体质。对所有的一切都保持怀疑的态度是划得来的,但所谓坚持怀疑的态度是什么意思呢?

何为怀疑论者？

1983年8月6日是个星期六，那天我正攀登在通往科罗拉多拉夫兰德隘口的漫长旅途中，也就是在那天我开始成为一个怀疑论者。当时第二次环美大赛正进行到第三天。给我提供咨询的营养学家认为，假如我听从他的建议，采用他提供的大剂量维生素疗法，我就会赢得那场比赛。他当时正在做营养方面的博士论文，我估摸他说的应该有点儿道理。每隔6个小时我都要按规定强吞下一大把维生素和矿物质。那些东西直入肺腑，味道几乎让我恶心。我想，自己排泄出的那些色彩斑斓的小便肯定是美国最昂贵的尿液。这样折腾了3天后，我断定这种维生素疗法，同灌肠及其他别的名目的疗法一样，纯属胡说八道。攀登拉夫兰德隘口时，当着那个营养学家的面，我会老老实实地把那些维生素含在嘴里，可一旦他没注意，我马上就吐到路上。看来有点儿怀疑精神比盲从轻信安全得多。

比赛过后，我发现是一所名不见经传的营养学校要给我那位营养师颁授博士学位。更为糟糕的是，我就是他的博士论文所研究的对象。自那以后，我开始注意到，那些异乎寻常的疗法和新时代的种种信仰最容易吸引那些从事边缘学科研究的人——那些人没受过正规的科学训练，在一些不起眼的小学校里拿到学位，缺乏有力的证据来证明自己的观点，却极力鼓吹某种灵丹妙药的奇特功效。这当然不是否定所有类似的言论，但对这些东西存点儿戒心应该是明智之举。

没错，对一切事物采取怀疑的态度，这并不是什么新潮的观点。怀疑论的起源要追溯到古希腊和柏拉图学派。苏格拉底的妙语"我所知道的就是我一无所知"，也可让我们体会到怀疑论的精神。1952年，马丁·加德纳的经典之作《科学名义下的风尚和谬误》问世，标志着怀疑论已开始发展成为一门正式的科学。其后40年，加德纳又发表了无数的散文与专著，如《科学：善、恶与伪造》（1981）、《新时代：边缘观察者札记》（1991）、《在宽阔的另一边》（1992），从而建立起怀疑论的模式。20世纪70年代和80年代，魔术师詹姆士创造出"令人惊异"的传奇人物兰地。兰地在大众媒体上的出现极大地触动了人们的心理世界（36次出现在"今夜影视"）。怀疑论也由此开始渗透到流行文化中去。哲学家保尔·库尔兹在美国及世界各地创建了几十个怀疑论团体，由其负责出版的杂志如《怀疑论者》在国内外均有发行。如今一个自称为怀疑论者的团体正在蓬勃兴起，这其中包括科学家、工程师、物理学家、律师、教授、老师以及其他来自知识阶层的人。他们进行科学研究，按时举行月会和年会，以简单自然的道理向大众及媒体解释那些明显的超自然现象。

现代怀疑论的科学性体现在其科学的研究方法上，即利用资料数据来验证解释自然现象。一个观点正确与否取决于其合理的程度。但科学研究中所有的事实都具有临时性，容易让人质疑。因此怀疑论只是引导得出临时性结论的一种方法。有些现象，如探测水源、超感觉的知觉和创世主义得到过验证，而且我们也能得出临时性的结论：它们都是假的。其他现象，如催眠术、测谎仪和服用维生素C的疗法也得到过验证，但却得不出决定性的论断。所以在我们得出临时性结论之前，必须不断地去进行假设和验证。理解掌握怀疑论精神的关键，是要不懈地采用科学的方法，力求穿越横亘在"一无所知"的怀疑主义和"无所不晓"的轻信主义之间的那条险恶的鸿沟。纯粹怀疑论的缺点是，太极端，观点会站不住脚。如果你怀疑一切，你也得对自己的怀疑态度有所怀疑。就像那些不断衰竭的亚原子粒子，纯粹的怀疑论者只是在自己昏暗不清的主观世界里凭空臆造。

有一种流行的观点是，怀疑论者都死脑筋，不开放。有人甚至说我们只是在愤世嫉俗。基本上，怀疑论者既非脑瓜闭塞也非愤世嫉俗。在我的定义里，怀疑论者是指那些能质疑某观点的真伪，并要求用证据来证明或驳斥该观点的人。换句话说，怀疑论者来自密苏里——一个凡事讲究"证明给我看"的州。如果听到什么离谱的观点，我们就会说"那好，证明给我看"。

这有个例子。多年来我一直听人们讲述关于"第一百只猴子效应"的故事。我纳闷或许我们可以利用某种集体意识来减少犯罪、根除战争、基本上消灭种族之间的差别。1992年总统选举的候选人之一是自然法党的约翰·哈格林博士。哈格林曾经宣称，如果他当选为总统，他将着力解决关于人们内心世界的一些问题，即关于沉思冥想的问题。哈格林及其他一些人（特别是那些超验主义冥想的倡导者或超验主义者）认为，在某种程度上，观念可以从一个人传到另一个人身上，尤其是在那些正处于冥想状态的人之间。如果在同一时间内进行冥想的人达到一定的数量，就会达到某种临界质量，由此而产生质的巨变。人们常引用"第一百只猴子效应"的例子来证明这一令人瞠目的理论。故事中这样讲到，20世纪50年代，日本的科学家给幸岛上的猴子喂土豆吃。有一天，其中的一只猴子自己学会了洗土豆，并且把这种本领教给其他的猴子。当大约第一百只猴子学会洗土豆时，即出现所谓的临界质变——突然所有的猴子都掌握了这个本领，甚至那些远在几百英里之外岛上的猴子也不例外。新时代圈子内广泛流传着讲述这种现象的书籍，比如，莱尔·沃森的《生命之潮》(1979)。肯·凯斯的《第一百只猴子》(1982)就曾一版再版，其发行量达到几百万册。埃尔达·哈特利甚至导演了一部名叫《第一百只猴子》的电影。

为了解上述传说是否属实，让我们看一下怀疑论在现实中的运用。事实并非如人们传说的那样。1952年，灵长类动物学家为了防止猴子侵袭当地的农田，用红薯喂养那些日本短尾猿。其中一只猴子确实学会了到河里或海洋中去冲洗红薯，其他一些猴子也确实在仿效这种行为。现在我们仔细推敲一下沃森书中所记载的内容。他承认"人们得从最初调查者的个人逸事和零星的民间传说中去了解猴子故事的其他内容。他们大多自己也拿不准到底发生了什么。所以我也是被迫临时凑出这些细节"。沃森推测"幸岛上能去海里洗红薯的猴子并没有确切的数目"——人们也根本不会期望有这么高的准确度。接着他又说"让我们假设共有99只猴子，星期二上午11

点又有一只猴子加入。显而易见，这新来的第一百只猴子使整个猴子的数目达到了某种极限，从而进入临界状态"。此时他又说在这一点上，这种冲洗红薯的习惯"已越过某种天然的障碍，自发地出现在其他岛上"。（1979，第2—8页）

上述传说就先分析到这儿。科学家不会"即兴编造"一些细节，或从"个人逸事""零零星星的民间传说"中胡乱猜测。实际上，有些科学家的确对所发生的事做出精确的记录。（比如，Baldwin et al. 1980；Imanishi 1983；Kawai 1962。）1952年人们开始做实验，对20只猴子进行详细的观察。到1962年，猴子的数量增加到59只，其中有整整36只在学着洗红薯。所谓的"突然间"掌握了洗红薯的本领实际上花了10年的时间。那时所谓的"100只猴子"也只有36只。况且，我们可以无休止地去推测那些猴子所掌握的本领，但事实是，不是所有被观测的猴子都会洗红薯。即使在幸岛上，36只也达不到临界质变。因为别的岛上的猴子也表现出同样的行为。1953年到1967年，人们又对猴子进行过详细的观察。同样，猴子学会洗土豆既非突然，也与幸岛没什么必然的联系。其他岛上的猴子可能自己掌握了该技能，或者也可能是跟别的岛上的猴子学会的。不管怎样，不仅找不到足够的证据来证明这一异乎寻常的观点，甚至连能解释这种观点的真实现象都不存在。

科学和怀疑论

怀疑论到底是不是科学的重要组成部分。在我的定义里，科学是怀疑主义，是用来描述、解释观察或推测到的现象的一系列方法，不管这现象发生在过去还是现在，目的在于建立一套经得起检验的知识体系。换句话说，科学是一种分析现象、检验观点的特定途径。给科学方法下定义不是件容易事。恰如哲学家和诺贝尔奖得主彼得·梅达沃爵士所说，"如果问一个科学家什么是科学方法，他的回答听上去既郑重其事又有些闪烁其词。郑重其事，是因为他觉得他应该表明自己的观点；闪烁其词，是因为他在尽力掩藏一个事实，即关于这个问题他根本就没有自己的观点"。（1969，第11页）

关于科学方法的定义有很多说法，但很难达成一致。这并不意味着科学家们不知道自己在做些什么。动手去做与用语言解释是两件不同的事。然而，科学家们却一致认为，下列几项是科学思考过程中不可缺少的因素：

  归纳：从现存资料中得出一般性结论，进而做出假设。
  演绎：在假设的基础上做出特定的预测。
  观察：根据假设去收集资料，告诉我们应在自然中寻找什么。
  验证：利用观察的结果来检验预测，从而确认或否定先前的假设。

当然，科学思维的过程并非如此严格，也没有哪个科学家会有意识地去遵循这些"步骤"。在科学的思维过程中，观察现象、做出结论、进行预测与假设检验，这几个环节之间是相互作用、不可分割的。收集资料也不是无中生有。你所做出的假设决定了观察的种类，而假设本身又受观察者本身教育水平、文化素质及某些特定看法的影响。

上述思维过程构成了科学哲学家所宣称的假设—演绎方法的核心。根据《科学史词典》记载，假设—演绎方法包括："（a）做出假设；（b）将该假设与对'初始条件'所做的陈述联系起来；（c）根据上述两项做出预测；（d）检验预测是否正确。"（Bynum，Browne，and Porter 1981，第196页）观察和假设这两个过程，不可能分辨出孰先孰后，因为两者之间相互作用，密不可分。那些额外的观察结果会充实整个假设—演绎过程，对预测的正确与否做出最终的判断。正如阿瑟·斯坦利·爱丁顿爵士所指出的那样，"观察是验证科学结论真伪与否的最高法庭"。（1958，第9页）我们可以对科学的方法做出以下概括：

假设：用来解释一系列观察结果的可检验性陈述。

理论：有据可查、可以验证的假设或一系列假设。

事实：经过确认的结论，可以为临时性的共识提供合理的证据。

我们可以把理论和构想的概念对照来理解。构想是用无法检验的观点来解释一系列观察结果。地球上的生命演化可以用下列两种陈述来解释："上帝造人论"或"生物进化论"。第一种陈述是一个构想，第二种是一个理论。大多数生物学家都把生物进化看作客观事实。

科学方法能使我们对事物进行客观的研究——在尊重客观事实的基础上得出结论。我们尽力避免将结论建立在个人观点或不尊重客观事实的神秘主义之上。

以个人见解作为科学研究的起点并没什么错误。许多著名科学家的重大发现均归功于他们独到的见识、直觉和其他一些难以言传的主观意识。据阿尔弗雷德·罗素·华莱士自己说，自然选择这一想法是他生病时"突然闪现在脑中的"。但是，直观的想法、带有神秘色彩的洞察力只有经过外部验证才能成为客观事实。恰如心理学家理查德·哈迪森所解释的那样：

> 那些神秘的"真理"从本质上讲只能带有个人主义的色彩，它们不可能在客观的外部世界中得到证实。每一种观点都有可能是真理。如果从是否有相关证据这一角度来看，占星术、佛教，每一种教义的存在都是合理的，同时也是不合理的。这样说不是要去贬低某种信仰，而只是确认这些信仰的不可行性。持有神秘主义观点的人本身就自相矛盾。在寻求外界事物来支持自己的观点时，这些人必须同时求助于一些客观的理论，这样一来他自己就否定了神秘主义的存在。从定义上看，客观事实无法证明神秘主义观点。
> （1988，第259—260页）

在逻辑推理和收集资料的基础上得出结论，科学的思维方法更使我们倾向于理性主义。比如说，我们怎么会知道地球是圆的？从下列观察中我们自然而然会得出这个结论：

- 地球在月亮上的投影是圆的。
- 轮船消失在地平线时唯一可见的是它的桅杆。
- 地平线是弯曲的。
- 从太空中拍摄到的照片。

科学的求实精神可以帮我们避免教条主义。教条主义者是靠权威性的言行而不是逻辑和证据得出结论。比如说，我们如何知道地球是圆的？

- 听父母亲说的。
- 听老师说的。
- 上司告诉我们的。
- 课本上是这样说的。

根据某种教条得出的结论并非都站不住脚，但这些结论的确容易产生这样的问题：那些权威人士自己是如何得出结论的？他们是通过科学的方法还是其他别的方式？

怀疑和轻信间的基本冲突

科学和科学方法并非绝对真理，它们也有错的时候，认识到这一点非常重要。但科学的巨大力量，即其自我完善的功能，恰恰潜在于其错误倾向之中。不管错误是有意还是无意的，也不管是自觉还是不自觉地去误导，它们迟早会因缺乏客观依据而被淘汰。冷核聚变的失败就是科学方法能及时迅速地暴露错误的典型例子。科学家中至少有像加州理工学院物理学诺贝尔奖得主理查德·费曼这样的人。费曼的"与纯粹的诚实相适应的科学思维原则——某种带有后倾性的原则"体现的正是科学自我完善这一特性。费曼认为,"做实验时,应将各种负面的因素都考虑进去:不仅要考虑合理的因素,还要考虑其他可能的解释"。(1988,第247页)除了这些本身固有的机制,科学还易受诸如不充分的数学符号、异想天开等问题的影响。然而,恰如科学哲学家托马斯·库恩(1977)所说,科学中"最基本的冲突"存在于绝对维护现状和盲目追随时尚的新观念之间。科学发展中范例变迁和变革都取决于对这两种截然不同的冲动之间的平衡。如果有足够多从事科学研究的人(尤其是那些身居要职的人)肯放弃正统的观念去扶持那些(先前看来)激进的理论,那时,也只有那时才会出现真正的范例变迁。

科学家查尔斯·罗伯特·达尔文成功地缓和了怀疑和轻信之间的冲突,为上述情形提供了一个很好的例子。科学史家弗兰克·萨洛韦认为,达尔文的思维方式有三个基本的特征,也正是这些特征使他在两种对立的状态之间达到了某种平衡。这三个特征包括:(1)他在尊重他人观点的同时也敢于挑战权威的观念(他对上帝造人一说极为熟悉,可却用自然选择的理论来代替造人之说);(2)他密切关注那些反面的证据(达尔文在《物种起源》一书中专门将这些反面的证据归纳在一个章节内,称为"理论中的种种困难"。这使反对他的人无机可乘,因为他把每一种可能引起争议的情形都交代得很清楚);(3)他广泛引用他人的著作(达尔文的通信14000多封,其中大部分都用极长的篇幅和问答的方式探讨一些科学方面的问题)。达尔文不停地质疑、学习,他有足够的信心提出一些独到的见解。然而他又极为谦虚,能充分意识到自己的不足。萨洛韦指出,"通常情况下,将科学界作为一个整体来看,才能显示出存在于传统和变革之间的紧张状态。因为不同的人偏爱不同的思维方式,几种相互抵触的思维方式同时展现在同一个人身上(达尔文),这种情况在科学史上还极为鲜见"。(1991,第32页)

在与那些"怪诞稀奇的东西"打交道时也要面对这种实质性的冲突。要么那些持激进观念的人会无视你的怀疑，要么你开明的思想让那些满嘴胡言的艺术家有机可乘。或许下面几个问题会让我们在这两者之间达成某种平衡：用来证明观点的证据的质量如何？观点提出者的背景和资历是什么？所提出的观点正确吗？经过那一连串痛苦不堪的健身治疗后我才发现，那种种所谓的有效疗法通常缺乏足够的证据，治疗者本身的背景和资历也值得怀疑，所采用的疗法和种种小把戏根本没有所宣称的那么奏效。

上述最后一点至关重要。我会经常接到一些向我打听占星术的电话。通常情况下，打电话的人都想了解一下占星术到底是怎么回事。他们想知道，天际间星星的排列是否真能影响人的命运。答案是否定的。但更为重要的是，人们评估占星术时，没有必要先去了解地球引力和行星的运动规律。人们所要知道的只是，占星术奏效吗？也就是说占星术士真能根据星星的排列准确地预测出人的命运吗？不，他没那个本事。没有哪个占星术士预测出TWA航空公司800号班机的坠机事件，也没有哪个曾预测出北岭的大地震。因此占星术的那一套理论根本是无稽之谈，它所倡导的那一切根本不可能奏效。所以占星术只能像"第一百只猴子"的传说那样消失。

思维的工具

文森特·德斯耶尔在谈到科学研究的报酬时，做了下面这个具有超验主义色彩的比喻："那是通往世界各地的护照，一种属于某个种族的归属感，一种超越国界、意识、宗教和语言的超验感觉。"除此之外，他还列举了金钱、安全感、荣誉等一系列科学所带来的回馈。但在提到一个"更为高尚、更为微妙"的报酬，即人类天生的好奇心时，他把前面所列举的一切都置于一边：

将人类和其他动物（毫无疑问，人类本身也是动物）区别开的品质之一便是人类对知识本身的需求。很多动物也有好奇心，但那只是适应环境的一种方式。人类却对知识有一种天生的渴望。大多数人都有求知的天赋，他们也有义务去了解更多的知识。所有的知识，不管多么零星，也不管与人类社会的进步和幸福有没有多大关系，都是整个知识体系的组成部分。科学家们所要探索的就是这个体系。去了解一只蝴蝶的构成就是在寻求神圣的知识。来自科学的挑战和乐趣就在于此。（1962，第118—119页）

从根本上说，寻求知识是科学所涉及的全部内容。正如费曼所指出的那样，"可以这么说，我被迷住了，就像小时候收到了一个神奇的礼物，长大后便不停地去寻找。我总是像孩子那样，在到处找寻我知道一定会找到的神奇之物。或许不是每次都找得到，但偶尔肯定能找到"。（1988，第16页）既然如此，人类教育最为重要的问题应该是：给孩子们怎样的工具去帮他们探索、欣赏和了解这个世界呢？在学校所采用的各种教育工具中，科学及批判的思维应该是最有效的。

孩子们天生具有辨别因果关系的能力。我们的大脑自然会把那些彼此有关的事件联系起来，解决那些需要特别关注的问题。我们可以想象这样一幅图景：非洲的原始人正在切割、打磨一块岩石，把它制成一把锋利的工具，以用来切割一块巨大的哺乳动物骨架。或者我们也可以想象一下历史上第一个发现击打燧石可以产生火星的人。车轮、杠杆、弓箭和耕犁，这种种发明创造都是帮人类改善环境、从而摆脱环境控制的工具。也就是这些基本的发明引导人类走向发达的现代科学技术。

从根本上来说，人类若生存下去，就必须进行思考。用脑思考是人类最为本质的特征。大约三个多世纪前，在经历了历史上最为彻底和最不可思议的迫害之后，法国数学家和哲学家勒内·笛卡尔总结说，至少他对一点是有把握的，即"我思，故我在"。人是会思考的动物。把笛卡尔的话倒过来说，就是"我在，故我思"。

第二章

我们所拥有的最珍贵的东西

科学和伪科学之间的区别

西方工业革命可以说是知识革命的里程碑。科学变革开始于400多年前，其发起人之一弗兰西斯·培根以极其精练的一句话概括了这个时代的特点："知识就是力量。"我们生活在一个科学技术高度发展的时代。30年前，科学历史学家德雷希·吉·德·索利亚·普赖西曾这样说过，"不管给科学家这个词怎样定义，我们仍然可以这么说，在已故的科学家中，80%—90%的人现在还活着。同样，任何一个年轻的科学家，从现在开始回顾他科学的一生，都会发现在他短短的生活经历中，80%—90%的科学发明都已变成现实，只有10%—20%的发明在他出生前早已实现。"（1963，第1—2页）比如说，每年大约有600万篇文章发表在10万多份不同的科学杂志上。调查表明，属于"纯科学"的杂志就有1000多种，每一种分类都伴有几十种专门性杂志。1662年英国皇家学会成立时只有两种科学杂志，现在猛增到10多万（详细增长情况请见图1）。

实际上，每一个学科领域都会呈现出这样的幂增长曲线。从事某一领域研究的人数增加了，这一领域的知识数量也会相应增加，知识数量的增加提供了更多的就业机会，依此类推，也就会有更多的人来投身于这一领域。图2所表明的美国数学学会（成立于1888

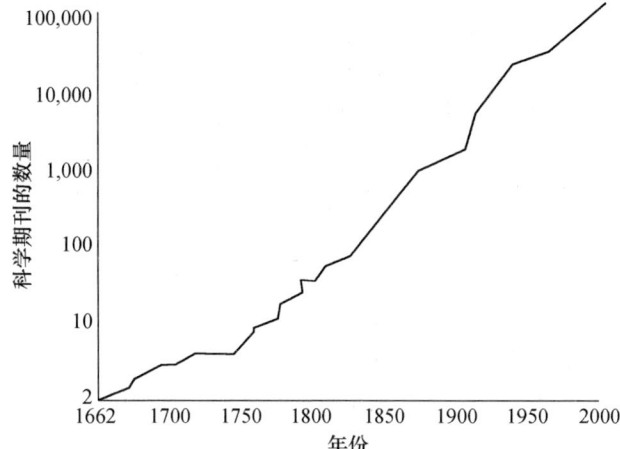

图1 1662年至2000年科学杂志的数目

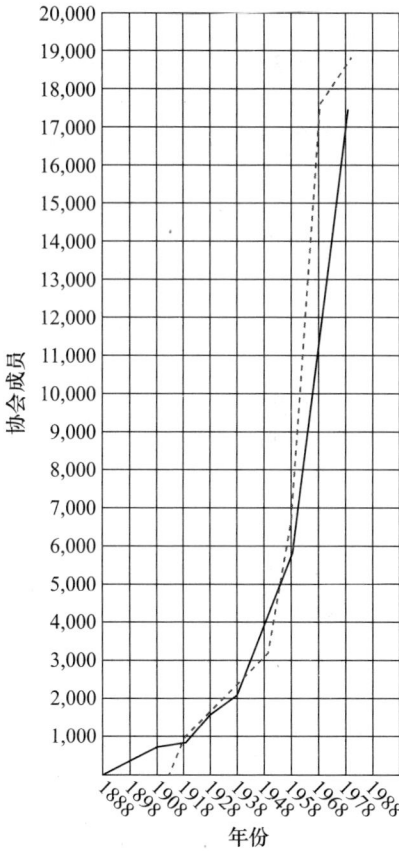

图2 美国数学协会及其前身,成立于1888年的美国数学学会成员增长情况(图中实线所示);成立于1915年的美国数学协会人员的增长情况(图中虚线所示)

年）和美国数学协会（成立于 1915 年）成员增长曲线就有力地说明了这一点。1965 年，注意到从事科学研究人员的增长速度的前英国科学教育副部长说："200 多年来，科学家在世界各国的总人口中占了很小的比例。今天，英国科学家的数目超过了军队职员和官员数量。从艾萨克·牛顿爵士的时代起，如果科学家增长的速度能够再这样保持 200 年的话，地球上的人——男人、女人和孩子，甚至每一匹马、每一头牛和每一条狗都将成为科学家。"（Hardison 1988，第 14 页）

人类的交通运输量速度也呈幂指数增长，而且这些重大的变化均发生在人类历史最近的 1% 的时间内。比如说，法国的历史学家费南德·布罗代尔告诉我们，"拿破仑时代的速度并不比恺撒时代的快多少"。（1981，第 429 页）可进入 20 世纪后，人类的交通速度以天文数字增长，正如下表所示：

1784 年	公共马车	16 千米 / 小时
1825 年	蒸汽机	20 千米 / 小时
1870 年	自行车	27 千米 / 小时
1880 年	蒸汽火车	160 千米 / 小时
1906 年	蒸汽汽车	204 千米 / 小时
1919 年	早期的航行器	264 千米 / 小时
1938 年	飞机	644 千米 / 小时
1945 年	战斗机	975 千米 / 小时
1947 年	贝尔 X-1 火箭飞机	1238 千米 / 小时
1960 年	火箭	6437 千米 / 小时
1985 年	航天飞机	28967 千米 / 小时
2000 年	TAU 深层空间探索	262093 千米 / 小时

下面这个例子更能表明科学技术的巨大变化。让我们看一看不同种类的计时器，即刻度盘、手表和钟。恰如图 3 所示，计时器的准确程度也呈幂指数增长。

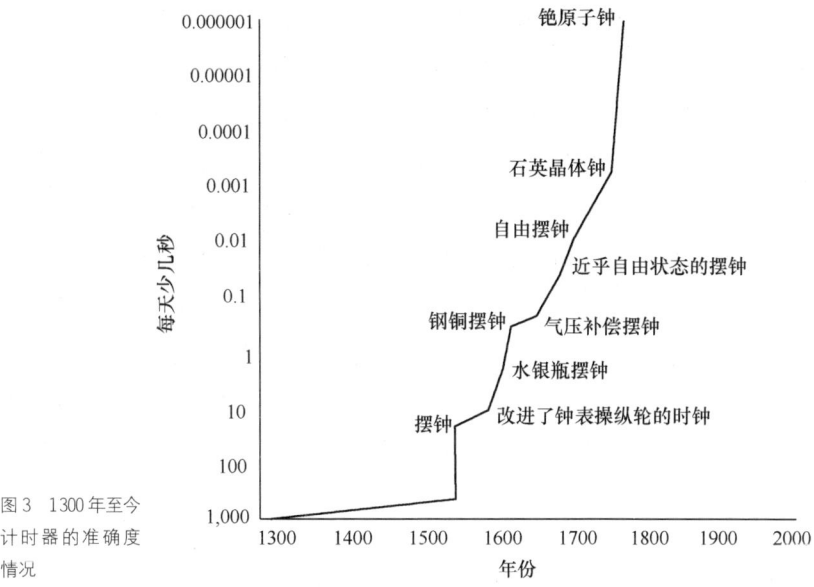

图3 1300年至今计时器的准确度情况

既然我们生活在一个科学的时代,那为什么伪科学和其他一些非科学的信仰还如此盛行呢?宗教、神话、迷信、神秘主义、礼拜仪式以及其他种种的荒谬论调充斥了现代文化,包括流行文化和高雅文化的方方面面。1990年对1236个美国成年人进行的民意调查表明,信仰邪教的百分比高得惊人。(Gallup and Newport 1991,第137—146页)

占星术	52%
超感觉的知觉	46%
巫术	19%
来过地球的外星人	22%
阿特兰蒂斯失踪的大陆	33%
与人类同时存在的恐龙	41%
挪亚洪水	65%
与死者交流	42%
鬼神	35%
有过通灵的经历	67%

这个时代其他一些缺乏科学证据的流行观念包括：水源探测、百慕大三角洲、用敲击作响闹恶作剧的鬼神、生物节律、创造宇宙说、意志力、占星术、幽灵、心理侦探说、不明飞行物、千里眼、植物的情感变化、来生、妖怪、笔迹相、地穴动物学、先见之明、通灵、金字塔效应、信仰疗法、大脚印野人、心理探矿、闹鬼的房子、永动机，以及无重量区域。有趣的是，还有人相信利用占星术可以控制生育。相信以上种种的人不仅仅限于那些失去理智、行为古怪的一小撮人。这有力地也有趣地说明了自中世纪以来，科学在多大的程度上背离了常规。难道现在我们还不明白，除非科学规律本身不完整或有所谬误，否则鬼神之类的东西根本不存在吗？

皮尔西格的矛盾

1974年，罗伯特·皮尔西格发表了他的经典之作《自行车维修的禅宗和艺术》。该书讲述了一个知识分子的冒险故事。故事发生在环美自行车大赛的路途中。故事中很多人在深更半夜时聊天。其中一对父子间的对话最有意义，父亲对儿子说他不信鬼。理由是"鬼神之说根本没有科学道理。鬼神没有质量和能量，从科学的角度看，只是人们凭空想象出来的，根本不可能在现实世界中存在。同样，科学规律本身也是没血没肉的东西，也只能存在于人们的臆想中。既然这样，最好鬼神和科学都不要去信"。听父亲这么一说，做儿子的给搞糊涂了，他纳闷父亲是否陷入了虚无主义的泥沼？（1974，第38—39页）

"这么说你既不信鬼也不信科学？"

"不，我确实相信有鬼。"

"什么？"

"物理和逻辑规律、数字体系、代数替换规则，这些都可以称作鬼神。我们对这些东西深信不疑，所以它们看起来像真的一样。比如说，我们似乎完全可以假定万有引力在牛顿之前就存在了。以为只有在17世纪牛顿发现后，地球才有引力，有这种想法的人简直是疯了。"

"那当然。"

"所以，在地球、人类甚至是其他万物存在之前，万有引力早就存在了，它本身没有质量和能量，也没有出现在人们的想象中。"

"没错。"

"既然这样，事物怎样才能达到虚无的境界呢？虚无境界所具有的一切品质都囊括在万有引力规律内，但这规律本身却没有一点科学性。我敢预言，如果仔细琢磨这其中的道理，你迟早会意识到这一点儿：在牛顿之前没有万有引力。如此说来，万有引力根本就不存在，那只是人们凭空想象出来的。"

这就是我所谓的皮尔西格的矛盾，即科学发展是一个不断进步、脱离文化背景独立存在、旨在探索真理的客观过程，还是一个毫无进步可言、纯属社会建构、主观臆造的过程。这两者之间的微妙关系是过去30多年来科学史学家和科学哲学家所面临的最为棘手的问题之一。科学哲学家把这两种观点分别称为：内在主义者和外在主义者。内在主义者倾向于研究科学的内在运行规律，不考虑其所处的社会文化背景，譬如各种不同观念的变化发展、种种假设、理论体系和规律以及它们之间的逻辑关系。科学史创建人之一、比利时籍美国人乔治·萨顿首先提出了这种内在主义的观点。萨顿对内在主义的阐述可归纳为以下几点：

1. 科学史的研究只能在参照当下及将来科学发展的前提下进行。因此，科学史学家只有了解当下科学的发展状况才能知道过去的科学对目前科学的影响。

2. 科学知识是"系统化的正面知识"；"正面知识的获取和系统化是人类唯一真正积累和进步的活力"。（Sarton 1936，第5页）科学史学家应该从进步与倒退的角度来评价科学发展的每一步。

3. 虽然科学置身于文化背景之中，可文化传统并不能对科学产生实质性的影响。科学史学家没有必要去了解科学的外在文化背景，而只需专心研究其内在的运行规律。

4. 科学可以对人类产生积极的、可以累积的进步影响，因而成为人类史上最为重要的贡献。科学也应成为科学史学家研究的最重要的内容。这样做不仅可以避免战争，而且还可以建立起各个民族和文化之间沟通的桥梁。

相比较而言，外在主义者是在宗教、政治、经济和意识领域等大文化背景下研究科学的发展；着重考虑这些外在因素对科学观念、假设、理论和规律等内在因素所产生的影响。1962年，科学哲学家托马斯·库恩发表的《科学变革的结构》标志着外在主义传统的开始。库恩在该书里介绍了科学范例及范例变迁的概念。对外在主义经过反思后，库恩总结道，"科学史学家们应感谢已故的乔治·萨顿。是萨顿把科学史建立成一门真正的学科。但虽然萨顿所倡导的科学史学家的特殊形象已被摒弃，它的危害却继续存在"。（1977，第148页）

科学史学家理查德·奥尔森原来从事物理研究，后来转向科学史，他在内在主义和外在主义之间达成了某种平衡。奥尔森在其1991年所著的《神化科学与藐视科学》一书的开头引用了心理学家斯金纳的一句话。这句话简要地概括了内在主义者所处的立场："没有哪一种理论能改变其理论所涉及的内容。"接着奥尔森否定了绝对内在主义观点："某一理论所研究的对象是无生命的东西，在这种情况下，是否能找到正确的方式来解释上述观点是一个严肃的问题。但毫无疑问，当用来研究人类和其他有生命的东西时，这种观点是错误的。"奥尔森认为，较为折中的态度是持有下面这种观点，即科学既是文化的产物，又是文化的缔造者。"那些古老过时的神话被更多的现代神话所代替，这就是我们了解世界的基础。在很多情况下，科学仅仅是用来为这种现象做辩护的。科学理论本身也来源于社会和文化并受其影响。也就是说，科学不仅决定文化的发展变化，而且还是文化的产物。"（第3页）内在主义和外在主义之间之所以需要达成这种平衡，是因为不可能存在绝对的内在主义。可是如果所有的知识都是社会及文化的产物，外在主义便会受其自身的约束。这样一来，这种观点就会不攻自破。认为所有的知识都受制于文化传统，因而知识都是不确定的，这种观点在很大程度上是不确定的文化环境造成的。

极端的外在主义（有时又称为强硬的相对主义）不可能正确。然而受过奥尔森那代历史学家熏陶的人非常清楚（奥尔森是我博士论文的导师之一），科学理论确实受社会现象和文化传统的影响。相应地，理论又会反过来解释社会文化现象。对客观事实的解读又进一步巩固了理论本身。是这样周而复始的良性循环形成了范例变迁的模式。如果文化传统决定科学理论，如果鬼神和科学规律并不存在，而知识是人们凭空想象出来的，那么科学会比伪科学好多少？鬼神和科学规律之间又有什么分别？

只有认清楚科学的下列特征，我们才能弄明白上述问题。从严格和客观的意义上讲，不管是否受文化传统的影响，科学都是通过不断积累而进步的。科学进步指的是：知识体系的积累发展过程，在这个过程中，通过不断地肯定和否定可验证的知识，存其精华，去其糟粕。从这个定义来看，科学（包括技术）是唯一具有进步意义的文化传统，这是从实际的角度而不是道德和阶级的立场来定义科学的。从积累这个意义上讲，不管是受到神化还是遭到藐视，科学总是在不断发展进步。正是这一点把科学和其他文化传统，尤其是伪科学区别开来。

要通过研究其精确的语义、分析历史上的各种例子，我们才能解决内在主义和外在主义之间的矛盾，即皮尔西格的矛盾。有个例子足以说明科学和政治之间那令人迷惑的关系。大多政治理论家都认为托马斯·霍布斯的《利维坦》是现代最为重要的政治著作。然而大多数人都没意识到，霍布斯的政治观点在很大程度上受益于他那个时代的科学观念。实际上，霍布斯把自己想象成了社会科学中的加利莱奥·伽利略和威廉·哈维。在为其《政治之体》（1644）所写的献词中，他写了肯定是科学史上最不谦虚的一段话："伽利略……是第一个给我们打开自然哲学大门的人。是他让我们了解自然运动的规律……我们的同胞哈维博士以其令人称羡的睿智，首先提出了人体科学，自然科学中最具实惠意义的部分。自然哲学是一门新兴的科学。公民哲学的兴起更晚，始于我的《政治之体》。"（1839—1845，第一卷，第 vii—ix 页）

霍布斯在 40 岁时才采用科学的思维方法。有一次他碰巧在朋友家看到欧几里得《几何原本》的副本。阅读该书时，如果发现不明白的定理，霍布斯就试着去对照前面的定义和基本原理来弄清楚。就是在那灵光乍现的一刻，霍布斯开始把几何原理运用到社会理论中。这种情形在科学发展史上司空见惯。就像欧几里得创立了几何学一样，霍布斯将建立起一门社会科学。该学科的第一个原理便是宇宙是由运动着的物质构成的；第二个原理是所有的生命都依赖一种"生机勃勃的运动"而存在。用霍布斯自己的话来说，这运动就像"在人体中不断流动的血液"（正如第一个发现血液运动的哈维博士用各种难以否定的符号和标记所证明的那样）。（1839—1845，第四卷，第 407 页）人的大脑通过感官探测出四周物体的机械运动。既然所有简单的思想意识都来自这些基本的感官运动，那么那些复杂的思想一定是这些简单意识的组合。人们的所有想法都是大脑中被称作记忆的运动。运动消失了，人的记忆也随之消失。

人类本身为了生命的存在，也在像食欲（快乐）和憎恶（痛苦）这样的激情的驱逐下而处于不断的运动之中。获取快乐、避开痛苦都需要力量。在自然状态下，为了得到更大的快乐，每个人都有充分的自由去用自己的力量影响别人。霍布斯称之为自然权利。人与人之间不均匀的激情和欲望会导致"全民皆兵"的现象。在其最为著名的政治理论中，霍布斯设想了一种没有政府和国家的自然状态，"在这样的状态中没有工业，因为人们不知道工业会有什么成果……也没时间观念，没有艺术、信件和社会。而且最为糟糕的是，时时刻刻的恐惧和随时暴毙的危险使人们变得孤独、贫穷、污秽、野蛮和矮小"。（[1651]1968，第76页）幸运的是，人类尚有理智，懂得按自然规律而不是自然权利去办事，并按这种规律达成一定的社会契约。契约要求个人在君主面前放弃个人所有的权利（除了自卫权）。因为恰如《圣经》中的巨兽一样，君主只对上帝负责。与那种草木皆兵的社会状态相比，由君主统治的国家要高级得多。只有这种国家才能建立一个理性社会，保证大多数人都享有和平与繁荣。

在上面的论述中，我过度简化了霍布斯复杂的理论系统。但有一点应该指出，他采用的是欧几里得式的逻辑推理方式，因而其理论系统具有机械化的特点。他的理论开始论述的是一些形而上学的原则，但却以建立整个的社会结构而结束论述。由于很多政治理论家都把霍布斯看成是现代社会最有影响的思想家，因而霍布斯所阐述的政治和科学之间的关系并没有消失。尽管科学家试图将科学和文化传统分别开来，但两者之间是相互作用、不可分割的。现代科学的奠基人之一牛顿在其著作《数学原理》的第三版中宣称，"至今为止，我还没能从自然现象中发现引起万有引力的原因。我也没做什么假设。不管是客观的还是形而上学的假设，带有神秘色彩还是具有机械性质的假设，在实验哲学中均没有一席之地"。但奥尔森却证明牛顿在其科学研究中经常做出假设，"比如说，牛顿曾做过这样的猜测，光像乒乓球一样呈球形。这一猜测明明白白地写在其第一篇光学论文中"。奥尔森还说，不仅如此，即使在发现万有引力规律——牛顿最伟大的贡献时，他也做过某种假设："毫无疑问牛顿的确不仅私下里——而且在其文章中推敲过万有引力的原因。人们还极其有力地争论道，就18世纪实验自然哲学所研究的内容来看，牛顿的猜想和假设——远比其反假设传统的《数学原理》重要。"实际上，有什么比万有引力所产生的"远距离行为"更显神秘及玄虚的呢？万有引力是什么？它是物体间相互吸引的一种倾向。物体之间为什么会相互吸引呢？因为万有引力的存在。这种问题不仅啰唆，而且听上去极为恐怖，这使我们想到皮尔西格的矛盾。

真有鬼神吗？科学规律真的存在吗？鬼神和科学规律之间有没有什么区别？当然有区别。大多数科学家相信科学而不信鬼。这是为什么？因为科学规律是对可以验证、有规律重复性行为的描述。科学规律是用来描述自然界中可被验证的某种行为。科学描述在人的大脑中形成，而所要描述的重复性行为则发生在自然界中。经过科学验证可以确认某种规律的存在与否。比如说，万有引力规律就是用来描述物体间的相互吸引的行为，而且这个规律在实践中得到一次又一次的验证，因而得以确认。从来没有人成功地证明过现实世界中有鬼神存在（我不指那些经过篡改可以被复制和歪曲的模糊照片）。万有引力是客观存在，指的是这个规律已得到确认，可以让人们在这一点上达成临时性的协议。鬼神不是客观存在，是因为它们从来没有得到任何程度的确认。在牛顿发现之前，虽然万有引力规律并不存在，但万有引力本身是存在的。除了听那些信鬼的人说说，现实世界中从没有过鬼。鬼神和科学规律之间的差别真实存在，而且具有重要的意义。这样一来皮尔西格的矛盾就解决了：对自然现象的所有描述都是在人脑中形成的。科学规律描述的是重复出现的自然现象，而伪科学宣扬的都是个人怪癖。

伪科学和伪历史

如此看来，鬼神说与其他伪科学的说法一样，都是胡说八道。在我的定义里，伪科学指的是那些尽管缺乏足够的证据，但听上去还是有些道理的说法。对地球外生命所做的研究并不是伪科学。该研究有一定的道理，虽然到目前为止还没找到证明外星人存在的证据（所谓的寻找外星人智能器，一种探寻外星人无线电信号的设备）。然而外星人绑架之说却是伪科学的。这种说法缺乏足够的客观证据。根据该说法，外星人用光束将成千上万的地球人吸到地球上空的宇宙飞船中。却没有人注意到这些飞船的存在，也没有关于大批失踪人群的报道。这种论调令人难以置信。

到底哪些可称为历史事件？历史事件不可能在自然界中重复出现，也难以做实验去验证其真伪，那怎么才能知道其发生时的真实状况呢？在本书第十三章和第十四章中我们将会看到，历史和伪历史之间存在着本质的差别。大多数人会争辩说历史不是科学，但他们不会否认这种观点，即那些否定大屠杀的人和那些极端的非洲中心论者与历史学家所从事的活动有所不同。那么这其中的差别是什么？我在第一章中强调过，科学研究的重要特征之一便是可以通过观察和实验来验证某种理论的客观性。没有什么能验证外星人绑架的说法。因为这种事发生在过去，又没人亲眼目睹过。况且，绑架事件本身也是通过"倒退催眠"法回想起来的，这样一来更难找到客观证据。

但历史事件还是可以得到验证的。非洲中心论者宣称，西方的文化、哲学、科学、艺术、文学及其他一些文明均来自非洲，而不是古希腊罗马。古典学家玛利·莱夫科维兹批驳了这种观点。她的批驳很是耐人寻味。其著作《并非来自非洲》在美国引起了极大的反响，莱夫科维兹本人也受到了各种名目的指控，如种族主义者、缺乏正确的政治立场等。莱夫科维兹是1993年在威雷斯利大学（她在那儿教书）听了约瑟夫·本约翰南的讲座后写下那本书的。本约翰南是一个颇有名气的极端非洲中心论者。那次讲座宣扬的均是些令人愤慨的观点。其中一个是该博士宣称，西方哲学奠基人亚里士多德的观点都是从亚历山大图书馆偷来的。该图书馆存有非洲黑人的哲学著作。讲座自由问答期间，莱夫科维兹问本约翰南博士，这事怎么可能发生，因为远在亚里士多德死之后，亚历山大图书馆才修建起来。博士的回答颇具启发意义：

> 本约翰南博士回答不出这个问题，就说他不喜欢别人用那种口气来问他问题。讲座结束后有几个学生上来指责我是种族主义

者，那意思是说我被白人历史学家洗过脑……令人恼火的不仅是这些，奇怪的是，就连我的许多同事也对这种观点保持沉默。也有几个人意识到了本约翰南的观点不切实际，其中一个人说，后来她发现那个讲座离谱得"无可救药"，于是她便决定保持沉默……我向当时的校主任解释说，非洲中心论者关于古代历史的那些观点根本就缺乏客观证据。主任回答说，人人都可有属于自己的历史观，每一种观点都有可能是正确的……在一次教师大会上，我解释说，亚里士多德不可能去埃及的亚历山大图书馆偷那些哲学思想，因为亚里士多德死后，亚历山大图书馆才建起来。这时有个同事回答说："我并不关心谁从谁那儿偷了什么。"（1996，第2—4页）

问题就在这里。我们每个人都可以有属于自己的历史观，但并非每种观点都是合理的。有的观点与历史相符，有的与历史事实不符，是伪历史。也就是说，这些观点的提出均带有某种政治和思想的目的，缺乏客观依据及存在的合理性。

不同的材料可以证明亚里士多德的生平以及亚历山大图书馆建造的最早日期。亚里士多德死在图书馆落成之前，这是一个既定的事实。要想改变这个事实，需要做大量的捏造及否定工作，这恰恰是那些非洲中心论者所从事的行当。一点不错，人类几乎可以做到任何事情，历史性的推断也出现过误差。虽然如此，但是恰如莱夫科维兹所说，"如果没有足够的证据，没有理由去相信那些串通好的说辞"。（第8页）这让我们联想到另一个重要的问题：伪历史学家和历史学家用不同的态度对待他们的读者，他们从不同的角度解读同样的资料。如果本约翰南博士想证明亚里士多德了解或受到流传在希腊和非洲的一些观点的影响，他就得收集资料来证明这种说法。而事实上，莱夫科维兹就是这样做的。但比起历史事实，本约翰南对那些历史调味品更感兴趣。比起历史编纂的细节，他对向人们灌输非洲中心的观点更来劲。本约翰南认为，意识形态对知识的获取会产生有效的影响，所以可以利用人们的无知和漠然态度来歪曲历史事件。仅用少数几个历史事实和一系列怪诞的推断来解释历史，伪历史就是这样形成的。

历史科学根植于丰富的历史资料之中。虽然历史事实难以重复，但这些事实足以有效地把那些特定的历史事件贯连起来，从而确认某种假设的合理性。人们不能再回到过去，也不能做实验来验证已经发生的事，但这并不妨碍建立科学的考古学和地质学。既然如此，那为什么不能建立一门科学的历史学呢？问题的关键是要有能力验证所做的某种假设。历史学家试着用已拥有的资料做出某种假设，然后再用一些刚发现的"新"资料来验证这个假设。

这里有个例子。我曾有机会和蒙大拿博兹曼罗基考古博物馆馆长杰克·霍纳一起去挖掘恐龙遗骸。在其所著的《恐龙挖掘》一书中，霍纳仔细分析了恐龙挖掘中的两个阶段，并展示了在北美发现的第一批恐龙蛋。"第一个阶段是从地下挖出恐龙化石；第二个阶段是观察研究这些化石，在观察的基础上做出假设，并设法证明这些假设。"（Horner and Gorman，1988，第168页）第一个阶段要把恐龙遗骸从周围的石头中分离出来，这是一项极为艰苦的工作，尤其是要不断地由锤子换上斧子、再放下斧子拿起石锯和小刷子。然而，随着骨骸从石头中分离速度的加快，挖掘者的情绪也不断高涨，考古诠释的工作也越来越快。"考古学不是实验科学，而是一门历史性科学，"霍纳解释道，"这就是说，考古学家很少能用实验去验证自己的假设，但他们可用别的方法。"（第168页）什么方法？

1981年，霍纳在蒙大拿发现了一块含有三千多万块慈母恐龙骨头化石碎片的场地。据霍纳说，"保守地估计，我们发现了一座一万多只恐龙的坟墓"。（第128页）霍纳和他的挖掘小组并没挖出三千多万块化石碎片。他们只是选出几块裸露在外面的区域，由此推断出 1.25×0.25 平方英里的面积内含有化石的数量。他们由这个问题做出假设："如此巨大的化石含量说明了什么？"（第129页）没有证据可以证明捕猎动物咀嚼过这些化石，但其中很多化石都被纵向分割成两半。其次，骨头都有规律地横向排列在一起，形成长长的一排骨头化石。小骨头和大骨头分别排列。没发现小恐龙的化石，只有 9 到 23 英尺长的大恐龙。这次发现没解决什么问题，倒是暴露了不少问题。是什么导致这些化石被纵向分割成两半？为什么大骨头和小骨头分别排在一起？这批巨大的动物群是在同一时间遭到杀害，还是长年累月慢慢死去的？

以前有人做过假设，说这一大群恐龙是被泥石流活埋的，这个假设已被否定了。"泥石流把骨头纵向分开，这不太合理，即使最强大的泥石流也不行……一群活生生的动物被泥石流活埋在地下，其骨头全部支离破碎，这听起来也不合情理。"霍纳用假设演绎的方法又做了第二个假设："似乎有两个事件导致了这种现象。恐龙在第一个事件中丧生，而其骨头却在另一个事件中被冲走。"骨床上方 1.5 英尺处有一层火山灰，火山爆发可能是其中的一个原因。利用演绎推理可做这样的解释：因为骨头化石被纵向劈开，所以骨头是在恐龙死后很久才碎裂的。这可能是火山爆发造成的，尤其是火山"在白垩纪晚期落基山脉一带活动极为频繁"。由此可知"这批恐龙是在火山爆发所释放出的气体、烟雾和灰烬中丧生的。如果巨大的火山顷刻间就可以把一大群恐龙烧死，那么也有可能毁掉周围的其他一切东西"。这其中包括那些食腐动物和捕食者。接着或许湖泊溃决，从而导致了洪水暴发。腐烂的恐龙尸体被洪水冲到河的下游，这样较轻的小骨头和较重一点儿的大骨头分离开来，并且在水流的冲击下有规律地按一定的方向排列。最后，较轻的灰烬漂浮到泥浆的上部，重一点儿的骨头便沉落到底部。"那些幼小的恐龙又怎样了呢？"或许那一年火山爆发时小恐龙还没孵化，甚至还没造巢。可是上一个季节出生的恐龙在火山爆发时已长大一些了，它们又怎样了呢？霍纳承认"没有人可以肯定这些恐龙每年都产卵"。（第 129—133 页）

甚至在从岩石中分离骨骸的第一阶段，人们也常运用假设—演绎的方法来推断。我去霍纳的挖掘宿营地时，本来希望见到他在咋咋呼呼地指挥部下工作。结果看见一个历史学家悠闲地盘腿坐在一个一亿四千年前的虚幻恐龙颈椎骨前，思忖着如何下手研究，这景象使我颇为吃惊。不一会儿，一个当地报纸的记者赶了过来（显而易见，记者出现在这种场合是司空见惯的事，没有人会去注意他）。他向霍纳询问起这次发现对研究恐龙史的意义。有关恐龙的理论会不会因此而改变？恐龙的头在哪儿？这个挖掘现场不只有一个恐龙吧？像那些谨慎的科学家一样，霍纳小心地回答说，"目前我也不清楚"，"这难倒我了，我们需要找到更多的证据"，"这得等等看"。

至少这就是历史科学。比如说，干了整整两天，然而除了石头什么也没挖出来。我也看不出哪块石头里嵌着骨骸。有个挖掘者说我正要扔掉的那块可能是一根肋骨的化石。如果那真的是一根肋骨，那么石屑削掉后该呈现出肋骨的形状。如果不是那种形状而是向右边展开，的确有点儿像脚骨。这到底是肋骨还是别的什么东西？霍纳走过来看了看，说，"可能是骨盆的一部分"。如果是骨盆，那么当岩石屑不断地被削掉时，那形状应该向左展开。果然，霍纳的推测得到了进一步的证据证实。挖掘工作一天天进行下去，而整个的挖掘过程就是靠这种假设—演绎的方法来分析。从某种意义上来说，利用起初发现的资料来做出预测，再用后来发现的新资料加以确认或否定，在这种情况下，历史科学就变成了实验科学。挖掘历史文物的过程，不管挖掘的是骨骸还是文字，对历史科学家来说，都是一个验证假设的实验过程。

应该指出的是，通过考古得来的证据和人类所拥有的历史证据之间存在着一定的差别。前者大部分都是第一手资料，绝对地客观、自然。人们根据自然规律来解读过去及现在。后者是典型的二手资料。一些经过认真挑选，人为地加以增补、删除、修改而编成的文献。历史学家对于保存在档案馆的文献和考古得来的资料有着不同的处理态度。他们承认，这两者之间的差别与下面这个事实有关：人们总是把他们那个时代认为重要或感兴趣的资料加工成文献保存下来。被人们删除掉的那些资料由自然界保存下来。恰如科学史学家弗兰克·萨洛韦在其1996年所著的《天生的反叛》一书中指出的，历史性假设是可以得到验证的（见第十六章关于萨洛韦模式的论述）。比如说，在过去的一百多年中，历史学家曾做过这样的假设，阶级和阶级斗争的存在导致了革命战争的爆发，不管是政治革命还是科学革命。萨洛韦对这种观点进行过验证。他把几十次阶级革命中成千上万的人进行编码，然后再做统计分析，看看革命中对立的双方在阶级上是否存在显著不同。事实并非如此。只有那些训练有素的历史学家通过简单的历史实验才能发现这个事实。

科学是如何发展变化的

科学不同于伪科学，历史不同于伪历史，这不仅表现在证据与合理性，而且还表现在它们各自的发展变化上。科学和历史的发展是不断积累进步的，通过观察和解释不断地改进和提高我们对世界和历史的认识。伪历史和伪科学，如果它们也有什么变化，那主要是由个人、政治或思想领域的一些原因形成的。那么科学和历史又是如何发展变化的呢？

关于科学变化最为有用的理论之一便是托马斯·库恩提出的"范例变迁"理论。根据这个理论，每个时代都有属于自己的"范例科学"，即为某个特定领域的大多数科学家所认可的科学理论。当背离正规科学、思想激进的科学家达到一定数量，并且获得充足的证据和力量去推翻现有的理论范例时，就会出现范例变迁（或革命）的现象。在科学所涉及的社会政治内容中，"权力"的作用显而易见：比如，一些大学中的重要学科的科研与教职、科研基金会内部调整，某些杂志、学术研讨会及著作等都受"权力"的牵制，等等。在我的定义里，范例应该是为某一科学团体的大部分而不是所有成员所共用的一种科学模式，主要用来描述或解释观察或推测到的现象，不管这些现象是发生在过去还是现在，旨在建立一套经得起科学验证的知识体系。换句话说，范例展示了大多数人科学思维方式的主要特点，但大多数情况下，它与其他范例相比较而存在。这也是出现范例变迁现象的前提条件。

科学哲学家迈克尔·鲁斯在《达尔文式的变迁范例》(1989)一书中指出,范例一词至少有四种用途:

1. 社会学性质:指的是"人们因觉得彼此拥有共同的观点(不管其观点是否真的相同)而聚到一起,从而把自己和其他科学家区别开来"。弗洛伊德心理学派的形成就很好地体现了这种具有社会学性质的范例变迁模式。

2. 心理学性质:属于这种性质范例的人,与范例外的人有着显著不同的观察视角。我们都知道知觉实验中的变脸,比如说在老妇人和年轻女士形象不断切换的实验中,人们对其中任何一个形象的知觉都会掩饰对另一个的知觉。在这种特殊实验中,"年轻女士"的意象清楚时,老妇人的形象就会模糊起来。相反,当"老妇人"的意象清晰时,年轻女士的面目呈模糊状,这时对老妇人的知觉只是原来的95%。(Leeper,1935)

同样,有的科研人员认为,人的进攻性从根本上说是天生的、是生物固有的本质属性。但其他人则认为这是社会文化发展的结果。那些试图证明这种或那种观点的科学研究所遵循的就是带有心理性质的范例:每一种观点都有自己的支持者,但支持哪一种观点却受心理因素的影响。

3. 认识论性质:在这种范例中,"科学研究的方法与范例本身紧密相关",因为科研所用的技术、面临的问题以及解决问题的办法都是由范例本身的假设、理论和模式决定的。骨相学的理论促进了测量头颅肿块仪器的发展,这便是认识论范例的一个很好的例子。

4. 存在论性质:从其最深层的意义来看,具有存在论性质的范例指的是"你要坚持什么样的观点,关键取决于你遵循哪一种性质的范例。对普里斯特利来说,根本就不存在氧气这种东西……而拉瓦锡则不仅相信氧气的存在,而且的确深信其存在"。(第125—126页)同样,对于乔治·博芬和查利·莱尔,物种的多样性仅仅是物种退化的结果。自然淘汰是为了保存物种的本质。而对于查尔斯·达尔文和阿尔弗雷德·罗素·华莱士来说，物种的多样性恰恰是生物进化的关键。每一种观点都取决于不同的认识论范例。博芬和莱尔没能看出物种的多样性是生物进化的关键，因为在他们眼里根本就不存在进化这回事。达尔文和华莱士不认为物种的多样性是生物退化的结果，因为退化论和进化论毫不相干。

我对范例一词的解释具有社会学、心理学和认识论三方面的性质。但是，若使某一范例全部处于存在论的范畴，就意味着任何一种范例都和其他别的范例一样合理，因为没有外界的资料可以验证孰优孰劣。利用杯中剩余的茶叶来预测命运、对经济的发展进行估计，用绵羊的肝脏来预测天气气象地图、占星术和天文学，所有这些都可以用存在论范例来解释，也没什么可指责之处。但这一切却极其荒谬。虽然经济学家预测经济发展、气象学家预测天气变化与上述做法一样困难，但比起用余茶来估算命运和用绵羊肝脏来预告天气要高明些。占星术士不能解释星星内部运行的状况，预测不出星系碰撞的后果，更不能引导宇宙飞船进入木星。但天文学家可以做到这一切。原因很简单，他们所遵循的是科学的范例，这个范例在残酷的实践中不断地改进完善自己。

科学是不断发展进步的，因为科学范例取决于通过实验验证而积累的知识。伪科学、非科学、迷信、神话、宗教和艺术并不具备这种发展进步的性质，它们缺乏知识积累的目标和机制。它们的范例不能变迁，也不会与别的范例共存。知识积累不是它们的目的。这不是在批判它们，而只是一种观点。艺术家们并不去改进前人的艺术风格，他们旨在创造出新的风格。教士、僧侣们并不试着去改进上司的学说，他们只是不断地重复、解读、教授那些教义。伪科学家们并不纠正前人的错误，他们使那些错误永远地流传下去。

一个范例具有不断积累的性质。这指的是当一个范例变迁时，并不是摒弃整个的科学体系。相反地，在注入新的特征、做出新的解释时，原来范例中有用的东西被保留下来。阿尔伯特·爱因斯坦在谈到他对物理学和宇宙论的贡献时说："创立一种新的理论并不像毁掉一个旧谷仓、再在上面建一个摩天大厦那么简单。它更像爬山，在攀越中不断地领略到更为开阔的新景观，发掘出登山前的起点与其丰富的环境之间令人意想不到的联系。在这个过程中，我们的起点仍然存在，并且隐约可见，虽然它在我们不畏艰险的勇敢攀越中显得越来越小、变成新视野中极微小的一部分。"（Weaver 1987，第133页）虽然达尔文用自然选择的物种进化理论代替了上帝造人的观点，但其理论中仍保留了前一理论的部分内容，如雷尼恩分类学、描述性地质学和比较解剖学，等等。他所添加的新内容论述的是各种领域内不同的物种如何在历史的发展中彼此作用，即所谓的进化论。达尔文的理论既代表知识的积累又显示范例的变迁，这就是所谓的科学进步。科学进步可以做以下的定义：一种知识体系随着时间不断地积累增长，在这个过程中，经过科学的肯定和否定，那些有用的特征被保存下来，无用的遭到抛弃。

科学的胜利

在我的定义里，科学具有循序渐进的性质。可同时我也承认，人们很难知道通过科学获取的知识是否绝对可靠，因为他们不能采取阿基米德的立场，即从局外人的角度来审视客观现实。毫无疑问，科学深受其所在的文化环境的影响，科学家们也可能会受到某些偏见的左右，从而按某种特定的方式来研究自然。但从积累的意义上讲，这并不妨碍科学的进步性。关于这一点，哲学家悉尼·胡克在艺术和科学之间做了个有趣的比较："拉斐尔的圣母玛丽亚如果没有拉斐尔，贝多芬的奏鸣曲和交响乐如果没有贝多芬，这两者都匪夷所思。另一方面，在科学研究中，任何一个科学家所取得的成果，其所在领域的其他科学家也可能取得。"（1943，第35页）这其中的原因在于，科学研究的根本目标之一就是通过客观的研究方法（即使这很难做到）增加人们对客观事物的了解。艺术是通过主观的创作手段来激发人们的某种情绪和思考。艺术家的主观努力越大，作品的个人色彩越强，因此别人加以复制的难度也就越大。但所从事的研究工作客观性越强，其成果也就越容易被人复制。实际上，科学研究正是取决于其能得以验证的可复制性。别的科学家也可能提出达尔文自然选择的理论。实际上，阿尔弗雷德·拉塞尔·华莱士的确在同一时间提出了同样的理论，因为科学发展过程可以在实践中得到检验。

在西方工业社会，人们对科学技术进步的重视对西方文化产生了深刻的影响。这种影响如此之大，以至于影响了人们对文化发展程度的评价。现在人们对一种文化的评价主要看它是否促进了科学技术的发展。在科学研究中，某一领域的科学家通过肯定或否定的科学方法，将某一知识体系中有用的特征保留下来，摒弃那些无用的。从这个意义上讲，科学方法的运用具有进步意义。在技术领域内，消费阶层也是在不断的肯定或否定的实践中保留那些有用的技术，抛弃那些不实用的东西。这样来看，技术的采用也具有进步意义。文化传统（艺术、神话、宗教）可能表现出科学和技术中的一些特征，如在自己的群体或公众中被接受或拒绝，但是没有人的根本目标是在过去知识的基础上不断积累。可在西方工业社会，文化一词已被赋予了新的含义：文化发展的基本目的是不断地积累过去的文化传统和一些人造物品，并对此进行肯定或否定，以促进科学技术的发展。我们不能绝对地把幸福和进步等同起来。有人持有这样的观点：相信在丰富多彩的知识和人造物品中找到快乐、珍视生活中的新奇变化之物，尊重西方工业社会所确立的生活标准。他们会这样认为：只有在科学技术的推动下发展的文化才是真正具有进步性的文化。

最近，"进步"一词带了些贬义的味道。进步一词暗示取得进步的人要比"到目前为止毫无进展的人"优越得多。也就是说，那些无所作为的人还没有接受西方工业社会所确立的生活标准和价值观念，因为他们不能或不愿意试着去促进科学技术的发展。我所指的"进步"不含有这种贬义的味道。一种文化是否重视科学技术的发展并不能说明这种文化是否优越。该文化所代表的生活方式或许比其他生活方式更道德，也或许生活在这种文化中的人更幸福。科学技术本身也有不少的局限性，它们是双刃剑。现代社会的发展归功于科学技术，但科学的发展也可能毁掉这个世界。物理学的进步给我们带来了塑料、塑料炸药、汽车、坦克、超声波运输工具和 B-1 轰炸机、导弹，并让人类登上了月球。交通运输的速度也提高了。但这些东西的破坏性也随之增加。医学技术的发展使我们的寿命比 150 年前的人增加了两倍，但我们现在面临着人口过剩、产量不足的严重问题。人类学和天文学的发展让我们更好地了解了物种的起源以及天体的运行规律。可对许多人来说，这些科学所提供的知识和思想意识不但侮辱了他们的个人或宗教信仰，对目前舒适的社会现状也是一个极大的威胁。科学技术的发展和进步有史以来第一次给人类提供了种种灭绝自己的方式。这无所谓好坏，只是知识体系不断发展积累的结果。虽然其本身可能存在着某种缺陷，可到目前为止，科学技术还是我们所拥有的能使我们如愿以偿的最好途径。正如爱因斯坦所说，"在漫长的一生中我懂得了一个道理：与现实相比，所有的科学知识都显得原始和幼稚，然而它却是我们所拥有的最为珍贵的东西"。

第三章

人的思维方式是如何出错的

诱导我们相信怪诞事物的 25 种谬论

1994年国家广播公司开始发起一个称作《世界另一面》的新时代节目。该节目探讨了几种超正常的神秘主义观点，并对"稀奇古怪的事物"做了分类。作为怀疑者的代言人，你也可以认为是作为《世界另一面》"另一面"的代表，我好几次出席了该节目。大多现场访谈节目中，每个话题信与不信的人都各占一半。一个形单影只的怀疑者在那里代表的是理智和持反对意见的人。《世界另一面》节目现场和其他访谈秀没什么区别，尽管导演、节目制作人，甚至连东道主自己都对所谈论的大部分话题持怀疑态度。我曾做过一个有关狼人的节目，为此他们从英国专门请了一个狼人，并为其买了机票让他乘飞机赶来。实际上，那个狼人看起来和电影中的狼人没什么区别。他蓄着粗密的连鬓胡子，长着一对尖耳朵。可当和他交谈时，我发现他根本就不记得自己曾是个狼人。他是在催眠术下才记起自己做狼人的经历。在我看来，这都是在催眠术士或其他人的催眠蛊惑下所产生的幻觉，是记忆力出现问题的一个实例。

另一个访谈节目是关于占星术的。制作人领来一个满脸严肃的印度人。这是个专职的占星术士。他用各种行话解释了占星术如何用图表和地图来进行占卜。因为这人太严肃，节目主持人在演讲结束时介绍了一个来自好莱坞的占星术士。该占星术士曾对电影明星的生涯做过各种各样的预测。他也为在场的观众做了一些占卜。他对一位年轻的女士说，与男人相处久了她就会出问题。休息时，这位女士告诉我，她今年14岁，和同班同学来节目现场，为的是看看电视节目是怎么制作的。

依我所见，大部分相信奇迹、妖怪和其他神秘东西的人，大多不是骗子、疯子，就是信口开河的艺术家。他们大多数都是正常的人，只不过他们的正常思维出现了某些问题。在本书第四、五、六章中我将详细讨论有关精神力量、变化了的意识状态和外星人绑架等现象。但在本书第一部分结束时，我想专门谈论一下导致人们相信稀奇古怪事物的25种思想谬误。这些谬误被概括为4类，每一类包括某种谬误及其所产生的问题。因为确信人的思维不可能总是出错，我先对我所谓的休谟格言进行探讨，最后再阐述一下"斯宾诺莎格言"。

休谟的格言

怀疑主义的很多功绩都应归功于苏格兰哲学家大卫·休谟（1711—1776），其所著的《人类理解力探索》是怀疑主义研究的经典之作。1739年此书在伦敦匿名发表时叫《论人类本质》。用休谟自己的话来说，"那些激进主义者甚至还没来得及发表一句评论，这本书就在出版社胎死腹中了"。休谟把这次的失败归咎于自己的写作风格。重新对书稿加工后，他把书名改成《人类本质论述简要》，于1740年发表。再度改写后，该书以《关于人类理解力的哲思》的名字在1748年问世。但这本书仍没引起人们的注意。于是休谟在1758年对它做了最后一次修改，起名为《人类理解力探索》。这本书今天被认为是休谟最伟大的哲学著作。

休谟把怀疑主义分为两类。一类是以勒内·笛卡尔为代表的"先行怀疑主义"。该主义对那些没有"先行"绝对正确标准做依据的信仰都加以怀疑。另一类是休谟自己所倡导的"后果怀疑主义"。

该主义承认由于感觉错误所带来的"后果",并主张用理性来纠正这些错误后果:"明智的人用证据来调整自己的信仰"。没有比这更好的话来做怀疑主义的座右铭了。

更重要的是休谟对奇迹观点的准确分析。这一分析是在假设其他一切信仰都无效的前提下进行的。对那些对超自然和超正常现象笃信无疑,但却提供不出任何明显证据的观点加以分析之后,休谟提出了自己的理论。他极其看重自己的理论,并用它作为自己的格言:

> 后果显而易见(是值得注意的一个格言),"没有哪一种证词可以充分证明奇迹之说是正确的,除非这证词本身是具有这样一种性质,其虚假处比其所要试着去证明的奇迹更具奇迹性"。
> 不管是谁告诉我他见过起死回生的现象,我都会马上对此做出权衡,看看这个人是在骗人还是在骗自己,或者掂量一下他所讲的是否真会发生。我会把他讲的现象和其他奇迹之说加以比较,根据我所谓的优越性原则,做出自己的决定。我拒绝接受那些神乎其神的说法。如果虚假的证词比其所陈述的事实听上去更使人惊讶,那时,也只有那时他或许能蒙骗着让我相信或接受他的说法。([1758]1952,第491页)

科学思维过程中出现的问题

1. 理论影响观察行为

关于人们不断试着了解客观世界的过程,物理学家及诺贝尔桂冠得主沃纳·海森堡这样总结到,"我们所观察到的并不是大自然本身,而是我们所用的探索手段在大自然中所揭示的东西"。在量子力学中,这种观念已被程序化,并用来描述"哥本哈根诠释"论的量子行为:"一个概率方程不是用来规范某一特定的事件,而是用来描述一连串可能发生的事件,直到事件串的某一部分得到确定,某一事件真的变为现实。"(Weaver 1987,第412页)"哥本哈根诠释"

论消除了理论和现实之间一一对应的相互关系。这一种理论部分地建构了现实。当然，客观现实的存在不以人的意志为转移，但我们对现实的知觉却受到研究现实的理论的制约。因此，哲学家们把科学称为理论的负荷。

不仅对量子力学，而且对其他一切观察行为来说，理论塑造着我们对现实的知觉。这一点毋庸置疑。哥伦布登上新大陆时，他以为他所发现的是亚洲——这种想法引导着他对新大陆的探索。桂皮是亚洲非常珍贵的一种香料，哥伦布就把在新大陆发现的那些闻起来像桂皮的灌木称作桂皮。当在西印第安看到一种闻着很香、名叫秋葵的树时，他就断定这是亚洲的植物，和地中海沿岸的乳香树差不多。在新大陆发现的坚果被认为是马可·波罗所描述的椰子果。哥伦布的外科医生甚至根据其手下发现的加勒比海沿岸的树根断定他们找到了中国的大黄。即使哥伦布远在世界的另一端，他的亚洲理论也影响着他对新大陆的探索。这就是理论的力量。

2. 观察行为改变着所观察的事物

物理学家约翰·阿奇博尔德·惠勒指出，"即使观察像电子那么小的物体，（物理学家）也必须弄碎那块玻璃。他必须深入其中进行研究。他必须安置好所选用的测量仪器……不仅如此，他所选用的测量方法改变着电子的存在状态。被测量过的宇宙已不可能是原来的面目了"。（Weaver 1987，第427页）换句话说，对某一事件进行研究的行为会改变事件本身。社会学家经常会遇见这种现象。人类学家都知道，当对某一部落进行研究时，其成员的行为会因知道自己是研究对象而改变。心理实验中，如果观测对象知道实验的目的，他们的行为也会有所改变。这就是心理学家为什么要采用单盲或双盲控制机制的原因。那些对超正常力量进行测定的实验中往往没有这样的控制措施。不采取相应的控制机制也是伪科学典型的错误思维方式之一。科学研究承认观察行为本身对被观察者行为所产生的影响，并试图去减小这种影响。伪科学却做不到这一点儿。

3．实验设备影响实验结果

实验中所应用的设备往往影响着实验的结果。比如说，望远镜尺寸的大小一次次改变着我们关于宇宙大小的理论。20世纪，爱德文·哈勃在南加州的威尔逊山采用了60—100英寸的望远镜，使天文学家第一次观察清楚其他星系中的星星，从而证明那些被称作星云的模糊物体并不在我们的星系。19世纪，头盖测量学认为，大脑的体积决定着智力的高低，并据此研制出测量大脑大小的仪器。今天，人们用对某种任务的完成能力来定义人的智力，并用一种称作"智商"的实验来测量智力的高低。为了更好地阐述这个问题，亚瑟·斯坦利·爱丁顿爵士做了下面这个精妙的类比：

> 假定一个鱼类学家正在研究海洋生物。收网后他对所网到的鱼做了分类。像一般科学家那样，接着他对所发现的现象进行系统的研究。最后他得出下面两个结论：
>
> （1）没有短于5厘米的海洋生物。
> （2）所有的海洋生物都有腮。
>
> 类比是这样运用的：捕鱼代表着构成科学本身的知识体系，渔网指的是我们用以获得知识的感性和理性认识，撒网则是观察行为。
>
> 旁观者或许反对说，第一个结论不对，"不到5厘米的海洋生物有的是，只是你的网捉不到罢了"。对于这种反对意见，这个鱼类学家会置之不理。"我的网没有网到的东西就不属于鱼类知识的范畴，我没捕到的鱼也就不是鱼类学中所定义的鱼。总而言之，我的网没有捕到的就不是鱼。"（1958，第16页）

同样，我的望远镜看不到的东西就根本不存在，通不过我的"IQ"测验的就不能算是智商。很明显，星系和智商的确存在，但是我们对两者的测定却受着我们所采用的实验设备的制约。

伪科学思维中存在的问题

4. 传闻逸事并不算科学

传闻逸事,即人们为证明某种观点所陈述的故事,并不算科学。没有其他的有关资料或者某种形式的客观证据来证明,10个传闻不比1个可信多少;100个传闻也不比10个更有说服力。讲传闻逸事的人也可能犯错误。住在堪萨斯州帕克布拉什的农夫鲍勃可能是个忠厚的老实人,又是虔诚的教徒。这种家庭妇男显而易见不会去胡思乱想。但我们需要能证明外星人及其飞船存在的客观证据,并不只是关于凌晨3点有人在一条荒凉的乡村大道上被外星人绑架的故事。关于医学上的许多传说也是同样的道理。因看了马克斯兄弟上演的电影或吃下阉割的小鸡肝脏,玛丽姨妈的癌症竟然痊愈了,这纯粹是胡说八道。或许癌症是自己好的,有些癌症的确会自行消失。也许是医生误诊了;或许、或许、或许……我们需要的是可以被受控实验验证的证据,而不是毫无根据的传闻逸事。拿100个癌症患者作为研究对象,所有的患者要经过医生的确诊。把他们按下列方法进行分类。其中25人去看马克斯兄弟上演的电影,25人观看阿尔弗雷德·希区柯克的电影,25人收看新闻,剩下的25人什么也不做。然后根据实验结果推断这种癌症的平均痊愈率,分析4个小组的痊愈数据,看看它们之间有没有本质的差别。如果其间数据的确差别很大,那最好在召开新闻发布会宣布该癌症治愈之前,从做过同样实验的其他科学家那儿得到进一步的确认。

5. 科学语言不代表科学

像宣扬"创世学说"的人那样,用一些科学性的语言和行话,将某种信仰体系用科学的外表包装起来,这种做法根本不能说明什么,因为它缺乏足够的证据,没有相应的实验来加以确认。因为在我们的社会里,科学具有神灵般的强大影响力,任何缺乏证据的信仰要想赢得尊重,首先得把自己打扮得有点儿"科学"的味道和模样。新时代《圣莫尼克新闻》专栏中有一个很经典的例子:"这个星球已经昏睡了很多年,现在因为注射了高频率的能量,就要从其昏迷的意识状态中苏醒过来。极限大师和预言大师们采用同样的创造力来展示他们的客观现实,只不过前者按顺时针的螺旋方向移动,后者按逆时针的螺旋方向旋转,每一种方向内的共鸣振动都会随着其螺旋式的升降运动而增加。"这怎么可能呢?我弄不清楚这到底描述的是种什么现象,但它所用的语言却带有极浓的物理学味道,如"高频能量""顺时针和逆时针的旋转运动"以及"共鸣振动"。然而,这些词语因缺乏精确实用的科学定义而不具任何意义。如何去测量一个星球的高频能量,或者预言大师所谓的共鸣振动?预言大帅又是何方神圣?

6. 大胆的措辞并不意味着观点正确

即使很多人都来证明某种观点的力量及正确性,但如果其客观证据少得可怜,这种观点就有可能是伪科学。比如说,罗恩·于巴尔在他的《推理论:现代精神健康学》一书开篇就这样写道:"与发现火种一样,'推理论'的发明可称得上人类发展的里程碑。它比轮子和弓箭的发明要高级得多。"(Gardner,1952,第263页)研究性能量的大师威廉·赖克认为他的性理论为可"与哥白尼学说相比,因为对性能力的研究称得上是生物学和心理学中的一次革命"。(Gardner 1952,第259页)我保存着厚厚的一堆论文和信件,都是些不知名的作者写的,里面充满了这样一些稀奇古怪的观点(我称其为"百科理论"卷宗)。科学家有时也犯这样的错误。比如说,1989年3月23日下午1点,斯坦利·庞斯和马丁·弗莱什曼就召开过新闻发布会,向整个世界宣称他们已经开始冷核聚变的研究工作。加里·陶贝斯写过一本相当精彩的书,他在书中讨论了冷核聚变失败的问题,彻底探讨了这次事件的深层含义。书名也起得很贴切,叫《蹩脚的科学》(1993)。或许一个实验就可以否定50年的物理成果。但除非那个实验可以被复制,否则不要轻易放弃自己的观点。这其中的道德准则应该是：所提出的观点越非同寻常，就越要一些非同寻常的证据来验证。

7. 异端邪说并不等于观点正确

人们嘲笑哥白尼，嘲笑莱特兄弟。是的，他们也嘲笑马克斯兄弟。遭人讥笑并不说明你的观点正确。威廉·赖克把自己比作佩尔·真特，一个与社会脱节的反传统天才。在其观点被证明正确之前，真特被视为异教徒，遭人误解与讥笑。"不管你过去或将来怎么对我，不管你把我视为天才还是疯子，当救星一样来爱戴，还是当间谍来处决，迟早你得承认，是我发现了生存的规律。"（Gardner 1952，第259页）关于否定大屠杀的学说，德国哲学家叔本华有句名言，曾刊在1996年2月和3月的《历史回顾》杂志上。这句话经常被那些处于社会边缘的人引用："所有的真理都要经过三个阶段。第一，受人嘲笑。第二，遭人抨击。第三，被人接受。"但不是"所有的真理"都要经过这三个阶段。很多真理没有遭人讥笑或反对就得到了认可。直到1919年实验验证前，爱因斯坦的相对论基本上没引起人们的注意。没有人讥笑过爱因斯坦，也没有人强烈反对过他的观点。人们引用叔本华的话为那些遭人讥笑和反对的观点做辩护，这样他们可以说，"瞧，有人在抨击我，我肯定是正确的"。事实不尽如此。

某一位科学家，无视于当代人的反对，公然挑衅其所在领域的那些清规戒律，单枪匹马地努力着，历史上不乏这样的故事。结果这些孤独的科学家大多被证明是错误的，人们甚至都记不得他们的名字。每一个为坚持科学真理而受酷刑的伽利略的出现，都伴随着一千个（甚至一万个）默默无闻的小人物。这无名小卒所发现的"真理"从来没有登过大雅之堂。不能期望科学界把科学研究中出现的每一个异想天开的观点都加以验证，尤其是这些观点在逻辑上都讲不通时。如果你想从事科学研究，你必须学会遵循其游戏规则。这包括去了解你所在领域的科学家，私下里与同事们交换意见和资料，在有关会议、论文、需要审稿人的杂志和书籍中分享自己的研究结果。

8. 提供证据的负担

谁要做出证明？证明什么？证明给谁看？如果你提出一个非同寻常的观点，你就有义务向专家以及你所在的学术领域，证明你的观点比已为大多数人所接受的那个有更大的可信度。你必须为了自己的观点到处游说，以便引起人们的注意。接着还要设法让那些专家支持你，这样才有机会说服大多数人来相信你的而不是他们一直在赞成的那个观点。最后，当圈子内大多数人都支持你时，你还得向领域外那些试图用一些独出心裁的观点来质疑你的人证明你的理论。达尔文之后的半个世纪内，研究进化论的人一直背负着向世人提供证据的重担。如今这个重担移交给了创世论者们。并不是创世论者要承担起为进化论辩护的责任，但他们有义务向世人证明进化论错误的原因以及创世论正确的理由。不是研究大屠杀的历史学家，而是那些否定大屠杀的人有责任去证明大屠杀根本没发生过。上述现象的基本原理是：有数不清的证据证明进化论和大屠杀都是不可否认的事实。换句话说，光有证据是不够的，你得用你的证据来说服别人。不管你的观点正确与否，如果你是圈外人，你就得付出这个代价。

9. 谣言不等于现实

谣言通常是这样开始的，"我在哪儿读过……"或者"我听某人说过……"等谣言变成现实后，诸如"我早就知道……"这样的话便在人们中间传开了。当然，谣言可能是正确的，但通常情况下不正确的居多。不可否认，由谣言编出来的故事的确精彩。一个戴着假肢钩的疯子从疯人院逃出来、不断骚扰美国的情人街，这个故事是"真的"。还有一个关于"失踪的沿途搭车者"的传说。讲的是有个司机载了一个路边搭车人，谁知这个人突然从他的车子里消失了，还带走了他的外套。当地人告诉这个司机说，搭车的那个女人就是在前一年的同一天死去的。司机果然在她的坟墓上找到了自己的衣服。这样的故事往往传得很快，而且经久不衰。

加州理工学院科学史学家丹·凯尔文斯在一次晚宴上讲了这样

一个故事。他说这个故事有亵神灵。有两个学生去滑雪，一直滑到晚上，没能及时赶回来参加期末考试。他们对教授撒谎说是车胎坏了，所以没能及时赶回来。于是教授第二天给这两个学生补考。教授把两个学生分别安排在不同的房间内，就只问了两个问题："第一个占5分，水的化学式是什么？""第二个占95分，哪一个车胎坏了？"当时晚宴上有两个客人大体也听过同样的故事。第二天，我把这个故事重复给我的学生听。还没等我讲完，有3个人同时脱口而出："哪个车胎坏了？"城市中的传说和谣言无处不在。下面就是几个这样的谣言：

- "胡椒博士"的秘密成分是李子汁。
- 有个女人想把狮子狗放在微波炉里晾干，不小心把小狗给弄死了。
- 保罗·莫卡特尼死了，有个和他长得很像的人来替换他。
- 纽约的下水道里住着一些巨大的鳝鱼。
- 好莱坞的摄影棚里正在假造拍摄人类登上月球的镜头。
- 乔治·华盛顿戴着木牙。
- 《花花公子》杂志封面上字母P里所含星星的数量指的是社长休·海夫纳和每期杂志中的裸体模特发生了多少次性关系。
- 有个飞碟在新墨西哥撞击着陆，外星人的尸体被当地空军保存在一个秘密仓库里。

你还听说过多少个这样的故事……又相信过多少？这些故事没一个被证明是真的。

10. 不能解释并不意味着不可解释

许多人都有点儿过分自信，认为他们解释不了的东西肯定不可解释，属于超正常的神秘范畴。一个业余考古学家宣称，因为他自己想象不出金字塔是如何修建成的，所以金字塔肯定是外星人建的。甚至那些有些理性的人都会这样想，如果连专家都解释不了，那肯定无法解释。于是，掰弯了的调羹、火中行走以及心电感应等现象都被赋予了超常的神秘色彩，其原因就在于人们对此无法解释。可当有人对这些现象做出解释时，他们就会说，"是的，那当然"，或"那显而易见"。火中行走这一现象便能很好地说明这一点儿。人们总是在无休无止地寻找能克服疼痛和热量的超自然力量，或者在大脑中寻找一种可以防止烧伤时痛感的化学物质。其中的道理很简单。光和质地疏散的煤块所含的热量很少，热量从光和煤块传到双脚的能力很差。只要不站在煤块周围，火就烧不到你（想一想在华氏450度的炉子里烤的蛋糕。空气、蛋糕和烤盘都是华氏450度，但只有金属盘子才会烫着你的手。金属盘子的热容量和热量的传导性很强，而空气和蛋糕质量较轻，形体疏松，故其导热性差）。魔术师不泄露他们的秘密也就是这个原因。他们的鬼把戏大都（虽然有些很难操作）很简单，知道其中的秘密就没什么魔术可言了。

宇宙中存在着很多目前真的很难解释的神秘现象。可以这么说，"虽然目前我们解释不了这些现象，但总有一天会的"。问题是，我们大多数人都觉得对某种事物有所把握才心安，即便解释得很牵强，也比面对那些解决或解释不了的秘密强。

11. 失败的研究成果被合理化

在科学研究中，不能过分强调负面发现或失败的价值。失败的发现往往不是人们所要的，通常人们也不去发表它们。但大多数情况下，失败更容易使我们获得真理。诚实的科学家很乐意承认自己的错误，但所有的科学家都会保持一致，否则他们的同行会公开任何企图蒙混过关的行为。伪科学家们不会这样做。他们或者对这些失败漠然处之，或者将其合理化，尤其是当这些错误被曝光时。如果给人当场逮住在作假，这样的事情不会经常发生，他们就会辩解说虽然他们的方法通常是有效的，但也不总是奏效。所以当有人要求他们在电视上或实验室里重新演示其实验结果时，他们没有别的办法，只好作假。如果演示不成功，他们准备了好几个独出心裁的解释理由：实验所受的限制太多，所以出现了负面的结果；因为怀疑者在场，所以那种方法不奏效；旁边有电器设备，所以实验没有成功；这种实验的效力没有定性，做实验时正是其效力消失的时候。最后，他们声明，如果连那些怀疑者都解释不清楚，那肯定存在着某种超常的东西。这样他们又陷入了"不能解释的东西就不可解释"的误区。

12. 相互关联并不等于因果关系

这也就是人们所说的"因为这一切是由这个得出的，所以它是所有这一切的根源"。从其最基本的含义来看，这是迷信的一种表现方式。棒球运动员因比赛时没刮胡子，所以击中了两个球。那个赌徒得穿上那双能带来好运的皮靴，因为过去他只要一穿上那靴子就准赢。科学研究更容易陷入这个误区。1993年有研究发现，母乳喂养的孩子智商高。人们便纷纷对母乳进行研究，看看是哪种成分会提高人的智力。这还使那些用奶瓶喂养孩子的母亲感到内疚。但很快就有人对此产生了怀疑。或许因为母乳喂养的孩子得到的关爱多才产生这种不同。或许母乳的母亲和孩子在一起的时间稍长一些，母亲的警觉性相对高一些，这才使那些吃奶水比奶瓶喂养的孩子智商高。正如休谟所说的，事件前后相连，并不意味着它们之间就有因果关系。相互关联并不等于因果关系。

13. 巧合的事件

在超常的世界里，人们认为偶然的巧合事件都意味深长。他们用"同步性"这个词来描写巧合的事，好像有什么神秘的力量在背后操纵着一切。但据我看来，"同步性"仅是偶然，是一两个或几个没有事先安排的现象关联在一起而已。如果事物违背概率规律而联系在一起，就很容易被认为是某种神秘力量在作祟。

但很多人对概率理解得不透彻。一个赌徒连续赢了6次后就会想,自己或者会继续"赢下去",或者"到了该输的时候"了。30个人坐在同一个房间里,其中有两人发现他们在同一天出生,于是就得出结论说这是冥冥之中安排好的。你去给好朋友鲍勃打电话,接电话的人正是鲍勃。于是你就会想"哇,多巧,这肯定不是单纯的巧合,或许我和鲍勃之间存在着某种心灵感应"。其实,这种巧合不是概率中所谓的巧合。赌徒下赌前已经估计到了可能出现的两种结果,这样赌起来才会万无一失!一个30人的房间里有两个人在同一天过生日的可能性是71%。或许你忘了有很多次你给鲍勃打电话,可接电话的不是鲍勃;或者鲍勃给你打电话,但当时你却没惦记着他。正如行为心理学家比·弗·斯金纳在实验室里所证明的,人的大脑总是在事物间寻找某种联系,而也总是会发现这种联系,虽然实际上它根本就不存在。老虎机利用的就是人们的这种胡乱联系的心理,就像那些呆头呆脑的老鼠,那些傻头傻脑的赌徒也一样,只要偶尔地给点好处,他们就会不断地去拉动那个把手。联想丰富的大脑会解释剩下的一切。

14. 代表性

正如亚里士多德所说,"巧合的数目与其确定性成正比"。那些毫无意义的偶然事件会被遗忘,人们却会记住那些意味深长的巧合。人们倾向于记住那些被言中的事,却容易忽视那些没被言中的。那些精神学家、预言家和占卜者利用的正是这种心理。这些人每年的1月1日都会做出几百种预测。首先,为增加其预言的命中率,他们会去预测那些通常情况下可能发生的事,如"南加州会有一次大地震",或者"今年皇室会有麻烦"。接着,等到来年1月,他们就把猜对的事公布于众,而隐藏了那些没有命中的,希望没人会刨根问底追究下去。

我们一定要牢记,一件看来不可能发生的事所在的大背景,而且一定要分析非常事件在同类现象中的代表性。"百慕大三角区"位于大西洋，不管是轮船还是飞机，到那里就会"神秘"失踪。因此人们就做出假设，这不是外星人干的，就是某种神秘力量在起作用。在这种情况下，我们就要考虑这些失踪事件在那个地区的代表性。与邻近的地区相比，百慕大三角区所拥有的海上航道要多得多，所以该地区发生事故、不幸和神秘失踪现象的几率也要大得多。研究表明，百慕大三角区事故发生率要比其邻近的地区低。或许这个地区应该称为"非百慕大三角区"（见 Kusche 1975 年对百慕大三角区神秘失踪现象的详细解释）。同样地，研究闹鬼的房子时，在肯定其的确非同寻常时（从而神秘），我们对房子里的噪声、嘎嘎声以及其他事件的测量要有个基准。我过去常听见有人在敲我们家墙。在闹鬼？不是。是钳工在干活。偶尔我也会听见自家地下室传来刮擦的声音。是鬼在作怪？不是，是老鼠。人们在寻求超现实的解释之前，最好对现实世界的可能性有个彻底的了解。

思维方式中出现的逻辑问题

15. 情感语言和错误的类比

情感性的语言会激发起某种情感，但同时也会模糊人的理性。情感语言可以是正面的，比如祖国、美国、正直和诚实这样的词。但也可表示负面的东西，如强奸、癌症以及邪恶等。同样，比喻和类比会用情感混淆思维，从而使我们偏离正途。学究们会把通货膨胀比喻成"社会的癌症"，把工业的发展比作"对环境的凌辱"。在 1992 年的民主党提名演讲中，阿尔·戈尔做了一个独出心裁的类比，把病态的美国比作他生病的儿子。濒于死亡的儿子在父亲和家人的照料下重获新生。同样，里根和布什政府统治的 12 年使美国也濒临垂死的边缘，新当选的政府将会使之起死回生。像传闻逸事一样，类比和比喻本身不能成为证据。它们仅仅是修辞的工具而已。

16. "非此即彼"

这个谬误诉诸无知或无识，与"提供证据的负担"和"不能解释并不意味着不可解释"这两个谬误息息相关。这种谬误指的是，如果不能证明一个观点是错误的，那它肯定是正确的。比如说，如果不能证明心理力量不存在，那它就肯定存在。有人争论说，因为你不能证明圣诞老人不存在，那圣诞老人就肯定存在。这种论点的荒谬性更加醒目。人们可以用同样的方式站在相反的立场上争辩：如果你不能证明圣诞老人存在，那他肯定就不存在。在科学里，信仰应该来自支持某种观点的肯定证据，而不是反对的证据，或毫无证据。

17. "你错，你的观点就错"

照字面意思，这种谬误指的是"研究持某种观点的人"和"你也是"。陷入这一误区的人把注意力由观点本身转移到持有观点的人身上，通过对观点持有者的抨击来否定其观点。你可以指控某人是无神论者、儿童虐待狂或新纳粹主义者，但你不能否定那人所持的观点。了解某人是否有某种特定的宗教信仰或思想观念可能有点儿用处，这样可以防止其科研受到偏见的影响。但是批驳别人的观点必须直截了当，不能旁敲侧击。比如说，如果那些否定大屠杀的人是新纳粹主义者或反犹主义者，这肯定会影响这些人对历史事件的选择。但如果他们坚持认为希特勒根本没制订过迫害犹太人的计划，你回应说"哦，他那么说是因为他是个新纳粹主义者"。这种反应根本就批驳不了论点本身。希特勒到底有没有制订过迫犹计划，这个问题可以从历史的角度来解决。对于"你也是"这种谬误也是同样的道理。如果有人指控你偷税漏税，如果你回应说，"没错，你也是这样"。这种回答根本不能说明什么。

18. 草率地得出概括性的结论

在逻辑学中，草率地下结论是一种不合理的推理方式。在现实生活中，这叫偏见。这两种情况都是在没有事实依据的前提下得出结论。或许因为人脑在演化中总善于寻找事物间的因果关系，草率下结论是最为常见的谬误之一。只有几个差老师并不代表学校不好。出了几辆坏车并不说明那个品牌的车不可靠。不能根据一小撮人来判断整个群体。在科学研究中，下结论之前，要仔细尽可能多地收集证据。

19. 过度依赖权威人士

我们严重依赖社会中的那些权威人物，尤其是当这些人被公认为极为聪明时。在过去的半个世纪内，智商所占的地位简直令人难以置信。但我还注意到一个现象，信仰超常事物的人在门萨俱乐部（那些占人口总数2%的高智人士所设立的俱乐部）中并不罕见。有人甚至辩论说这些人的情商也相当优越。魔术师詹姆士·兰地有个癖好，专爱讽刺那些拥有博士学位的权威人士。兰地说，一旦拿到博士，这些人就很难说出这两句话："我不知道"和"我错了"。因为拥有某一领域的专业知识，所以他们在那个领域取得成就的机会就要多一些。但专业知识并不能保证他们总是正确的，也不能表明他们在别的研究领域也能得出正确的结论。

换句话说，是谁提出的观点，这有很大的不同。如果这个人是诺贝尔奖得主，我们就会把他说的话记下来，因为他（她）的观点在以前基本上是对的。如果这个观点是一个名声不好的蹩脚艺术家提出的，那我们就会笑而置之，因为这个人的观点对的时候少。虽然要把小麦和麦糠区分开来需要一定的专业知识，但下面这两种做法仍很危险：（1）仅仅是因为我们所尊重的人赞同，就接受某个错误的观点（错误的肯定）；（2）仅仅是因为我们瞧不起的人反对，就拒绝接受某个正确的观点（错误的否定）。那怎样才能避免这样的错误呢？应仔细研究所拥有的证据。

20. 或者、或者

这种谬误还常常以"否定的谬误"或"错误的困境"而著称。陷入这个误区的人容易把世界一分为二，也就是说，如果否定这种情况，你就得接受另一种情况。这是创世主义者所钟爱的策略。他们宣称，生命要么是上帝创造的，要么是进化来的。所以他们花了很多时间来否定进化论，只要能证明进化论是错的，那创世论就肯定正确。然而，只指出某个理论所存在的缺陷是不够的。如果你的理论的确高明，那它就不仅能解释旧理论已经解释过的那些"正常"的资料，也能对旧理论解释不了的那些"非正常"的资料做出解释。一个新的理论需要的是能支持它的证据，而不仅仅是提出反对意见。

21．迂回循环的推理方式

这种形式的谬误又被称作"冗余谬误"或"循环论证""回环式谬误"。这里的结论或观点仅仅是对前提的一种重复。基督教义中就有很多这样同义反复的赘述。上帝存在吗？存在。你怎么知道的？因为《圣经》上是这么说的。你怎么知道《圣经》上说的是对的？因为《圣经》是在上帝的启示下写成的。换句话说，上帝存在因为上帝存在。科学中也有类似这样的循环重复。重力是什么？是物体间相互吸引的引力。物体间为什么会相互吸引呢？因为重力的存在。换句话说，有重力是因为重力存在。（实际上，牛顿的同代人中，有人就拒绝接受他的万有引力理论，原因是该理论使科学退回到中世纪的神秘思想。）很明显，有时循环的推理方式也可以奏效。虽然并非易事，但我们在下定义时一定要保证该定义可被检验、否定和拒绝。

22．归纳和滑坡谬误

这种谬误指的是，通过追究其逻辑推理方式和在这一方式下得出的荒谬结论来对某一观点进行批驳。当然，如果某种论点的结论荒诞不经，那该论点肯定是错误的。但也不总是如此。有时使一种论点陷入其逻辑推理的死胡同，对训练批判性思维很有用。通常这也是验证某种观点是否可信的一种途径，尤其是当用实验来验证该观点的逻辑推理方式时。同样，滑坡谬误指的是，设计一个故事情节，在这个情节中，事件的发生会导致一种极端的后果，以至于人们希望这件事从来都没发生过。比如说，吃某品牌的冰激凌会增加体重。体重增加就会长出多余的脂肪。很快体重便会增加到350磅，并导致心脏病发作而死去。于是你就得出结论：吃此品牌的冰激凌会要人命，所以不要去吃。吃上一大盘子这种品牌的冰激凌当然有可能使人肥胖，但不太可能要人命。事件所产生的后果不一定都是从前提中得出的。

思维过程中出现的心理问题

23. 努力不够和对事物有所把握、控制或简单了解的必要

大部分时间，大多数人都渴望确定性，想要控制我们所在的环境，对事件有个简明的了解。从进化论的角度看，这些想法都可以理解。然而，在一个形形色色多重复杂的社会里，上述想法会过度简化现实，从而干扰人们解决问题和培养批判思维的能力。比如说，我相信在市场经济中超正常和伪科学的观点之所以盛行，部分是由市场经济本身的不确定性造成的。社会生活中的不稳定促使人们从市场经济中（或生活本身）寻求解释，但市场经济中的奇思怪想以及种种偶发事件并不能给人满意的解释，于是人们就转向那些超自然和超常的东西。

科学和批判性思维不是自然而然形成的，它需要长期的训练、实践和努力。正如阿尔弗雷德·曼德在其所著的《大众逻辑》一书中所说，"思维是一项技术性活动。不经过学习和实践，天生就能清楚、有逻辑地思考，这种观点是不对的。没有受过训练的人很难成为出色的木匠、高尔夫球手、桥牌健将或优秀的钢琴家。同样，不经训练的大脑也别指望能进行清楚的逻辑思考"。（1997，第 vii 页）我们一定要试着抑制对事情有绝对把握和掌控的欲望，以及试图用简单、不费力气的办法来解决问题的倾向。解决问题的办法偶尔会很简单，但通常情况下都很复杂。

24. 不完备的解决问题的办法

从某种程度上来说，所有的批判和科学思维都与解决问题有关。解决问题的过程中，会出现很多心理干扰，使问题得不到充分的解决。根据心理学家巴里·辛格的理论，当事先就告诉人们解决办法，然后再让他们去选择正确答案时，他们会：

  A. 很快地做出假设，然后只去寻找那些能确认该假设的例子。
  B. 并不去找能否定该假设的证据。
  C. 即使所做出的假设明显错了，也不会马上纠正这个假设。
  D. 如果信息太复杂，就用一些过于简单的假设和策略来解决问题。
  E. 如果找不到解决办法，或问题问得有点儿技巧，或"正确"与"错误"的选项没有按规律给出，他们就会对所发现的一些偶然联系做出假设。不管怎样，他们总会找到事物间的因果关系。（Singer and Abell，1981，第18页）

如果这是人所共有的一般状况，那么我们大家都得努力去克服解决科学和生活问题时出现的这些局限。

25. 观念免疫力，或普朗克问题

日常生活中，就像科学发展中一样，人们都会拒绝接受那些最基本的范例变迁。社会科学家杰伊·斯图尔特·斯内尔森称这种抵抗力为"观念免疫"："那些有知识、有文化、事业成功的成年人很少改变他们最基本的思想观念。"（1993，第54页）在斯内尔森看来，人们所积累的知识越多，他们所拥有的观念的根基越牢固（记住，我们都倾向于选择和记住那些具有肯定而非否定性质的证据），对自己的观念信心就越大。结果，我们对新思想产生了"免疫力"，也不去验证那些旧的观念。科学历史学家把这种现象称为"普朗克问题"。这由物理学家马克斯·普朗克的名字而来。普朗克在分析科学革新时说,"一项重要的科学革新很难赢得其反对者的赞同。索尔变成了保尔,这种情形很少发生。实际情况是,反对者慢慢消失,新生的一代从一开始就被灌输了这种革新的观念"。(1936,第97页)

心理学家大卫·帕金斯做了一个有趣的关于相关关系的研究。他发现人的智力(经过标准的智商测定)与持有某种立场并为该立场寻找辩护的能力之间存在着一种很强的相互关系。他还发现,智商和考虑其他立场的能力间存在着强烈的反比关系。也就是说,智商越高,思想免疫力的潜能越强。观念免疫是与科学事业同时产生的,免疫系统像过滤器一样,过滤着科学探索中那些具有潜力的新生事物。恰如科学历史学家 I. B. 科恩所解释的那样,"人们坚决抵制,而不是张开双臂欢迎那些新生的、具有变革意义的科学革新。对每一个成功的科学家来说,维持现状有既定的知识、社会,甚至经济的利益。如果每一个具有变革性的新观念都受到热烈的欢迎,整个社会将会陷入一片混乱"。(1985,第35页)

最后,历史最终会对那些"正确"观点(至少暂时正确)有所回报。社会的确在不断变化之中。在天文学中,地球中心说慢慢地为哥白尼的太阳中心说所代替。在地质学中,乔治·居维叶的灾变说渐渐地让位于詹姆士·赫顿和查尔斯·莱尔所提出的更为合理的均变说。在生物学领域,达尔文的生物进化论替代了创世论关于物种不变的学说。在地球史研究中,阿尔弗雷德·韦格纳的大陆漂浮学说用了半个世纪的时间才战胜了大陆固定学说的教条主义。在科学研究和日常生活中,人们可以克服这种观念免疫。但这需要一定的时间。

斯宾诺莎的格言

怀疑者热衷于去揭露那些胡说八道的异端邪说。意识到别人荒谬的逻辑是件很开心的事,但这不是问题的主旨所在。作为怀疑者和具有批判精神的思想家，我们必须要摆脱情绪的干扰。了解别人出错的原因，弄明白社会和文化对科学所产生的影响，只有这样，我们才能更好地了解世界的发展规律。也正因为此，了解科学和伪科学的历史同样重要。如果能看出科学和伪科学发展演化的大背景，辨别出各自思维方式中所存在的问题，我们就不会犯同样的错误。关于这方面，荷兰的哲学家巴鲁赫·斯宾诺莎说得最好："我曾不懈地努力，尽量不去嘲弄、哀叹或讥笑人们的行为，而去试着了解他们。"

第二部分
伪科学和迷信

规则 1

我们不准备接受那些不能对自然现象做出充分解释的理由。

正是基于这个目的，哲学家们认为，自然界的一切都会物尽其用。自然利用得越少，浪费就越大。自然崇尚的是简单而不是虚夸的理由。

——艾萨克·牛顿"哲学中的推理规则"，
《数学原理》，1687

第四章

背离常规

正常、超常和埃德加·凯斯

商业统计中人们常用的俏皮话之一便是狄斯累利对谎言种类的划分（马克·吐温曾对此加以澄清）。狄斯累利把谎言划分为三类："谎言、该死的谎言和统计学。"当然，这其中的问题其实是对统计学的误用，或更笼统一点儿，是对大多数人在现实生活中遇到的统计和概率产生的误解。当要猜测某事发生的可能性时，大多数人都会高估或低估事情发生的概率，以至于使正常的现象染上某种超常的色彩。在参观埃德加·凯斯的"研究启发学会"时，我发现了一个能说明上述现象的经典例子。该学会位于弗吉尼亚州的弗吉尼亚海滩。有一天，我和弗吉尼亚卫斯理学院的克莱·德里斯教授去拜访这个学会。很幸运，到的那天大家都比较忙，学会的成员在忙着做一个超感官的知觉"实验"。既然他们宣称实验能证明人的超感官知觉，那么对怀疑者来说，"研究启发学会"是一个公平的游戏对象。

据文献记载，"研究启发学会成立于1931年，旨在保存、研究和传播埃德加·凯斯的学说"。凯斯是20世纪最杰出的"精神学家"之一。像许多诸如此类的组织一样，"研究启发学会"有很多科学的外表：一幢办公大楼，其面积和外表都相当气派，颇具现代气息；一座相当宽大的科研图书馆，里面既藏有凯斯的精神学著作，也有相当数量的其他科学和伪科学方面的书籍（虽然他们的藏书不是这样划分的）。还有个书店，出售满满一大堆有关超常事物的著作，包括精神生活、自我发现、内在的帮助、健康、长寿、康复、天赋和未来，等等。"研究启发学会"称自己为"研究机构"。该机构将"继续信息索引和分类、进行试验调查以及负责召开讨论会、研讨会和报告会"。

那些包含着各种信仰的文集，看起来就像一本从字母A到Z的"名人志"或超常事物的大杂烩。学会图书馆循环流通的卷宗索引显示，里面存有凯斯的精神读物，比如天使和大天使、占星术对地球人生活的影响、经济康复、评估精神方面的才能、知觉、幻觉和梦、因果和慈悲的规律、磁疗、耶稣生平中鲜为人知的年份、生和死的一体化、星座和占星术、精神科学的原则、复活以及灵魂的退化等。其中一本讲的是凯斯本人。他斜躺在椅子上，闭着眼，沉浸在一种"改变了的状态"之中，一连几个小时向别人口述有关材料。总其一生，凯斯口述过1.4万多份精神方面的读物，所涉及的话题达1万多个。学会还建有一个单独隔开的医学资料图书馆，其中的索引上列举了凯斯关于可以想象到的任何一种疾病的名字及其治愈方法的精神读物。其中一本是"凯斯非常有名的'黑书'，里面讲述了'清除伤疤的办法''最佳睡眠时间''最好的运动方式'以及'提高记忆力'的方法。还有，在第209页，为你解释最为神秘的医学秘语，即'如何摆脱有害的空气'"。

"研究启发学会"还拥有自己的媒介，叫"研究启发学会出版公司"。该公司合并了"大西洋超个人研究大学"，后者为学会提供了一个"独立学科研究项目"。该项目包括下面一些课程：TS501-《超个人研究入门》（这包括凯斯、亚伯拉罕·马斯洛、维克多·弗兰克尔的著作和佛教教义）；TS503-《人类意识的起源和发展》（讲述的是古代魔术师和伟大的圣母）；TS504-《精神哲学和人类的本性》（讲述的是精神创造和演化）；TS506-《内心生活：梦想、冥想和想象》（关于梦想作为解决问题的工具）；TS508-《宗教传统》（指的是印度教、佛教、犹太教、伊斯兰教和基督教）；TS518-《预言是测量一切的途径》

（指的是占星术、塔罗牌、易经、书法分析、手相学和精神分析）。

该学会会举行名目繁多的报告会和研讨会来鼓励信教者，给不信教的人参与的机会。阿姆德·费伊德在其报告"埃及、神话和传说"中规划了一个并不十分隐晦的方案，即凯斯在古埃及的生活。这个叫作"给名字起名：让耶稣来做你今生的主人"的报告指出，"研究启发学会"接受任何传统宗教，并不区别歧视任何信仰。一个叫"声音和泛音歌唱"的研讨会承诺要给人们提供"力量和转变的工具"。一个被称作"记忆的治愈力量"的座谈会一直开了3天。会议宣扬了雷蒙德·穆迪的观点。穆迪认为，临死前的经历是通向另一个世界的桥梁。

埃德加·凯斯到底是谁？据"研究启发学会"的文献记载，凯斯于1877年出生在肯塔基州霍普金斯维尔附近的一个农场。年轻时，他就"表现出超感官的知觉能力。最终他将成为有史以来被人引用最多的精神学家"。据称，21岁时，"他的身体就局部瘫痪，面临着失语的威胁"。医生对此无计可施。凯斯宣称，通过催眠进入"睡眠状态"后，他的病不治而愈。发现自己在一种非常状态下可以诊断医治疾病，他便经常去帮别人解决一些医疗问题。这使他将其精神读物扩展到上千种不同的话题，这些话题几乎囊括了宇宙、世界和人类社会中可以想象到的任何一方面的问题。

无数人撰书来谈论埃德加·凯斯。有些书是其忠实的追随者写的（Cerminara 1967；Stearn 1967），其他一些出自怀疑者的手笔（Baker and Ni-ckell, 1992；Gardner 1952；Randi 1982）。怀疑者马丁·加德纳认为，凯斯年轻时就爱幻想。那时他经常同天使谈话，看见过已故祖父的灵魂。凯斯只上了9年学，但他如饥似渴地读了很多书，从而获得了广博的知识。就因为见多识广，他可以在心神恍惚的状态下编造出一些别具一格的故事，给出详细的诊断过程。他早期的精神读物是在一个正骨治疗家面前完成的，其书中的很多术语也是从那儿借来的。他妻子患肺结核时，他的诊断是，"身体的状况与以前大不相同……疼痛从头开始，然后沿第二根、第五根和第六根脊柱骨,再由第一根和第二根腰椎骨……传遍整个身体。胸部、肌肉和神经纤维中都有受到损伤的痕迹"。正如马丁·加德纳所评价的,"这种谈话只有正骨治疗家听得懂。别人谁也听不懂"。(1952,第217页)

兰地从凯斯身上看到了精神研究行业里的那些惯用伎俩,说,"凯斯喜欢用这样的言辞,像'我觉得……'和'或许'。这种模棱两可的词可让他避免发表一些肯定的观点"。(1982,第189页)凯斯的处方读起来像中世纪时的草药医生开的方子:腿痛了,就用烟灰油擦一擦;婴儿神经痉挛,涂点儿桃树膏药;出现浮肿现象,抹上点儿臭虫汁;用花生油来按摩治疗关节炎;妻子得了肺结核,用竹灰来治疗。凯斯的解读诊断正确吗?他的药方奏效不?这很难说。少数几个病人的证词并不能代表经过严格控制的实验结果。他的诊断中有很多明显的失误。有几个病人就是在看他的书和给他写信的过程中死去的。其中有个小女孩得了病,凯斯向她推荐了一种极为复杂的营养疗法,但同时又警告说:"这疗法是否奏效主要取决于今天该做的事你做了没有,能听懂吗?"然而,小女孩早在前一天就死了。(Randi 1982,第189—195页)

我们满怀期待地走过写有"我们可以彰显上帝和人类之爱"的标语,进入陈列着凯斯遗产的大厅。里面除了门厅的墙边傲气地摆着一台测定超感觉的知觉能力的机器(见图4),并没有什么其他图

图4 "研究启发学会"测定超感觉的知觉能力的机器

书和实验器材。机器的旁边标着一个大大的记号,告诉人们隔壁房间马上将进行一次超感觉知觉实验。我们的机会来了。

用以测量知觉的设备放映了标准的曾纳卡片(由 K. E. 曾纳创制,展示了一些心理实验中容易辨别和解释的形状),5 个象征符号每个下面都镶有按钮。这 5 个符号是:加号、正方形、星号、圆形和波浪曲线。实验开始前有个"研究启发学会"的主管做了一个关于超感觉知觉、凯斯和精神力量发展状况的报告。他解释说,有的人天生就有精神方面的天赋,而有的人则得通过后天的训练才能获得。但我们大家都有这种能力,只是程度不同而已。当他请人加入一起做实验时,我自告奋勇扮演实验中的接收者。没有人告诉我怎么去接收心理方面的信息,我只好请教主管。主管建议我把精力集中在信息发送者的额头。房间内另外还有 34 人也要这么做。我们每人都得到一张超感觉的知觉测验记分纸(见图 5),纸上的选项成对

图 5 迈克尔·舍默在测试超感觉的知觉能力实验中的分数单

第四章 背离常规

排成竖栏。用 25 张卡片试两次。第一次实验中我老老实实地试着去接收传来的信息，结果得了 7 分。第二次我在每张卡片上都标了加号，结果得了 3 分。

指导做实验的老师解释说："得 5 分表示水平一般。机会存在于 3 分到 7 分之间。超过 7 分就说明有超感觉的知觉能力。"我问："如果机会存在于 3 分到 7 分之间，超过 7 分就有超感觉知觉的话，那么不到 3 分的人怎么解释？"老师回答说："这表明那人有消极的超感觉知觉能力。"（他没有解释是什么意思。）接着我浏览了一下整个小组的实验情况。第一次实验中，得 2 分的有 3 人，另外 3 人得了 8 分。第二次实验里，有 1 人甚至得了 9 分。很明显，我是没有什么精神力量，但至少另外 4 人有。他们真有吗？

得分高，就意味着超感觉知觉力强，在得出这个结论之前，我们得先看看纯粹因偶然得到的是哪一类的分数。那些因偶然得到的分数可以根据概率和统计分析预测出来。科学家们通常会去比较通过统计预测和实际的实验结果来确定结果是否有意义，或是否比因偶然性而得到的结果更精确。很明显，超感觉知觉的实验结果和期望中的无序排列结果相匹配。

我向在座的人解释说，"在第一批人中，有 3 人得了 2 分，3 人得了 8 分，其他人（29 人）的分数都在 3 分到 7 分之间。第二批人中，1 人得 9 分，2 人得 2 分，1 人得 1 分。这里的高分和低分得主显然不是在第一次实验中的那些人。难道说这听起来不像平均数为 5 的正常分布吗？"实验老师转过身来，笑着问："你是工程师、统计学家，还是别的什么？"在场的人都笑了。实验老师回去继续作他的报告，这次讲的是如何通过实践提高超感觉知觉能力。

报告提问期间，等别人都把问题问完了，我才问老师："你说你已在研究启发学会工作了几十年，对吧？"他点点头。"你还说过，有了经验就可以提高超感觉知觉？"他立刻明白我的意思，马上支吾道："这……"我趁机打断他，说："到目前为止，你肯定非常擅长这种形式的测验。我们把机器中的信号传给你怎么样。我敢打赌，25 题中你至少能答对 15 个。"听到我的提议他面露不悦,赶紧对在场的观众解释说,他有很长一段时间没有做超感觉知觉的练习了。况且,若再耽搁下去,做实验就来不及了。他很快把观众们打发走了。一小撮人围住我,让我解释一下"平均数为 5 的正常分布"是什么意思。

我在一张纸片上粗略地画了一条正常频率曲线,即所谓的钟形曲线(见图 6)。我解释说,由偶然性所得到的正确答案(命中数)的平均数是 5(25 个中有 5 个正确)。正确答案的数目因偶然性而偏离一般平均值 5 的数量是 2。因此,在参加实验的人中,有人答对 8 个,有人仅答对了 1 个或 2 个,这个结果没有任何特殊的意义,只是偶然规律起作用的结果。

因此这些实验结果除了表明偶然规律在起作用外,并不能说明别的。实验中出现的背离平均值的偏差根本就在意料之中。如果在场的

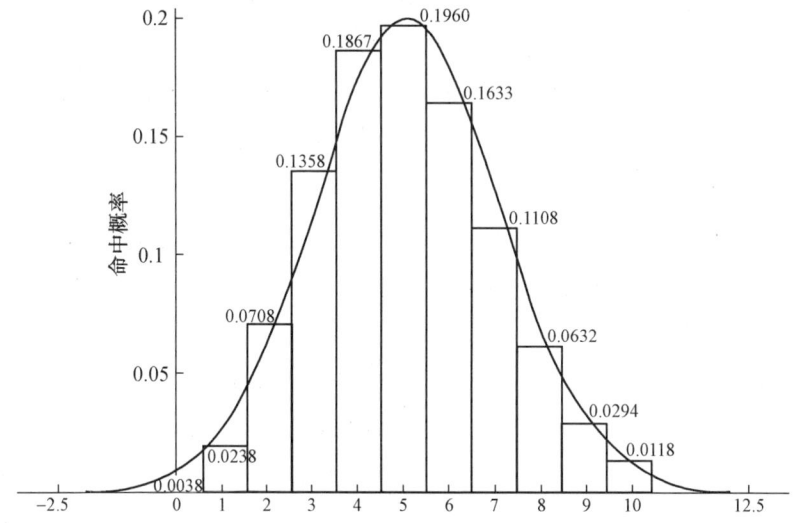

图 6　25 个人中偶然正确命中的数目
反映 25 个问题、每个问题有 5 个答案测试实验的钟形曲线。如果偶然性起作用,在这个实验中,概率论的预测结果是,大部分人(79%)会得到 3—7 个正确答案。而得到 8 个或更多正确答案的概率是 10.9%。(这样,在由 25 个人组成的小组内,在这个范围内的某些分数就可能纯粹由偶然性产生。)在 9 万人中,可能有 1 个人得到 15 个正确答案;在 500 万人中,可能有 1 个人得到 20 个正确答案;在 30 亿人中,才可能有 1 个人 25 个答案全对。

观众扩展到几百亿人，比如说电视观众，那么对高分产生误解的机会要更大一些。在这种情况下，这几百亿中的一小部分就会超过平均值的3个"标准偏离度"。或者如果有11次命中，这一小部分人就会达到4个"标准偏离度"。如果命中13次或者更多，那么这些结果便完全符合无序的假设。相信精神力量的人容易把精力集中在与平均值偏离最大（统计意义）的实验结果上，并把它们吹捧为能证明精神力量的证据。但从统计学可以看出，参加实验的人越多，有人得高分的几率就越大。或许有撒谎或该死的谎言，但当伪科学欺骗那些没有批判精神的人时，统计学能帮助揭示出其中的真相。

  实验结束后，有位女士跟着我走出房间，问道："你属于那些怀疑者，不是吗？"

  "没错，的确是。"我说。

  "那么，"她反驳道，"我给朋友打电话时，她也正要给我打，这种巧合你怎么解释？难道这还不能说明我们之间有心灵感应吗？"

  "是的，说明不了。"我说，"这只是统计上的巧合。我来问你：你打电话给朋友，但接电话的却不是她，这样的事情发生过多少次？或者朋友给你打电话，而你竟然没想到是她，这样的情况又出现过多少次？"

  她说她得想一想才能回答。后来，她找到我说她已想清楚了："我只记得那些巧合的事情发生的次数，你说的那种情况我记不得了。"

  "很好，"我惊呼道，以为自己已说服了她，"你终于明白了。那只是有选择的知觉。"

  我太乐观了。"不，"她总结道，"这只能证明精神力量有时奏效，有时无效。"说得对，信仰超常事物的人就像那些"永不沉落的橡皮鸭子"。

第五章

穿越不可见之域

临死前的经历和对永恒的探索

> 我的灵魂穿越隐形之域,
> 拼写出另一个世界的文字。
> 灵魂慢慢回归于我,
> 宣称说"我自己就是天堂和地狱"。
>
> ——莪默·伽亚谟《鲁拜集》

1980 年,我参加了一个在俄勒冈克拉马斯福尔斯市举行的周末研讨会,会议的主题是"自觉控制内部状态"。会议的东道主是杰克·施万茨,因善于使用不同的药物来改变意识状态而闻名。据研讨会的倡议词所称,杰克是纳粹集中营的生还者。集中营里成年累月的孤独生活、凄凉的景况以及肉体上所受的折磨,使他学会了超越自己的身体、避开伤害的本事。杰克的课程主要是教授通过冥想控制思维的原则。掌握了这些原则,我们就可以自觉控制诸如脉搏速度、血压、疼痛、疲劳和流血等身体活动。杰克还当场做了生动的演示。他取出一根 10 英寸的长针,上面满是锈,是人们航海时用的。杰克把针推进自己的二头肌中。他毫无惧色。针取出后,针口处只流了一小滴血。这给我留下了很深的印象。

课程的第一部分主要是普及教育。它使我们了解到身体内卡克拉斯（横切人体物质和心理精神王国的能量中心）的颜色、方位和力量，大脑运用这些卡克拉斯来控制身体的能力，通过想象来治愈疾病，通过物质和能量的相互作用来与宇宙融为一体，以及其他一些神奇的事情。课程的第二部分主要是实际操作。我们学了如何冥想，接着又念了真言祈祷文来集中精力。这种练习持续了相当一段时间。杰克解释说，有些人可能要经历一些意想不到的情绪变化。虽然我努力试了之后仍没什么情绪变化，在场的其他人肯定有。有几位女士从椅子上跌落下来，开始在地板上挣扎着，呼吸急促、不停地呻吟着。在我看来，她们好像正处于性高潮。甚至有几位男士也卷入其中。为帮助我与自己的卡克拉斯步调一致，有位女士把我带到一个墙上挂着镜子的洗手间。带上门后，她关闭了所有的灯，然后试着给我展示环绕在我们周围的光环。我尽可能使劲去看，可什么也看不见。一天晚上，我们在俄勒冈一条安静的公路上驱车行驶，她突然指着路边说有一些轻飘的小动物让我看。但我还是什么也看不见。

我又参加了杰克举行的其他几个研讨会。这都发生在我成为"怀疑者"之前。老实说，那时我真的在尽力体会别人向我暗示的那种感觉，可那种感觉总是与我失之交臂。现在回想起来，我想那些能体会到的人大多有幻想倾向，容易受别人的暗示或团体的影响，而另一些人则善于让其思想意识在一种改变了的状态中遨游。我认为临死之前的切身经历最能说明改变了的意识状态。下面将对这个问题做进一步的阐述。

何为改变了的意识状态

大多数怀疑者都会同意这两个观点：神秘和精神体验仅仅是幻想和暗示的产物。但很多人会质疑我对改变了的意识状态的第三种解释。我和兰地曾仔细探讨过这个问题。兰地和其他几个怀疑者如心理学家罗伯特·贝克（1990，1996）认为，根本就不存在改变了的意识状态，因为在改变了的状态中能做的事在未改变的状态下（比如正常、清醒和有意识状态）都能做。譬如说，催眠状态常被看成是一种改变了的意识。但如果有人真能在催眠中做出在正常清醒状态下做不出的事，那个"了不起"的催眠师克雷斯金会给10万美元的赏金。贝克、克雷斯金和兰地及其他一些人认为，催眠术仅仅是在玩幻觉游戏。我不同意这个观点。

改变了的意识状态这个术语是研究超心理现象的查尔斯·塔特于1969年杜撰的。曾一度，主流心理学家都意识到思维不仅是自觉的意识。心理学家肯尼斯·鲍尔斯辩论道，实验证明，"比起对知觉到的情形自觉有目顺从，催眠术还揭示了一种更为微妙、更为深入的东西"。所以"用'伪造假设'来解释催眠状态是不够的"。（1976，第20页）斯坦福实验心理学家厄内斯特·希尔加德通过催眠术在人脑中发现一个"隐藏的观察者"。这个观察者能意识到所发生的事情，但这种意识是在一种非自觉的状态中进行的。他还发现，人脑中还存在着"各种各样的功能系统，这些系统按一定的等级组织在一起，但可彼此分解开来"。（1977，第17页）希尔加德对此专门做了以下的论述：

> 进入催眠状态后，我把手放在你的肩膀上。这样我就可以同你身体中那个隐藏的部分对话，那个部分知道你身体中正在发生的事情，但那些事情不被正在同我对话的那部分所了解。正在与我对话的那部分不会知道你对我说了些什么，甚至它也不知道你正在谈话……你得记住，你的身体内存在着这么一个部分，它知道你体内发生的很多事情，那些你在正常的意识和催眠状态中都意识不到的事情。（Knox, Morgan and Hilgard 1974，第842页）

隐藏观察者的这种分离状态就是一种改变了的意识状态。确切地说，改变了或未改变的意识状态到底是什么？区别开量的即程度上的不同和质的即种类上的差别或许会有助于回答这个问题。6个苹果和5个苹果是量的差别。6个苹果和6把椅子显示的是质的不同。不同意识状态中的差别大多都是量的而非质的差别。换句话说，两种状态中都有某个东西存在，只是存在的数量不同而已。譬如说，睡觉时，因为做梦，所以存在着思维活动；记住了梦的内容，也就有了记忆；虽然梦中对环境不是那么敏感，但对环境的刺激还是有反应。有些人在梦中也能交谈和散步。我们能控制自己的睡眠，计划起床的时间，而且这样做起来也不会出什么差错。换句话说，睡觉时，我们的思维和言行只是不如清醒时那么频繁。

通常我们不会混淆睡眠和醒着，因而睡眠是改变了的意识状态的一个范例。量变足够大时会引起质变，质变时所产生的意识状态被称为改变了的意识状态。图7中脑电图只记录着数量上的差别，但这个差别如此之大，我们可以认为它们所代表的意识状态存在着质的差别。如果昏迷不是改变了的意识状态，我不知道它到底是什么。昏迷不可能出现在自觉的意识状态中。

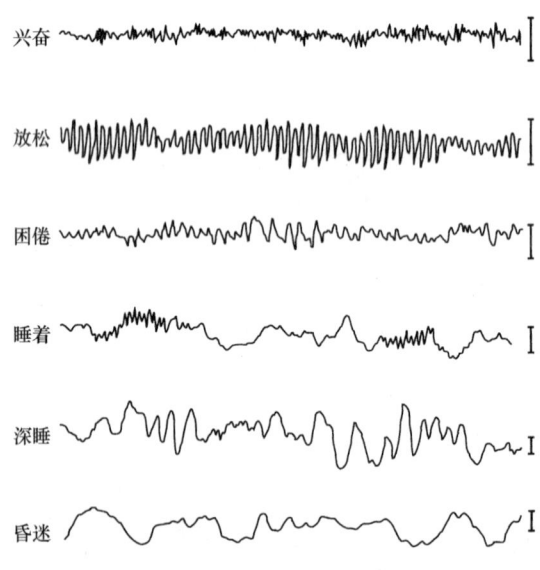

图7 EEG测试实验中6个不同的意识状态的记录

自觉的意识状态有两个特征:"(1)监控我们自身及所处的环境,这样我们的知觉、记忆和思想就可以准确地记录在意识中;(2)控制我们自身和所处的环境,这样我们就可自觉地进行或结束自己的行为和认知活动。"(Kihstrom 1987,第 1445 页)如此说来,改变了的意识状态不仅会干扰我们对知觉、记忆和思想的正常监控,还会中断我们在环境中对自身行为和认知活动的控制。当我们对环境的监控和控制受到重大干扰时,我们就会经历改变了的意识状态。所谓重大干扰,指的是极大地背离了事物的"正常"功用。睡眠和催眠状态都会起到这种作用。幻觉、临死前的经历、灵魂游离出身体和其他一些改变了的状态也属于这种情况。

心理学家巴里·贝埃尔斯坦在定义改变了的意识状态时也提出了同样的观点。他认为改变了的意识状态是通过"疾病、重复性的刺激行为、心理控制或化学摄取"等手段来改变某些特定的神经系统,并由此"极大地改变我们对自身及世界的知觉"(1996,第 15 页)。心理学家安德鲁·内尔(1990)把这些情况称为"先验状态",即人的意识突然发生出乎意料、令人无法应付的激烈变化。理解这种状态的关键是要了解这种体验的强度以及意识改变的深度。有什么事在改变了的意识状态下能做而在正常状态下不能做吗?

是的。譬如梦幻和清醒的思想及白日梦之间就迥然不同。我们通常不会把它们混为一谈,这就说明它们之间有本质的差别。况且,除非有其他变量的参与,如过度的压力、药物或剥夺其睡眠,否则一般情况下人们是不会在稳定清醒状态下产生幻觉的。临死之前的经历和灵魂游离出的体验非同寻常,所以人们通常视之为改变人生的大事。

不对。它们之间只是量的差别。但即使这样,我们仍然可以这样认为,其中量的差别如此巨大,以至于最终产生了质的飞跃。我处于正常的清醒或严重的幻觉状态时,你可以说脑电图的记录只存在着量的差别,但我会毫不费劲地体会和识别出它们之间显著的不同。想一想濒死体验就可以理解这一点。

濒死体验

促使人们相信宗教、神秘主义、精神学说、新新时代运动、超感觉的知觉以及通灵的驱动力之一就是人们想超越物质世界的欲望,想越过此时此地,通过隐形之物,从而到达五官感觉不到的另一个世界。但另一个世界到底在哪儿,我们又如何到达呢?那是一个我们一无所知的地方,它到底有什么魅力?死亡仅仅是通往另一个世界的桥梁吗?

有些信徒宣称,通过一种叫濒死体验的现象,我们的确会对另一个世界有所了解。濒死体验和与其相关的灵魂出体是心理学中最引人注目的两个现象。很明显,徘徊在死亡的边缘,有些人深深地体会到了临死前的滋味。这些人的经历如此相像,以至于很多人都相信来生的存在、相信死亡是一种愉快的体验,或者两者都信。这种现象在1975年随着雷蒙德·穆迪《来生》的发表盛行开来。有些人还提供证据加以佐证。比如说,心脏病专家弗斯库美克(1979)报道,18年来他所医治的2000多个病人中,50%都有过临死之前的经历。1982年盖洛普做的民意调查显示(Gallup 1982,第198页),20个美国人中就有一个有临死之前的经历。迪安·希拉(1978)研究过这种经历的跨文化特征。

临死之前的经历最初受人注意时,人们只是把它当成孤立的、非同寻常的事件来看待。科学家和医生们认为,这是处于积极活动状态的大脑在高强度的压力下产生的幻觉,或者是夸大了的幻觉,因而对其置之不理。然而在20世纪80年代,人们读了医生伊丽莎白·库布勒-罗斯的经典实例之后,开始相信临死之前的经历。库布勒-罗斯的实例如下:

> 施万茨夫人来到医院,给我们讲述了她的死亡经历。她是印第安纳州的一位家庭主妇,一个相当淳朴的女人。她得了晚期癌症,曾大量出血,被送进了一家私人医院,几乎快死了。经过45

分钟的抢救后,她仍然没有生还迹象,医生便宣布她已咽气了。后来她对我说,医生给她做手术时,她只是觉得飞出了自己的身体,盘旋逗留在床上方几英尺的地方,看着那些医生在紧张地抢救她。她还给我描述了医生所系领带的图案,着重讲述了其中一个年轻医生曾开过的一个玩笑。她记得当时发生的任何事情。她只想告诉那些人放松下来、不要紧张、没事的,不要那么卖力。她越告诉他们,他们越是卖力地去抢救她。最后,用她自己的话来说,她"放弃"了他们。随后她便不省人事了。被宣布咽气后,她又活了过来。到给我讲述时,她已经活了一年半。

这是典型的临死之前的经历,符合该经历最为常见的三个因素之一:(1)灵魂游离出身体,并俯视观察自己的身体;(2)穿过一条隧道或一个螺旋式的房间,飞向代表"另一个世界"的光明之处;(3)在"另一个世界"里浮现出来,见到已过世的亲人或类似上帝之类的人物。

这似乎很明显,这些仅仅是幻觉中的经历。为了证实这类故事,库布勒-罗斯做得有些过火:"有的病人遭到车祸,伤得很严重,没有任何生还迹象,但他们还能说得出,在把他们从废墟中抢救出来时人们用了多少火把。"(1981,第86页)那些关于残缺或患病之人有过死亡经历完全康复起来的故事更为荒诞。"四肢麻痹的人不再瘫痪了。在轮椅上待了好多年的多种硬化症患者说,当离开自己的身体时,他们就能够唱歌跳舞。"这缘于身体健全时候的回忆?当然。我的一个好朋友车祸后成了截瘫病人,她就经常梦见自己健康如初。清晨醒来,满心希望从床上爬起来,这一点儿也不足为怪。但库布勒-罗斯根本不理会这种俗不可耐的解释:"像那些完全失明的人,他们根本就没有光的概念,也看不见什么阴影。可是一旦他们尝到了死的滋味,他们就能准确无误地说出事故发生的情景和医院房间的样子。他们向我描述时,细节之详细简直令人难以置信。你怎么解释这种现象呢?"(1981,第90页)这很简单。这些人记住了别人临死前经验的一些描述，自己经历时这些描述变成了一个个关于那些场景的意象，最后这些意象又转化成语言。还有，通常受过外伤和正在做手术的人并没有完全丧失神志或处于无意识状态，他们能意识到周围发生的事。如果病人住在一家医学院，其主治大夫或主管医生做手术时会把整个过程介绍给其他的实习医生。这样那些宣称有死前经历的人就会准确地听到整个手术过程。

临死之前的经历中发生的一些事迫切地需要得到解释。但是些什么事呢？内科医生迈克尔·塞伯姆在其1982年撰写的《死亡回忆录》一书中，研究了一大批有过临死经历的人，并记录下了他们的年龄、性别、职业、文化程度和宗教信仰。同时他还记录了这些人生病前对临死经历的了解、因为宗教和医学知识对这种经历所产生的期待、危机的类型（事故还是被捕）、危机发生的地点、营救的方法、昏迷的大概时间、对这种经历的描述以及其他诸如此类的事情。几年来，塞伯姆一直对这些研究对象进行跟踪调查，再次采访了这些人及其家人，看看他们是否改变了自己关于濒死体验的说法，或者找到别的理由来解释这种经历。即使过了很多年，这些人一提起他们的濒死体验仍觉历历在目，而且坚信那是一份实实在在的经历。几乎所有人都认为，那份经历对他们的生死观产生了一定的影响。他们不再对死亡怀有"恐惧"，也不再对亲人过世感到"悲痛"。因为他们确信，死是一种比较愉快的经历。虽然不是每个人都开始带有"宗教"的倾向，但每个人都觉得自己重获新生，有必要"做点儿有意义的事"。

虽然塞伯姆曾经指出非信徒和信徒都有过同样的经历，但他没有提我们每个人都曾受到犹太-基督教世界观的影响。不管我们是否有意识地相信或不相信，我们都同样地听到过上帝和来生、地狱和天堂这些名词。塞伯姆也没有指出宗教信仰不同的人在临死之前所见到的宗教人物也不同。这个说明濒死体验的事情只出现在人的大脑中，而不是来自外部世界。

怎样用自然主义的观点来解释濒死体验呢？起初，心理学家斯坦尼斯拉夫·格罗夫曾提出过这样一种理论。（1976，Grof and Halifax 1977）他认为我们每个人早已体会过濒死体验的种种特征，譬如漂游感，穿越某个隧道、最终浮现在光明之处，或重生的感觉。或许我们所受到的创伤会永久地印在脑海中，这种感觉后来又被具有同样创伤力的事件，即死亡所激发。能用出生前的记忆来解释临死前的经历吗？不太可能。没有关于婴儿时期记忆的任何证据。何况，宫颈看上去也不像条隧道，再说婴儿在子宫里通常是头部向下，双眼紧闭。为什么那些剖腹产出生的人也有过临死前的经历呢？〔更别提格罗夫及其观察对象利用迷幻药（LSD）所做的实验。这不是用来恢复记忆最可靠的办法，因为这种实验只能产生幻觉。〕

　　用生物化学和神经心理学的理论来解释这种现象倒是很有可能。譬如说，我们知道起飞的幻觉是由阿托品和颠茄生物碱激发的。这些东西有的可以在曼德拉草根和曼陀罗中找到。欧洲的巫师和美洲印第安的巫师经常用它们来做麻醉药。在像氯胺酮之类的麻醉剂的麻醉下，很容易出现灵魂出体的现象。在二甲色氨（DMT）的作用下，人们会觉得世界在不断地膨胀或缩小。亚甲基苯异丙胺（MDA）能使人产生时光倒退的感觉，回忆起早已忘记的陈年旧事。当然，迷幻药（LSD）会激发起视听两方面的幻觉，其效果之一就是让人觉得自己与宇宙合二为一。（Goodman and Gilman 1970；Grinspoon and Bakalar 1979；Ray 1972；Sagan 1979；Siegel 1977）人的大脑中存在着一个个的接收站，用来接收人为加工的化学物质。这指的是，大脑中还有一些自然产生的化学物质，这些物质在一定的条件下（比如说创伤和事故的压力），能引发起任何或者所有典型的濒死体验。或许，临死前和灵魂出体的经历仅仅是由近乎死亡的那种极度的创伤所引发的一些乱七八糟的"旅行"。在阿尔多斯·赫胥黎所著的《知觉之门》（摇滚音乐组"门"就是因此而得名的）中，作者在酶斯卡灵的迷幻下，对花瓶中的一朵花做了引人入胜的描写。赫胥黎这样描述，"我看到了亚当出生那天早晨看到的景象：原始生命的奇迹一点一点地展现在我的面前"。（1954，第17页）

心理学家苏珊·布莱克莫尔（1991，1993，1996）研究了不同人所经历的同样感觉，比如穿越隧道，并进一步推测了对这些幻觉所做的假设。大脑后面的视觉皮层对来自视网膜的信息进行加工，迷幻药以及脑部缺氧（临死前有时会出现这种症状）会改变这个区域神经细胞正常运行的频率。这时，神经元的"条纹"就会移过视网膜，大脑称这种现象为同心环或螺旋体。这些螺旋形状的东西可以被"理解"为隧道。同样地，灵魂出体是混淆了现实和幻觉之间的界限，就像人们刚睡醒时对梦的感觉。大脑尽力重新对所摄取的事件重新构建，在这个过程中，大脑往往居高临下来审视这些事件。我们使自己"远离某个中心"时（当你想象自己坐在沙滩上或爬山，通常是从上往下俯瞰），经常会体会到这种过程。在迷幻药的作用下，被实验的对象通常会看到如图8中所示的意象。这种意象就会让人产生在临死之前穿越隧道的感觉。

最后，想象在冥间可以与过世的亲人见面、看到上帝以及诸如此类的形象，当这些幻想起主导作用时就会产生"来世"的感觉。但有过濒死体验，却永远没有苏醒过来的人又会怎么样呢？布莱克莫尔重新构建了死亡的过程："缺氧使大脑无抑制活动增加，但最终所有的活动都会停止下来。大脑中形成的模型来自这种活动，而正是这些模型使我们对事物有所意识。既然这种活动结束了，那么大

图8　表示临死前经历的螺旋室和条状隧道效应，迷幻药能产生同样的效果

脑所有的活动也就停了下来。再也不会有什么经历、自我以及其他别的东西……一切都结束了。"（1991，第44页）大脑缺氧、大脑供氧不足或充盈了太多的二氧化碳，这些都可能是引起死前经历的原因。布莱克莫尔指出，大脑没有上述毛病的人也曾有过临死前的经历。但同时她也承认，"到目前为止，人们并不十分清楚如何来解释这些现象。关于'来生'和'垂死的大脑'之间的争论永远存在，没有什么证据可以使这个问题得到一劳永逸的解决"。（1996，第440页）心理学中有很多尚未解决的秘密，濒死体验就是其中著名的一例。这使我们再一次面对这样一个与人性有关的问题：濒死体验是人脑中有待解释的一种现象，还是我们希望永生的一个证据？这两种观点哪一个更有可能呢？

探求永生

死亡，或至少是生命的结束，似乎是我们的意识的外部界限和一切可能性的边界。死亡是终极的改变了的状态。这就是尽头，还是仅仅是开端的结束？《圣经》中的约伯曾问过同样的问题："人若死了岂能再活呢？"显而易见，没有人能对此做出肯定的回答。但有不少人认为他们的确知道这个问题的答案。很多人试图用某个观点去说服其余的人，他们做得很坦然，没有任何一点尴尬。这个问题也是为什么这世上存在着成千上万的宗教组织，而且每一个组织都有自己对来生的解读。正如人文主义学者罗伯特·英格索尔（1879）谈到灵魂出体时指出的："就我所知，第一，关于永生唯一的证据是我们并没有什么证据；第二，找不到证据使我们非常难过，我们衷心希望能有这样的证据。"然而，由于缺乏某种信仰体系，很多人都觉得这个世界毫无意义，缺乏慰藉。哲学家乔治·伯克利（1713）很好地表达了这种情绪："每当想到自己有1000年的时间可以过着快乐幸福的生活，我就能轻松地去漠视眼前转瞬即逝的痛苦。如果不是这个希望，我想我宁愿去做一只牡蛎而不是人。"

在伍迪·艾伦的一部电影中,他的内科医生只能延长他一个月的生命。"哦,不,"他呻吟着,"我只能活30天?""不,"医生说,"是28天,现在是2月份。"人类就这么悲哀吗?有时是这样的。国家法令要苏格拉底自绝身亡,如果我们都能接受他死前的反思,那事情就悲壮多了。苏格拉底是这样说的:"先生们,惧怕死亡仅仅是不明智的人在自诩为聪明。因为只有通过思考人们才能了解他不知道的事情,没有人知道死亡到底是不是人类最大的福祉所系。然而,人们对死亡却那么恐惧,好像确信死亡是人类最大的邪恶。"(Plato 1952,第211页)但大多数人还是对伯克利和他的牡蛎感同身受。就像英格索尔喜欢指出的那样,我们有宗教信仰。然而对永生的探求不仅仅局限在宗教的领域。我们不是都希望活在某种能力之内吗?如果科学能使人们梦想成真,我们可以间接地拥有这种能力,甚至在现实生活中也是如此。

科学和永生

纯粹宗教意义上的永生是建立在信仰而不是理性的基础上,因此经不起验证,所以在此不加论述。弗兰克·蒂普勒的《不朽的物理学》将在本书的第十六章详细讨论,因为该书值得进行深刻的剖析。对很多人来说,"永生"并不仅仅指继承自己的遗产而生存下去,不管是哪种形式的遗产。正如伍迪·艾伦所说:"我不想通过我的作品获得永生,我想通过长生不老获得永生。"从某种意义上说,做父母的都能获得永生,因为从生物进化的角度来看,父母身上的重要基因在其子孙的身上得到延续。孩子身上25%的基因来自父母,大约6%来自祖父母,1.5%来自曾祖父母,依此类推。大多数人都不太满意这种观点。因为在他们的定义里,"真正"的永生就是永远地活下去,或者至少活的时间要大大地超过通常的标准。进化生物学家理查德·道金(1976)告诉我们,一旦过了生殖的年龄(或者至少是有规律地进行激烈的性活动的时期),基因在身体内就没什么用处了。生物在进化过程中，会不断地排除那些对遗传来说并不起什么作用，但仍然与那些肩负遗传使命的基因争夺有限资源的东西。

为卓有成效地延长生命，我们有必要了解一下死亡的原因。基本上有三种死因：创伤，比如事故；疾病，比如癌症和动脉硬化；还有衰老。衰老是自然的生理过程。一进入成年，人体的生化功能和细胞就不断地衰竭，这样便增加了死于创伤和疾病的可能性。

我们能活多长？最长的寿限指的是某一物种中，生命最长的成员死亡时的年龄。对人类来说，有记载的最长寿限为120岁。这个记录是由日本的一个搬运工保持的。有很多人宣称某某某活到了150多岁，甚至是200岁，但这些都没有文献记载。这种说法通常是因为文化上的古怪传统造成的。在这些文化中，最长寿限是父亲和儿子的年龄加起来所得的数目。据有记载的百岁老人的资料表明，每21亿人中有一人可能活到115岁。若当今世界上有50多亿人口，那么世界上只有2到3个能活到115岁。生命跨度是指那些不是因事故和疾病而提前夭折的人的平均寿龄。几个世纪来，人的寿龄一直没变，在85岁到95岁之间。估计这种情形再过1000年也不会变。和生命寿限一样，生命跨度对每一个物种来说都是一个固定常数。预期寿龄指的是把事故和疾病因素考虑进去时所估算的平均寿龄。1987年，在西方，女人的预期寿龄为78.8岁，男人是71.8岁，平均的预期寿限是75.3岁。就世界范围来看，1995年的预期寿龄为62岁。上述数目一直在不断地增加。在美国，1900年的预期寿龄是47岁。到1950年已增加到68岁。在日本，1984年出生的女孩的预期寿龄是80.18岁，这使日本成为第一个寿龄超过80岁的国家。然而，要预期寿龄高于生命跨度的85岁到95岁，这似乎不太可能。

看来，衰老和死亡的确不能避免。但是尽可能地延长人体器官功能的尝试已慢慢地从疯狂的边缘转到合法的科学研究了。器官移植、外科手术技术的改进、对重要疾病疫苗的改进、先进的营养学知识以及有益于人体健康运动意识的增强，这些都是预期寿龄迅速提高的重要因素。

另一个延长生命的可能性来自未来学派所倡导的克隆技术。克隆指的是从身体的细胞（这个细胞是倍数染色体，或者是全套染色体；这和生殖细胞正好相反。生殖细胞仅有一组染色体，或者是半套染色体）中准确地复制出某个身体器官。人们已成功地克隆出一些低级的有机体，但克隆人还存在着技术和伦理上的障碍。如果这些障碍消除了，那么克隆技术就会在延长人的寿命的过程中起着举足轻重的作用。器官移植存在的主要问题之一就是身体对外来组织的排斥。克隆技术不会出现这个问题。只要把你自己的克隆体保存在一个无菌的环境中，以保证器官的功效，然后用那些克隆出的更为年轻、更为健康的器官去替换身体衰老的部分即可。

至少，与克隆技术有关的伦理问题极具挑战的意味。克隆是否人道？克隆人可以享有各种权利吗？克隆人是否该有个统一的协会（"美国克隆自由协会"怎么样）？克隆人是与真人分开、独立的个体吗？既然你的生命可以活在两个身体中，那你的个性呢？如果克隆人是独立的个体，那么这个世界上有两个"你"吗？如果上面的假设成立，那你的身体内都已换上了克隆器官，原来的器官都不见了，你仍然是"你"吗？如果你相信犹太基督教中的永生，但你又克隆出一个自己，那么你有一个还是两个灵魂呢？

最后，还有令人着迷的人体冷冻技术，或者是艾兰·翰林顿所谓的"冷冻—等待—重新恢复活力"的过程。相对来说，这种技术的原理非常简单，但运用起来就是另一回事了。如果心脏停止了跳动，也被正式确认为没有复活的可能，这时把身体内的血液全部抽掉，换上一种可以使身体器官和组织在冷冻的状态下完好无损的液体。这样，不管我们因何而死，事故还是疾病，未来的技术迟早会拯救我们，使我们再度复活过来。

人体冷冻仍然是全新的、尚处在实验阶段的技术，所以它所牵扯到的伦理道德问题至今尚未引起公众的注意。目前，政府把人体冷冻行为看成是一种人体埋葬方式。如果法律上宣布某人已经死亡，那遗体的冰冻是自然而非人为的行为。如果人体冷冻技术能成功地让人复活，那么生和死之间将不会有明显的界限。生和死将不会像以往那样处在两种不同的状态，而是一个连续的统一体。当然，死亡的定义也得重新改写。有关灵魂的问题又会怎样呢？如果真有灵魂这种东西，那么当人体处于冷冻状态时，灵魂到哪儿去了呢？如果有人尚未真的死去就被冷冻起来，那冷冻师是否犯了谋杀罪？还是仅仅没有使这个人从冷冻状态中复活过来才算谋杀呢？

如果人体冷冻技术真的像冷冻师希望或预期的那样，或许每个人都可以自由地选择冷冻和复活的时间，或许也可以有无数次选择。或许人们可以在每个世纪中都复活过来 10 年，这样就可以活上 1000 年或更长的时间。请设想一下未来的历史学家可以和一个活了 1000 多岁的人在一起撰写历史的情景。唉，到目前为止，整个冷冻技术领域仅仅处在高科技的探索阶段。下面是由这种技术而联想到的几个问题：

1. 我们还不知道目前或不远的未来被冷冻起来的人是否真会复活过来。冷冻技术没有在稍微高级一点的有机体器官上实验过。

2. 冷冻技术似乎会对大脑细胞造成不小的伤害，虽然这种伤害的性质和程度至今尚未确定，因为没有人曾复活过来，从而也就无法验证。即使这种技术对身体的伤害可以忽略不计，但记忆力和个人身份是否能被复原还有待商榷。人的记忆和个人特性储存在哪里，以何种方式储存起来，我们对这些问题的理解还相当单纯。神经心理学家费了好大的劲才对记忆的储存和恢复有所解释，可他们的理论远非完整。即使记忆完全恢复了，还会有某种程度的损失，这种情形是可能出现的。仅仅是因为没做实验去验证，我们才不知道这种损失有多大。如果冷冻的复活技术并不能恢复以往的记忆和身份，那又该作何解释呢？

3. 目前，整个人体冷冻技术还取决于将来科学技术的发展。正如人体冷冻师迈克·达尔文和布赖恩·沃克所说："即使最著名的冷冻技术也会对大脑造成某种程度的损伤，这是目前的科学技术所不能避免的。在大脑冷冻技术完善之前，人体冷冻技术还有赖于将来科学技术的发展。不只是器官移植，对病人复活来说最基本的器官修复也有赖于科技的发展。"（1989，第10页）这是人体冷冻技术中存在的最大缺陷。科学技术的发展史中充满了这样的故事，这些故事讲述了一些独断专行的人被人误解，以及令人吃惊的种种发现、思想偏狭、固执、拒绝接受变革性的新观念的教条主义等现象。这些让人引以为戒的故事也充满了人体冷冻技术的整个发展史。那些故事全都是真的。但是人体冷冻师们对那些错误的变革性观念采取了漠然处之的态度。对他们来说最为不幸的是，在任何领域中以往的成功都不能保证将来的进步。目前，人体冷冻技术还有赖于微技术，即由微电脑控制的机器技术的发展。正如埃里克·德雷斯勒所指出的，理查德·费曼早在1959年就这样说过，对于分子大小的纳米技术来说"最基础的部分还有很多发展余地"，但理论和实践是两码事。科学的结论建立在可能是什么的基础上，不管这些可能性听起来多么合理，或已被什么人认可。在得到证据之前，不能做出任何判断和结论。

超越历史是否微不足道

如果有了前面所论述的几种发展前景，在一个明显毫无意义的世界上，没有宗教信仰的人该如何找到生存的意义呢？不离开自己的身体我们就能超越平凡的现实生活吗？历史是这样的一个思想领域，它可以穿越时空和任何个人的经历来研究人类的行为。历史越过绵长悠远的过去，向无限的未来靠近，并以此来超越此时此刻。历史是一系列按自己特有的方式排列在一起的事件的产物。不管受下列哪些条件的限制，自然规律、经济力量、人口变迁以及文化道德，那些事件都是人类自己的行为。许多个体行为组合在一起形成未来的方式就产生了历史。我们是自由的，但并不是自由到可以做任何事情。人类行为的意义还要受行为发生的时间的制约。在历史的长河中，某个行为发生得越早，其历史越容易受到一些小型变革的影响。这也就是所谓的"蝴蝶效应"。

　　了解超越历史的关键是，因为不能知道你目前所处的历史顺序（因为历史是相互接近的），也不知道目前的行为会对将来的结果产生怎样的影响，积极肯定的变革要求明智地选择自己的行为，所有的行为。你明天做的事可能改变历史的进程，虽然这可能发生在你死后很久。想想过去那些生前默默无闻，死后却一下子出名的大人物，你就明白了。今天，这些人已经超越了自己的时代，因为他们的某些行为改变了历史，虽然当时他们并没有意识到自己所做的事情有多伟大。做出一些可以超越现实存在的事情，改变历史的进程，你就可以超越自我。对自己对别人以及这个世界产生的影响漠然无知，或者去相信科学根本就证明不了的来生的存在，这两种不同的选择都可能让你失去今生今世极为重要的一些事情。我们应该注意到马修·阿诺德在《埃特纳火山上的恩贝多克利》（1852）中的优美言辞：

> 这是一件微不足道的小事吗？能在春天沐浴阳光，
> 拥有轻松的心情，
> 用心地爱过，凝神思考过，亲力亲为过，
> 拥有性情高雅的挚友，击败让你丧气的敌人，
> 我们必须假装可以在难以琢磨的未来中找到幸福，
> 沉醉于这些梦想时，眼前的一切都会消逝，
> 委身于滚滚红尘……永恒的长眠还会远吗？

第六章

身遭绑架

遭遇外星人

1983年8月的一个星期一,我被外星人绑架了。那是个深夜,我驱车行驶在通往内布拉斯加州小镇海格勒的一条荒凉的乡村公路上。正在那时,一艘闪亮的飞船在我身边盘旋逗留,并且强迫我停车。有几个外星人从飞船里走了出来,把我哄骗进了他们的飞船。我记不得在飞船里发生过什么事,但当最后意识到自己又驱车行驶在公路上时,已是一个半小时后的事了。遭到绑架的人把这种现象称为"失去的时间"。我的绑架经历是一次"与异类人的直接遭遇"。我永远都忘不了那种被绑架的滋味。而且,像别的曾遭绑架的人一样,我曾无数次在电视上或给现场的观众讲述过自己的经历。

我自己遭绑架的经历

由一个怀疑者来讲述这样的故事似乎有些奇怪,现在我来介绍一下整个故事的来龙去脉。在本书第一章我已经提过,几年来我一直参加职业超级马拉松自行车大赛。我参加的项目主要是行程3000英里、中途不做任何停顿的横越美国大赛。"中途不做任何停顿"指的是,参赛者连续不断地长途跋涉、中间没有睡眠时间、平均每24

小时要骑 22 小时的路程。参赛者在这种连轴转的比赛中被剥夺了睡眠，又要承受极大的压力，经常会精神崩溃。

　　在正常的睡眠条件下，一旦醒过来，人们就会忘记梦中的情景。长时间不睡觉容易使人混淆梦境和现实。在这种情况下，你会患上很严重的幻觉症，觉得自己幻想出的东西和日常生活中所感觉到的一样真切。你也会记起自己在梦幻中说过或听过的话，那似乎和一般的记忆没有什么分别。而且你会觉得在幻境中接触到的人和现实生活中一样有血有肉。

　　1982 年那场比赛开始时，最初的两晚上我每晚睡 3 小时，结果落在了领队的后面。那个领队的坚持不懈精神可以证明，即使睡得很少，人们也可以支撑下去。骑到新墨西哥时，为了赶上队伍，我彻底放弃了睡眠，骑过一段又一段长长的路程。可对这种情形会导致的幻觉我没做任何心理上的准备。大多数情况下，那些疲惫不堪的卡车司机常会产生这种万花筒式的幻觉，他们往往称为"白线热"现象。有了这种幻觉后，灌木丛会变成栩栩如生的动物；路上的裂缝成了一些人为的图案；路边的邮箱看上去像活生生的人。我也看见了长颈鹿和狮子。我会向路边的邮箱挥手致意，快到新墨西哥的土库姆卡里时，我甚至体会到了灵魂出体的滋味：看到自己正行驶在 40 国道的侧翼上。

　　1983 年第三次参加跨美自行车大赛时，我发誓除非我遥遥领先或支撑不下去，否则我会彻夜不眠，一直不停地骑下去。在从圣塔莫妮卡码头出发骑了 83 小时后，还不到内布拉斯加州的海格勒，那时我已经骑了 1259 英里。那时我在自行车上睡着了。随从人员（每位参赛者都安排了一个这样的人员）把我从车子上扶下来，我休息了 45 分钟。醒来后又爬上自行车。可我仍困得要命，随从人员试着把我弄回到加油站。也就是在那时我进入了某种改变了的意识状态。我坚信那些随从人员都是来自另一个星球的外星人，他们是来要我命的。这些外星人机灵得很，以至于无论从长相、衣着，还是谈吐看上去都像我的随从人员。我开始一个个地盘问他们，询问他们个人生活的细节，以及外星人不会知道的有关自行车的情况。我问我的机械师，他是不是用意大利的细面条给我补车胎。他说他是用石灰泥（也是红色的）把我的车胎粘起来的。他的回答使我对外星人的研究产生了极大的兴趣。接着我又问了一些别的问题，都得到了正确的回答。我之所以会产生这种幻觉，要归功于20世纪60年代的一部叫《入侵者》的电视剧。在这个节目中，那些外星人除了手指有些僵硬偏小外，看起来和地球人一模一样。灯火通明的加油站成了外星人乘坐的飞船。随从人员把我按到床上又睡了45分钟后，再醒来时我头脑清醒多了，一切也都恍然大悟。然而，直到今天，那些经历还是清晰生动地印在我的脑海中，像其他任何强烈的记忆一样难以忘记。

注意，我不是在说那些有过被外星人绑架经历的人都是因为睡眠不足或身心受到极端的压力造成的。然而，我认为既然在这样的情况下，人们会产生被外星人绑架的幻觉，在别的条件下也会出现同样的情形，这不言而喻。很明显，我并没有遭到外星人的绑架，别人也可能与我有同样的经历，即在一些非同寻常的条件和状态下产生被外星人绑架的幻觉。或者难道真的有来自别的星球的外星人，而且他们在不知不觉中前来造访我们？用休谟判断奇迹的标准来看，"除非证据本身的虚假性不比所要证明的奇迹更具有神奇的色彩，否则没有什么能够证明奇迹的存在"。我们应该选择第一种解释。外星人穿越几千光年的路程来到地球上，不知不觉地在我们身边降落，这不是不可能。但更有可能的是人们经历的是一种改变了的意识状态，却在用当今盛行的太空人之说来解释。

解剖外星人

人类能够在太空中自由地飞翔，甚至能向太阳系以外的星球发射宇宙飞船，那为什么别的星球上的生命不能做同样的事呢？或许他们的速度已超过光年，可以穿越横亘于星球和星球之间的巨大空间，虽然就我们所了解的自然规律来看，这是不可能的。以超过光年的速度行驶的宇宙飞船会不可避免地与太空中飘浮的灰尘和微粒碰撞而成碎片。或许那些外星人连这个问题也解决了。或许他们的战争和种族屠杀非但没有灭绝自己，反而使科学技术达到了前所未有的高度。要解决这些问题不是一件简单的事。但看看自1903年莱特兄弟那个小小的飞机在空中待了12秒后人类所取得的成就，你就明白人类的无穷潜力了。认为宇宙中只有我们存在，也只有我们能解决上述那些问题，我们有如此自负的资格吗？

这是一个被科学家、天文学家、生物学家和科幻小说家所津津乐道的话题。他们对这个问题进行了深入而详细的论述。有一些人，像天文学家卡尔·萨根（1973，1980），认为宇宙中充满了活泼的生命，这对我们来说是件好事。想一想我们这个星系中成百上亿的星星，再想一想我们已知的宇宙空间内那成百上亿的星系，我们怎么会是这其中唯一有知觉力的生命呢？其他一些人，像宇宙学家弗兰克·蒂普勒（1981），坚持认为根本就不存在什么外星人，如果真有外星人，现在他们就应该在这儿。对人类历史演化的假设并没有什么特别之处，很有可能在其他什么地方也演化着同样富有才智的生命，他们中至少一半演化的过程会比我们快。这使他们的科学技术远远超过我们。也就是说，他们到目前为止应该早已发现了地球。

一些人宣称，外星人不仅找到了地球，而且在1947年，他们还撞在了新墨西哥的罗斯维尔附近。我们可以在电影中看到他们的长相。1995年8月28日，福克斯网对后来被称之为"罗斯维尔事件"大肆宣扬，他们放映了一段似乎是外星人尸体的尸检录像（见图9）。这个录像来自伦敦的电影制片人雷·桑蒂雷利。据他所称，为了给歌星埃尔维斯（曾在军队服役18个月）制作一个纪录片，他曾去翻查美国的军方档案，在那些档案中偶然发现了那张解剖外星人尸体的黑白胶卷。卖给他胶卷的那个人（据说他花了10万美元）一直没暴露身份，因为出售美国政府财产是犯法的。桑蒂雷利后来把该胶卷的使用权卖给了福克斯网。美国空军曾经指出，罗斯维尔的残骸是由一个高机密的监视气球坠地破裂而造成的。这

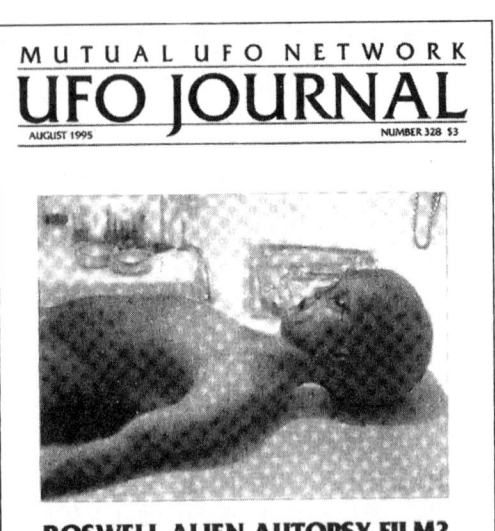

图9 《不明飞行物杂志》，罗斯维尔外星人解剖照片

个气球是"巨头方案"的一部分，该方案是为了从高空监控苏联的核测试而制定的。美苏之间的冷战在1947年开始升级，所以美国空军不愿意在那个时候讨论气球坠地事件，这不足为怪。但军方的沉默却使那些相信UFO的人几十年来一直在不停地猜测，尤其是那些热衷于阴谋论的人。然而，把一张外星人尸体解剖的照片看作遭遇外星人的证据，这个判断中存在着很多问题。

1. 桑蒂雷利应该给一家信誉可靠的胶片制作机构提供一份原始尸体解剖胶片的样本，这个样本要更具代表意义。到目前为止，桑蒂雷利只给了柯达公司几英尺可以在任何人的胶卷中剪辑下来的镜头。如果桑蒂雷利真的想证明那张照片是1947年拍摄的，为什么他只把胶片中极为普通的一小部分给了柯达？即使是老相机拍出的照片，柯达照例会在照片上标出拍摄的日期。

2. 根据福克斯的纪录片，政府为那些外星人的尸体定制了一些体积很小的棺材。首先，如果政府真的希望清除掉外星人留下的痕迹，火葬比土葬更为有效。这样做不会留下什么小棺材，人们也用不着去解释那些奇怪的骨骸。其次，不管他们的做法有多么偏执，为什么政府在坠地事故仅几天后就把外星人的尸体给埋了？作为人类最重要的发现之一，在以后的很多年内，世界各地的专家肯定要对这些尸体进行研究。

3. 发现尸体，参加尸体隔离、转移、处理、拍摄、解剖、保存和埋葬的人肯定很多。掩藏这么一件兴师动众的事绝非易事，政府怎么会将如此壮观的一件事瞒过公众？他们又如何阻止那么多的人去谈论此事呢？

4. 在福克斯的节目中，很多人都说他们受到过警告、威胁、禁止谈论或报道发现残骸的事实。这在预料之中。我们现在知道，当时正在执行一个涉及高级机密的方案，人们肯定会想方设法阻止秘密外泄。

5. 宣称是人类历史上最重要的一件事，竟然是手工操作的照相机拍下来的，而且用的还是黑白胶卷，照相的人好像在被什么推搡着，连焦距都对不准。真的有人会去相信这种事吗？

6. 我们不会期望外星人（另一种形式物种演化的结果）和地球人长得一模一样。地球上有着各种各样的生命形式，大小不同、形状各异。这些不同种类的生命形式有可能取代我们，也可能正在取代我们。但他们当中没有哪一种和外星人那样与人类如此相像。有无数种情况可以排除被外星人替代的可能性。

7. 胶片中的外星人生有6根手指和脚趾，但是根据1947年的"目击者所述"，外星人只有4根手指和脚趾。问题出在目击者的叙述中、电影拍摄中、双方，还是我们所面对的是两种不同的外星人？

8. 外星人的长相和那些遭外星人绑架的人描述的一模一样，秃头、大眼、五短身材。这副长相是1975年国家广播公司出品的电影《不明飞行物事件》中外星人的原型。从那以后，那些宣称遭绑架的人都用这副形象去描述外星人。

9. 在尸体解剖期间，那两个身穿白衣的家伙对外星人的身体器官根本就不感兴趣。他们没去查看或测量一下他的器官，甚至根本都没去翻动翻动。他们只是把那些东西拽出来，扑通一声扔到碗里就了事。当时也没有什么静物摄影师或医学素描师在场。他们穿的并不是抗辐射的衣服,也没看见有放射侦测器或盖革-米勒计时器在场。

10. 从一个摆放道具的仓库里很容易找到一个由乙烯基制作的外星人,这就像找到存放在那里的其他东西一样简单。

11. 得克萨斯州休斯敦的病理学家曾做过这样的论述(发表在1995年9月7日的因特网上):

> 任何一个参加这种解剖手术的病理学家都会很起劲儿地去记录手术中的种种发现。他会对手术过程中的每一步发现都做系统的展示,譬如说尸体的关节如何活动、其眼睑是否闭着,等等。他会不停地吩咐摄影师做这做那。可实际上,摄影师给完全忽略了,或许当时根本就没摄影师在场。病理学家工作起来更像站在镜头面前的演员,而不像是配合做摄影记录的人。
>
> 解剖师像裁缝那样拿着手术剪,根本不像病理学家或外科医生。他用拇指和食指握住剪刀,而病理学家则会把拇指伸进剪刀的一个环中,把中指和无名指放在另一个环中。食指是用来稳定剪刀,使其能自如地沿着刀片方向移动的。
>
> 最初在尸体皮肤上解剖的几刀太像好莱坞中的镜头了,太小心翼翼了,那样子就像在活人身上解剖一样。尸体解剖的刀法应该更深更敏捷。

12. 国际"罗斯维尔计划"的发起人之一约基姆·科克,一个德国外科医生,曾这样说过(发表在1995年9月12日的因特网上):

> 如果最初的尸体解剖是在罗斯维尔进行的,而最后的尸体分解(如桑蒂雷利胶片所显示的那样)则是在另一个地方完成的,电影中出现第二次解剖的镜头时,应该能看见第一次手术的缝合线,可我们在影片中并未看见。

注意一下"外星人"的五官长相：头部长势出奇，双眼扁大，眼窝深陷，鼻底宽阔。头骨底部发育极好，上眼睑的内部有些月牙形的皮肤打着皱褶，眼睑长有蒙古人特有的那种轴心。眉宇之间没有毛发，外耳小，形低垂。双唇偏小，下巴没有发育成熟。出生时体重轻，身材短，体内器官呈畸形，发育极不成比例。长着六个手指和脚趾。这不是在描述外星人的长相，而是在描述深受"C-综合征"之苦或美国医学文献所记载的那些饱受"三角头综合征"的地球人的形状。人们仅对几个"C-综合征"患者做过正式的描述，就连这几个也早就夭折了。

有趣的是，作为遭遇外星人之说的最好的客观证据，这个描述外星人的胶片的可信度在大部分信徒看来要大打折扣。为什么？因为他们像怀疑者一样，怀疑那只是一个骗局。他们不愿意把信仰拴在一个即将陨落的明星身上。但如果这是他们得到的最好的证据，那又说明什么呢？不幸的是，有没有客观证据对真正的信徒来说根本无关紧要。他们彼此之间分享着那些传闻逸事和个人经历，这对他们来说就足够了。

与遭到外星人绑架的人相遇

1994 年，美国公共广播公司开始播放《世界的另一面》。这是一个新时代的节目，旨在探究遭遇外星人绑架之说，以及其他一些神秘、神奇和非同寻常的现象。作为怀疑论的代表，我曾有好几次出现在这个节目中。但我最感兴趣的是他们关于 UFO 和遭外星人绑架的一期节目。该节目由两部分组成。那些遭到外星人绑架的人的观点的确非同凡响。他们声称曾有上百万的人"被光束吸进"外星人的飞船，有的人在床上就穿过墙壁和天花板被吸走了。有位女士说外星人拿了她的鸡蛋去做一种孵化实验。至于外星人是如何用鸡蛋做这个实验的，这位女士却提供不出任何证据。另一位女士说外星人曾在她的子宫里种植了一个人,外星人的混血儿,而且她也把这个孩子生了下来。这个孩子现在在哪儿?她解释说外星人把孩子收回去了。有位先生卷起裤管,让我看看他腿上的伤疤,说是外星人留下的。可那伤疤和一般的伤疤并没什么两样。还有一位女士说外星人在她的头里安装了一个跟踪装置,就像生物学家时常跟踪海豚或鸟做的那样。有位先生解释说外星人取了他的精液。我问他,既然他说被绑架时正在睡觉,他怎么会知道外星人取了他的精液。他说他知道是因为那时他正经历性高潮。我反驳道,"是不是你只是在梦中遗精?"一听此言,他满脸不悦。

节目之后,有十几个曾"被外星人绑架的人"一起出去吃饭。作为一个怀疑者,在这种情况下,因为我尽量附和他们的观点,与他们友好相处。虽然现场访谈的制片人很希望我能大吼大叫,我根本没理他。于是那些遭绑架的人邀请我共进晚餐。与他们相处使我受益匪浅。我发现,他们既不像我们怀疑的那样疯狂,也不是毫无头脑的人。他们健全得很。有理性、有头脑,只是他们共同拥有一份毫无理性的经历。他们对自己遭外星人绑架的经历确信无疑。对此我无法给他们提供更为合理的解释。幻觉、清晰的梦境或错误记忆都不能说服他们放弃自己的观点。有位先生给我讲起绑架给他造成的创伤时,竟然眼泪汪汪。另一位女士说这份经历使她失去了与一个有钱的电视制片人的幸福婚姻。我陷入了沉思,"到底哪儿出错了呢?根本没有一星半点儿的证据可以证明他们的经历。他们都是些正常而健全的人,可这份经历却深深地影响了他们的生活"。

在我看来,在一个充满了有关外星人和 UFO 的电影、电视节目和科幻小说的文化氛围中,人们倾向于用这些东西去解释那些非同寻常的意识状态。遭到外星人绑架的经历正是这种文化现象的产物。除此之外,在过去的 40 年里,我们一直在探索太阳系,寻找地球以外的生命,这也难怪人们会看见 UFO、遇见外星人。在热衷于这些报道的大众媒介的驱使下,遭外星人绑架的现象现在形成了一个肯定的反馈环。拥有这种罕见经历的人越去看用绑架之说来解释同样事件的报道，越有可能把自己的经历也转变成遭绑架的故事。1975年，上百万的人看了国家广播公司出品的电影《不明飞行物事件》，一个讲述贝蒂·希尔和巴尼·希尔遭遇外星人绑架的梦幻故事。信息反馈环因为此片的放映而以强劲的势头增长。顶着个大秃头、双眼巨大且向外拉长，1975年后许多声称遭到绑架的人都用这个典型形象来描述外星人。其实这个形象是制作这个节目的国家广播公司的艺术家们创造的。当越来越多的绑架故事出现在新闻、流行书籍、报纸、小报及对UFO和绑架的专门报道时，信息交换的频率开始增加。对外星人的长相以及他们对人类生殖系统的特别兴趣（通常是女人受到了外星人的性骚扰）似乎得到了大家的公认。信息反馈环的频率也呈上升势头。可能会有地球外的生命，也可能这些生命真的存在于宇宙中的某个地方（与他们到地球上来是两码事），这种种可能弄得我们神魂颠倒。寻求外星人的狂热可能会随着流行文化的流行趋势而起起落落。那些一鸣惊人的电影，如《外星人》《独立日》，电视节目《星际迷航》，再加上畅销书作家怀特里·斯特里伯的《领圣餐和约翰·麦克的绑架》，一直在不断地助推这股对外星人的狂热。

和那些宣称被绑架过的人一同进餐时，我发现有件事令人不解。他们当中没有一个在遭到绑架后就马上记起发生的事。实际上，他们大多数人都是多年之后才"记起"了当时的经历。这份记忆是如何恢复的？是在催眠术的作用下。在下一章中我们将看到，人的记忆力不能像倒录像带那样简单地恢复。记忆是一个非常复杂的现象，它会对所记忆的事有所歪曲、删节、增补，有时甚至捏造事实。心理学家伊丽莎白·洛夫特斯（Loftus and Ketcham 1994）已经表明，在孩子的大脑中灌输一个错误的记忆是非常容易的事，你只需不断地重复某个暗示，直至孩子把这个暗示吸收并加工成一份真实的记忆。同样地，在加利福尼亚州立大学（长滩），阿尔文·劳森教授对学生进行催眠。当他们进入催眠状态时，反复不断地给他们灌输被外星人绑架的经历。当让这些学生写出遭到绑架的详细细节时，他们用了极大的篇幅去胡乱编造,好像真的被人绑架过。(Sagan 1996)每一对父母都能讲出孩子们杜撰出的种种幻想。我女儿曾给我妻子描述过一条紫色的飞龙,说是我们在当地的山区远足时她看见的。

当然,不是所有绑架的故事都是在催眠的状态下记起的,但几乎所有外星人绑架都是在深夜睡梦正酣时发生的。除了正常的幻想和清醒的梦之外,还有着罕见的精神状态,一种叫催眠性幻觉,发生在入睡后不久,另一种叫半清醒幻觉,发生在半睡半醒之间。处于这些异乎寻常的精神状态时,当事者会讲出五花八门的各种经历。这包括灵魂出体、瘫痪、见到过世的亲人、遭遇鬼神,当然,遭到了外星人的绑架。心理学家罗伯特·贝克讲了一个关于这种经历的典型故事:"我上床睡觉,天快亮时有什么东西把我弄醒了。我睁开眼睛,发现自己已完全醒了过来,可却不能动弹。母亲正站在我的床脚,穿着她最喜欢的长裙——我们安葬她时她穿的那条。"(1987,1988,第157页)贝克还论证说,怀特里·斯特里伯之遭遇外星人的故事(绑架故事中较为有名的一例)"是对半清醒状态幻觉经典的、合乎规范的描述。从酣睡中彻底清醒过来,并且对现实和自己的清醒状态、瘫痪状态(因为身体内的神经线路使我们的肌肉处于放松状态,并协助保持睡眠,由此而产生了瘫痪的感觉),以及遭遇奇怪的经历等都有份强烈的意识"。(第157页)

哈佛精神病学家约翰·麦克,一个曾经获得普利策奖的科学家,在其1994年所著的《绑架:地球人遭遇外星人》一书中,给予绑架之说以极大的认可。终于,一位来自高端学府的主流学者以自己的信誉(和名誉)来担保这些经历的真实性。被绑架者所讲述的经历中存在的共同点,即对外星人外貌的描述、性虐待、金属探测器以及其他诸如此类的东西,深深地打动了麦克。但在我看来,这些故事有很多类似点不足为怪,因为许多被绑架者拜访的都是同一个催眠师,读同样描写遭遇外星人的书,看同样的科幻电影,甚至在很多情况下,他们彼此熟悉,属于同一个"遭遇"团体(包括本词的两个意思）。既然他们都处于相同的精神状态和社会环境中，其经历中没有相似之处那才奇怪。但我们怎么来理解其经历的另一个类似点，即他们都不能提供确凿的客观证据呢？

最后，遭遇外星人绑架经历中有关性的部分值得注意。人类学家和生物学家都知道，人类如果不是所有哺乳动物也是所有灵长类动物中性功能最强的。和其他动物不同，人类的性功能并不受生物节律和季节的限制。不管何时何地人们都喜欢性生活。可视的性暗示就会激发我们的性欲。在广告、电影、电视节目和一般的文化传统中，性占了极为重要的一部分。可以说人们时时刻刻都在受着性的困扰。绑架经历中经常包括性方面的遭遇，这更多地向我们揭示了地球人而不是外星人的人性。在下一章中我们将看到，16世纪和17世纪的女人常常被指控为（甚至她们一致承认经历过）与外星人有不正当的性关系。这里的外星人通常是指撒旦本人，而这些女人都被当作女巫烧死了。19世纪，当唯心论运动开始在英国和美国盛行时，很多人都说他们曾与鬼神等发生过性关系。20世纪出现了所谓的"魔鬼虐待仪式"——孩子和大人一致宣称他们在礼拜仪式中受到了性虐待；"记忆恢复综合征"现象——成年男女"复原"了几十年前遭到性虐待的记忆；以及"触媒现象"——老师或家长引导患自闭症孩子的手在打字机或电脑键盘上面来回移动，这些孩子就可以和别人交流。可最后，孩子们会说他们受过性虐待。

这里我们可以再用一下休谟的格言。是魔鬼、精灵、鬼神和外星人曾经而且将继续对人类进行性虐待，还是人们在用其所处的时代和文化来解释性幻觉，这两者哪一个更有可能？我想我们可以这样认为，这些经历只是非常普通的世俗现象，有着其自然（虽然非同寻常）的解释。在我看来，遭到外星人绑架的经历和可能存在地球外生命的现象一样，都神秘莫测、令人着迷。

第七章

指控风尚

中古和现代巫术热

在伊利诺伊州一个叫曼图的小镇有位女士说，一个陌生人在1944年8月31日星期四的深夜走进她的卧室，用一种雾状气体麻醉了她的双腿。第二天她就把这件事公布于众，并宣称说自己出现了临时性瘫痪的症状。曼图日报的周末版马上出现了这样的大字标题："麻醉小偷逍遥法外"。在随后的几天内，又报道了几宗同样的事件。报道这些事件的报纸都标着醒目的大字标题："疯狂的麻醉小偷再次露面"。事件中的罪魁祸首成了"曼图的麻醉气幽灵"。很快整个曼图镇都发生了这样的事。州里派来了警察，做丈夫的全副武装站岗放哨。很多目击者又在讲述他们的故事。短短13天内，竟连续发生了25起这样的事件。然而，两周过后，根本没逮到什么人，也没发现化学气体的任何蛛丝马迹。警察认为这纯属人们的"胡思乱想"，报纸也开始称这种现象为"大众歇斯底里症"（Johnson 1945；W. Smith 1994）。

我们曾在哪儿听到过这样的故事？如果这个故事听来耳熟，那可能是因为它与那些外星人绑架故事有异曲同工之处，只是这里的瘫痪症是由一个疯狂的麻醉师而不是外星人造成的。那些稀奇古怪的事总发生在晚上，受害者以自己所处的时代文化背景解读他们的经历，再经过谣言和闲话一传，马上就会变成一种风靡一时的现象。我们这里谈的是现代版的中古巫术。大多数人不再相信巫术之类的东西，现在也不会有人被钉在架子上烧死。但中古迷巫狂的很多因素现在仍旧活跃在伪科学的传人中：

1. 受害者大多是女人、穷人、智力低下者以及其他处于社会边缘的人。
2. 以性及性虐待为特色。
3. 仅仅指控就足以让人产生犯罪感。
4. 否认犯罪被视为有罪的更有力的证据。
5. 一旦社区中有人宣称遭到欺骗，马上就会传出其他与此类似的言论。
6. 当几乎每个人都成了潜在的嫌疑犯，而且没有人能逃脱嫌疑时，该运动达到了指控的临界点。
7. 然后事情开始出现另一种走势。无辜的人开始通过法律或其他手段为自己的清白而抗争，这时起初的指控者反成了被告，怀疑者也开始论证那些指控的虚假之处。
8. 最后，整个运动的势头慢慢减弱，大众的热情开始消失。那些运动的倡导者却永远都不会彻底消逝，只是转入其他边缘信仰。

中古时代的迷巫狂就是以这种方式运行的。现代的迷巫狂如20世纪80年代的"撒旦式的恐慌"和90年代的"恢复记忆运动"也可能是按这种方式运行的。成千上万个撒旦式的礼拜仪式已悄悄渗入到我们的社会中，而且他们的成员正在折磨、毁伤、诱奸成千上万的孩子和动物，这种事情真的可能发生吗？不可能。上百万的成年女人孩童时代都遭到过性虐待，只不过她们把这份受虐的记忆压抑起来，这种事情真能发生吗？不可能。像遭到外星人绑架的故事一样，这些只是人们头脑中产生的幻觉，而不是现实。它们是在一种称为"反馈环"的奇特现象的驱使下产生的幻觉。

迷巫狂反馈环

首先，为什么会出现这样一些运动，是什么使这些看上去截然不同的运动以同样的方式运行？正在兴起的混沌学和复杂理论给这些现象提供了有用的解读模型。许多像迷巫狂一样的系统都是通过"反馈环"的方式自我组织运行的。在反馈环中，输出和输入相互连接，由此而产生相应的变化（如带有信息反馈的公众演讲系统，供求关系的波动对股票市场的影响）。操纵迷巫狂的潜在机制是信息量在一个封闭系统内的往复循环（迷巫狂是信息量在一个封闭系统内的往复循环）。中古迷巫狂之所以存在是因为反馈环内在和外在构成成分定期同时出现，从而造成一些致命的后果。内在构成成分是指一个社会团体为另一个更有力的社会团体所控制、一种普遍存在的自我失控与责任感的丧失和把一切都归咎于命运的需要。外在条件包括社会经济压力、文化政治危机、宗教冲突和道德巨变。（Macfarlane 1970；Trevor-Roper 1969）一系列这样的事件和条件连接在一起就会使整个系统自动组织、成长、企及高峰，直至最后的崩溃瓦解。在17世纪，宗教仪式虐待是人们通过口头传说的，20世纪这种言论由大众媒介传播开来。有人被指控与魔鬼为伍，而他本人却矢口否认。这种拒绝承认，就像缄默不语或坦白承认的态度一样，倒成了有罪的证据。不管用17世纪的水测法（在水上漂着证明有罪；沉到水底就是无辜的），还是诉诸当代的大众法庭，受到指控就等于犯罪（看看任何一个已公布于众的性虐待的实例）。反馈环现在出现了最佳的运行态势。巫师或在宗教仪式中对孩子施虐的人必须指出其帮凶。谣言和媒介不断地增加信息的流量，整个系统也就不断地复杂起来。一个接一个的巫师被处以火刑，一个接一个的受虐者被关进监狱，直到整个系统在不断变化的社会压力下达到临界点，最终崩溃瓦解。（见图10）"曼图的麻醉气幽灵"是另一个经典的例子。整个现象自动组织运行，达到临界点，从一个正面的反馈环转向一个反面的反馈环，最后彻底瘫痪。所有这

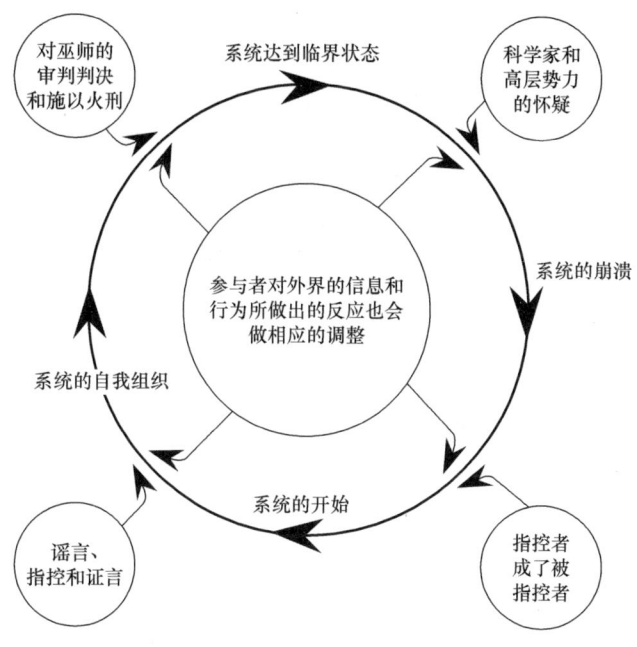

图 10　迷巫狂反馈环

一切仅仅发生在两周之内。

我们也可以找到支持这个模型的有关资料。譬如，图 11 所示的是英国从 1560 年到 1620 年提交到教会法庭审判的巫术案数量起落情况，图 12 中展示的是迷巫狂中的指控程序，迷巫狂开始于 1645 年的英国曼宁特里。可以看出，是指控的密度促使反馈环不断地自我组织，以至最终达到临界点。

在过去的 100 年里，有数十个历史学家、社会学家、人类学家和理论家曾提出种种不同的理论来解释中古时代的迷巫狂。我们首先可以排除的一种理论是：巫术真的存在，教会只不过对一种真正的社会威胁做出反应。在中古迷巫狂之前，对巫术的信仰早已存在几个世纪了，那时教会还没有对此进行大规模的迫害活动。世俗的解释林林总总，就像作家的联想一样丰富多彩。巫术发展史研究的早期，亨利·利（1888）就推测到，是神学家们丰富的联想加上教会的权力掀起了这股对巫术的狂热。稍近一些，马里安·斯塔基（1963）和约

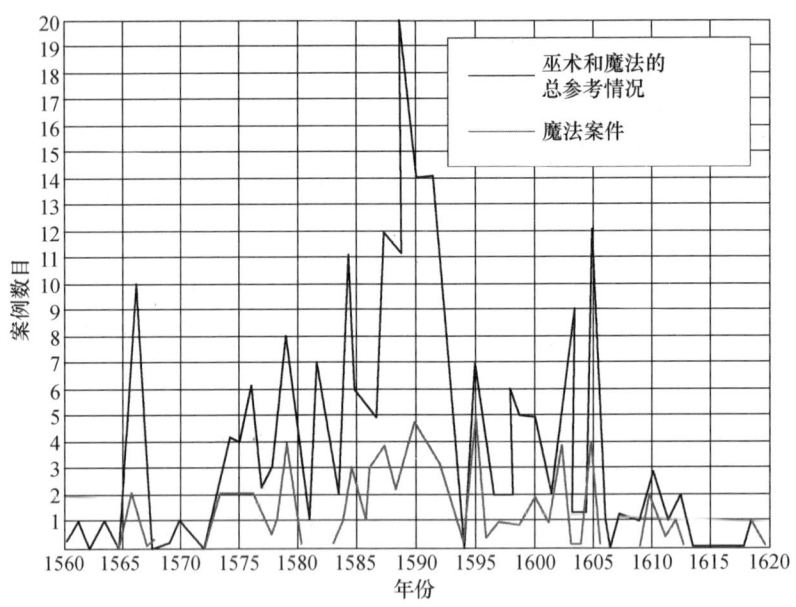

图11 1560年到1620年提交到英国教会法庭的巫术指控案

翰·迪莫斯（1982）从心理分析的角度探讨了这个问题。艾伦·麦克法林（1970）用大量的统计数字表明，找"替罪羊"是这股狂热中一个极为重要的因素。最近罗宾·布里格斯（1996）通过论证一些普通小人物如何找替罪羊来化解怨愤进一步肯定了上述理论。在讨论该现象最好的一本书里，基思·托马斯（1971）辩论说中古迷巫是因魔术的衰落和大规模正规宗教的兴起而产生的。韩斯·米德尔福特（1972）分析说，是不同村落间的私人恩怨导致了这股狂热。巴巴拉·埃伦莱克和迪尔德利·英格里希（1973）把这种现象和对助产妇的压迫联系起来。林达·卡拉埃尔（1976）把在塞尔姆兴起的狂热归咎于那些易于受暗示影响、大量服食迷幻药的青少年身上。迷巫狂是对女人的讨厌和性别政治相结合的产物，沃尔夫冈·莱德勒（1969）、约瑟夫·克莱兹（1985）和安·巴斯顿（1994）对这种假设的分析似乎更有可能。有关这方面的理论和书籍不断地稳定增长。汉斯·西博尔德认为，中古时期这种大规模的迫害活动"不能用单一的理由去解

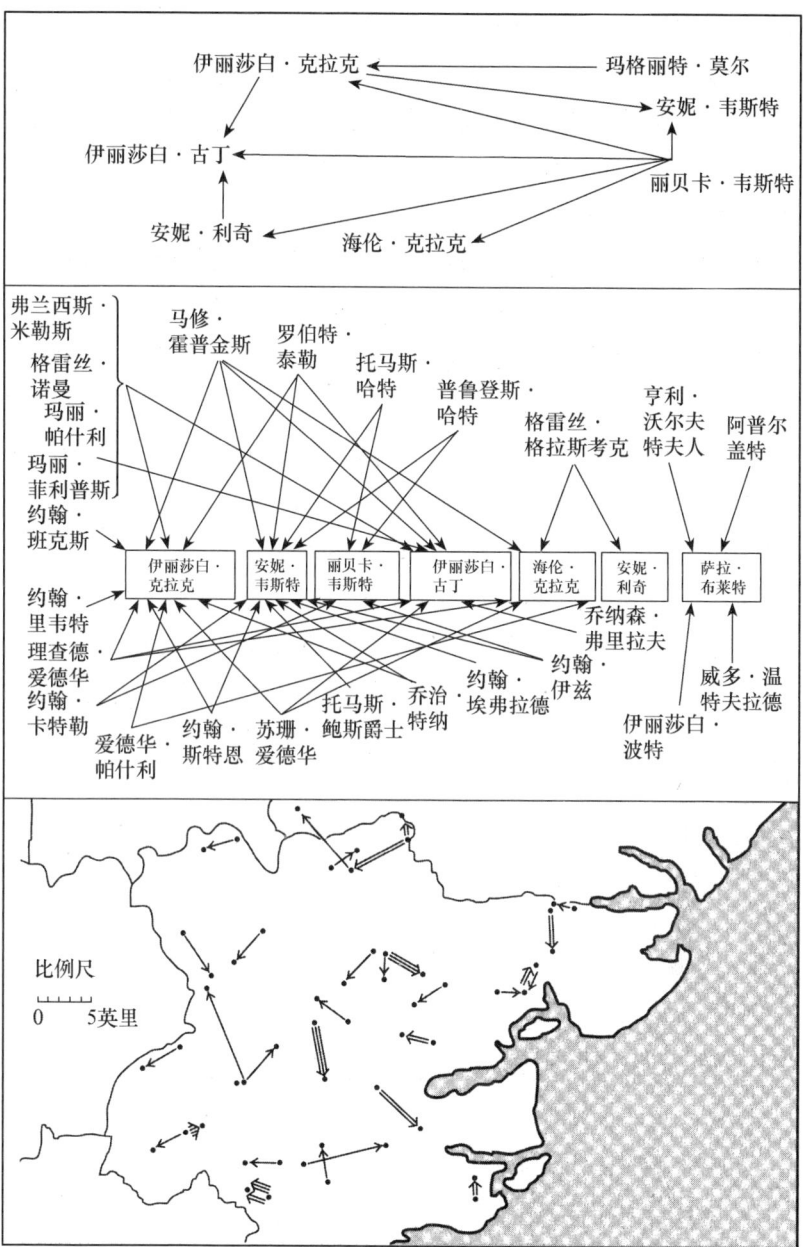

图12 1645年起源于英国曼宁特里的迷巫狂
(顶图)巫师嫌疑犯指控其他一些巫师嫌疑犯;(中图)其他村民指控巫师嫌疑犯(中间的小盒子);
(底图)迷巫狂的广泛流传。这些图例描述了迷巫狂盛行、传播、达到临界状态的过程。

第七章 指控风尚

103

释。是各种不同的综合因素导致了这种现象，其中交织了一些心理和社会方面的重要因素"。（1996，第817页）我同意这种观点，但还要补充一下，如果把这种种不同的社会文化理论嫁接到迷巫狂的反馈环中，他们将被赋予一种更为深层的理论意义。神学家的想象、教会的权力、"替罪羊"现象、魔术的衰落、正规宗教的兴起、个人之间的冲突、对女人的厌恶、性别政治、可能引起幻觉的药物，所有这一切，或多或少都是整个反馈环的有机组成部分。他们或者流入，或者流出，但一直不断地推动整个系统向前发展。

休·特雷弗-罗珀在其《欧洲的迷巫狂》一书中论证了随着反馈环范围和密度的不断扩展和增大，种种猜疑和指控如何重重叠加层出不穷的理论。他以洛林郡巫师聚会的频率为例证明了这个观点："起初那些拷问者……以为这些会议只是每周四举行一次。但事情总是这个样子，越对证据穷追不舍，由证据得出的结论越糟糕。人们很快发现星期一、三、五和星期日都成了安息日。星期四被定为备用日。这一切都颇令人担忧，因为它表明人们越来越需要精神警察的监督。"（1969，第94页）反馈环以迅雷不及掩耳之势迅速壮大起来，发展成一股如火如荼的迷巫热，这着实令人惊奇。这时，那些向整个系统挑战的怀疑者所必须面临的局面也变得有趣起来。特雷弗-罗珀被他在一些历史文献中看到的东西吓了一跳：

> 阅读这些五花八门的巫术是一种可怕的经历。那些巫师都坚持认为，魔鬼学中每一个光怪陆离的细节都是真的。要压制所有怀疑巫术的言行。替巫师辩护的怀疑者和律师本身就是巫师，所有的巫师，不管是"好"是"坏"，都应被烧死。任何借口都不能减轻他们的刑罚。仅受到巫师的指控就足以被判火刑。大家一致认为，巫术正以难以置信的速度在信仰基督的地方繁衍成长。造成这种势头的原因有二：一是法官卑鄙的仁慈，二是对撒旦的同党，即那些怀疑者无耻的提防。

另一点让人纳闷的是，中古迷巫狂恰恰出现在实验科学刚刚立住脚跟、开始盛行起来的时候。这之所以奇怪，是我们通常认为科学是用来消除迷信的，所以希望在一个科学技术迅速发展的时代，对巫术、魔鬼和神灵的热情会有所衰退。事实并非如此。正如现代一些实例所表明的那样，相信超常和伪科学的人总是设法用科学的外衣把自己武装起来，因为在我们的社会里，科学已成了主宰一切的力量。这些人虽然披着科学的外衣，但他们还是相信自己的信仰。从历史上来看，随着科学技术重要性的不断提高，信仰的可行性往往取决于可得到验证的证据，而不是单纯的观点宣布。所以今天的科学家发现，他们正在用一套公认的严格而科学的方法研究那些闹鬼的房子和受指控的巫师。证明巫术存在的资料将会佐证人们对撒旦的信仰，撒旦一旦存在，上帝之说也找到了支撑点。但是宗教和科学之间的联合关系并不稳定。作为一种有效可行的哲学立场，无神论开始慢慢地盛行开来。曾亲眼目睹了对一个英国巫师的审判后，17世纪的达雷尔指出，"近来无神论盛行，巫术开始被人质疑。如果鬼魂附体和巫术都根本不存在，那我们为什么还相信魔鬼？如果魔鬼不存在，上帝也不存在。"（Walker 1981，第71页）

撒旦大恐慌、迷巫狂

迷巫狂在现代的一个最好的实例要属兴起于20世纪80年代的"撒旦大恐慌"运动。上千个撒旦礼拜仪式遍布美国各地。这些仪式都是秘密进行的，它们不断地牺牲毁伤牲畜、对孩子们施行性虐待。在《撒旦大恐慌》一书中，詹姆士·理查德森、乔尔·贝思特和大卫·布罗姆利滔滔不绝地辩论道，谈论诸如性虐待、撒旦崇拜、系列谋杀犯和儿童色情文学等的话题表明了人们对社会存有更大的恐惧和焦虑。撒旦大恐慌仅是道德恐慌的一个实例。道德恐慌指的是"某一状况、方案，一个或一群人的出现被看成是对社会价值观和利益的威胁。大众媒介以某种典型的特定方式把这种威胁的性质介绍给世人。编辑、主教、政客和其他志虑纯正的人构成维护道德的屏障。社会上公认的专家将他们的分析和解决办法公布于众。人们也会去寻找其他的解决途径。接着整个状况会消失、沉没或恶化下去"。(1991，第23页)这些事件常被"不同的政治团体"利用作为其"政治斗争"的武器。当然对这些事件及其产生的后果，有人有得，有人有失。根据上述几个作家所言，撒旦仪式、女巫大聚会、孩子们在礼拜仪式中受到性虐待以及虐杀动物，这些广为流行的说法根本就没什么证据。不错，确实有一小撮光彩照人的人物，身着黑衣或戴着那种易脱乳罩，接受现场访谈的采访，烧着香火，或给人们介绍深夜电影。可这些人并不是什么残暴的罪犯在蓄意扰乱社会治安和腐蚀人们的道德。谁说他们是呢？

问题的关键在于对这个问题的回答："谁需要撒旦式的仪式呢？"回答是，"现场访谈节目的东道主、出版商、反宗教仪式的团体、宗教原教旨主义者和某些特定的宗教团体"。上述这些组织和团体都秉持这样的观点："撒旦主义很久以来一直是宗教类广播读物和'垃圾电视'现场访谈的主要话题。"这些作家还指出，"现在撒旦学说已经渗入网络新闻和黄金时段的节目，这包括新闻故事、纪录片以及适合电视播放的电影等。越来越多的警官、保护儿童的工人以及其他官员，都在接受由政府税收所赞助的学习班，以便获得与撒旦主义做斗争的正规训练"。(第3页)这样不断交换的信息量进一步助长了反馈环的气势，促使迷巫狂呈现出更高层次的复杂性。

从历史上看，撒旦主义的动机和运动本身一样，从这个世纪重复到那个世纪，都是用来逃避个人责任的借口，把自己的问题推到离你最近的敌人身上，那个敌人越坏越好。除了撒旦本人和他的女合伙人巫婆，谁还是最合适的人选呢？正如社会学家卡伊·埃里克森所说，"或许历史上没有比撒旦及巫婆更好的罪恶形式来表明社会的分裂和变迁了。通常情况下，迷巫狂大多爆发在社会经历宗教转变的时期，或者社会面临重新界定其边界的时期"。(1966，第153页)的确，在谈到16—17世纪的迷巫狂时，人类学家马文·哈里斯指出,"迷巫狂产生的主要结果是,穷人们开始相信迫害他们的不是君主和教会,而是巫师和魔鬼。你家的屋顶有没有漏雨,母牛有没有流产,燕麦是否枯萎了,葡萄酒酸了没有,你的头是否还痛,孩子是否过早地夭折了?这一切都得归咎于那些兴风作浪的巫婆。心里一直想着那些妖魔鬼怪的种种可恶之处,神思慌乱、遭人疏远、贫困不堪的劳苦大众不去责备那些腐败的牧师和贪婪的贵族,反倒将一切都推到泛滥猖獗的魔鬼身上。"(1974,第205页)

杰弗里·维克多的《撒旦恐慌:当代传奇的诞生》(1993)对这个问题讨论得最透彻。此书的副标题一语道破了他对这种现象的看法。通过把撒旦式的宗教仪式与其他一些由谣言引起的恐慌和群体歇斯底里症相比较,维克多追溯了这种仪式的发展状况,并且指出个人卷入这些现象而无法自拔的窘况。对该仪式的信奉牵扯到各种不同的心理因素和社会力量,其中混杂了从现代和历史资料中所摄取的一些信息。20世纪70年代,盛传着如危险的宗教仪式、毁伤牲畜、撒旦的礼拜仪式以及动物祭祀这样一些谣言。80年代,我们又受到描写多重性格紊乱的书籍、文章和电视节目的轰炸,这其中包括"魔鬼"标志、孩子们在礼拜仪式上受到性虐待、麦克马丁学龄前儿童遭到杀害的案件和魔鬼崇拜等。到了90年代,英国出现了礼拜仪式虐待孩子的大恐慌。一些魔鬼崇拜者秘密地潜入摩门教堂,趁孩子们做礼拜时对他们进行性虐待;圣地亚哥也出现了同样的大恐慌。(Victor 1993,第24—25页)这些以及其他一些诸如此类的实例,驱使反馈环不断向前运行。但目前该环的运行方向倒转了过来。譬如说,1994年英国的卫生大臣做了一个调查,发现英国那些宣称目击过魔鬼虐待孩子的人根本提供不出什么确凿的证据。根据伦敦经济学院的教授让·拉封丹所说,"小孩子声称自己遭到性虐待都是受了大人的影响。有一小部分孩子是因为受了母亲的压力和教导才这样说的。"这种现象后面的驱使力是什么?是福音基督教。拉封丹说,"福音基督教反对新宗教运动的战役极大地影响了人们对魔鬼虐待的认可。"(Shermer 1994,第21页)

作为迷巫狂之一的恢复记忆运动

可以和中古迷巫狂相媲美的另一种可怕现象是所谓的"恢复记忆运动"。这种运动指的是,孩子们在儿童时代就受过性虐待,只是这记忆被压抑起来,几十年后通过某些特别技术的治疗,那份关于受虐的记忆才恢复过来。这些治疗技术包括暗示质疑法、催眠术、时光倒退催眠术、视觉法、"真相浆液"注射法以及梦析等。不断增长的信息交换频率使这次运动也呈现反馈环的走势。临床医生通常让顾客阅读有关记忆恢复的书籍,观看关于记忆恢复现场的访谈录像,并和那些记忆已经恢复的女士交谈切磋。即使疗程开始时根本没有什么印象,连续几个周甚至几个月的治疗会把童年遭受性虐待的记忆构建出来,而且能让你说出施暴者的名字,父亲、母亲、祖父、叔叔、兄弟、父亲的朋友等。最后到了与被指控者针锋相对的时候了。受到指控的人当然对这种罪名矢口否认,所有的亲戚关系也将因此而结束。(Hochman 1993)

据对事情的正反两面都有所研究的专家估计,自 1988 年以来,至少有 100 万人"恢复"了有关童年受性虐待的记忆,这其中还不包括那些真正有过这种经历,且对这份经历永远都难以释怀的人。(Crews et al.1995;Loftus and Ketcham 1994;Pendergrast 1995)作家理查德·韦伯斯特在他极富魔力的《弗洛伊德为什么错了》(1995)一书中,把该运动追溯到 20 世纪 80 年代波士顿地区的一群心理治疗家那里。这些人读了精神病学家朱迪思·赫尔曼 1981 年写的《父女乱伦》后,为在乱伦关系中存活下来的人成立了治疗小组。性虐待是一种真实存在的现象,又往往会造成悲剧,在引起公众对这种现象的关注上,这些治疗小组的成立迈出了举足轻重的一步。不幸的是,同时人们也提出了这种观点——是潜意识保存了那些被压抑的记忆。赫尔曼曾描述过一位在治疗中重建"先前受到压抑"的有关性虐待记忆的女士,上述观点正是在这种描述的基础上提出的。韦伯斯特注意到,起初参加治疗的人大都记得自己的受虐经历，但渐渐地治疗过程中出现了需要重新构建这种记忆的人。

> 据推测，这些女士所表现出的症状来自某种潜在的记忆，在寻找这种记忆的过程中，临床医生有时采用限时团体疗法。根据这种疗法，在最初10周到12周的疗程里，医生鼓励病人确定下自己的目标。对许多没有乱伦记忆的病人来说，恢复乱伦记忆就是他们的目标。实际上有些人只是以这种方式来确定他们的目标："我只是想待在这个团体中，这样我才有归属感。"第五个疗程过后，临床医生会提醒说，治疗已进行到一半了。这明显是在暗示，治疗的时间已差不多了。承受了这种时间紧迫感的压力之后，先前没有任何关于性虐待记忆的女士开始想象出遭到父亲或其他大人虐待的情景，这些情景将被理解为"记忆"或"灵光闪现"。（1995，第519页）

随着心理治疗家杰弗里·马森《袭击真相》一书在1984年的发表，恢复记忆运动的反馈环开始自我组织运行起来。马森在书中否定了弗洛伊德关于童年性虐待是幻想的观点，声称只有弗洛伊德刚开始提出的那些观点才有说服力。弗洛伊德的这些观点指的父母们经常谈论性虐待的话题，这对那些女士产生了真实深切、无处不在的影响，从而使她们患上神经衰弱症。随着1988年艾伦·巴思和劳拉·戴维斯的《治疗的勇气：从童年性虐待中幸存下来的女人手册》的发表，该运动达到鼎盛时期。该书所得出的结论之一是，"如果你认为自己曾遭受过性虐待，而且你的生活中也出现了某些这样的迹象，那你就有受到性虐待的经历"。（第22页）这本书销售了75万册，催生了一个恢复记忆的产业，产品包括好几十种类似的书、脱口秀节目、杂志和报纸消息。

有关恢复记忆和错误记忆之间的论战仍在心理学家、精神病学家、律师、媒体和一般公众之间如火如荼地进行着。因为确实存在着儿童性虐待的现象,而且这种事发生的频率可能已超出了我们的想象,当受害者本人的指控遭到歧视时,情况就有些危险了。但对我们来说,恢复记忆运动之所以如此轰轰烈烈,似乎不在于儿童性虐待现象的风行,而是指控行为本身已成了一种流行病(见图13)。这是一股迷巫狂,而不是迷性狂。所指控的假定数目本身已足以引起怀疑了。巴思和戴维斯以及其他一些人估计,有 1/3 到 1/2 的女人小时候遭受过性虐待。保守地说,这意味着仅在美国就有 4290 万个女人受过性虐待。这也意味着大约 4290 万个男人是强奸犯。这样总共有 8580 万个美国人被牵扯其中。除此之外,很多这样的事情都得到了母亲的许可,有的朋友和亲戚也难辞其咎。这样与性虐待有所关联的美国人数目就达到了 1 亿(占了美国总人口的38%)。这简直令人难以想象。即使这个数目降到一半也令人难以置信。这里面肯定有什么猫腻。

不仅任何人都可能受到指控,更为极端的是,遭指控的人要被监禁,这使整个运动显得更为可怕。不是根据别的,而只是根据一种恢复的记忆就被判有罪,很多男人和一定数量的女人被投进了监狱,有些人至今还待在狱中。想想这其中的险情,我们一定得三思

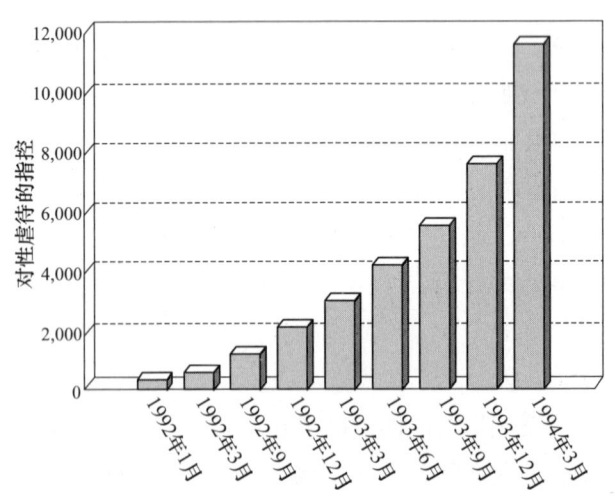

图 13　1992 年 3 月到 1994 年 3 月指控父母对其进行性虐待的记录

而后行。所幸的是，恢复记忆运动已在慢慢地沦落为精神病学史上极为糟糕的一章，整个运动的发展也因此而出现了转机。1994年，加里·拉蒙纳、霍利·拉蒙纳的父亲，在和他女儿的两个治疗师马奇·伊丽莎白和理查德·罗斯博士所打的官司中胜诉。伊丽莎白和罗斯曾帮助霍利"记起"一些这样的事情，譬如父亲曾强迫她与家里的小狗口交。因为遭到指控，拉蒙纳失去了在一个葡萄酒厂年薪为40万美元的工作，他向治疗师索赔800万美元，结果陪审团判给他50万美元的赔款。

不仅受到指控的人开始采取行动保护自己的权益，就连指控人本身也开始控告治疗师对自己的误导，而且她们在一步步地取得胜利。劳拉·帕斯利曾相信她是童年时性虐待的受害者，可后来她放弃了被恢复过来的记忆，开始起诉她的治疗师，并且以胜诉而告终。她的故事在媒介中流传甚广。许多其他女人也改变了初衷，与其治疗师打起了官司。人们称这些女人为"撤诉者"，甚至有个撤诉者还是治疗师本人。律师们通过法律的手段来制裁治疗师，这样便促使反馈环向相反的方向运动。肯定的反馈环开始具有否定的意义，多亏有像帕斯利这样的人和"错误记忆综合征基金会"这样的组织，反馈环的信息量才得以逆行。

1995年10月，明尼苏达州拉姆塞郡一个由6人组成的陪审团判给维奈特·哈曼和她丈夫270万美元的赔偿金。这次审判持续了6周，在诉讼中哈曼控告其圣保罗精神病医生戴安娜·贝·休梅南斯基博士在她的大脑中根植下错误的意识，使她相信自己童年时遭受过性虐待。哈曼的胜诉使反馈环再一次以强劲的势头逆向运行。1988年哈曼去找休梅南斯基时只是像一般人那样感到忧虑烦躁，根本没有任何关于童年性虐的记忆。休梅南斯基给她治疗了一年后，宣布她患有多种性格混乱症：她在哈曼身上发现了至少100多种不同的性格特点。什么使哈曼同时具有那么多迥然不同的性格特征呢？根据休梅南斯基的说法，哈曼曾遭到过母亲、父亲、祖父、叔叔、邻居以及其他许多人的性虐待。依其申诉，是创伤压抑了这些受虐的记忆。通过治疗，休梅南斯基为哈曼重建出一个过去，这个过去甚至包括用死去的婴儿做自助餐的魔鬼仪式般虐待的记忆。陪审团不买他的账。另一个陪审团也是如此，这个陪审团于1996年1月24日判给休梅南斯基的另一个顾客卡尔森250万美元的赔偿金。

最后，与恢复记忆有关的最为著名的案例之一最近也结案了，被告从狱中获释。1989年，乔治·弗兰克林的女儿艾琳·弗兰克林－利普斯科指控自己的父亲在1969年杀害了她小时候的朋友苏珊·内森。证据呢？只是一份有关20年的恢复了的记忆的报告（再没有别的证据），就是这份证据使弗兰克林在1991年1月被判了一级谋杀罪和终身监禁。弗兰克林－利普斯科宣称，自己是在和女儿玩耍时突然记起这次谋杀事件的，因为女儿的年龄和当年被谋杀的童年朋友的年龄相仿。但是1995年4月，美国的地区法官洛威尔·詹森裁决，对弗兰克林的审判有欠公正，因为给他定刑的法官拒绝被告引用报纸上关于谋杀的文章来为自己辩护，而这些文章有可能使弗兰克林－利普斯科回忆起有关谋杀的详细细节。换句话说，弗兰克林－利普斯科的记忆有可能是重新构建，而不是恢复起来的。另外，弗兰克林－利普斯科的妹妹詹尼斯·弗兰克林在法庭作证宣誓时透露说，她和姐姐在父亲接受审判前曾接受过催眠治疗，目的是"增强记忆力"。最让人受不了的是，弗兰克林－利普斯科告诉案情调查人说她记得父亲还至少杀害过另外两个人。调查人却无法把弗兰克林和另外两起案件联系起来。弗兰克林－利普斯科其中的一个记忆太宽泛了，以至于调查人连与记忆有关的真正凶手都找不到。关于另一起谋杀，依其申述，弗兰克林在1976年强奸并谋杀了一个8岁的女孩。但是调查人员发现，谋杀时刻弗兰克林正在出席一次联邦会议，而且染色体和精液的化验都表明他是无辜的。弗兰克林的妻子丽雅在1990年的审判中也曾做过不利于丈夫的证词，现在她也撤回了自己的证词，声称她不再相信受到压抑的记忆这种事。弗兰克林的律师总结道，"乔治已经在狱中待了6年7个月零4天。这纯粹荒谬透顶，是个地地道道的悲剧。对他来说，这是一种卡夫卡式的经历。"（Curtius 1996）整个的恢复记忆运动的确是一种卡夫卡式的经历。

能找到与特雷弗－罗珀描述的中古时期的迷巫狂相媲美的故事或许令人不可思议。让我们来研究一下 1995 年发生在东威那契的案例。华盛顿的罗伯特·佩雷斯侦探专门负责调查与性有关的犯罪案例，他认为把本市孩子从他所谓的性虐待狂手中解救出来是他义不容辞的责任。佩雷斯用一种让人难以置信的方式指控威胁这个乡村社团的居民，并给他们定罪判刑。有个女人被指控为有过不下 3200 次性虐行为。一位上了年纪的先生被指控为一天之内有 12 次性行为。这位先生说即使在他十几岁时也不可能出现这种情形。受到指控的都是些什么人呢？像中古时期的迷巫狂一样，遭指控的多是没钱寻求法律咨询的穷人。又是谁在指控他们呢？那些想象丰富的年轻女孩，她们花了很多时间和佩雷斯侦探待在一起。佩雷斯侦探又是谁呢？据警察署的猜测，佩雷斯过去惯爱小偷小摸，还经常闹家庭纠纷，大家都觉得这个人"华而不实"，有"傲慢自大的倾向"。警署的调查还申明佩雷斯好像在"物色一些人选，然后再对他们进行有的放矢的培训"。受雇当侦探之后，他专门审问那些敏感脆弱、脑筋不太好用的女孩，而且都是趁她们的父母不在场的时候。不足为奇，佩雷斯并没有将采访这些女孩子的情形录下音来。相反地，通常在数小时无情的盘查审问之后，他为这些女孩写出指控声明，然后让她们在上面签字。（Carlson 1995，第 89—90 页）

东威那契并没有人被处以火刑，可是这些年轻的女孩子（其中最小的一个指控者只有 10 岁）在佩雷斯这个警官的影响和势力的威胁下，竟把 20 多个成年人送进了监狱。其中一半以上的入狱者是贫穷的女人。有趣的是，不论是谁，只要雇到私人律师就不会受牢狱之苦。事情明摆着：要进行反击。就那个年仅 10 岁的指控者来说，佩雷斯硬把她从学校里拽出来，一连对她盘问了 4 个小时，然后威胁说，除非她承认自己是性放荡行为的受害者，这其中的罪魁祸首还包括她妈妈，否则他就要把她妈妈抓起来。"你只有10分钟的时间讲出真相"，佩雷斯一刻也不放松，并许诺说如果她乖乖地听话，就放她回家。小女孩签字后，佩雷斯马上逮捕并监禁了她母亲。此后的6个月内小女孩再也没见到妈妈。最后，母亲雇了一个律师，她所受的168项指控都成了莫须有的罪名。整个东威那契被紧紧地锁在一个迷巫狂的反馈环中。当媒体（包括美国广播公司ABC的一小时特别节目和发表在《时代》杂志上的一篇文章）广泛报道这种指控风尚时，反馈环企及它的临界点。现在佩雷斯的勾当被披露出来，受到指控的人开始对其进行反击，女孩子们都撤回了自己的指控，受害者以及他们遭到侵害的家人频频诉讼。这样反馈环开始呈逆向运行。

在过去几年中，这股特别的指控热和歇斯底里的性虐待狂席卷了整个美国。令人困扰的一点是，在抗击这股狂热的大潮中，那些真正的强奸犯可能趁机逍遥法外。儿童时代遭受性虐待这种现象真实存在。既然这种现象已经转变为一股狂热，社会在合理地解决这个问题之前还得颇费一番周折。

第八章

最不可能的时尚

艾恩·兰德、客观主义和个性崇拜

根据心理分析学,投射作用指的是把自己的看法、感情或态度归因于别的人或物。比如,罪恶累累的奸夫反倒指控自己的配偶通奸;实际上,对同性恋者的恐惧本身就隐藏着潜在的同性恋倾向。当原教旨主义者指控世俗的人文主义和进化论都是宗教时,或当他们宣称怀疑论者就是一种邪教崇拜或理性科学都具有邪教性质时,一种微妙的投射形式就在起作用,然而这种说法很荒谬,因为邪教和理性的定义有天壤之别。到目前为止,读者应该很清楚我的立场,我坚决拥护科学和理性。最近出现的一个历史现象使我相信,事实、理论、证据和逻辑所产生的诱惑力可能会掩盖系统中的一些瑕疵。真理本身比寻找真理的过程更为重要,调查研究的最终结果比调查研究的过程更为重要。理性使人们笃信某种信仰,任何有悖这种信仰的人都要遭到辱骂。据称,学术研究是个人崇拜风尚的根基。当上述几种情况出现时会发生什么呢?下面这个历史现象可以给我们一些提示。

故事开始于1943年的美国,一个名不见经传的苏联移民在连续失败两次后,成功地发表了她的第一本小说。这本书初版出来后遭到冷落。实际上,书评都很尖刻,最初的销量也不景气。但是慢慢地追随者不断地上升，这倒不是因为书写得不错（内容很糟糕），而是因为书中的观点极具影响力。这些观点在人们之间竞相传诵，这有效地促进了销售量。开始有一大批人出来拥护作者。最初的7500册卖掉后，又印了5000册，接着又加印1万册。到1950年为止，有50万册在全国相互传阅。

该书名为《喷泉之源》，作者是艾恩·兰德。商业的成功使她有更多的自由和时间在1957年出版了另一本巨著《潇洒的阿特拉斯》。该书描写了一个神秘的谋杀故事，但遭到杀害的不是人的肉体，而是人的精神。书中讲述了一个男人的丰功伟绩，这个男人宣称他将阻止整个世界意识领域的进程。如果他成功了，人类文明将呈现出一片瘫痪衰败的景象。但文明的火焰将在一小群英雄手中继续燃烧，这些英雄将用他们的理性和道德来拯救已衰落的文明，迎接文化的回归。

像对《喷泉之源》的反应一样，评论界对《潇洒的阿特拉斯》的态度一样粗鲁刻薄。但这似乎倒坚定了追随者对这本书、作者以及其观点坚决拥护的信念。同样，像《喷泉之源》一样，《潇洒的阿特拉斯》的销售量也是经过一番曲折才好转，达到每年固定销售30万册。"在我干出版的这些年里，"兰登书屋的社长贝尔特·瑟夫回忆道，"从来没出现过这种事情。书的销售量会顶住那么大的压力直线上升。"（Branden 1986，第298页）这就是个人英雄的力量——偶像崇拜。

兰德到底在其作品中表达了怎样的哲学观念，竟会同时震撼她的反对者和支持者？在《潇洒的阿特拉斯》出版前兰登书屋举行的一次销售发行会上，有个销售员请兰德简要地复述一下她所谓的客观主义哲学。兰德做了下面的论述（Rand 1962，第35页）：

1. 形而上学：客观现实
2. 认识论：理性
3. 伦理学：个人私利
4. 政治：资本主义

换句话说，客观现实不倚赖人的意识而存在。理性是理解客观现实唯一可行的途径。每个人都应该追求自己的幸福为自己活着，不应该为别人牺牲自己，也不能让别人为自己做出牺牲。放任自由的资本主义是前三者得以繁荣的政治经济基础。兰德说，这种结合使"人与人之间不是作为受害者和刽子手，也不是作为主人和奴隶相处，而是作为贸易交换的伙伴。大家为了彼此的利益，自由自愿地交往"。然而这并不是说"为了达到目的可以不惜一切手段"。在这种自由自愿的交往中"谁也不能用政治手段来对付对方"。（Rand 1962，第1页）个人主义哲学、个人责任、理智的力量和道德的重要性，这是贯穿兰德作品的哲学观点。人应该为自己考虑，绝不能允许权威人士来对自己颐指气使，尤其是像政府、宗教以及其他诸如此类的权威组织。比起非理性和毫无理智的生活，按最高的道德标准去立身行事，不接受别人的恩惠和施舍，成功、幸福、无数的升迁机会以及无尽的财富便会自然降临。客观主义是无瑕的理性和纯净的个人主义的最终原则。兰德在《潇洒的阿特拉斯》中通过主要人物约翰·高尔特表达了这种观点：

> 人只有通过不断地获取知识才能生存下去，而理性是获取知识的唯一途径。理性是对感觉器官所提供的材料进行感知、识别和综合的能力。感觉器官只是提供事物存在的证据，对证据进行判断识别就是理性的任务了。感官只是告诉你某种事物存在，只有通过大脑的加工我们才能对该事物有所了解。（1957，第1016页）
>
> 为了你生命中最好的东西，不要让那些极为糟糕的事情毁掉你的世界。为了让你生存下去的那些价值理念，不要让失败者身上表现出的那些丑陋、懦弱和无知的东西歪曲了你对人的看法。不要忘记，人最体面的财产来自正直的人格、不屈的毅力和能够历尽千难万险的决心。不要让你的生命之火熄灭，当置身于那些似是而非的、不定的、从没经历过或根本不可能发生的无望深渊时，用不可替代的火花点燃你的生命之火。为理想的生活而苦苦奋斗，但始终

难以如愿,在孤独和挫败中不要让你灵魂中的英雄气概陨落消亡。仔细确认你选择的道路和奋斗的性质。你可以赢得梦中的世界,这个世界就摆在那里,真切生动、伸手可及。那是属于你的世界。(1957,第1069页)

像这样一种高度自我主义的哲学怎么能支撑住靠偶像崇拜、集体思想、领导权威和排斥异己而繁荣发展的团体呢?被崇拜的偶像最不愿意看到其追随者自私自利、脱离团体和自行其是。

20世纪60年代是反现状、反政府、倡导个人主义的时代。兰德的人生哲学风靡全国,尤其是在大学校园中。《潇洒的阿特拉斯》成了必读之物。虽然书有1168页,可人们还是如饥似渴地吞食着其中的人物、情节和哲学观点。该书不仅震撼了人们的心灵,还激发了他们的行动。有几百所大学成立了艾恩·兰德俱乐部。教授们讲授兰德的客观主义哲学和她的一些文学著作。兰德的周围聚集了一圈朋友,其中一个叫纳撒尼尔·布兰登的于1958年成立了"纳撒尼尔·布兰登协会",专门负责赞助有关客观主义的演讲和课程。该活动首发于纽约,后来遍及全国。

随着兰德的声望高涨,她和其追随者们对她的哲学的信心也日益高涨。上百万的人群涌进课堂,成百上千封信件飞进纳撒尼尔·布兰登协会(NBI)的办公室,上百万册的书销售一空。到1948年,《喷泉之源》已被成功地改编成电影,由加里·库珀和帕特里夏·尼尔主演。《潇洒的阿特拉斯》的电影版权也正在商谈之中。兰德与日俱增的影响和势力完全是个奇迹。读者们,尤其是读过《潇洒的阿特拉斯》的人对兰德说,她的小说改变了他们的生活和思维方式。这些评论散发着宗教信徒般的热情。他们的评论如下(Branden 1986,第407—415页,全书下同):

- 一个24岁"传统家庭主妇"(她自己这样标榜)看了《潇洒的阿特拉斯》后说,"加格尼·塔格特(书中的女主人公）给了我很大的启发，她是伟大的女权主义模型。艾恩·兰德的作品给了我去做理想中的自己、追逐梦想的勇气"。

- 一个法学研究生在谈到客观主义时说，"读艾恩·兰德的作品所费的脑筋就像是在上一堂博士后的课。她在书中创造的世界充满了希望，能唤起人们身上最美好的东西。她清晰明朗、才华横溢的笔触宛如一束强烈的光芒。我想永远都不会有什么东西能扑灭那束光芒"。
- 一位哲学教授这样总结道，"艾恩·兰德是我所遇到的最为独到的思想家。我们没法逃避她所提出的问题。曾一度我以为自己至少已经掌握了大部分哲学观点的本质内容，可一旦面对她……突然之间我思想生活的整个方向都改变了，我自己开始用一种崭新的视角审视别的思想家"。

据1992年11月20日那期《国会图书馆新闻》报道，根据国会图书馆和"本月之书俱乐部"读者"生平阅读习惯"所做的调查，《潇洒的阿特拉斯》对读者人生的影响仅次于《圣经》。但是对聚拢在兰德周围、意在保护她的内部圈子的人来说（令人啼笑皆非的是，他们自称为"兰德团体"），他们的领导不仅极具影响力，而且受人膜拜。她那听上去睿智万能的观点绝对正确。人格的魅力使她具有很强的说服力，没有人敢去挑战她的权威。因为客观主义是从纯粹的理性中派生出来的，所以她揭示的是终极真理，宣扬的是绝对的道德观。

兰德客观主义哲学的缺陷并不在于它采用了理性的概念、强调人的个性、提出利己主义是人类发展的驱动力这些观点，或者坚持资本主义是理想的社会制度的信念。客观主义的谬误在于，它相信通过推理可以获得绝对的知识和终极真理，从而认为人的思想和行为有绝对的是非和道德之分。对客观主义来说，一旦通过理性发现某种原则是正确的，就没有必要再讨论下去了。如果你不同意这个原则，那么你的推理就有问题。推理有问题是可以纠正的，如果你不纠正自己的推理方式（也就是说学着接受这个原则），就说明你本身有问题，那你就不再属于这个团体。对于那些食古不化的信徒，最终的解决办法就是逐出教门。

与兰德关系最亲密的人中有个叫纳撒尼尔·布兰登的人，他是一个年轻的哲学系学生，早在《潇洒的阿特拉斯》发表之前，就加入了兰德团体。在其自传体的回忆录《评判日》中，布兰登回忆道，"我们这个圈子接受世界上那些隐秘含蓄的前提。在纳撒尼尔·布兰登协会我们又把这些观点传给学生"。不可思议的是，一场哲学运动就这样转变成了偶像崇拜。用布兰登的话来说，他们的信条是：

- 兰德是有史以来最伟大的人。
- 《潇洒的阿特拉斯》是世界历史发展中所取得的最大成就。
- 兰德因其不朽的哲学天才而成为判定任何属于理性、道德和适合地球人生活问题的至高权威。
- 一个人一旦了解了兰德及她的作品，那么对这个人的德行的衡量与他如何看待兰德及她的作品有内在的联系。
- 如果能崇拜兰德所崇拜的东西，对她所谴责的东西嗤之以鼻，那么他会成为一个不错的客观主义者。
- 在任何最基本的问题上，如果与兰德的意见相左，那他就不能称得上是作风一致的个人主义者。
- 既然兰德已经指定纳撒尼尔·布兰登为其"思想上的继承人"，而且不止一次地宣称他是其教义最理想的代言人，那么他所受到的尊重只能稍逊于兰德本人。
- 这些事情最好不要讲得太清楚（或许，前两条除外）。人们必须始终坚持一点，即只有通过推理才能企及自己的信仰。（1989，第255—256页）

那个时代的人指控兰德和她的追随者们大行偶像崇拜之风。当然,他们矢口否认。兰德在一次采访中这样说道,"我的追随者不是追星族,我也不是什么偶像"。巴巴拉·布兰登在她的自传《艾恩·兰德的激情》中指出:"虽然客观主义运动带有明显的偶像崇拜的外观,对兰德本人过于渲染,在很多问题上过于盲从她的观点和诸多说教,但这其中颇具意义的是,客观主义最基本的魅力……恰恰在于它是宗教崇拜的对立面。"(1986,第371页)布兰登是这样谈论这个问题的,"我们不是字典字面意义上的偶像崇拜。当然,我们的世界里有偶像崇拜的一面。我们是一个团体,这个团体紧密团结在一个英明有力的领导周围。团体的成员之间以对领导及其思想的忠实程度来评判彼此的品行"。(1989,第256页)

如果把"偶像崇拜"一词中的宗教含义去掉,这个词的使用范围将会更为宽泛。事情变得更明朗了,像许多别的非宗教团体一样,客观主义团体曾经是(现在也是)偶像崇拜的一种形式,即个人崇拜。偶像崇拜具有下列一些特征:

- 领袖崇拜:对领袖加以美化,把他摆到神和圣贤的位置。
- 领袖绝对正确:相信领袖完美无缺,绝对正确。
- 领袖是全知的:对于领袖的信仰和声明,不管是哪一方面,从严肃的哲学问题到无足轻重的小事,都全盘接受。
- 劝诱技巧:用软硬兼施的各种手段来笼络新信徒,强化目前的信仰体系。
- 隐秘的议程:在笼络信徒时,没有完全向公众透露或者隐藏了团体信仰和计划的真正性质。
- 欺骗行为:应募入团的人和信徒们并不知道他们应该知道的有关团体领导及内部圈子的一切事情,尤其是那些被隐藏起来的让人不安的缺陷,以及那些潜在的令人窘迫的事件和情形。
- 经济和/或性剥削:应募者受到诱劝,把自己的钱财和其他资产投入到团体中去,团体的领导可能和其中的一个或多个信徒发生性关系。
- 绝对真理：相信领导和/或团体发现了有关一切的终极真理。
- 绝对的道德观：相信领导和/或团体已经制定出思想行为的是非标准，这个标准对团体的成员和非成员一律适用。严格遵守团体标准的人将留下成为团体的成员，那些违背该标准的人或者被驱逐出团，或者将受到惩罚。

艾恩·兰德关于绝对道德观的最终声明出现在纳撒尼尔·布兰德书中的首章首页。兰德这样说道：

> 道德箴言"不要论断人，免得被人论断"……是对道德责任本身的背离：这是在用一张道德空白支票交换自己所期望的另一张道德空白支票。我们无从逃避这样一个事实：人必须做出选择；既然得做出选择，那么就要受到一些道德规范的制约。因为道德规范关系胜败得失，那么就不可能在道德问题上采取中立的立场。不去谴责那些深受痛苦折磨的人，那你就会成为加重其痛苦的帮凶和刽子手。我们应该采用的道德原则是……"做出判断，并随时准备接受别人的评判"。

兰德即使在一些鸡毛蒜皮的小事上也对其信徒评头论足，这足以看出像她那样的思想能发展到如何荒谬的程度。譬如，兰德曾争论，不能用客观标准去界定一个人的音乐趣味。但据巴巴拉·布兰登观察，"如果她的年轻朋友听了拉赫玛尼诺夫后和她有同样的感受……她就会觉得这件事非同小可"。巴巴拉还讲了这样一件事。兰德的一个朋友曾提到过他爱听理查·施特劳斯的音乐，"当这位朋友会议结束离开时，艾恩说，'现在我明白我们俩永远不会成为精神伴侣的原因了，我们对生活的看法差别也太大了'。对她来说，做出这种反应是越来越习以为常了。通常，她不等朋友离开就说出一些诸

如此类的话"。（1986，第 268 页）

从巴巴拉·布兰登和纳撒尼尔·布兰登的这些评语中我们不难看出偶像崇拜的所有特征。欺骗和性剥削？在兰德的例子中，用剥削这个词或许太重了些，但不管怎样这种行为是存在的，而且这种欺骗很猖獗。客观主义运动开始于 1953 年，一直持续到 1958 年（以后的十几年中时断时续）。在这短暂的历史中最臭名昭著的事（今天的人还经常谈论起）要数兰德和纳撒尼尔·布兰登之间的艳史了。兰德比纳撒尼尔·布兰登大 25 岁，但他们之间却保持着一种暧昧的两性关系，这件事除了彼此的配偶无人知晓。他们认为，说到底他们之间的这种关系是"合理"的，因为他们两人是地球上最伟大的思想家。"就我们俩的整个身份来看，即就爱和性的全部含义来看，我们不得不彼此相爱。"兰德这样给巴巴拉·布兰登和自己的丈夫弗兰克·奥沃诺分析道，"不管你们俩有什么样的感觉，我都知道你们的心思。我知道你们会看出，我们这份感情是合情合理的，我也知道在你们眼中没有比理性更高的价值标准了。"（Branden 1986，第 258 页）让人备感惊讶的是，双方的配偶都觉得这种关系合情合理，并且一致同意每周给兰德和纳撒尼尔一个下午和晚上的时间谈情说爱。巴巴拉后来说道，"这样一来，我们都在给自己制造灾难"。

灾难于 1968 年降临。兰德发现，纳撒尼尔又爱上了另一个女人，而且还和她有了风流韵事。尽管在这以前很久，他俩之间的关系就开始降温，但是绝对道德双重标准的主人绝对不允许任何人发生这种离经叛道的事情。"让那个混蛋滚过来，"兰德一听到这个消息就尖叫道，"要不我自己去把他拖来！"据巴巴拉所说，纳撒尼尔溜进兰德的公寓准备接受审判。"一切都结束了，你所有的勾当都结束了，"兰德对他说，"我能让你住高楼大厦也能把它拆掉！我要公开指责你的不忠行为，我能塑造你也能毁掉你！我根本不在意那对我意味着什么。你将失去我给你的工作、地位、财富和声誉。你将一无所有。"这次轰炸持续了几分钟，最后她诅咒道，"如果你还有

一点点道德,如果你的神志还有一点点健全,以后的20年你就会遭受性无能之苦"。(1986,第345—346页)

兰德接着写了一封长达6页的致信徒们的公开信,在信中她说她已和布兰登夫妇彻底决裂了,并用一些不连贯的谎言来解释纳撒尼尔的欺骗行为:"大约两个月前……布兰登交给我一份书面报告,报告的内容毫无理性可言,这极大地冒犯了我,我不得不终止和他的私人关系。"根本不提一下这次冒犯的性质,兰德继续写道,"大约两个月后,布兰登夫人突然向我坦白说,布兰登先生对我隐瞒了他私生活中一些丑陋和疯狂的行径,这极大地冒犯了客观主义的道德原则"。纳撒尼尔的第二次艳史被断定是不道德的,第一次却没得到这样的评语。异教徒被驱逐出教门之后,又受到了纳撒尼尔·布兰登协会同盟军的攻击,他们完全不知道事情的真相,在演讲会上极力声讨纳撒尼尔·布兰登的恶劣行径。这些指控听上去相当教条:"纳撒尼尔·布兰登和巴巴拉·布兰登在其所从事的一系列行为中,违背了客观主义的基本原则,应予以坚决的谴责和批判。我们已终止了和他们的一切关系"。(Branden 1986,第353—354页)

兰德团体的普通和高级成员都对这件事感到迷惑。如此莫须有的罪名就受到如此强大的谴责,他们该作何感想呢?几个月后,有人就偶像崇拜发表了一些过激的言论。用巴巴拉·布兰登的话来说,"一个神志不清的纳撒尼尔·布兰登协会的前学员……他提了这样一个问题,既然纳撒尼尔让艾恩经受折磨,那把他暗杀了算不算不道德。这个人还总结说,虽然不能真的去暗杀他,但这件事在道德上是合法的。幸运的是,他刚说完就被一群惊恐万分的学生嘘声了"。(1986,第356页)

"兰德风尚"漫长的衰落过程就这样开始了。她对团体的紧紧掌控开始松懈下来。成员们一个接一个地做出离经叛道的事,都不是什么大事,可所受的指责却越来越严厉。接着,成员们一个接一个地离开或被驱逐出团体。1982年兰德过世时,她身边只剩下几个朋友。今天,兰德财产的指定继承人伦纳德·佩考夫在以南加州为基地的"艾恩·兰德协会"继续为推进客观主义的发展而努力。虽然这个团体的偶像崇拜颠覆了圈子的核心,仍然有一大批追随者(过去和现在都是如此)不在乎运动发起人那些轻率的举动、不忠的行为和道德上的矛盾。相反,他们只是把精力集中在兰德哲学中积极肯定的那一面。对某种现象有选择地加以接受,这种行为值得尊重。

通过以上分析,我们可以得出有关偶像崇拜、怀疑主义和理性的两种提示。第一,对某种信仰体系及其追随者的批判本身并不能否定该哲学的任何一部分。有些宗教组织也发生过严重的离经叛道的事,但这并不意味着就能否定像"你不能犯谋杀罪"或"你想要别人怎样对待自己,就要怎样对待别人"这样的道德原则。某种信仰内部组成成分的衰落主要取决于其内在的稳定性,或其能否提供出客观证据,与其创始人和信徒的个人癖好和道德品行毫无关系。大多数报道说,牛顿是一个脾气暴烈、很难相处的人。但这个事实与牛顿自然哲学原则的正确与否没什么联系。当某种信仰的创始人或追随者自己提出某种道德原则,就像兰德那样,我们所得到的这个提示就更明显了,因为人们希望他们会以身作则。但这个提示仍具意义。第二,批判某个信仰体系中的一部分并不意味着否认整个信仰。同样,人们可以在拒绝一部分基督道德教义的同时接受另一部分。譬如说,我怎样待别人也希望别人怎样对待自己,同时我却不认为女人在教堂里就得闭上嘴巴,对丈夫就得唯命是从。人们可以否定兰德的绝对道德观,但同时接受她强调客观现实的形而上学、尊崇理性的认识论以及崇尚资本主义的政治哲学(虽然客观主义者会说,这些观点都是从其形而上学的哲学中派生出来的)。

兰德哲学的评论家持有各种不同的政治观点,包括左派、右派和中间派。通常说来,专业小说家都瞧不起她的写作风格。职业哲学家也并不重视她的作品(一是因为她的东西都是为了迎合公众的口味,二是因为她的观点不是纯粹的哲学)。兰德的批判者比追随者多。有些人根本没读过《潇洒的阿特拉斯》,就对它肆意攻击;根本不知道什么是客观主义就予以驳斥。保守的知识分子威廉·巴克利指责《潇洒的阿特拉斯》是"脱水的哲学",只是摆出一副"目空一切的架势",并且对"兰德小姐乏味的哲学观念"加以嘲笑。然而后来他坦白道,"除了书评和长度,我从来没读过这本书,也没想要去读"。(Branden,1986,第298页)

我也读过兰德的《潇洒的阿特拉斯》和《喷泉之源》以及她所有的非文学性著作。我能接受兰德的观点,但不是全部。兰德强调理性,这一点值得称赞(很明显她所谓的理性是哲学,而非科学)。至少从表面上来看,谁会否定应该为自己的行为负责这种观点呢?兰德哲学中最大的缺陷在于,它认为世上有绝对的道德标准。从科学的角度看,这种观点是站不住脚的。道德并不是客观实在,人们不能在客观现实中把它发现出来。客观现实中只存在着各种各样的活动,如物体运动、生物活动和人类本身的活动。不管个人如何界定幸福,人类活动都是为了提高自身的幸福。只有当别人对其行为加以评判时,他们的活动才有了道德不道德之分。因此,严格意义上讲,道德是人类自身的产物,像其他创造物一样,受各种各样文化传统和社会结构的影响。实际上,每个人或每个团体都有自己的是非标准,每种标准或多或少都不同于其他标准,但凭理智我们就知道这些标准不可能都正确。音乐没有绝对的正误之分;同样,人类的行为也没有绝对的对错之别。人类行为内容丰富、涉及面广又有一定的连续性,不能以单纯的对与错来归类。只有政治法律和道德法规才强调严格的是非标准。

难道这意味着人类所有的行为在道义上都是平等的?当然不是。这与没有相同的音乐是一个道理。我们根据自己的喜好把事物划分出一定的等级,并根据这些原则做出判断。这些判断标准是人们自己创造出来的,在现实生活中找不到。有些人喜欢古典音乐胜过摇滚乐,因此觉得莫扎特比忧郁的布鲁士音乐高级。同样,有人崇尚夫权统治,因此觉得男人享有一定的特权是天经地义的事。并不是莫扎特和男人绝对地好，只是按一些人的标准来看是这样。譬如说，女人是男人的财产，这一观念过去是道德的可现在却是不道德的。这种变化不是因为我们刚刚发现这种行为的不道德处，而是因为我们的社会（这从根本上是由于女人的努力）已经意识到应该赋予女人在夫权社会中被剥夺的机会和权利。一个团体中，有半数的人感到幸福愉快，那么所有人的幸福感就会显著地提高。

德行是一个相对的道德概念。只要明白了道德是人类自身的创造物，受文化传统的制约，就比较能容忍其他一些人类所创造的信仰体系，从而也能容忍不同于自己的人。但是一旦一个团体认为自己已创立了最终的道德评判标准，尤其是当其成员相信自己所在的团体发现了绝对的是非标准，这就标志着容忍、理智和理性开始慢慢消失。不是别的，正是这种特性促使了偶像崇拜、宗教、民族或任何其他不利于个人自由团体的形成。绝对主义是兰德客观主义哲学的最大缺陷，是历史上最不可能存在的一种时尚。这从历史的发展、其哲学团体的最终泯灭这些客观事实中可以看出。

科学结论都带有试探的性质，正是这点把科学和人类的其他活动（人们从来没有成功地在科学的基础上总结出一定的道德规范）区别开来。科学中没有终极的答案，只存在不同程度的可能性。即使科学"事实"本身也只是一些结论，这些结论可以就某些观点达成临时共识，但这共识也不是终极的。科学不是去确认某套信仰体系，而是一个研究探索的过程。这个过程旨在建立起一套经得起验证、能不断地加以修改和补充的知识体系。在科学中，知识流动多变，且稍纵即逝。这就是科学局限性的全部要旨，也是其最强大的力量所在。

第三部分
进化论和创世论

我已尽力给出证据。然而，在我看来，我们必须承认，虽然我们被赋予了所有高贵的品质、同情受辱者的仁慈之心、不仅怜悯自己的同类而且还顾及那些最卑微的生命的博大胸怀以及可以洞悉太阳系中一切运动和结构的圣明般的智慧。但虽然拥有这一切崇高的力量，人类体内还是铭刻着其种族之始那卑微的印记。

——查尔斯·达尔文，《人类的起源》，1871

第九章
发展之始

与杜安·提·吉什度过的一夜

　　1995年3月10日,在辩论会开始前5分钟,我走进了洛杉矶一个拥有400个席位的演讲大厅。大厅内座无虚席,就连过道上也挤满了人。我在演讲台上占到一个座位。这是因为在那长长的一排要向杜安·提·吉什挑战的人中,我是最晚到的一个。吉什是创世论的桂冠得主,也是"创世论研究协会"的董事之一。该研究机构为圣地亚哥"基督徒遗产学院"的"科研"分支。这是我第一次同一个创世论者进行辩论。这也是吉什反对进化论超过300场辩论会中的一个。连拉斯维加斯的老虎机都不提供赌注的比例。我怎么知道自己要讲的东西别人没讲过呢?

　　为准备这次辩论,我看了不少有关创世主义的文献,并且重新读了一遍《圣经》。20年前,在佩珀代因大学(在我转学心理学之前)学神学时,我曾认认真真读过《圣经》。而且像20世纪70年代早期的很多人一样,我是个天生的基督徒,并且也曾对基督教投入过相当多的精力,包括为那些非教徒"做目击证人"。在位于富勒顿的加州州立大学读研究生时,我修的是实验心理学和动物行动学(研究动物行为的科学)。那个时候我遇见了才华横溢、行径古怪的贝亚德·布拉斯特罗姆和聪慧睿智的梅格·怀特。布拉斯特罗姆远远不只是世界行为爬虫学（研究爬行动物行为的学科）的带头人之一。他熟谙有关生物学和科学方面的哲学辩论，每星期二夜课之后，他都会在301俱乐部（根据俱乐部所在的地点命名的）用关于啤酒和葡萄酒的神思哲理来娱乐我们，往往一讲就是几个小时。就在布拉斯特罗姆在301俱乐部讨论上帝和进化论、怀特讲述动物行为的演化过程的时候，我的基督教"鱼徽"（20世纪70年代基督教徒佩戴在身上的带有希腊象征符号的鱼，目的是表明自己的信仰）不见了，随之而去的还有我的宗教信仰。我开始相信科学，进化论成了我的教义。从那时起《圣经》对我已不具什么意义了。因此重新读起它是件提神怡情的事。

  为辩论准备期间，我采访了那些成功地与吉什辩论过的人，这其中包括我在西方学院的同事唐·普罗瑟罗，并且观看了吉什早期辩论赛的一些录像。我注意到，不管对手是谁，也不管对方采用了什么样的辩论策略，甚至不管对手说什么，吉什用的都是同样机械的反击手段：同样的开场白、对对手的立场做出同样的假设、同样过时的幻灯片，甚至开的都是同样的玩笑。我记下了他的一些笑话，如果我先发言，我就用他用过的这些玩笑。投币决定之后，我知道自己就要上阵了。

  我不愿和一个老于辩论之道的人正面接触，于是就决定采用穆罕默德·阿利迂回曲折的辩论策略，从而避免直接卷入辩论中。也就是说，我把这场辩论转变成了一场关于宗教和科学差别的类辩论。辩论一开始我就解释说，怀疑者的目标不仅是揭露别人的观点，而且还会对各种信仰体系仔细审查，从而了解人们之所以为这些信仰所感染的原因。我引用巴鲁赫·斯宾诺莎的话："我曾经做过不懈的努力，目的不是嘲弄、哀叹或讥笑人们的行为，而是为了更好地理解它们。"我引用这句话来说明我真正的目的是了解吉什以及其他创世论者，了解他们是如何摒弃已被广为认可的进化论的。

  接着我给在场的观众读了几段《圣经》中有关创世论的故事（创世记1）：

起初上帝创造天地。

地是空虚混沌。渊面黑暗。上帝的灵运行在水面上。

上帝说，要有光，就有了光。……上帝称光为昼，称暗为夜。有晚上，有早晨，这是头一日。

上帝说，天下的水要聚在一处，使旱地露出来。事就这样成了。

上帝说，地要发生青草，和结种子的菜蔬，并结果子的树木，各从其类，果子都包着核。事就这样成了。

上帝就造出大鱼和水中所滋生各样有生命的动物，各从其类。又造出各样飞鸟，各从其类。上帝看着是好的。

上帝说，地要生出活物来，各从其类。牲畜，昆虫，野兽，各从其类。事就这样成了。

上帝说，我们要照着我们的形像，按着我们的样式造人，使他们管理海里的鱼，空中的鸟，地上的牲畜，和全地，并地上所爬的一切昆虫。

《圣经》中创世故事之后，紧跟着一个再创世的故事（创世记7—8）：

挪亚就同他的妻和儿子，儿妇，都进入方舟，躲避洪水。

四十昼夜降大雨在地上。

凡在地上有血肉的动物，就是飞鸟，牲畜，走兽，和爬在地上的昆虫，以及所有的人都死了。

水势浩大，在地上共一百五十天。

这些关于创世和再创世、诞生和再诞生的故事，是西方思想史中最为崇高的神话之一。像这样的神话和故事在每一种文化中都起着非同小可的作用，这也包括我们自己的文化。纵然横跨世界、横亘前后数千年，这些故事的情节会有所差异，可其类型却有异曲同工之处：

无创世之说："世界一直就是这个样子，亘古不变。"（印度耆那教主义者）

世界由被杀害的妖怪创造之说："世界诞生于一只被肢解的妖怪。"（吉尔伯特岛居民，希腊人，印度支那人，非洲的卡拜尔人，朝鲜人，苏美尔－巴比伦人）

原始父母创世说："世界在原始父母的交合中诞生。"（库克岛人，埃及人，希腊人，塔希提岛人，祖尼印第安人）

宇宙蛋创始说："世界是从一个蛋中诞生的。"（中国人，芬兰人，希腊人，印度人，日本人，波斯人和萨摩亚人）

语言诏令创始说："世界是在上帝的诏令下诞生的。"（埃及人，希腊人，希伯来人，玛雅人，苏美尔人）

海洋创始说："世界是从大海中诞生的"。（缅甸人，乔克托印第安人，埃及人，冰岛人，毛伊岛人，夏威夷人，苏美尔人）

实际上，挪亚方舟的故事只是海洋创世说的一个变种，只不过它是一个表达再创世的神话。这个故事的最早版本早在远古时代就出现了，比《圣经》上的故事还要早1000年。大约公元前2800年，在苏美尔人的神话里，故事的英雄是一个叫祖苏德拉的牧师－国王，是他造了船并在巨大的洪流中存活下来。大约公元前2000年到公元前1800年，著名的古巴比伦《吉尔伽美什史诗》中的主人公从一个叫乌塔那匹兹姆的祖先那里得到洪水暴发的消息。地神爱娅警告说，众神要用洪水暴发的方式来摧毁所有的生命，并指导乌塔那匹兹姆造一个立方体方舟，其中一边高达120腕尺（180英尺）。方舟共有8层，每层分隔出9个房间，这样每一对生物都可在船上避过洪水。在希伯来人到来之前，《吉尔伽美什史诗》的洪水故事在近东和巴勒斯坦地区飘荡（请原谅我用了双关语）了好几个世纪。文学作品中对吉尔伽美什洪水的不同叙述对挪亚方舟的故事产生了明显的影响。

我们知道，一种文化所处的地理环境会影响其神话的内容。譬如，一种文化传统中所拥有的河流经常泛滥成灾，殃及周围的村落和城镇，那么该文化的神话讲述的多是有关洪水的故事。就像古苏美尔和古巴比伦的洪水神话，就是因为底格里斯河和幼发拉底河定期泛滥而产生的。即使一些干旱地区，如果也经常遭受洪水反复无常的袭击，那这些地区的文化也会演绎出有关洪水的神话。相比之下，置身于主要水域中的那些文化，大多都没有关于洪水的神话。

难道这一切意味着《圣经》中的创世和再创世的故事都是假的？问这样的问题本身就偏离了神话的旨意。约瑟夫·坎佩尔（1949，1988）终其一生都在竭力弄清楚这个问题。这些洪水神话因讲述了有关再造和更新的故事而具有了更为深层的意义。神话与真理无关。神话讲述的是人类在时间和生命的巨大洪流中所做的挣扎，这包括出生、死亡、结婚、从少年到成年到老年的过渡。神话的出现迎合了人们心理和精神上的需要，这需要与科学没有丝毫关系。试图把神话变成科学，或者把科学变成神话，是对神话的侮辱、对宗教的亵渎和对科学的不敬。创世论者在试着做这些不敬之事时，并没有真正领会到神话中所蕴含的意义、旨意和神圣的本质。他们利用了一个关于创世和再创世的优美故事，接着又毁掉这个故事。

为了显示将神话变为科学这一行为的荒谬性，人们还得考虑一下下面这些现实情况。想想看，上百万种的动物，每种选出一对，安置在一个450英尺×75英尺×45英尺的船中，更别提这些生物的饮食了，想想安置那么多动物的后勤工作，要给所有的动物喂食、饮水、清扫卫生，怎么才能避免它们之间互相厮杀呢？要为那些肉食动物专门安排一层甲板吗？你或许会问，为什么鱼和习水性的恐龙会被淹死？创世论者有着无所畏惧的想象力。方舟"只"载了3万种动物，其余的都是从它们中"演化"来的。方舟的确把肉食动物及其猎物分层安置，里面甚至专门为恐龙准备了一层甲板（见图14）。那么鱼呢？汹涌的洪水卷起了海底的淤泥，鱼的鳃部受到淤泥的堵塞，从而

图 14　加利福尼亚州圣地亚哥创世论研究机构博物馆收藏的挪亚方舟油画

窒息而死。有了信仰人们什么都能信，因为上帝无所不能。

很难找到一个比神创论更不寻常的科学信仰体系。因为创世论不仅否定了进化生物学，而且还否定了大部分的宇宙学、物理学、考古学、古生物学、历史地质学、动物学、植物学、人物传记，更别提人类早期的历史了。在《怀疑》杂志所调查的众多观点中，我发现只有一种观点能和创世论相媲美：它们都用一种轻松自信的态度要求我们漠视或无视那么多现存的知识。这就是否定大屠杀的观点。另外，这两种观点在推理方式上也有惊人的相似之处：

1. 大屠杀否定者会在历史学家的研究中挑出错误，并以此推断说他们得出了错误的结论，好像历史学家永远都不会出错。否定进化论的人（一个比创世论者更为贴切的头衔）会挑出科学中的毛病，并由此暗示所有的科学都错了，好像科学家永远都不会出错。

2. 大屠杀否定者喜欢断章取义地引用别人的话，通常是那些纳粹分子的头头、犹太人和研究大屠杀学者的观点，并使这些观点听起来好像是在赞同他们的言论。否定进化论的人喜欢断章取义地引用斯蒂芬·杰伊·古尔德和厄内斯特·梅尔的言谈，并由此暗示这些著名的科学家也不赞同进化论的观点，只是态度谨慎罢了。

3. 大屠杀否定者认为，研究大屠杀的学者之间的那些实实在在的辩论说明，就连他们自己也怀疑大屠杀的真伪，或者他们不能自圆其说。否定进化论的人认为，科学家之间所进行的那些实实在在的辩论说明，就连他们也对进化论持怀疑态度，或者他们不能自圆其说。

关于上述类比颇具讽刺意味的是，否定大屠杀的观点至少还有对的地方（比如，对在奥斯威辛集中营大屠杀中遇害的犹太人数目估计已有所改变）。否定进化论的观点根本就没有对的地方。科学研究的过程中一旦有了神明的介入，所有关于自然规律的假设都会不翼而飞，科学本身也会随之消失。

科学和宗教之间似乎存在着某种"战争"，尤其是人们把这次辩论提到"进化论 vs 创世论"之辩，即"舍默 vs 吉什"之辩这样的高度时。但这不是大多数人所认为的那种战争。弄清楚这种战争的性质也很重要。即使查尔斯·达尔文看到自己的理论与他那个时代的一些流行教条搅在一起时，也没觉有什么不妥。恰如他晚年写的一封信里所说，"在我看来，一个人既是执着的有神论者又是忠实的进化论者，这没有什么难理解的。一个人是否称得上有神论者，取决于有神论这个词的定义，而这个定义不是片言只语就能解释得了的。即使在我自己的信仰最动荡的时期，我也不是否定上帝的无神论者。我想，在通常情况下（年纪越大越是如此，但不总是这样），用不可知论来描述我的思想状态会更贴切些"。（1883，第 107 页）

当得知有些声名显赫的怀疑者既不憎恨，而且他们自己也信教时，许多创世论者备感诧异。斯蒂芬·杰伊·古尔德曾这样说过，"除非我的同事中至少有一半是傻瓜，从最自然和实际的意义上讲，科学和宗教根本不冲突"。（1987a，第 68 页）史蒂夫·艾伦这样解释道，"目前我对上帝的存在的立场是，虽然这种观点很荒唐，但我还是能接受，因为上帝之外的其他信仰听上去更荒谬"。（1993，第40页）马丁·加纳，一个怀疑怀疑论的怀疑者，自称为"费德主义者"，即一个富于哲思的有神论者。费德主义者奉行"教义慰藉说"，即相信宗教是因为宗教可以使人得到安慰。加纳说，如果一个形而上学的问题不能通过科学和理性的方式来解决（比如说上帝的存在），此时借助于信仰的力量是可以接受的。这些不是什么挑衅的言辞。

即使约翰·保罗教皇二世在1996年10月27日致罗马"教会科学院"的发言中也宣称，他接受进化是客观事实，并且指出，科学和宗教之间并不冲突："如果能考虑到不同层次的知识所采用的不同研究方法，我们就能知道为什么似乎互相抵触的两种观点也能相容。观察科学以不断增长的精确度描述着生活中的方方面面……而神学……则根据造物主的旨意来提取其最终的意义。"一提到冲突模式，创世论者和基督教徒都摆出一副怒气冲冲的样子。"创世论研究协会"已退休的名誉主席亨利·毛利斯宣称，"教皇只不过是一个颇有影响力的人，他不是科学家。进化论提供不出科学证据，而所有真正实在的证据都能证明创世论的观点"。卡尔·托马斯，一个保守的右翼作家，在洛杉矶《时代》杂志的专栏中称，尽管教皇反对共产主义，但"他所认可的世界观正是共产主义的核心"。托马斯解释说，教皇的错误在于他"晚年已屈从于那些宣称人类起源于猴子的进化论科学家的专制统治"（上述一切均引自《怀疑》杂志1996年第4卷第4期）。

科学和宗教，哪一个更能解释人类文明史中出现的那些悲哀之事，对某些信徒来说，冲突模型使他们做出非此即彼的选择。既然宽大仁慈无所不能的上帝不会在我们的周围制造那么多的邪恶，那谁是这一切的罪魁祸首便很清楚了。在谈到他对学校是否应该教授创世论时，佐治亚州上诉法庭的布拉斯维尔·迪安法官说："达尔文的猴子神话是引起放纵、乱交、吸毒、服用避孕药、变态、怀孕、流产、看色情读物、污染、毒害以及其他形形色色犯罪的罪魁祸首。"（《时代》杂志1981年3月16日，第82页）这话听起来很动听，可其中所表达的情感却不那么顺耳。

"创世科学研究中心"的尼尔·塞格拉夫斯也不示弱。他说，"创世科学研究中心的研究表明，用进化论的观点解释科学资料会导致大范围内法律和秩序的崩溃。这主要是由进化论者道德和幸福观念的沦丧而造成的。这种沦丧表现在离婚、流产和泛滥成灾的性病等各个方面"（1977，第17页）。来自"匹兹堡创世协会"的进化树（图15）总结了"冲突模型"的精神：进化论一定会衰落，与之同时衰落的还有人文主义、喝酒、流产、偶像崇拜、性教育、同性恋、自杀、种族主义、黄色书刊、相对主义、吸毒、道德教育、恐怖主义、犯罪、通货膨胀以及世俗主义等邪恶的现象。这其中还包括邪恶中的邪恶，即妇女儿童的解放运动。

真正困扰吉什和那些创世论者的是进化论对伦理学和宗教不可否认的影响，因为对他们来说，其他一切有关进化论的观点都是次要的。他们坚信，在某种程度上，进化论会导致信仰的丧失，从而造成种种社会弊端。如何面对这些恐惧呢？下面是几个简短的答案。

- 对某种理论的运用和误用并不能否定该理论本身的正确性。毫无疑问，如果达尔文知道20世纪的人如何用他的理论来为各式各样的意识观念辩护，他的亡灵绝不会安宁。希特勒曾用过优生学并不能否定遗传理论本身。同样，不管是否把信仰的丧失和进化论关联在一起，都不能触及进化论本身。科学理论是中立的，但对科学理论的应用却不尽然。这是截然不同的两码事。
- 创世论者所列举的社会问题，诸如乱交、色情读物、流产、杀婴、种族主义等，很明显在达尔文和他的进化论出现之前就早已存在。在进化论出现前的几千年中，犹太教、基督教以及其他一些有组织的宗教都没能解决这些社会问题。没有证据可以表明，进化论科学的衰落会减轻或消除这些社会弊端。拿我们自己的社会和道德问题来责备达尔文和

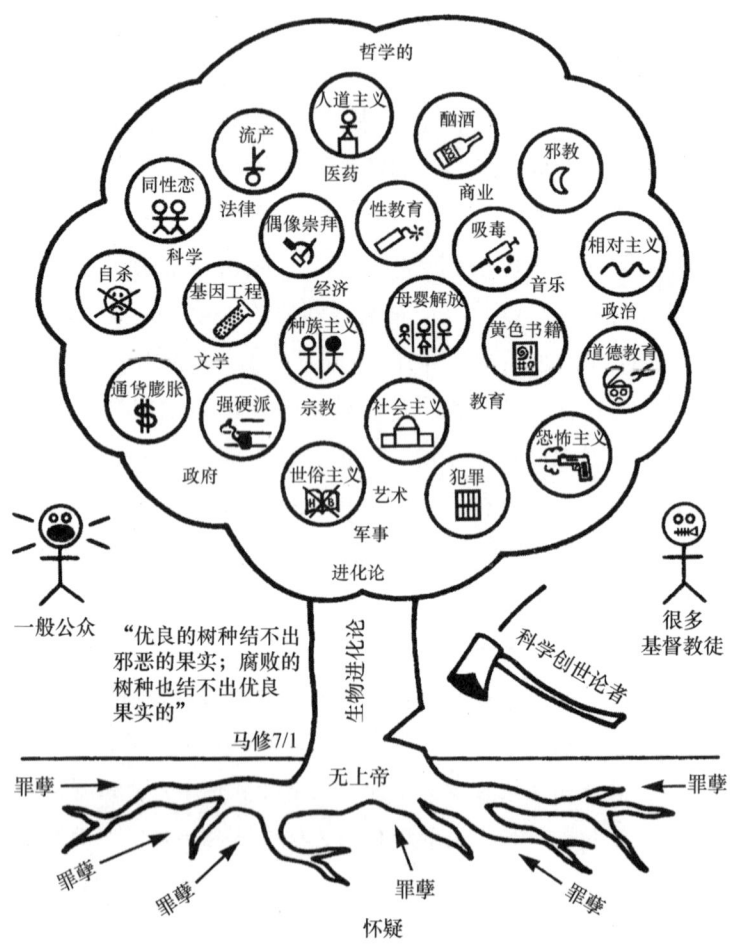

图 15 基于怀疑论土壤中的进化论之树及其结出的恶果

他的进化论，会阻止我们对这些错综复杂的社会问题进行深入细致的分析和了解。
- 进化论不能代替信仰和宗教，科学也无意于假装它可以。进化论是科学理论，不是宗教教条。只有证据的有无才能决定该理论的兴衰沉浮。宗教信仰，从定义上看，指的是当证据不足或证据无足轻重时所产生的一种依赖心理。信仰迎合了人们心理中的各种不同的神龛。
- 对进化论的恐惧表明了信仰中的某种缺陷，这就好像是在寻求能为自己的宗教信仰辩护的科学依据。如果创世论者真的坚信自己的信仰，不管科学家们想什么或者说什么，也不管人们提供了怎样的证据来反对上帝和《圣经》故事，他们都应该持无所谓的态度。

结束我的类辩论时，为了表示我的良好意愿，我请吉什加入"怀疑者协会"，成为协会的名誉成员。但后来我不得不收回自己这番好意，吉什把我描述成无神论者，并且拒绝撤回这个观点。正如达尔文所说，"用不可知论来描述我的思想状态或许更贴切些"。我知道吉什在演讲中下了很大的功夫来抨击无神论的种种邪恶，以此来摧毁对手（主要是那些无神论者）。针对这一点，我特地在自我介绍时大声宣布说我不是无神论者。我甚至设法把观众们的注意力引到一个被看成反宗教传统的人身上。他当时就坐在前排，我对他说我认为他所造成的危害远远超过所带来的益处。可尽管如此，吉什还是一开口就称我是无神论者，并开始用他惯用的伎俩来抨击无神论。

除了抨击无神论，吉什演讲还用一大堆冗长而枯燥的玩笑和讥讽来攻击进化论。他要了一块地质过渡时期的化石（我给了他几块），争辩说投手弹甲虫不可能演化出那种有毒的飞沫（其实能），并声明说这违背了热力学第二定律（这并没有违背热力学定律，因为地球是一个开放的体系，太阳是它无尽的能量来源）。他还指出，进化科学和创世科学都不是科学（这倒有些奇怪，有些人自称为创世论科学家）。我一一反驳了他的观点，在下一章节里我将详细列出他的观点，并用进化论理论予以驳斥。

谁赢得了这场辩论赛？谁知道？一个更为重要的问题是怀疑者和科学家是否应该加入这样的一场辩论。要决定如何去应对那些边缘团体和非同寻常的观点通常是一件相当棘手的事情。怀疑者的任务是对那些伪造的观点加以调查和驳斥，但在这个过程中，我不想美化他们。作为怀疑者，我们的原则是，边缘团体和非同寻常的观点成了众人注目的焦点时，我们要在公众面前对此予以彻底的反击。虽然事后有些吉什的支持者过来向我致谢，说我至少在试着去了解他们，我还是不知道我的类辩论策略对吉什是否奏效。我无法知道。我想，也就是对向我致谢的那些人，以及那些持中立态度不知该向哪一面倾斜的人，这样的辩论才会有点意义。如果我们对那些明显带有迷信色彩的现象做出合情合理的解释，用简单的三四个观点概括出科学和批判性思维的特点，让听众学着怎样去思考而不是告诉他们思考什么，只有这样所有的努力才会有价值。

第十章

与创世论者对抗

25 种创世论观点，25 种进化论者的答复

达尔文晚年时收到很多要他阐明上帝和宗教观点的来信。譬如说，1880 年 10 月 13 日，他答复了一位编辑的来信。该编辑正在负责编辑一本与进化和自由思想有关的书籍，他准备把这本书献给达尔文。知道这本书带有反宗教的倾向后，达尔文掩饰说，"虽然我在所有事情上都坚持思想自由，但我认为（不管是对是错）直接对基督教或有神论进行抨击似乎对公众起不了多大作用。通过慢慢引导来启发人们的心智，只有这样才能真正促进思想自由。意识的不断觉醒则取决于科学的进步。因此，我一直避免发表与宗教有关的言论。我只听命于科学"（Desmond and Moore，1991，第 645 页）。

在对科学和宗教之间的关系进行归类时，我建议采用一种三层分类的方法：

同领域模式：科学和宗教研究同样的课题，它们之间不仅有重叠和协调的部分，而且总有一天科学会完全融合宗教。比如说，在遥远的将来，宇宙中所有的人最终都会通过超级电脑的模拟复活过来，正是基于这一点和人类学的基本原则，弗兰克·蒂普勒（1994）提出了他的宇宙观。许多人类学家和进化论心理学家都能

预见到一个时代，在这个时代中，科学不仅能解释宗教的旨意，而且还会以其有效可行的世俗道德和伦理观点代替宗教。

异领域模式：科学和宗教研究的对象不同，它们之间既不冲突也没有交错的部分，两者应该和平共处。查尔斯·达尔文、斯蒂芬·杰伊·古尔德都采用这种模式。

领域冲突模式：一方正确，另一方就必定错误，这两种观点不可能和平共处。这种模式特别受到无神论者和创世论者的青睐，这两种观点之间经常发生冲突。

通过这种分类，我们可以看出，达尔文的观点不仅在一个世纪前，即使现在也很适用。首先让我们弄清一点，即批驳创世论并不是攻击宗教。我们还必须弄清的另一点是，创世论的存在就是对科学的攻击，不仅是对进化生物学，对所有科学都是一种攻击。所以本章中的驳论只是对创世论反科学的回击，和反宗教没有丝毫的关系。如果创世论的观点正确，那么物理学、天文学、宇宙学、地质学、古生物学、植物学、动物学以及其他所有的生命科学都会出现严重的问题。就因为创世论的观点所有这些科学都错了吗？当然不是。但那些创世论者就这样想，而且更糟糕的是，他们希望他们的反科学能被纳入学校的教学议程。

为避免他们的信仰遭到科学的攻击，创世论者和宗教原教旨主义者常常会做出滑稽可笑的蠢事。"国家科学教育中心"《报道》1996年夏季版指出，肯塔基州马歇尔郡的小学督学肯尼斯·沙多温发现了一种用来解决五六年级理科教科书中存在的麻烦问题的独特办法。好像那本宣布异教邪说的教科书《发现著作》中宣称，世界开始于"宇宙大爆炸"，但并没有提供有关大爆炸理论的"其他"解释。书中用了两页纸来解释宇宙大爆炸的观点。沙多温指出教科书中所有那些具有挑衅意味的章节，并把它们拆下来粘在一起。沙多温说，"我们不打算只教授一种理论，而不教另一种理论"，教科书的使命与"审查机构以及其他类似的机构毫无关系"。沙多温为"常态理论"和"宇宙膨胀学说"游说，为其争取相同的课堂时间。这似乎有些可疑。图书馆管理员雷·马丁所著的《评论核定百科全书》是一本教基督教徒如何核定书籍的指南，或许沙多温查阅了这本指南后才找到了解决问题的办法：

> 对很多学校图书馆来说，《百科全书》都是非常重要的一部分……它代表了目前人文学的主导思想。书中大胆地用图画来解释绘画、艺术和雕刻……需要加以纠正的是由裸体和形体所表现出的不敬。在人物身上画出衣服，或用一支魔方笔把整个画面都涂抹掉，都可以纠正上述缺陷。这件事做起来要极为谨慎，魔方笔留下的印记可以从印刷《百科全书》专用的有光纸上被抹掉。可以用剃须刀片轻轻刮擦纸面，直至纸上的光泽去掉为止……（关于进化论）如果要清除的部分太厚，而且清除掉后有损于书脊正常的开合，彻底剪除掉是比较实际的做法。需要纠正的部分太厚时，就把有关的部分粘贴起来，注意不要把要纠正的那部分书弄脏。（Christian School Builder，1983年，第205—207页）

幸运的是，在自上而下地传播他们反进化论、宣扬创世论规则（俄亥俄州、田纳西州、佐治亚州近来已经拒绝接受创世论者参与立法）的过程中，创世论者并没有如愿以偿。但在其自下而上的民间活动中，他们一心想把创世论纳入学校教学议程，也取得了一定的成功。譬如说，1996年3月，总督福勃·詹姆士任意用纳税人的钱购买了一套菲利蒲·约翰森反进化论的书《审判中的达尔文》，并把它们赠送给亚拉巴马州各地的高中生物教师。这样说来，创世论者的成功便不足为奇。美国的政治已急剧地转向右倾，提倡宗教权利的政治势力开始增长。我们能做什么呢？我们可以用我们所有的文献来抗争。举例说，科学教育国家中心的尤金·斯革特以伯克利为中心成立了一个团体。该团体专注于追踪创始论者的活动，以邮寄对约翰森的书进行批评的信件来反对詹姆士总督的赠书。我们也可以试着对这个问题有个彻底的了解，这样一旦遇见支持创世论的观点，我们能随时予以反击。

下面所列的是创世论者提出的观点以及进化论者所做出的反驳。这些观点从根本上说都是攻击进化论的观点，其次（小规模地）才是创世论者对自己观点的正面阐述。由于空间有限，这里对论点和驳论做了简化，但却从总体上概括了辩论赛的主要内容。日常闲谈中用这些回答来反击对方或许绰绰有余，可在正式的辩论赛中，用这些回答去反驳一个准备充分的创世论者显然不够。有很多书对这场辩论进行了更为详尽的讨论。

何为进化论

在回顾创世论者反对进化论的观点之前，简单地总结一下进化论理论或许有所助益。1859年达尔文在其《自然选择和物种起源》中对其观点做了以下的总结（Gould 1987a；Mayr 1982，1988）：

演化：生物随着时间的变迁而发生变化。今天的化石记录和自然规律都很明显地说明了这一点。

变种遗传：生物通过遗传不断繁衍进化。生物繁衍的后代与其祖先存在着相似之处，但却不是绝对的再版。为适应日益变化的环境，生物在遗传过程中出现了变种现象。

渐进规律：物种的变化速度缓慢、稳定、有气势。自然的变迁不会出现巨大的飞跃。如果时间充分，进化论就能解释物种变化的原因。

物种繁殖：生物进化不仅会产生新的物种，它还能使新物种的数量不断增加。

自然选择：由达尔文和阿尔弗雷德·拉塞尔·华莱士共同发现的进化论变化机制以下列方式运行：

A. 物种的数量以几何比率呈不稳定的增长趋势：2，4，8，

16，32，64，128，256，512，……

B. 然而在自然环境中，物种的数量在某种程度上处于稳定的状态。

C. 不是所有进化来的物种都能存活，因此物种之间肯定存在着"生存斗争"。

D. 每一个物个都会出现变种。

E. 在生存斗争中，能适应环境的物种所留下的后代要比环境适应能力差的物种多。这种现象可用一个商业上的行话来描述，即"差异繁殖成功"。

上述各点中 E 点至关重要。自然选择，也可以说是物种进化，从根本上说是一种局部的行为。这宛如一场游戏，谁留下的后代最多，谁就能最成功地把自己的基因传递给下一代，谁就是最后的胜利者。自然选择并不能说明物种进化的方向、进程或其他任何目的，诸如人类出现的不可避免性和智力演化的必要性等。物种进化的过程中没有人类优先的等级之分，这个进程恰如一个枝繁叶茂的灌木丛，而人类只是上百万个枝条中的一个微乎其微的小树枝。人类并没有什么特别之处，只是有幸特别擅长差异繁殖。我们繁殖了大批的后代，并且知道怎样让他们发育成长，这个特性可能最终会导致我们自身的毁灭。

在达尔文进化论的 5 个要点中，今天最容易引起争论的是其中的渐进规律。尼尔·埃尔德雷奇（1971，1985；Eldredge and Gould 1972）和斯蒂芬·杰伊·古尔德（1985，1989，1991）以及他们的支持者推出了一个"时断时续平衡态"的理论，这种平衡态中既有迅速的变化也包括缓慢的停滞状态。他们旨在用这个理论来代替渐进规律。埃尔德雷奇、古尔德以及其他一些人认为，除了个体的自然选择，还存在着基因、群体以及物种数量变化这些因素，并以此来反对自然选择唯一论。

索米特与波德森（1992）和埃尔德雷奇、古尔德及其支持者针锋相对的是丹尼尔·丹尼特（1995）、理查德·道金斯（1995）和那些严格遵循达尔文渐进规律和自然选择模式的人。辩论如火如荼地进行着，而那些创世论者却一副局外人的样子，他们希望以此来引起加倍的注意。但是他们不会如愿以偿。这些科学家不是在讨论生物是否会进化，而是在辩论物种进化的速率和机制。当所有其他观点都被击垮时，进化论将比以往更具说服力。这是一个令人忧伤的景象，科学不断前进，从而激发起新的研究领域，更新我们对生命起源和演化的知识，而那些创世论者仍深陷在中古关于大头针上的天使和挪亚方舟里的动物这样的论题中。

根植于哲理的观点和回答

1. 创世科学具有科学性，因而应该纳入学校的理科教学。

创世科学只是名义上的科学。它只是一种稍加伪装的宗教立场，而不是可以用科学方法来验证的理论，因此学校的理科教育不应该设置这样的课程。把某种事物称作穆斯林科学、佛教科学或基督教科学，并不意味着它们彼此应该享有同样的权利。下面这段陈述来自"创世论研究所"，该机构的所有工作人员和研究员都得遵循声明中的条款，这些条款有力地揭示了创世论的一些基本教义："《圣经》经文，不管是《旧约》还是《新约》中的经文，所阐述的每个问题都绝对正确，其自然和暗含的旨意都要被遵循……《创世记》中描写道，上帝在6天的时间内创造出世界万物。创世论者对世界起源的描述符合事实和历史的发展，是了解上帝创造的宇宙万物的根基。"（Rohr 1986，第176页）

科学受反面证据的制约，并随着那些重塑我们观念的新事实新理论的出现而变化。不管其客观证据如何自相矛盾，创世论者还是对《圣经》的权威笃信无疑："人们坚持《圣经》中的洪水故事是历史事实，是用来解释地质形成的最根本的工具，是因为上帝就是这么说的！我们不能允许任何出现在地质研究中的困难、不管真实存在的还是想象中的困难,来否定《圣经》中的明确陈述和必要推断。"(Rohr 1986,第 190 页)这里有个类似的例子。加州理工学院的教授们宣称,达尔文《物种起源》中的教条、该书及其作者的权威都是绝对的,其他任何支持或反对进化论的客观证据都是瞎扯。

2. 科学研究的只是此时此刻的现象,根本不能回答宇宙的产生、生命和人类的起源等历史性问题。

科学的确研究过去发生的现象,尤其是像宇宙学、地质学、古生物学、古人类学和考古学这样的历史性科学。科学有实验科学和历史科学之分。他们采用的研究方法不同,但寻求的都是同样的因果关系。进化生物学是历史科学一个正当合法的分支。

3. 教育是一个了解一个问题方方面面的学习过程,因此创世论和进化论同时出现在理科教学中是合情合理的事。不这样做反而违背了教育规律和创世论者的公民权利。我们都有发言的权利,既然这样,了解事物的各个方面有什么害处呢?

了解事物的各个方面确实是普通教育的一部分,在有关宗教、历史或者甚至哲学的课堂上谈论创世主义或许也不是什么不合适的事。但创世论不能出现在科学的教学中。同样地,生物课上也不该有关于美洲印第安人创世神话的内容。把创世科学当成科学来教给学生会带来一定程度的危害,因为学生会混淆宗教和科学之间的界限,从而不能真正地了解或运用科学范例。况且,创世主义里隐藏的假设随时都可能对科学发起两面攻击,不单单进化生物学,所有科学都会成为它的靶子。第一,如果宇宙和地球仅仅存在了 1 万年,那么现代的宇宙学、天文学、物理学、化学、地质学、古生物学、古人类学以及人类早期的历史都将宣告无效。第二,只要物种的产生中有了神明的介入,那有关自然运行的规律和推理都成了空洞的言辞。在上述两种情况下,所有的科学都将变得毫无意义。

4. 客观事实和《圣经》的言行之间存在着一种奇妙的相互关系。因此学校理科教学把与创世科学有关的书籍和《圣经》作为参考工具并没有什么不妥。与那些自然学科的书籍一样,把《圣经》

也作为一门科学来教授也是合乎情理的。

但下列情况也真实存在：有些《圣经》经文在自然中找不到相应的事实依据，有些自然现象在《圣经》中找不到相应的经文。如果一群研究莎士比亚的学者认为，宇宙就是诗人戏剧中所描绘的样子，这意味着理科课程中应该包括莎士比亚的读物？莎士比亚的戏剧属于文学作品，《圣经》经文对某些宗教信仰来说是神圣的，两者都没有理由成为理科教材或科学权威。

5. 自然选择的理论陷入了循环论，用的是一种迂回的推理方式。存活下来的那些物种都是对环境的适应能力最好的。谁最能适应环境？那些存活下来的物种？同样，岩石是用来记录化石的，而化石是用来记录岩石的。同义重复并不能构成科学。

有时迂回推理是科学的开始，但它永远不会成为科学的最终目的。万有引力的研究可以说用的是循环推理，但科学家能根据这种推理方式准确地预测出重力所产生的物理效果和现象，这就说明了这种推理方式的可行性。同样，从其可预见的效果来看，自然选择和进化理论都能经得起科学的验证。譬如说，人口遗传学以相当的精确度清楚地表明自然选择何时会对人口数量产生影响。科学家可以在自然选择理论的基础上做出预测，然后再对这些预测进行验证，就像上例中的遗传学家或古生物学家解释化石记录那样。譬如说，在出现三叶虫化石的地层中又发现了原始人类的化石会否定进化理论。用岩石来记录化石，或者用化石来记录岩石，这种事情只有在地质柱建立起来之后才能做到。哪里也不能找到完整的地质柱，因为地层受到各种不同因素的干扰会出现中断、凹陷、支离破碎等现象。但毫无疑问，地层顺序并非呈无序状态，人们可以用各种不同的技术准确地将地层的年代顺序排列起来。化石排列法只是其中的一种技术。

6. 关于生命的起源和人类、植物及动物的存在只存在着两种解释：他们或者是由造物主创造出来的，或者不是。既然进化论不能提供出具有说服力的证据（也就是说，这种理论是错的），那么创世论的观点肯定正确。任何一种不能证明进化论的证据不可避免地要成为支持创世论的证据。

谨防非此即彼的谬误，或者错误替代的谬误。如果 A 错，那么 B 就肯定正确。哦？为什么？再有，不管 A 如何，难道 B 就没有自己的是非标准？当然不是。所以即使进化论证明完全错误，那也并不意味着创世论是正确的。这其间或许还存在着别的可供参考的 C、D 和 E。在自然和超自然这两个对子中确实存在着一个二元模式。生命要么按自然的方式诞生并以此发展变化，要么根据某种超自然的旨意、由超自然的力量创造出并按该旨意发展变化。科学家以自然原因作为前提，进化论者也把物种起源中所涉及的各种自然因素都考虑进去。他们并不是在争论物种起源到底是由自然还是超自然的力量引起的。这样又出现了这种情况，一旦你假定物种起源中有了超自然力量的介入，科学将不翼而飞，进而也就没有支持创世论的科学证据，因为在创世主义的世界中，自然规律不复存在，科学方法论也不具任何意义。

7. 进化论是无神论及美国普遍的道德沦丧和文化衰落的根基，所以对孩子们来说是有害的。

这种观点犯了归谬法或反正法的谬误。与美国媒体对希特勒的《我的奋斗》一书所负的责任相比，不管是进化论还是一般科学，它们对那些"主义"及所谓的道德沦丧和文化衰落所负有的责任要逊色得多。原子弹、氢弹以及其他更多的杀伤性武器的发明并不意味着我们要放弃对原子的研究。而且，既然存在着无神论者，甚至不道德的进化论者，但也可能存在着同样多的有神论者、不可知论者和道德的进化论者。至于进化论本身，它可以用来支持无神论的思想体系，它已这么做了。但同样它也被用来为自由的资本主义做辩护（尤其是在美国）。问题是，把科学理论和政治意识联系起来本身就是个棘手的问题。我们一定要小心谨慎，避免把不相干的或为某种目的的事物联系起来（譬如说，把一个人文化和道德的衰落归咎于另一个人文化和道德的进步）。

8. 进化论以及它的同伴，即世俗的人文主义，都是不可否认的宗教，所以不宜在学校教授。

称进化生物学为宗教是在拓宽宗教一词的外延含义，以致它完全丧失了本来的意思。换句话说，宗教成了我们用来解释这个世界的任何一种角度。但那不是宗教。宗教涉及的是对上帝或超自然力量的效忠和膜拜，而科学研究的则是实实在在的客观现象。宗教讲述的是信仰以及一些看不见的东西，而科学则专注于可见的证据和可以验证的知识。科学是用来描述和解释观察或推理到的现象的一套方法，不管是过去还是当前发生的现象，旨在建立一套可以验证和修改的知识体系。宗教，不管以什么名义，显然是不能验证和修改的。就方法论来说，科学和宗教之间有着天壤之别。

9. 许多主流的进化论者本身就怀疑并质疑进化论。譬如说，埃尔德雷奇和古尔德的"时断时续平衡态理论"就证明达尔文是错误的。如果进化论者在一些重要的问题上都达不成共识，那么整个理论的合理性也就值得商榷。

特别具有讽刺意味的是，创世论者竟然引用一个反对创世论的代言人，即古尔德，来试图提高创世论的科学性。不管是有意还是无意的，创世论者误解了进化论者之间对物种演化的原因而展开的健康和科学的辩论。显而易见，他们把科学研究中彼此之间交换意见、进行自我批评、自我更正的正常行为看成是该领域即将分崩离析、支离破碎的证据。进化论者针对本领域出现的问题进行了多方面的辩论和商讨，但他们对这一点已达成共识，即物种进化这种现象的确存在。物种进化是怎么发生的、各种不同的因果机制在这个过程中到底起了什么作用，这些问题还有待于进一步的讨论。埃尔德雷奇和古尔德"时断时续平衡态"的观点是对达尔文理论的修改和提高。恰如爱因斯坦的相对论不能证明牛顿力学是错误的一样，埃尔德雷奇和古尔德的理论也不能证明达尔文的理论有何不妥。

10.《圣经》是上帝之言的书面形式……不管从历史还是科学的

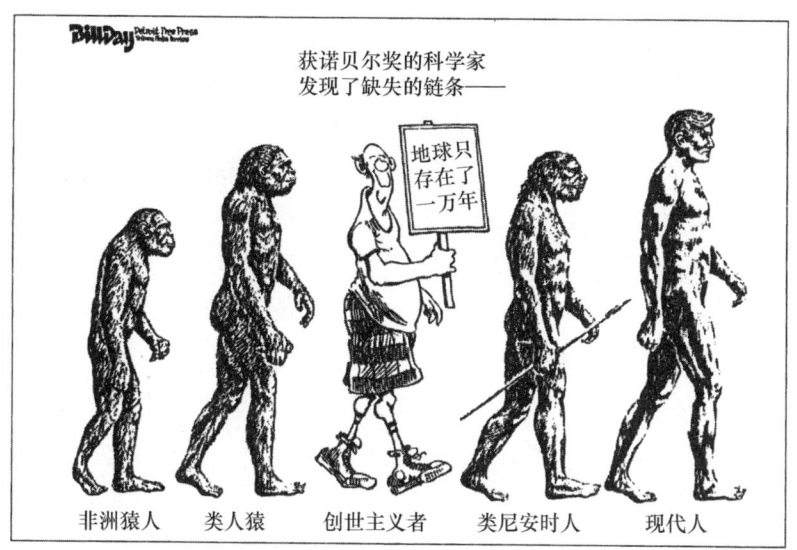

图 16 把创世论者摆在适当的位置

角度来看,《圣经》的经文都是正确的。《创世记》中描写的"大洪水"是真实发生的历史事件,其发生的范围和影响都是世界性的。我们是一个带有科学性质的宗教组织,我们视耶稣为君主和救星。《圣经》中对亚当和夏娃作为世上第一个男人和女人以及他们随后堕落的描述,使我们坚信耶稣是拯救全人类的大救星。

这样的信仰宣言带有明显的宗教色彩。这种宣言并不能说明该信仰有问题,但它确实表明创世科学是名副其实的创世宗教。这样一来,创世论便破坏了将教会和国家分开的壁垒。在由创世论者出资或控制的私立学校中,老师们可以随心所欲地把他们所喜欢的东西教给孩子。但不管是在哪一种教科书中,不能因为某道法令授权,就把一些东西变成科学和历史事实。只是为了验证证据,让政府出面要求老师把某种特别的宗教信条当作科学来教授,这样做不仅不合情理,而且大费周章。

11. 所有的原因都会导致一定的结果。导致"X"的原因一定"像 X"。智力出现的原因与智慧有关,即上帝。将所有的原因随着时间向后推移，肯定会推到最初的原因，即上帝。因为宇宙万物都处在不断的运动中，那肯定存在着一个最初的驱动者，这个驱动者在没有外力驱动的情况下自己就能运动，即上帝。宇宙万物的存在都有某种旨意，因此存在着一个颇具匠心的总规划者，即上帝。

如果上述观点正确，难道自然界中不该有一个自然的，而不是超自然的原因吗？导致"X"的原因不一定"像X"。把绿色和黄色混合在一起，就会"导致"颜色变蓝，而黄、绿两色哪一种也不像蓝色。施上动物肥料会促进果树生长，但水果吃起来却美味可口，一点儿也不像肥料！圣托马斯·阿奎奈斯早在14世纪就提出了第一原因和最初驱动力的精彩观点（18世纪的大卫·休谟对这个观点的驳斥更加精彩）。只是一个简单的问题就可以把这个观点驳倒：是谁或者什么导致了上帝的存在并驱动上帝的运行？最后，正如休谟所表明的那样，上帝进行总体规划的旨意既玄乎又主观。"捷足先登"对鸟儿来说是不错的规划，但对虫子就另当别论了。人有两只眼睛似乎是一种理想的状态，但心理学家理查德·哈迪森却乐观地指出"后脑勺上也长着只眼睛不是更理想吗？开车时食指上也长出一个眼睛那就方便多了"。（1988，第123页）从某种意义上说，意图是我们习惯发现的东西。最后，不是所有事物的存在都别有用心，也不是所有的事情都安排得恰如其分。除了被创世论者轻易地忽略掉的诸如邪恶、疾病、畸形和愚蠢等问题，自然界中充满了荒谬奇异、毫无意义的东西。古尔德所宣扬的两个例子：雄性的乳头和熊猫的大拇指，就没有得到造物主很好的规划，而且也毫无意义。如果上帝意欲把各种生命安排得井井有条，就像拼图一样，那么面对这样一些稀奇古怪的现象和问题我们该如何是好呢？

12. 科学家们说，不能无中生有。既然如此，那么与大爆炸有关的材料又来自何处？给进化论提供第一手材料的最初的生命形式又是在哪里形成的呢？斯坦利·米勒从一种无机的"汤"中发明出氨基酸以及其他一些生物分子，这不等于说他创造了生命。

科学或许不能回答一些"终极"型的问题，譬如宇宙开始前世界是什么样子，时间开始前的时间概念是什么，以及大爆炸的物质从哪里来的。到目前为止，这些一直是哲学和宗教在探询的问题，不属于科学的范畴，因而也不是科学的有机组成部分。（最近，斯蒂芬·霍肯以及其他一些宇宙学家开始试着用科学的推理来解决这些问题。）进化论是试着去了解时间和物质被"创造"（不管这个词到底是什么意思）出来以后万物变化的原因的科学。至于生命的起源问题，生化学家们的确已做出了合理而科学的解释，比如生命从无机到有机化合物的进化、氨基酸的发明和蛋白质食物链、最初的低等细胞、光合作用以及性繁殖等。斯坦利·米勒说过自己贡献了几块砖瓦，但从来都没宣称过自己创造了生命。这些理论绝没那么稳健，而且有待活跃开放的科学论证去完善。利用已知的自然规律去解释已知的宇宙，这样就可以由"大爆炸"合理地推测到"巨型大脑"。

基于科学的观点和回答

13. 人口统计表明，如果我们用目前的人口增长率把目前的人口向前推算，大约 6300 年前（公元前 4300 年）世界上只有两个人。这就证明人类及其文明发展史都很短暂。如果地球的年龄很长，比如说，100 万年，在 2.5 万代人不断更替的过程中，人口以 0.5% 的比率增长，平均每个家庭有 2.5 个孩子，那么目前的人口应该是 10 的 2100 次方。这是不可能的，因为宇宙中已知电子的数目只有 10 的 130 次方。

如果你想玩数字游戏，下面这个游戏怎么样？运用上述运算模式，我们发现，公元前 2600 年，地球上大约有 600 人。我们相当肯定，公元前 2600 年，埃及、美索不达米亚平原、印度河流域以及中国都有相当发达的文明。如果我们大方一点，把当时世界上 1/6 的人口给埃及，那么埃及只有 100 个人在修建金字塔，更别提所有其他的建筑物了。他们肯定需要一两个奇迹的发生……或许他们还需要古代宇航员的帮助呢。

事实是，人口并不是稳定增长的，而是有起有落的。工业革命以前的人口发展史就表明了这种发展趋势：先是呈现出一片繁荣昌盛的景象，人口增长呈上升趋势；然后出现饥荒，人口开始衰落；后来人口的发展又被灾难中断。举例说，6世纪的欧洲，大约有一半人死于瘟疫；14世纪，黑死病瘟疫在3年内席卷了欧洲1/3的人口。人类为抵御灭绝而奋斗了几千年的事实是，在人口摇摆不定但却稳定向上增长时，人口曲线也是有升有落，起伏不定。19世纪以来人口增长才出现了稳定上升的趋势。

14. 自然选择只能解释物种内一些小小的变化，即微进化论。进化论者拿微进化论来解释物种突变不仅有害而且还很鲜见。那只是把事物胡乱地联系在一起。物种突变不可能是生物进化的驱动力。

"物种突变不是洪水猛兽"，这是位于富勒顿的加州州立大学的进化生物学家贝亚德·布拉斯特罗姆着重给学生强调的一句话。我永远不会忘记这句话。布拉斯特罗姆的意思是，人们所以为的异种突变，譬如在乡村市场中见到的长着两个头的母牛或诸如此类的东西，不是进化论者所指的变种。大多数变异都是因为遗传基因或染色体出现小小的失常而发生的，而这种失常的影响又不是那么大，比如耳朵有点过于敏锐、毛发上覆着一层阴影等。在一个不断变化的环境中，有时这些小小的变异会对有机体产生有益的影响。

不仅如此，厄内斯特·梅尔（1970）的"异域物种"理论十分精确地表明，自然选择与自然界中的其他力量和偶发现象联系在一起，能够和的确变化出新的物种。不管是赞成还是反对"异域物种"和"时断时续平衡态"理论，科学家们都一致认为自然选择会带来巨大的变化。值得商榷的是，这种变化有多大、速度有多快，自然界中还有哪些力量与自然选择起着相同或相反的作用。没人，我指的是本领域中没有一个人，会质疑自然选择促进了生物进化，更不用说物种是否会进化这个问题了。

15. 任何地方都找不到记录着过渡时期物种形状的化石，尤其是与人类有关的化石。化石记录这个问题会让进化论者难堪。譬如，穴居人的样本都是些不健康的骨骸，这些骨骸是因关节炎、软骨病以及其他导致腿部、颌骨和一些较大的骨质结构弯曲的疾病而扭曲的。猿人仅仅是些类人猿而已。

创世论者经常引用达尔文《物种起源》中非常有名的一段话："为什么不是每个地质结构和地层中都充满着像这样的中间环节呢？地质本身肯定不会显示等级划分如此精细的链条。或许就是这些问题才能最有力地驳斥我的理论。"（1859，第310页）创世论者就引到这里，对该章中其他内容置之不理，也就是在这其余的内容中达尔文回答了这个问题。

这个问题其中的一种回答是，自从达尔文时代以来，人们已经发现了很多表明物种变化过渡时期的化石。这只需看一眼古生物学的教科书就很清楚了。三叶虫化石，一种半含爬虫动物半含鸟类的化石，就是过渡时期化石的经典例子。在我与吉什的辩论中，我播放了最新发现的"会行走的鲸鱼"的幻灯片。这个化石漂亮地展示了从陆地哺乳动物到鲸鱼的物种变迁。（见《科学杂志》1994年1月14日，第180页）对穴居人和猿人的指控纯属无稽之谈。现在，我们拥有一大批表明物种变化中过渡时期的化石标本。

上述问题的第二种回答带有修辞的意味。创世论者只要求出示一块过渡时期的化石。他们拿到这块化石后就宣称说，那两块化石之间有个裂口，并且要求再出示一块表明这个裂口之间过渡形式的化石。拿到第二块化石后，他们说化石记录中就有两个以上的裂口，依此类推，以至无穷。把这种推理方式的弊端指出来就驳斥了这个观点本身。他们的推理完全可以通过下列方式演示出来。在桌子上摆放几个杯子，每次再把一个杯子放在两个杯子之间时，杯子之间的空隙就比先前多了两个，这多出的两个空隙再用杯子去填满时，又会多出四个空隙，依次类推，以至无穷。这种推理的荒谬之处一眼就能看出。

第三种回答是埃尔德雷奇和古尔德在1972年提出的。那个时候他们辩论说，化石记录中出现的裂口并不表明没有可以证明物种缓慢或剧烈演化的资料。相反地，"缺失"的化石证明了物种发生了急速、飞跃式的演化（时断时续平衡态）。根据梅尔的"异域物种"变化的理论，在演化过程中，小而不定的"奠基性"物种被单独地隔离在规模巨大的物种边缘。埃尔德雷奇和古尔德用梅尔的理论证明，在这较小的奠基层中，相对剧烈的演变会创造出新的物种，并留下少数几块化石，如果有化石形成的话。不管怎么说，化石的形成过程相当罕见，在物种发生剧变的时期，这种过程几乎就不会出现，因为物种的个体数量太小，而物种演变的速度又太快。没有相应的化石能证明物种的急剧演变，自然证据缺失证明不了缓慢的进化过程。

16. 热力学第二定律证明进化论不可能正确。因为进化论者声称，宇宙和生命形式不停地从混沌运动到秩序、由简单演化到复杂的状态。但第二规律证明上述情形和熵的法则正好相反。

首先，从任何一个不是最宏观的角度来看，在长达6亿年的地球演化史中，物种不是仅仅由简单演化到复杂的生命形式，自然界也不是简单地由混沌运动到秩序状态。生命演化的历史波澜起伏，其中充满了错误的开端、失败的实验、局部或大规模的物种灭绝以及混乱无序的重新开始等现象，绝不是简单地从细胞进化到人类。即使从广义的角度来看，热力学第二定律也容许出现这样的变化，因为物种处于一个不断地从太阳吸入能量的系统中，只要太阳燃烧，生命就会继续繁荣成长、不断地演化下去。人们可以防止汽车生锈，也可以在火炉中烘烤肉馅夹饼，其他各种明显违背第二定律的现象也将继续下去。但是一旦太阳燃烧完毕，熵控制一切，生命就会终止，整个世界又复归混沌。热力学第二定律适用于一个封闭孤立的系统。随着地球不断地从太阳摄取能量，熵的状态不断地消亡，有秩序的状态不断地增长（虽然在这个过程中太阳本身的能量也不断地减少）。这样，由于地球不是一个相当严格的封闭系统，生命可以在不违背自然规律的情况下继续演化。另外，混沌理论最近的研究表明，混沌状态中能够而且确实能自然而然地产生秩序，并且不违背热力学第二定律。与跳高有悖于万有引力定律相比，进化论对热力学第二定律的侵犯要逊色得多。

17. 即使最简单的生命形式要想偶然地聚到一起，也是件相当复杂的事。拿一个仅由100个部分构成的简单的有机物为例。从数学的角度看，这100个部分可能有10的158次方种连接起来的方式。亘古以来，即使对这种最简单的生命形式，宇宙也没有足够的空间和时间，让该物种的各个部分按上述的种种方式连接起来，更不用说演化出人类来了。我们一眼就能否决这种无序进化论的观点（人眼的构成否定了偶然进化的说法）。这就像是让猴子用打字机敲打出"哈姆雷特"，甚至哈姆雷特的独白"是生存还是死亡"。这种情况并不是偶然发生的。

自然选择并非无序，也不是靠概率而运行的。自然选择将有益的经验保存下来，并且对所犯的错误加以根除。眼睛由一个对光线反应敏感的单细胞，通过上千种或是上百种起着中介作用的方式，有些方式至今还保留在自然界中，演化出今天复杂的视觉系统。如果仅是通过概率让猴子在键盘上敲打出哈姆雷特的独白开始的7个字，得实验26的13次方次才能成功。这个数目是太阳系在形成之后所经历过的总秒数的16倍。但是每打对一个字就保存下来，每敲错一个就删掉，那么整个过程要快得多。快多少呢？理查德·哈迪森（1988）写过一个电脑程序，在这个程序中，平均需要试335.2次才能产生Tobeornottobe这个字母序列。电脑用了不到90秒就完成了。整个游戏花四天半的时间就可完成。

18. "大洪水"期间的水力分类就能解释地层中化石形成的进程。那些简单、无知的有机物在洪水暴发时死在海底，因而形成底部的岩层；而那些较为复杂、伶俐而且迅捷的有机物则死在稍高一点的岩层。

难道就没有一个三叶虫漂浮到较高的一层上去吗？就没有一只又聋又哑的马淹死在较低的一层？就没有一个飞翔的翼龙出现在白垩纪的地层中？没有一个愚钝的家伙被困在雨中？其他测定日期的技术（譬如说测定辐射线的技术）所提供的证据又如何解释呢？

19. 进化论者所提供的测定日期的方法前后矛盾，不可靠，也不正确。他们使人们对"古老的地球"产生错误的印象。实际上地球的年龄不超过1万岁,来自得克萨斯大学的托马斯·巴尔尼斯博士已证明了这一点。他的论证表明地球磁场的一半寿龄是1400年。

首先,巴尔尼斯的磁场理论是假定磁场呈线形状态衰落的,而地球物理学已表明,磁场的衰落是随时间的变化而不断波动的。由此可见,巴尔尼斯的结论是从一个错误的前提中得出的。第二,各种不同的测定日期的技术不仅本身相当可靠,而且彼此还能互相佐证。譬如,用辐射线测定法对同一块岩石的不同成分进行测定,结果所有的成分都会汇聚在同一个日期。最后,除了保留那些对自己的立场有利的测定技术,创世论者怎么能一摆手就把其他所有的技术都否定了呢?

20. 根据物种的等级对有机物进行分类是人为设定的,所以是主观的。对事物进行分类不能证明什么,尤其是在这种分类中,物种之间的很多链条都缺失的时候。

分类学的确是人为的,当然,像所有科学一样,它不能绝对地证明有机物的进化过程。但是它对有机物的归类绝非随意,即使里面带有一点主观的因素。下面是对分类法跨文化验证的有趣例子之一。受过西方教育的生物学家和新几内亚的土著人对同一种类的鸟进行鉴别,双方一致认为这种鸟属于不同的物种。(Mayr 1988)自然界中确实存在这样的分类。不仅如此,现代遗传分类学,一种根据类似遗传进行分类的科学,其目标就是要减少分类学中的主观因素。这种分类学已成功地利用推断出的进化关系安排物种的归属,以便使某一假定种类中的所有成员都属于同一个祖先。

21. 如果物种进化的过程是循序渐进的,那么物种之间就不会存在间隙。

进化过程并不总是循序渐进的,经常会出现不规则的跳跃现象。进化论者从来没说物种间不应该有间隙。最后,人类历史上出现的一些空白不能证明所有的文明都是自然而然地产生的;同样,物种之间的间隙也不能证明创世论的观点。

22．像腔鱼和棘马蹄蟹这样的"活化石"可以证明，所有的生命都是在一瞬间创造出来的。

活化石的存在（上百万年来都没变化的有机物）仅仅说明，这些有机物是为适应其相对静止不变的环境而演化出来的一种生命形式。一旦某种生态地位得以维持，这种演化就马上停止下来。上百万年来，鲨鱼以及其他海洋生物相对来说都没什么变化；但像海洋哺乳动物一样的生物很明显经过剧烈的物种突变。生物演化过程中出现的变化，或如本例子中的固定不变现象，都取决于物种所处环境的变化时间和方式。

23．初始结构问题的出现有力地驳斥了自然选择的理论。在其起始或中间的阶段中，经过长时间缓慢演化来的一种新型结构并不能给有机物带来什么益处。只有当这种结构发育完全时才会对有机物有所助益。而新结构只能通过特殊的创造过程才能发育成熟。一个翅膀只长出 5% 或 55% 有什么用？人们需要的是整个翅膀或者什么都不要。

一个发育不健全的翅膀可能曾是发育健全的其他东西，就像为那些依赖外部热源的爬行动物所设立的体温调节器，初始阶段毫无用处。这种观点是不对的。正如理查德·道金斯在《失明的制表人》（1986）和《攀登无望之山》（1996）中所论述的那样，拥有 5% 的视力也比双目失明强得多；不管能在空中待多长时间，只要能翱翔于太空，就表明该物种对环境有适应能力。

24．同源结构（蝙蝠的翅膀、鲸鱼的鳍状肢、人的双臂）证明了上帝对万物的总体规划。

借助于奇迹和神明的力量，创世论者把自然界中的任何东西都说成是上帝的杰作，而对其他的证据却不予理睬。实际上，在一种特别的创世论范例中，同源结构根本毫无意义。为什么鲸鱼的鳍状肢与人类胳膊、蝙蝠翅膀拥有同样多的骨头呢？难道上帝的想象力也很有限吗？上帝在其宏伟的规划中已排除了那种可能性吗？还是上帝就想按那种方式规划万物？一个无所不能、聪明睿智的规划师肯定要做得比这好一些。同源结构只能说明物种在演化过程中没有出现变异的现象，而不能说明上帝创世之说。

25. 进化论和一般科学的发展史一样，都充满了错误的理论和过时的观念。内布拉斯加人、辟尔唐人、卡拉维斯人和古猿人等只是科学家们所犯的很多大错误中的几个。很明显，我们不能相信科学，现代的科学理论并不比过去的高明多少。

创世论者一边引用权威科学家的话，一边又肆意攻击科学的运行规律，这本身就自相矛盾。况且，这种论调表明他们对科学的本质有着很大的误解。科学不仅仅总是处在不断的发展变化之中，它还不断地更新过去的观念，为未来积累更多的知识。科学最令人叹服的特征之一就是科学方法在其发展过程中不断地纠正自身的错误。像辟尔唐人这样的骗局和古猿人这种诚实的错误随着时间的推移迟早会被揭穿。但科学依旧自我发现，自我更新，不断地向前发展。

辩论和真理

这25种驳论只是触及了科学和进化论方法论的表面。与创世论者针锋相对时，我们最好还是听听斯蒂芬·杰伊·古尔德的话（他已与创世论者遭遇了好几次）：

> 辩论是一种艺术形式。辩论与某种观点的胜败有关，它与真理的发现与否毫无关系。辩论要遵循一定的规则和程序，这些规则和程序与事实毫无瓜葛。创世论者很精于此道。其中的一些规则是：永远不要用一些绝对的言辞来为自己的立场辩护，这样的言辞可能遭到别人的攻击，但要善于攻击对手论点中的漏洞。创世论者也精于此道。我想我辩不过那些创世论者。我可以抓住他们的把柄。但在法庭上这些人表现得相当可怕，因为法庭上不允许发表演讲。在法庭上直接回答问题才能为自己的立场辩护。我们在阿肯色州彻底摧毁了他们。在一个为期两周的决战中的第二天，我们获胜了！（Caltech lecture, 1985）

第十一章

为科学辩护，为科学定义

进化论和创世论在高级法庭上针锋相对

1986年8月18日，华盛顿特区的"国家新闻俱乐部"召开了一个新闻发布会，旨在宣布要代表72个诺贝尔奖得主、17个州立科学院和7个别的科学机构组织一个"法官之友团简讯"。简讯的目的是要支持在"爱德沃兹VS阿格列德"一案中的被上诉人。这是一起由高级法庭审判的案件。主要是判定路易斯安那州所通过的"创世科学和进化科学平衡法案"是否符合宪法。这是1982年通过的一个机会均等法律，该法律规定在路易斯安那州的公立学校里要同时教授创世论和进化论两种理论。来自开普林和底雷斯第尔的公司律师杰弗里·莱曼和贝斯·沙皮罗·考夫曼、诺贝尔奖得主克里斯蒂安·安芬森、来自加州大学戴维斯分校的生物学家弗兰西斯科·阿亚拉和来自哈佛大学的古生物学家斯蒂芬·杰伊·古尔德，这些人要面对一屋子来自全国各地电视、电台和报纸的记者。

古尔德和阿亚拉首先发言。接着有人代替诺贝尔奖得主默里·盖尔-曼恩宣读了他的观点。这些来自不同科学团体的代表的情感承诺从一开始就表现得很明显，后来又毫不掩饰地在他们各自的谈话中流露出来。古尔德指出，"作为一种术语，创世-科学采用的是矛盾修饰法，一个自相矛盾、毫无意义的词组。这个方法是对一个具体、特别、为少数人所信奉的宗教观点的粉饰，即存在于美国的圣经教条主义"。阿亚拉补充说，"把《创世记》中的观点宣称为科学真理，这是对所有证据的否定。在学校里把它们当成科学知识教授给学生，会对美国的教育带来不可言传的危害。在一个国家安全、个人健康以及经济财富都依赖于科学进步的国家里，只有科学知识才能使孩子们健康成长"。盖尔-曼恩在这个问题所产生的广泛的、全国性的影响这一点上同意阿亚拉的看法。但他又进一步地明确指出，创世论对所有的科学来说都是一种攻击：

> 我想强调的是，遭到这个法案攻击的科学远比人们意识到的广泛得多。这包括物理学、化学、天文学和地质学这样一些重要的科目，以及生物学和人类学中的一些主要观点。尤其是，把地球的年龄减低几乎100万倍、把可见的膨胀的宇宙部分减少更大的倍数，这个观点与很多既成的物理理论有着根本性的抵触。譬如说，当"创世科学家们"攻击为研究地球年龄提供最可靠的研究方法的放射型钟表时，核物理中一些基本的、已经确定的原则遭到毫无理由的挑战。

很多刊物都刊登了有关这个简讯的评论，其中包括《科学美国人》《自然》《科学》《高等教育编年史》《科学教师》和《加利福尼亚科学教师杂志》。《底特律自由论坛》甚至还发表了一个卡通社论，卡通上画着一个创世论者正在加入由进化论者所发起的著名的"向人类的进步进军"的行列。（见图16）

相同的时间还是所有的时间

一般说来，创世论者都是信奉基督教的原教旨主义者。他们只是从字面上来解读《圣经》。譬如说，《创世记》中提到上帝在6天内创造出人，他们就解释说上帝是在6×24小时内完成创世的。当然，在某些特殊情况下，有很多不同类型的创世论者。持有"年轻地球"之说的创世论者坚持一天包括 24 小时的解读；那些坚持"古老地球"之说的则认为《圣经》中所提到的天数只是个比喻的说法，它们实际代表的是地质纪元。提倡"代沟"之说的创世论者则相信人类的诞生和人类文明的崛起之间有一定的间隔（以此来适应深层时间的科学观念，将世界退回到几亿年前）。

坚持"携卡"之说的创世论者数量倒不多。但其数量的不足却在影响范围上补了上去。他们能够触及民族心理深层某处的神经，把很多美国人和这个国家的宗教之根连接了起来。或许像民族大熔炉、沙拉碗或其他诸如此类的称呼所描述的，美国是个多元化的社会。但《创世记》仍是这个社会的起源。1991 年盖洛普民意调查表明，有 47% 的美国人相信"在过去的一万年内，上帝一下子就把人创造成现在这个样子"。一种上帝中心论认为，"人类从比较低级的生命形式开始已经演化了几百万年，但这个演变过程是由上帝来操纵的，这也包括人类的诞生"。其中有 40% 的美国人坚持这种观点。只有 9% 的人认为，"人类从比较低级的生命形式开始已经演化了几百万年。上帝在这个过程中没有起过任何作用"。其余的 4% 只回答了一句"我不知道"就了事。（Gallup and Newport，1991，第 140 页）

既然这样，那么这其间还有什么可争论的呢？有 99% 的科学家严格遵循自然主义的观点，而只有 9% 的美国人相信他们的观点。这种差别不免令人吃惊。很难想象还有什么信仰能在普通人和高居在象牙塔里的专家之间引起这么大的分歧。然而，科学是我们这个文化中的主导力量，为了赢得人们的尊重，而且对创世论者来说更重要的是，为了把创世论纳入公立学校的教学议程，创世论者不得不去面对这颇具影响力的少数人。在过去的 80 年里，创世论者采用了三种策略来巩固他们的信仰。路易斯安那州的例子代表着自 20 世纪 20 年代开始的一系列诉讼战役的高峰。这些诉讼战役可以归为以下三类。

取缔进化论

20世纪20年代，人们把美国显而易见的道德沦丧与达尔文的进化论联系在一起。譬如说，支持原教旨主义者的演讲家威廉姆·詹宁斯·布赖恩在1923年评论道，"给孩子们灌毒药与用进化论的教条来污染他们的灵魂相比根本不算什么"。（Gowen 1986，第8页）原教旨主义者联合起来，倡议取消公立学校的进化论课程，试图以此来制止美国的道德衰落。1923年，俄克拉荷马州通过一条法案。该法案规定，公立学校中只要教师和课本中都不提进化论，就可以获得免费的教科书。佛罗里达州做得更过分，竟然通过了一条反进化论的法律。1925年，田纳西州的立法机关通过的《巴特勒法案》规定："大学、正规学校和其他所有的公立学校内，任何一个教师只要教授任何否定上帝造人的理论，或者教授物种进化的观点，都属犯法。"（Gould 1983a，第264页）人们认为这条法案明显地触犯了民权，从而导致了1925年斯科普斯的著名"猴子审判案"。道格拉斯·夫图雅玛（1983）、古尔德（1983）、多萝西·内尔金（1982）和迈克尔·鲁斯（1982）对此案做过详细的记录。

约翰·斯科普斯是一位代课老师，他主动要求做一个测试案例，以便"美国公民自由联盟"能挑战田纳西州的反进化论法律。如果有必要的话，"美国公民自由联盟"打算把这个案件一直提交到高级法庭。克拉伦斯·达罗是那个时代最负盛名的辩护律师，他负责给斯科普斯提供法律咨询。曾有三次被提名为总统候选人，也是圣经原教旨主义的代言人，威廉姆·詹宁斯·布赖恩在案件中担任辩方律师。人们称这次审判为"世纪审判"，因为这在社会上引起了极大的轰动，比如说，这是历史上第一起每天都被电台广播的案件。控辩双方滔滔不绝争辩了好几天，最后劳尔斯顿法官判斯科普斯有罪，并处以100美元的罚款（斯科普斯确实触犯了法律）。田纳西州的法律中有个鲜为人知的规定，即罚款超过50美元的案件得由陪审团而不是法官来裁定，于是法庭推翻了对斯科普斯的定罪，使辩方不能继续上诉。该案件一直没有提交到最高法院。禁止课本教授进化论的法律到1967年才被废止。

大多数人认为，斯科普斯、达罗以及科学界在田纳西州大获全胜。亨利·门肯在《巴尔的摩太阳》中报道了整个审判过程，他这样总结这次案件和布赖恩，"只要他一条腿踏进白宫，咆哮一声，整个国家都要发抖。现在他是可口可乐系列中一个蹩脚的主管，是那些孤独牧师的兄弟。那些牧师躲在铁路后面、院子内镀电的铁房子里嘲笑那些愚蠢的傻瓜……由一个不可一世的英雄变成遭人讥笑的小丑，这确实是一个悲剧"。（Gould 1983a，第277页）实际上，进化论并没取得什么胜利。审判后几天布赖恩就死了。但他还是取得了最终的胜利。因为这次审判，那些教科书的出版商和州教育委员会对与进化论有关的东西退避三舍。迪思·伯格·格雷比纳和彼得·米勒（1974）把审判前后的教科书做了比较："20世纪20年代末，进化论者本来以为他们已赢得了公众的支持，可实际上他们连最初的阵地都丢了：他们不能再教授进化论了。高中生物教学的内容在斯科普斯审判后大大减少了。"现在回想起来，这个似乎有些滑稽的审判是个地地道道的悲剧，就像门肯总结的那样，"虽然从所有细节看来有些闹剧的味道，但不要把这次审判误解为是个喜剧。它使整个国家都注意到这样一个问题，那些类似原始穴居人的人在一个完全丧失理性和良心的疯子的领导下，正在那些被遗弃的闭塞和落后的地区组织起来。田纳西州倒是对他们发起征讨，可表现得太软弱，时间又太迟。所以现在看来，那些法庭成了各种会议的阵营，《人权法案》遭到了法庭内部那些信誓旦旦的执法人员的嘲弄"。（Gould 1983a，第277—278页）

该情形就这样维持了30多年，直到1957年10月4日，苏联发射了第一颗人造卫星，即"斯普特尼克一号"人造卫星，美国才意识到，和政治秘密不同，自然的秘密是不能被隐藏起来的。没有一个国家能垄断自然规律。"斯普特尼克一号"卫星激起了美国科学教育事业的复兴，进化论又成了公共教育的主流。1961年，"国家科学教育基金会"和"生物科学课程研究会"一起，制定出进化论的基本教学方案，并以进化论为组织原则，出版了一系列的生物学书籍。

《创世记》和达尔文应该得到同样的机会

第二代的原教旨主义者和圣经释义派对上述觉醒做出了新的反应。20世纪60年代晚期和70年代早期，他们要求创世论应和进化论一样，拥有同样的课堂时间。他们坚持认为，进化论"仅仅"是一种理论，而不是事实，应该对进化论做出这样的规定。1961年，约翰·惠特科姆和亨利·毛里斯发表的《创世记洪水：圣经记录及其科学含义》标志着这股新生的火焰燃至极点。约翰·惠特科姆和亨利·毛里斯对物种起源并不感兴趣，正如他们自己所说，"地质记录可能会提供很多上帝创世后有关地球历史的一些有价值的信息……但有关上帝创世的过程和顺序，它却提供不出一点儿信息。因为上帝很清楚地宣称过程已不重要"。（第224页）该书从一个新的角度阐述了经典的"洪水"地质学，这种观点由成立于1963年的"创世论研究协会"发扬光大。这些组织帮助促进了创世论的立法活动。譬如说，1963年田纳西州的参议院以69∶16的投票结果通过了一项议案，议案要求所有的教科书都要放弃任何一个与"人类和世界起源有关……不能以科学事实的方式表现出来"的观点。这其中不包括《圣经》，因为规定《圣经》只作为参考书而不能做教科书使用。

"国家生物教师协会"以宪法"第一次修正案"为依据对这个法案进行起诉。与此同时，阿肯色州小石城的高中生物教师苏珊·爱帕森起诉阿肯色州，理由是1929年通过的反进化论法案侵害了她自由言论的权利。当时爱帕森胜诉，但阿肯色州在1967年才重新翻案，并把它提交到美国高级法院。1967年，田纳西州取消了反进化论的法律。1968年，高级法院认为爱帕森站在正义的一边。法院认为阿肯色州1929年的法案试图"清除一个特定的理论，因为该理论可能和《圣经》上所说的相冲突"。（Cowen 1986，第9页）法庭还解释说，该法案试图使宗教信仰在公共教育中占有一席之地。法庭以宪法中的"既定条款"为根据推翻了阿肯色州的法案，并且判定所有反进化论的法律都是违法的。这一系列的法律偶发事件直接导致了创世论者第三阶段的活动。

创世科学和进化论科学应得到同样的机会

如果课堂教学中不能排除进化论的内容，如果教授宗教信条是违法的，为渗透到公共教学中，创世论者需要一个新的策略。这就进入了"创世科学"的阶段。1972年，亨利·毛里斯组织了"创世科学研究中心"，作为以圣地亚哥为基地的基督徒遗产学院的一个分支。毛里斯和他的同事主要负责出版分发专门为1到8年级学生写的《科学和创世论》的小册子。1973年到1974年，他们已经成功地把这些小册子分发到28个州，同时分发的还有罗伯特·科法尔的《花哨的进化论批驳手册》（1977）和凯利·西格雷夫斯的《创世论解读：可以替代进化论的科学》（1975）。

创世论者的观点是，既然严谨求实的学术态度要求公平对待那些具有竞争性的观点，那么在教学中，创世科学和进化论科学应该享有同样的机会。他们把公开宣扬原教旨主义宗教的"圣经创世论"和强调用非宗教科学证据来反对进化论和支持创世之说的"科学创世论"清楚地区分开来。整个20世纪的70年代和80年代，"创世科学研究中心""创世论研究所""圣经科学协会"以及其他一些这样的组织逼迫教育协会和教科书出版商在编写教材时，给创世科学和进化论科学以同等的机会。他们的目的交代得很清楚："使美国630万的孩子受到圣经创世论的科学教育。"（Overton 1985，第273页）

在法律上，第三种策略导致了1981年590法案的颁布。该法案规定:"公立学校要平等对待创世科学和进化论科学。其目的是通过给孩子们自由选择的机会来保护学术自由,以确保宗教活动自由、言论自由……[从而]防止因创世论或进化论而产生分歧。"(Overton 1985,第260页)据《加利福尼亚州理科教师杂志》记载,"这条法令是一个参议院议员提议的,关于该法令的指定他没有建议过一个字,他也不知道那是谁起草的。这个议案在州参议院讨论了15分钟,众议院没表示什么异议,总督根本没看就签了字"。(Cowen 1986,第9页)尽管如此,这仍然是法律。一年后,路易斯安那州通过了一个同样的议案。

1981年5月27日,雷伯伦德·比尔·麦克莱恩以及其他一些人的上诉,使人们对590法案的合法性提出了质疑。1981年12月7日,该法案提交到小石城审判。这就是众所周知的"麦克莱恩vs阿肯色州"诉讼案。争辩双方一方是有名望的科学、学术宗教和思想自由的教师团体(由"美国公民自由联盟"做后盾),另一方是阿肯色州的教育委员会和形形色色的创世论者。州联邦法官威廉姆·奥弗顿以下列理由做出了反对阿肯色州的判决:第一,创世科学传达的是一种"无法逃避的宗教",因而是不合法的。奥弗顿解释说,"每一个前来作证的神学家,包括辩方的目击证人,都认为是上帝创造了万物"。第二,创世论者用的是"人为的二元论"。根据这种观点,生命的起源和物种的存在只有两种可能性:或者是造物主的功劳或者不是。以这种"或者或者"的范例为标准,创世论者宣称,任何一种"不能证明进化论的证据必然支持创世论"。但是,正如奥弗顿所表明的,"尽管关于生命起源的问题是生物学探讨的范畴,科学界没有把生命起源看成是进化论的一部分"。他还指出,"况且,进化论并没有假定造物主或上帝不存在,590法案第四部分的推理显然是错误的"。最后,奥弗顿总结了一些专家目击证人(包括古尔德、阿亚拉和迈克尔·鲁斯)的观点。这些人认为,创世科学不是科学,因为科学通常是这样来定义的:"科学是'为科学界所接受的东西',是'科学家们所从事的事情'"。接着他列举了那些专家证人所指出的有关科学的几点"本质特征":"(1)受自然规律的支配;(2)根据自然规律对事物做出解释;(3)经得起实践的检验;(4)其结论具有尝试性的特点……(5)可以不断地修改。"因此,奥弗顿得出这样的结论:"创世科学……根本不符合这些本质特征。"不仅如此,他还指出,"知识不是要得到法律的认可才能成为科学"。(1985,第280—283页)

提交到最高法庭

尽管法庭做出了上述判决,创世论者还是继续他们的游说,为其理论争取与进化论同样的课堂时间或纳入修改的教科书。但反路易斯安那州法案的诉讼结果有效地牵制了这种通过制定法律和逼迫教科书出版商的自上而下的策略。1985年,在路易斯安那州的联邦法庭上,美国地区法官阿德里安·杜普兰蒂耶做出了终审判决(也就是说,不经过任何审判程序),他同意奥弗顿的看法,判定创世科学为宗教教条。这给予路易斯安那州的法案以沉重的打击。杜普兰蒂耶法官的判决没有考虑科学的本质特征,相反地,他把焦点集中在宗教的层面,争辩说教授创世科学就意味着告诉学生有一个神圣的造物主存在,这违背了宪法里的"既定条款"。尽管有一千多页探讨科学特征的档案,杜普兰蒂耶法官拒绝"对这次辩论做出评判"。(Thomas 1986,第50页)杜普兰蒂耶法官的判决被上诉到美国第五巡回法庭的上诉庭。上诉庭讨论了对科学特征进行辩论的价值。开始只有3名法官参加审判,后来所有的15名法官都投票表决。大家一致同意区法庭的判决,即路易斯安那州的法案不符合宪法。

然而,当联邦法庭判定州法令不符合宪法时,根据"强制性司法管辖权"的原则,高级法庭要对案件进行听证。因为投票的比率仅仅是8:7,所以路易斯安那州提交了一份"司法声明",这样这个案件就成了一个实实在在的联邦问题。9个高级法院的审判庭中至少有4个同意这个问题的实在性，根据"四人原则"，他们同意对案件进行听证。1986年12月10日，开始对"爱德沃兹 VS 阿格列德"一案进行口头辩论，温德尔·伯德代表上诉人，杰伊·托普基斯和"美国公民自由联盟"代表被诉人。伯德首先指出，由于路易斯安那州的法令本身容易引起人们的误解，"审判应该以寻求证据为目的，让控辩双方的专家证人都给出自己的定义"。（《官方笔录议程》1986，即以下所指的OTP）对路易斯安那州法令的"实际"用意进行了一番详尽的讨论后，伯德提出了"学术自由的问题"，即学生应同时享有接受进化论和创世论教育的"权利"。（第14页）

从最低限的要求出发，辩论是对杜普兰蒂耶的判决的核心做出回应。托普基斯辩论说，创世科学仅仅是打着科学牌子的宗教，因此与宪法不符。然而，在这一点上，托普基斯的观点却有些站不住脚，因为如果科学是正当有效的，不管它与宗教的关系如何，它都应在公立学校的理科教育中占有一席之地。审判庭所做的历史类比有力地驳斥了托普基斯的观点。譬如说，大法官威廉姆·伦奎斯特向托普基斯证明到，不带任何宗教意图，人们也可能相信上帝造人的说法。（OTP，第35—36页）

> 伦奎斯特：我的下一个问题是，你是否认为亚里士多德的理论也是一种宗教？
>
> 托普基斯：当然不是。
>
> 伦奎斯特：很好。那么你相信世界上存在着一个最初的原动力，一个不为外物所干扰的驱动者。这个驱动者可以说是客观存在的，它不必让人们去服从或尊重它，实际上，它也不在乎人世间发生的事。
>
> 托普基斯：没错。
>
> 伦奎斯特：那么你也相信创世论。
>
> 托普基斯：当创世论是指世界是由一个神圣的造物主创造出

来的时候，我就信。

伦奎斯特：我想问的是，这取决于你所谓的神圣是什么意思。如果你指的是最初的驱动力，一个客观存在的驱动者……

托普基斯：大人，我需恭敬地指出，神圣一词有各种难以理解的不同含义。

伦奎斯特：但路易斯安那州法令中并没有提到"神圣"一词。

托普基斯：是没有。

伦奎斯特：法令中所提到的只是"创世"一词。

在后来的辩论中，安东尼·斯卡利亚法官开始"关心这个问题，如果区法令有很充分的世俗目的，这个目的本身是否就能断定这种行为合法与否"，并用一个更具启发意义的历史观点来论证目的是没有关系的：

> 让我们假设一下下面这种情况，州中学中有一位教授古代史的教授，他一直给学生们说公元1世纪，罗马帝国并没有扩张到地中海的南岸。让我们再假设一下，有一群新教徒担心这个教授讲的历史使《圣经》中耶稣受难的故事听上去有点儿不对头。只因为这层顾虑，说真的，再没有别的原因——我的意思是，这个家伙还给学生讲授其他一些错误的东西。他告诉学生，帕提亚人来自埃及。那群新教徒根本不在意这个问题。但他们的确在意公元1世纪罗马人是否在耶路撒冷。于是他们到校长那里去告状，说这个教授在教一些错误的东西。我的意思是说，大家都知道罗马帝国是在耶路撒冷。校长说，哦，你们是对的。接着校长要教授告诉学生公元1世纪罗马帝国的确已扩张到地中海的南岸。很明显，校长这样做是出于宗教的考虑。与帕提亚的例子不同，他们所关心的只是教授所讲授的内容是否与他们的宗教信仰相抵触。现在来看一看，校长出于宗教的目的改变了教学内容，这样做是违法的吗？（第40—41页）

接着,刘易斯·鲍威尔法官又举了另一个历史例子。假设有一个学校"在教授中世纪的历史时,只讲授新教徒对宗教改革的看法",但天主教徒以宗教名义要求得到同样的课堂时间。从历史的角度来看,天主教的要求是合理的,因此鲍威尔问到,他们的这种要求是否会"有什么问题"。托普基斯回答说:"只要学校当局这样做的目的是基于历史而不是宗教的考虑,我就没什么异议。"(第47—48页)

鲍威尔、伦奎斯特和斯卡利亚3人一起质问道,上诉人的宗教动机本身是不是就说明,他们所倡导的创世科学的合法性存在着问题。看来托普基斯以宗教意图为中心的最低限策略不能如愿以偿。而且,路易斯安那州的法案似乎也真有可能继续实行下去。

为科学辩护

审判中被告的证人之一斯蒂芬·杰伊·古尔德。在1986年12月15日致"美国公民自由联盟"杰克·诺维克的一封信中,古尔德指出,托普基斯"被斯卡利亚和伦奎斯特两个人钉死了,彻彻底底地钉死了(我想这是我所赞许的最后的两个美国人,但他在这一点儿上做得却不甚光彩)"。古尔德继续说道,"开始我觉得我们肯定会得到4张赞成票(布伦南、马歇尔、布莱克门和史蒂文斯),而对方只能得到两张(伦奎斯特和斯卡利亚)。我们还可能从鲍威尔那儿得到关键的第5张选票,而且还可能从奥康纳和怀特那儿获得第6张和第7张。现在我不太确信,我是否知道第5张票从何而来。我是不是有点儿太悲观了?"在当时看来,可能不是太悲观。毕竟,托普基斯和"美国公民自由联盟"采用的正是创世论者与进化论者辩论时惯用的伎俩:采取攻势,不宣称自己的立场,这样就不用为自己的立场辩护。古尔德给诺维克写信时表达了他极为受挫的心情,"我们辩论得很糟糕,这就足以让人难受了。但尤其让我沮丧的是,我觉得我们在辩论中表现得很不体面。我们用的正是我们一直指控创世论者所惯用的伎俩：不是针对对方的观点本身而是含沙射影地攻击对方。我永远也想不到我们也会这么做。我们做得一点儿也不光彩。我觉得我们像是个小男孩，在那里拽着乔·杰克森的袖子央求道：'快说不是这样，杰克。'难道我错了吗？"如果我们赢不到这关键的第 5 张选票，路易斯安那州的上诉就会获胜，奥弗顿法官对阿肯色州案件做出的判决也将遭到否决，而且会为其他州创立下通过"同等时间"法案的先例。

既然在法官眼里攻击创世论者的宗教目的的策略并非不奏效，那就需要采取另一种方针。对被告来说，唯一的希望便是否定创世科学的科学内容。他们需要对科学下一个简洁清楚的定义，这样法官一眼便能看出创世科学所用来证明其合法的"科学"身份的科学内容并不符合科学标准。

几个世纪以来，科学的定义一直备受科学家和科学哲学家的关注，但科学家和学术团体内仍没形成一个统一的定义。1986 年 8 月 18 日《法庭之友简要》（下简称《简要》）提交到高级法院时，这种局面得到暂时的改观。为了起草这份摘要，《法庭之友》试着界定科学的本质和范围，并试图达成一致意见。在《洛杉矶时代杂志》上知道高级法院同意听政路易斯安那州的案件后，南加州"怀疑主义协会"的盖尔-曼恩、保尔·麦克科里迪以及其他成员便鼓动制定上述摘要。因为担心案件的听证结果，他们与最近刚为大法官约翰·史蒂文斯工作过的杰弗里·莱曼律师取得了联系。莱曼告诉他们说"作为独立的局外人，要想把自己的观点提交到高级法院，《简要》是一个合适的途径"。（Lehman, 1989）

创建摘要的想法诞生于 1986 年 3 月。这个摘要将在几个月后提交到高级法院。关键是时间问题。莱曼得到了同事贝斯·考夫曼的支持，他是研究宪法"既定条款"方面的专家。威廉姆·贝内塔，一个研究创世运动的历史学家，专门飞到华盛顿特区，与莱曼和考夫曼做短暂的会晤。盖尔-曼恩往全国各地的科学院、科学和医学诺贝尔奖得主那儿发送信函。信中他对《法庭之友》的目的做了简要的介绍,这包括路易斯安那州法令所使用的语言"展示并传播了有关科学研究过程和术语的一些错误概念、法令的实施会混淆科学和宗教的界限、颠覆和歪曲有关宇宙、星球以及生物演化的一些早已很好地确立的科学知识"。盖尔－曼恩接着指出,这样一来我们只能认为该法令"为了弘扬原教旨主义基督教而试图歪曲科学"。(致诺贝尔奖得主的信,1986年6月25日)

各个科学团体对此做了广泛而积极的响应。比如说,"爱荷华科学院"加入了《法庭之友》,并把他们对"创世主义对自然现象的科学解释"的立场宣言拷贝寄给盖尔－曼恩。诺贝尔奖得主里恩·库珀接受了邀请,也把自己关于创世论演讲的拷贝邮寄给盖尔－曼恩。"医学研究所"的主席塞缪尔·蒂耶向盖尔－曼恩表达了他最美好的祝愿,但他拒绝参加《法庭之友》,因为他们的协会要提交自己的《法庭之友》简要。

结果证明,因为口头辩论的失利,《简要》比人们所期望的要重要得多。在致信诺维克的同一天,古尔德还给盖尔－曼恩写过一封信。在信中古尔德表达了自己的失望和焦虑(透露了在反对创世论为科学而辩护的过程中自己的情感承诺)。古尔德说:"天哪,我从来也没想过在这种高水平的辩论中真的较起劲儿来那些家伙会表现得如此出色。所有这一切还存在着另一方面的问题。我们在与创世论者所进行的口头辩论中表现得太差劲了。现在我们只能把希望寄予在这些简要上了。所以你所筹集到的那些诺贝尔奖得主的简要显得更加重要,可能是至关重要。因此我代表进化论生物学家的所有成员写信向你致谢,感谢你花费那么多时间和精力来筹备这么重要的一次辩论。"盖尔－曼恩回忆道:"口头辩论使我们忐忑不安。这不只是因为那些创世论者带有宗教倾向,很多科学家也都信教。问题是那些创世论者纯粹在胡说八道,却宣称自己讲的是科学真理。这好像那些坚持'地球是扁的'的人在要求公立学校教授他们的理论。"(1990)

为科学定义

《法庭之友简要》最初是由杰弗里·莱曼起草的,后来又加入了考夫曼、盖尔-曼恩、贝内塔以及其他一些人的意见。莱曼说:"从一个律师的观点来说,起草这个简要的困难在于如何分清科学和宗教的界限,怎么证明创世论的非科学性。我同科学家们交谈时,他们根本就不知道如何来界定科学的含义。"《简要》简洁明了(有 27 页)、引经据典(包括 32 页详尽的脚注)。《简要》做了两方面的论证,一方面,创世科学只是为过去几十年那些陈旧的宗教教条所加的新标签;另一方面,创世科学并不适合《简要》中所定义的"科学"。

《简要》直截了当地提出了第一个观点:"法案中创世科学体现的是宗教教条,并不是上诉人在这次诉讼中所提出的经过净化处理、'突然出现'的构想。"(《简要》,1986,第 5 页)对其立场进行重新包装时创世论者对创世行为做了"净化"处理,认为"世界是由复杂的生命形式、生命本身和客观的宇宙世界的突然出现而诞生的",这样便从其观点中排除了上帝的存在。(第 6 页)考夫曼解释说,"我们认为,用'突然出现'的说法来代替正统的'创世科学'是不够的。这种说法没有准确地界定出能具体替代进化论的理论。这样,路易斯安那州的立法机关意图用法令来体现'突然出现'的理论也是不合理的……所以这个被净化的'突然出现'观念只是临时构建的,目的是为那条违反宪法的法案辩护"。(1986,第 5 页)回顾一下创世论的发展史我们不难发现,创世论者只是在替换措辞,其信仰根本就没变。譬如说,"创世论研究协会"的成员必须签署下面的"信仰声明"(《简要》,第 10 页):

(1)《圣经》是上帝之言的书面形式……不管从历史还是科学的角度来看,《圣经》最初手稿中的主张都是真的……这就是说,《创世记》中有关生命起源的叙述是对历史事实的真实表现。(2)所有基本的生命形式,包括人类在内,都是在《创世记》中所描写的创世周内由上帝创造出的。自上帝创世以来，不管物种发生了怎样的变化，都是在上帝创造的万物之内的变化。（3）《创世记》中描写的大洪水，通常被称为"挪亚洪水"，是真实发生过的历史事件，具有世界范围的意义和影响。（4）我们是一个由信奉科学的基督教徒组织起来的团体，这个团体把耶稣看成君主和救星。对于亚当和夏娃作为世界上第一个男人和女人，以及他们后来堕落的描述，是我们相信世间存在着一个能拯救全人类的大救星的基石。因此，只有相信耶稣是我们的救星我们才能得救。

由"创世论研究机构"以及其他一些创世论者提出的一些类似的观点使我们清楚地意识到，创世论者所尊崇的是《圣经》的权威而不是任何可能自相矛盾的客观证据。《简要》中也概括了创世论者对客观证据的冷漠态度，其目的是表明创世科学并不是"科学"。就像《简要》第二部分中所坚持的那样，大家必须确立一个科学的定义，并就此达成一致意见。《简要》的第二部分开始时对科学下了一个极为笼统的定义："科学主要致力于构建和验证对自然现象所做的一些自然性假设。这是一个系统地收集和记录有关客观世界的资料、然后对所收集到的资料进行归类和研究的过程，目的是要总结出能对自然现象做出最好解释的自然规律。"接着，由收集"事实"和客观世界的资料入手，《简要》讨论了科学研究的方法："科学研究的核心是对客观事物进行持续不断的调查研究，以发现隐藏在'事实'中的信息。客观事实是自然现象的本质属性。科学方法要对科学规律进行严格而系统的测试，以便这些原则可以对客观事实做出自然的解释。"（第23页）

可验证的假设是在既定的客观事实的基础上形成的。在对假设进行验证的过程中，"科学家赋予那些在积累了相当的观察和试验证据之后所做的假设以'特殊的尊严'"。这种"特殊的尊严"指的是"理论"的形成。当一种理论可以用来"解释数量巨大、形式多样的各种事实时"，我们称之为"稳健"的理论。如果一种理论"能始终如一地预测新的现象,而这些现象事后又能得到验证",我们称之为"可靠"的理论。事实和理论是不可互换替代的。事实是客观世界的资料;理论是对那些资料所做出的解释。"一种解释原则不会同它所试图解释的资料相混淆。"主观构想以及其他一些不能得到验证的观点不是科学的组成部分。"一种从本质上来说不能得到验证的理论不属于科学的范畴。"因此,科学的目的是为自然现象做出自然的解释。"科学不能为了观察的缘故而去评价一些超自然的现象;科学也不去判断对超自然现象的解释,它把这个问题留给宗教。"(第 23—24 页)

从科学研究方法的本质我们可以得出这样的结论,科学中任何一种解释原则都不是终极真理。"即使那些最稳健的理论……也是具有试探性的。科学理论要不断地经过时间的检验,而且有可能像托勒密的天文学一样,存活了几个世纪后最终遭到否定"。创世论者的"确定性"原则和科学家的"不确定性"原则形成鲜明的对比:不确定是科学家正常工作中一个自然的部分。在一种理想化的世界中,每一个科学课程都会反复地提醒学生,每一种用来解释观察结果的理论都有一定的局限性。所以会有这样的提醒,"就我们目前所了解的而言;从我们今天所得到的证据来看"。(第 24 页)但是正如盖尔-曼恩所说,创世论者固执地认为《圣经》绝对正确。有没有证据无关紧要,他们只是坚定地坚持自己的信仰"。如此看来,盖尔-曼恩指出,创世论者"并不是在做科学研究,他们只是在镶嵌文字":

> 这使我想起了一个"蒙蒂派森"剧团的一个例行剧目。有个人走进宠物店想给自己喂养的一条鱼办个执照。店主说他们不办理鱼类执照。这个人回答说,他已办了一张猫执照,为什么鱼反倒不行了呢?人家又说他们也不办理猫执照。于是这个人就把他的猫执照拿给店主看。"那不是一张猫执照,"店主说,"那是狗执照。是你把'狗'的字样抹掉了,自己写上了'猫'。"那些创世论者所从事的就是这种勾当。他们只是把"宗教"抹掉,写上"科学"两字而已。(1990)

根据《简要》，任何在他们的指南范围内积累起来的知识都是"科学"的，因而可以在公立学校教授。任何有悖于该指南的知识都是不科学的。"因为科学研究有意识地限制对自然规律的研究，科学不受宗教教条的制约，是一个适合公共教育的课题。"(《简要》，第23页）根据这条思路，路易斯安那州的法案认为，与其他"已经得到证明的客观事实相比"，进化论"毫无事实根据，而且带有投机的味道"。这法案显然前后矛盾。何况，即使所有的生物学家都认为进化论和其他科学一样，既稳健又可靠，进化论还是会引起创世论者的注意，因为在他们看来，进化论与他们机械僵化的宗教信仰势不两立。于是《简要》这样总结道，"不管从哪个角度去理解，这条法令都是在'传达一种备受尊崇的宗教或某一特别的宗教信仰'，因而是不合法的"。（第26页）

创世论者的回应

"创世论研究法律辩护基金会"称科学界"害怕了"，而且还称《简要》是"为进化论在学校教育中享有主导地位发出的最后一声欢呼"。该基金会迅速联合起来抨击《法官之友简要》。基金会给各个创世论者发出筹款信，向他们指出《简要》已使他们受到"沉重的打击"，要求会员"进行祈祷，奉献出你们所能给予的最好的礼物"。信中还说，这是一场"大卫 vs 歌利亚式的战役"，并且提醒那些创世论者，在他们与进化论最初的对抗中，"歌利亚死了，大卫成了以色列的国王"。最后，该信指出诺贝尔奖得主的"无神论倾向"，而且声明，那些得奖者"意识到这是他们所经历过的最为重要的案件，甚至比当年的'斯科普斯审判案'都重要"，因为他们自己的"世俗人文主义的宗教"也岌岌可危。

亨利·毛里斯也是同样地尖酸刻薄，他在"创世论研究机构"出版的《行动与事实》那期中称，新闻发布会只是在做"媒体广告"，《简要》是"进化论机构所耍的一个聪明的伎俩"。毛里斯辩论说,"为了能正确看待那个有名的《简要》……我们应该记住,很可能诺贝尔奖得主对创世/进化论的了解并不比其他团体的人多"。这里我们不禁纳闷,毛里斯到底是在拿哪个团体来和那72位诺贝尔奖得主做比较。毛里斯也确实承认《简要》"毫无疑问产生了很大影响",但是他希望"那些头脑最公正的人会看穿其中的把戏"。在为创世论的科学基础辩护时,毛里斯指出,"不仅今天有成千上万的名副其实的科学家都是创世论者",而且"像牛顿、开普勒、帕斯卡勒等"这样的"科学之父"也信奉创世论,他们"对科学的了解至少和现在这些诺贝尔奖得主一样多"。(kaufman 1986,第5—6页)

最后,在一些由颇有名望的创世论者写给某些诺贝尔奖得主的信中,我们可以感觉到创世论者和进化论者一样,他们都对自己的立场寄予了某种感情。一封致盖尔-曼恩的信中这样写道,"耶稣用血洗清了我们所有的罪孽。不管是谁,只要没按《圣经》中的旨意行事,都将被投入到火海中去。生命就是他为自己的罪孽所付出的代价。我们通过耶稣我主获得永生,这便是上帝给我们的礼物。快乞求耶稣来拯救你的灵魂。热力学第二定律已经证明了进化论是不可能的。为什么你如此惧怕创世科学这个真理?"

美国高级法院的回应

1986年12月10日,美国高等法院对"美国上诉法院第五巡回庭"的851513号案件进行听证。高等法院以7:2的投票结果赞成上诉人的观点。法庭认为,"该法案从表面看就是无效的,因为它违反了第一修正案的既定条款,又缺乏明确的世俗目的",而且"未经许可,该法案就通过宣扬上帝造人的观点来认可宗教的存在"。(《提纲》1987,第1页)是《简要》在操纵着那些投票人的意志吗?很难说。《简要》左右的那关键的第5张投票可能来自布莱恩·怀特法官。怀特法官两页纸的简短发言与《简要》第21页第四部分的内容

紧密相关。莱曼曾指出,"知情人告诉我,据法庭中那些'大嘴巴'的家伙透露,《简要》的确影响了法庭的判决"。(1989)

威廉姆·布伦南宣布了法庭的判决。参加决定的还有瑟古德·马歇尔、哈利·布莱克门、鲍威尔、史蒂文斯,以及桑德拉·戴·奥康纳等法官。怀特和鲍威尔、奥康纳一样,单独发表了自己的意见,但这意见与法庭的决定一致,他们只是想"强调一点儿,法庭所做出的判决根本不能削减州和地方上学校官员长期以来所拥有的权力,即他们仍可以自由地制定公立学校的课程表"。(《提纲》1987,第25页)斯卡利亚和伦奎斯特表达了不同的看法,他们认为(像在12月10日的口头辩论中一样),"只要他们存有实实在在的世俗目的",基督教原教旨主义的意向本身"不足以证明该法令无效"。对斯科普斯审判案中所讨论的学术自由进行了一番讨论后,斯卡利亚和伦奎斯特指出,"从世俗的角度来看,路易斯安那州的人民、包括那些原教旨主义基督教徒,完全有资格在自己的学校里宣传反对进化论的任何证据,就像斯科普斯可以出示任何赞成进化论的证据一样"。(第25页)

然而从创世论者越来越大胆的声明来看,其"世俗"方面的品行值得商榷。在科学家看来,那些声明纯属无稽之谈。创世论者的论调是,"支持创世论科学的证据和支持进化论的证据一样有力可信。实际上,这些证据可能更有说服力";"进化论者的证据远没有他们让我们以为的那样有说服力。进化论不是科学'事实',因为在实验室里根本观察不到。进化论只是一种科学理论或猜想";"进化论是一种很蹩脚的猜想。进化论存在的问题相当严重,把它称之为'神话'倒更贴切些"。(《提纲》1987,第14页)

统一科学

从总体上来说,路易斯安那州的审判,尤其是《简要》,不仅激发了整个科学界起来为科学辩护——科学是不同于宗教的了解世界的一种途径，而且还促使其重新定义科学——科学是通过一种特定的方法，即科学方法，而积累起来的知识体系。莱曼称这次审判为"我律师生涯最惊心动魄的一件事"，并且指出，"这次案件最能让人了解作为一个科学家到底意味着什么"。（1989）

这次审判在科学发展史上的意义在于，它把很多可以称得上异议纷呈、各自为王的不同个人团结统一起来。诺贝尔奖得主阿尔诺·彭泽艾斯说，得诺贝尔奖的人在创世论这一案件中所表现出的团结精神实属罕见，他想象不出还有什么问题能得到如此广泛的支持。在《简要》上签名的诺贝尔奖得主中，还有一些人经常和彭泽艾斯"就某些问题展开相当激烈的讨论"。（Kaufman，1986，第6页）

看来有两种可能的理由可以解释科学界出现的这种团结精神。第一，科学界觉得受到了外界的直接攻击，正像社会心理学家所展示的那样，在这种情况下，差不多任何一个团体都会团结起来保护自己。社会心理学家或许会发现，这是个令人反省、颇具启发意义的"非个人化"案例。"非个人化"指的是在面对共同的外界敌人时，个人暂时控制自己的个性以确保团体的利益。正如诺贝尔奖得主韦尔·菲奇所说，"当科学方法和教育受到攻击时，诺贝尔奖得主会团结起来，一致对外"。（Kaufman，1986，第6页）

可是科学家们以前也遭受到"外力"的攻击，但他们的反应却没有这样团结，情绪也没这么高昂。路易斯安那州案件中所表现的团结精神的另一个因素可能是，科学家们一致认为，创世论者提供不出可以证明自身立场的任何证据。正如菲奇所指出的，路易斯安那州创世论者所发起的进攻遭到了前所未有的群体反击，因为"他们推翻了所有的科学推论"。盖尔-曼恩同意这一观点，"没错。不是因为我们受到了外部的攻击，因为局外人也可能做出很有价值的贡献。问题是那些创世论者根本就是在胡说八道"。（1970）

上述两种原因也解释了为什么诸如此类的科学辩护和科学定义具有临时的性质：只是在案件审判的过程中有效，再有同样情况发生时，人们也可以再度回忆起当时的情形。科学哲学家当然不会因为《简要》的发表而延缓他们对科学本质的研究和他们的科学方法。《简要》所代表的共识是基于政治而不是哲学目的达成的。在我们这个讲究民主的社会里，通常通过投票来解决这种冲突。路易斯安那州的案件就是采用了这种投票表决的方法，法庭根据科学的辩护人和界定人，即科学家本身，对案件做出了判定。

第四部分
历史和伪历史

我们相信可以塑造一个过去，这个过去能准确地展现以前发生的事，因为过去在现在留下了一些烙印。本书中所要传达的信息是，虽然可以幻想种种不同的过去，不是所有这些主观重构的过去，也不是所有的可能性，都同样合理。最终，我们会找到曾经属于我们的过去。每一代的思想家、作家、学者、江湖庸医以及那些行为奇特的怪人（这些分类彼此间并不排斥），都根据他们或公众的需要和感觉来构建过去。比起从幻想和虚构中编织一个过去，我们配得上更好的东西，也应该活得更好。

——肯尼斯·费德尔，《欺骗、神话和神秘：考古学中的科学和伪科学》，1986

第十二章

多纳休访谈

历史、审查和言论自由

1994年3月14日,菲尔·多纳休成为第一个以座谈方式来讨论否定希特勒大屠杀观点的节目主持人。否定者宣称大屠杀远远不是我们所认为的那样。很多现场访谈节目都曾打算探讨这个问题,可出于种种原因没有如愿以偿。1992年4月30日,蒙特艾尔·威廉姆曾录制过一个节目,但是后来该节目被撤出了主要市场,因为否定者们认为节目做得太好,有些失真。那些研究大屠杀的学者也只不过做了些偏狭的人身攻击而已。我个人看过那次现场访谈,否定者们说得没错。如果那是一场争斗,那否定者会阻止它。

多纳休的制片人向我们许诺,访谈中不会出现光头党或新纳粹主义者,他们也不会允许这次访谈演化成暴力冲突或堕落成大呼小叫的吵闹场面。否定者布拉德利·史密斯专门负责在大学报纸上刊登广告;犹太人大卫·科尔,一个年轻的犹太人电影制片商,负责组织那些否定大屠杀中曾用过毒气室和火葬场的人。多纳休的制片人也许诺他们可以发表自己的观点,也答应我可以适当地回答他们的问题。伊迪丝·格卢克虽然只在奥斯威辛集中营待了几周,但也出现在访谈会上。她的好朋友朱迪思·伯格曾在奥斯威辛集中营待过7个月,她坐在演播室的观众席中。结果他们所做出的种种许诺和实际播放的内容大相径庭。

访谈会开始前5分钟,制片人恐慌万分地走进演员休息室,说,"菲尔非常担心这次访谈。他很担心这个节目是否会圆满完成,为此都有些晕头转向了"。在这次访谈会的前几周,我把否定者的观点列出清单,而且为每一种观点都准备了掷地有声的反击。于是我安慰制片人说,我随时可以回答否定者提出的问题,让他不要担心。

多纳休以这些问题揭开了访谈的序幕,"我们怎么会知道大屠杀有没有真实发生过?怎么才能证明哪怕是只有一个犹太人曾死在毒气室里?"当制片人把胶片放到纳粹集中营时,多纳休继续说:

> 仅仅在过去的6个月里,全国各地就有15家大学报纸登出广告,要求展开一场关于大屠杀的公开辩论赛。这些广告宣称,华盛顿特区的美国大屠杀纪念馆中,没有任何证据可以证明德国种族灭杀计划中曾用过自杀式毒气室,也不能证明曾毒死过一个人。这些广告在全国各地引起了极大的反响,学生们不断发起抗议,人们开始联合抵制这些报纸的发行。刊登这些广告的人叫布拉德利·史密斯。因为他对大屠杀的这些质疑,人们称他为反犹主义者或新纳粹主义者。史密斯说他只是想了解真相——犹太人从来都没被关进毒气室,宣称有600万犹太人惨遭屠杀只是在不负责任地夸大事实。而且不仅是他一个人这样认为。洛普组织最近的一次民意调查表明,有22%的美国人认为,大屠杀根本就没发生过是可能的。另外12%的回答是"不知道"。当每天都有5000多观光者蜂拥进入新建的大屠杀纪念馆、电影《辛德勒的名单》使那些百看不倦的观众热泪长流时,我们应该问的问题是,怎么会有人说大屠杀只是个骗局呢?

不难看出,节目一开始多纳休的确有些晕头转向。他对大屠杀知之甚少,对否定者的辩论方式更是了解不多。所以从一开始他就尽力使辩论转入反犹主义指控这一论题上。

多纳休:你不否认30年代的欧洲,尤其是在德国、波兰及其邻近的一些国家的反犹倾向相当恐怖，而且希特勒……

史密斯：我们谈论的不是那个问题。听着……

多纳休：请不要为我的问题感到不安。

史密斯：我冷静得很。但你的问题与我们谈论的问题毫无瓜葛。我登广告的目的是说大屠杀纪念馆……

多纳休：节目已进行了3分钟，你好像不喜欢我的问题。

史密斯：你的问题离题太远。

多纳休：你认为希特勒及其第三帝国制定过一个叫"最后解决"的迫犹计划吗？你相信这个计划真的存在吗？

这个问题使菲尔听上去好像要在否定者的一个主要论点上纠缠不休。这个论点就是所谓的道德等同观点——所有人在战争时期都会遭到严重的摧残，纳粹分子并不比在这场或那场战争中的其他好战分子残忍多少。但史密斯就在这个问题上切中了多纳休的要害。

史密斯：现在我不相信了。过去我是信的。但这并不是我要谈论的主题。如果你不了解我在和你谈什么，那你的问题就问不到点儿上。我的问题是，我们在华盛顿特区建造了一个价值2亿美元的纪念馆。这是在美国，不是在欧洲。整个纪念馆的建立是基于这样一个前提，即犹太人是在毒气室里被毒死的。但纪念馆却提供不出任何能证明犹太人是死在毒气室里的证据。事实上，他们对被毒死这件事笃信无疑，譬如像你这样的人永远都不会向他们提出这样的问题……

多纳休：像我这样的人？（观众大笑）

这样的谈话喋喋不休地又进行了15分钟，多纳休不断地试着把话题扯向反犹主义，而史密斯和科尔则拼命地想表明自己的观点——大屠杀是否存在这个问题还有待商榷，战争中并没有采用毒气室和火葬场的方式来杀戮囚犯。大卫·科尔出示了一些他们从奥斯威辛集中营和马伊达内克集中营拍来的电影胶片，接着开始讨论齐克隆-B和其他一些技术性问题。担心这样的话题会把观众搞糊涂，多纳休话锋一转，试图把科尔和著名的新纳粹主义者厄内斯特·曾德尔联系起来。

  多纳休：大卫，你和厄内斯特·曾德尔非常熟悉，你了解他，并且和他一起旅行过，是吗？
  科尔：不，我并没和厄内斯特·曾德尔在一起旅行。
  多纳休：你在波兰见过他吗？
  科尔：我在波兰见过他。我一生共见过他两次。
  多纳休：那好，你们在一起做什么，喝杯啤酒？我的意思是说，你说的旅行指的是什么？（观众大笑）你在波兰见过他。他是个新纳粹主义分子，你不会否认这一点儿吧？
  科尔：不会。很抱歉，菲尔，我们谈论的问题和我遇见过什么人没什么关系。我刚刚见到你。难道这就意味着我是马洛·托马斯？（听众笑得更厉害了）我们谈论的是客观证据。是关于齐克隆-B的残余，关于毒气室里的窗户⋯⋯
  多纳休：大卫，你做过犹太受诫礼？
  科尔：我是个无神论者。这一点我对你的制片人员已经讲得很清楚。

  这种唠唠叨叨毫无意义的谈话又进行了几分钟，直到一个商业广告的出现而中断。就在这个时候，制片人、页面设计、麦克风技师陪我走进了演播室。走进演播室时，我的样子和气势很像一个即将参赛的职业拳击手。制片人告诉我不要理睬那些技术性问题，只要专心分析对方的方法就行。在访谈的前些日子里，这个制片人采访过我，我们有过广泛的交谈。我曾把要在访谈上讲的内容都告诉了他。他不应该对我的谈话感到惊奇。
  知道只有几分钟的时间，所以一上场我就开始陈述自己的观点。简单总结了一下否定者的方法之后，我转而驳斥其中几个特定的观点。接着我要放映有关毒气室和火葬场的照片和计划蓝图，以及一些犹太人引用的关于"种族灭绝"和"种族根绝"的简短言辞。可多纳休放映的却是从达奇奥拍来的一些电影胶片。人们已经知道这个地方不是纳粹集中营。不幸的是，没有人告诉过多纳休这些胶片是从哪儿弄来的或到底是怎么回事。科尔很快抓住了他的马脚。

  科尔：我很想问舍默博士一个问题。刚才他们放映了达奇奥的毒气室。有人说过那个毒气室里死过人吗？
  舍默：没有。事实上，问题的重点是……
  多纳休：达奇奥有个标记，标记上是这样提醒游人的。
  科尔：那个毒气室里没死过人，那刚才你为什么还放映呢？
  多纳休：我自己也不确定那到底是不是达奇奥。
  科尔：哦，那的确是达奇奥。请等一会儿。你不能确定那到底是不是达奇奥？你刚才已经在你的节目里展示过了，而你竟然不能确定那是不是达奇奥？

  我插了进来，试图把话锋转到原来的话题："历史是一门知识。和所有其他知识一样，历史是不断进步和变化的。我们不停地改进确定自己的观点……那就是历史修正主义的全部任务所在。"这时，大卫·科尔起身离开了演播室。没有发表意见的机会，他感到十分厌倦。多纳休说，"让他走！"
  我分析了否定者的方法论，而且觉得自己做得还不错。我正得意地等着下一场辩论时，制片人跑过来说，"舍默，你在干什么？你到底做了些什么？你应该更有攻击性。我上司发了很大的火。快来！"我大为吃惊。很明显，多纳休以为只消几分钟就可以把否定者驳倒，或者希望我也像他那样骂几句反犹分子就可匆匆了事。我突然明白了，多纳休根本就不知道我向制片人透露的有关我要发言的内容。我急切地想找点儿新鲜的东西说，可就在这个时候，观众开始问问题。演播室出现了访谈会惯有的混乱。

有个观众想知道为什么史密斯会对犹太人做出那样的举动。宾主双方都没有准备好对付否定者的观点和策略，接下来的场面明显地暴露了这个问题。

史密斯：这里的问题之一是，我们有个感觉，如果我们谈论这个问题，牵扯到的不只是犹太人，德国人也可能牵扯进来。譬如，编造德国人的谎言并觉得这样做没什么不妥，这有点粗俗。举个例子，有人说德国人把犹太人煮了做成肥皂，这就是谎言。那是谎言……

舍默：不，那不是谎言，只是个错误……

朱迪思·伯格（坐在前排）：没错。他们是用犹太人的尸体来做灯罩和肥皂。没错。

史密斯：让我们来听听教授的意见。

舍默：对不起。历史学家也会犯错误。大家都会犯错误。我们一直在改善着自己的知识，在这个过程中，有些事情结果证明不是真的。但我可以告诉你，我认为问题是……

史密斯：说说他们为什么这样对待这位女士。他们为什么让她相信德国人把犹太人煮了并剥掉他们的皮……

伯格（尖叫着从位子上跳出来）：我在奥斯威辛集中营待了7个月。我住的地方离火葬场就像我离你这样近。我闻到了……如果你在那儿待过，你永远不会再想吃烤鸡。因为我闻到了……

史密斯：让我们彻底弄清楚一件事。她提到了肥皂和灯罩，而教授却认为你错了。

伯格：就连德国人自己都承认这点儿。他们承认他们用过灯罩……

多纳休（对史密斯说）：你这个人到底有没有同情心……你不在乎给这位女士带来的痛苦？

史密斯：当然在乎。但我们为什么不想想那些被指控做过这些卑鄙之事的德国人？

伯格（用一种充满感情的声音，指着史密斯说）：我在那儿待了7个月。如果你眼瞎，别人的可不瞎。我在那儿待了7个月……

　　史密斯：你待了几个月和肥皂有什么关系？根本没有什么肥皂和灯罩。教授都说你错了，那就够了。

　　伯格：教授没在那儿待过。那儿的人告诉我不要用它（肥皂），因为那可能是你母亲。

　　史密斯：那可是西方学院的一个历史学教授。他说你错了。

　　伯格夫人曾对我说过，她曾亲眼目睹过纳粹分子在一片空旷的田野上焚烧一大批尸体。于是我解释说："他们在一大批坟墓里焚烧尸体……"我的话被多纳休的广告打断了。访谈开始前，我曾告诉伯格夫人和格卢克夫人，实实在在把她们所记得的东西讲给听众，不要夸大其词，也不要添油加醋。对于半个世纪前发生的大屠杀，大多数幸存者除了自己身边发生的事，对其他的知之甚少。这些幸存者有时会记错了日期，或更糟糕的是，宣称他们目睹过他们根本不可能见过的人或事。这些漏洞会使否定者有机可乘。自己的确见过焚烧尸体的场面，却把这说成是制造人体肥皂的证据，伯格夫人给了对手一个绝妙的把柄。史密斯趁机大做文章。他不仅有意避开了尸体焚烧这个话题，从而削弱了伯格夫人证据的可信度，而且他还做得好像我和其他一些研究大屠杀的历史学家都赞成他的观点。搜肠刮肚把有关大屠杀的知识都说完后，多纳休又回到了自由言论的话题。他再一次谈论起反犹主义，并且对史密斯的人格和资历进行个人攻击。在随后的每一个访谈片段中，站在旁边的制片人都不断地指着我，打着嘴势说，"说点儿什么，说点儿什么！"

　　由于访谈中广告时间的混乱和紧张气氛，我很难知道观众对该节目的反应。我认为这次访谈是个彻底的失败。那些否定者赢定了我，让我在自己的同事面前出尽洋相。我也有愧于自己所从事的历史职业。我显然错了。访谈后，我收到了来自一些历史学家和一般观众的上百个电话和信件，他们告诉我说那些否定者看上去像些铁石心肠的小丑，节目丧失理智时，我是唯一一个能保持冷静头脑的人。

我还收到了谈论另一个问题的电话和信件。有个研究大屠杀的学者对我大为光火，说我竟然接受邀请去和那些否定者"辩论"（如果访谈现场发生的事可以称得上是辩论的话）。她错误地分析到，如果不是因为我，根本就不会有什么访谈。在一封私人信件中她告诉我，令她感到"惊奇"的是，我"那么天真，竟让自己在辩论中为对手所利用"。如何回应那些令人愤慨的观点是件私事。但我们可以设想一下对这种事情保持缄默会产生怎样的后果。举个例子，我同那些研究大屠杀的学者谈话时，偶尔会听到这样一些话，像"私底下说，我不太相信那些幸存者的话，他们的记忆本身就有问题"，或者"私底下说，否定者断定了一些需要进一步核实的事情"。在我看来，把事情都留到"私底下说"对历史学家不利。否定者们已经了解了那些事情，并且准备把它们公之于众。难道我们想让公众以为，我们是在编织一个大屠杀的故事以掩盖出现的"问题"，还是让他们以为我们忽略了这些问题？在每一个关于否定大屠杀的演讲中，当我指出用尸体造肥皂的故事是个虚构的事时，观众们都颇为震惊。除了研究大屠杀的历史学家和大屠杀的否定者，好像没有人知道用犹太人尸体大规模生产肥皂这种事情只能是个虚构的事（布瑞恩鲍姆［1994］和希尔伯格［1994］的研究证明，没检验出一块由人体脂肪生产的肥皂）。难道我们希望由像布拉德利·史密斯和大卫·科尔这样的人去给公众解释这种事情？如果对这么重要的事情也保持沉默，我们自己的行为会反过来瓦解我们自己的立场。

当然，研究大屠杀的历史学家不愿就这样的问题发表自己的看法，因为那些否定者会毫不留情地把这些言论当成否定大屠杀的证据。让我们来看一看伊丽莎白·洛夫特斯的例子。1991年，享誉全球的记忆专家、华盛顿大学的心理学教授伊丽莎白·洛夫特斯发表了她的自传体著作《为被告做目击证人》。洛夫特斯曾以反对滥用"恢复记忆"的疗法而著名。通过调查研究，她发现人的记忆力并不像我们以为的那样可靠。

> 当一些零零星星的新信息不断地加入长期记忆中时，就会把原有的记忆抹杀、替换、混乱或推挤到边缘的角落。记忆不仅会褪色……而且还会成长。褪色的是最初的感觉和对事情真实的体验。但每当我们回忆起一件事情，我们必须重建自己的记忆，每一次重建都会改变原有的记忆：记忆会受到随后发生的事情、别人的联想或暗示的影响……经过记忆的过滤和沉淀后，原有的真相和现实不再是客观事实，而是带有主观色彩和解读性质的现实。（Loftus and Ketcham，1991，第 20 页）

1987 年，洛夫特斯受邀去为约翰·德姆让由克的辩护佐证。德姆让由克是一个在乌克兰克里夫兰出生的汽车工人，因被指控在特莱布林卡参与屠杀过成百上千个犹太人而在以色列受到审判。德姆让由克在特莱布林卡以"可怕的伊万"这个绰号而著名。审判的主要任务是要证明德姆让由克就是伊万。其中的目击证人之一是亚伯拉罕·戈尔德法勃。开始时他说伊万早就在 1943 年的起义中被杀死了，可后来又断定德姆让由克就是伊万。另一个目击证人尤金·土罗斯开始根本就认不出德姆让由克，后来在戈尔德法勃出来作证后才宣布说德姆让由克就是伊万。所有 5 个能肯定地指出德姆让由克身份的证人都住在以色列，并且都参加过在泰尔·阿韦伍举行的特莱布林卡起义纪念大会。但是另外 23 个在特莱布林卡起义中幸存下来的人并不能断定德姆让由克的真实身份。

洛夫特斯进退维谷。"如果接了这个案子，我解释说，我自己私下翻来覆去地想，'我就会背叛自己的犹太血统。如果拒绝受理此案，我就会背叛过去 15 年来自己所做的一切工作。为了忠实于我的工作，我必须像以前一样，对案件做出公正的判断。如果目击证人的证词出现问题，我必须加以核实。这是我一贯的作风'。"（第 232 页）洛夫特斯又征求一个犹太好友的意见。好友的意见直截了当，"贝斯，不要接。告诉我你会拒绝。告诉我你不会受理这个案子"。洛夫特斯解释说，由于褪色或错误的记忆，案子中存在认错人的可能性。"你怎么能这样做？"好友反问道。"埃利诺，请试着理解我。这是我的工作。我不能意气用事，必须就事论事。我不能不加验证就假定他有罪。"是忠于自己的种族，还是忠于真理，朋友明白地告诉洛夫特斯应该选择什么。"我知道，她在心底里以为我背叛了她。比这更为糟糕的是，我背叛了自己的人民、传统和种族。我以为德姆让由克可能是无辜的。这个想法使我背叛了他们所有人。"（第229页）

以色列的高级法院的确判德姆让由克无罪。洛夫特斯去以色列观看了这次审判，但她没有上前作证。她的解释展现了科学中人道主义的一面："我环顾四周，那里挤满了祖孙四代的犹太人……我觉得他们好像都是我的亲人，而我也和他们一样，在特莱布林卡死亡营中失去了自己的亲人。内心洋溢着这样的种种情感，我不能马上转变自己的角色，去做一个教授、专家……我不能那样做。事情就那么简单，也那么令人心酸。"（第237页）

我对洛夫特斯以及她的工作寄予了崇高的敬意，她如此真诚地坦白自己的内心世界的勇气更值得嘉许。但你知道我怎么听说这个故事的吗？是从否定者那儿听说的。他们把自己杂志的一个书评寄给我，其中写道："与那些给被告做伪证的上了年纪的人相比，洛夫特斯更应该受到谴责。那些岁数大的证人已不能再判断真假，就连他们自己都开始相信自己所做的是伪证。但洛夫特斯不同，她对这一切了解得更多。"我曾在一次研讨会上见过洛夫特斯，并就否定者如何利用她的著作这个问题和她进行了详细的讨论。她颇为吃惊。她自己根本就不知道这回事。也难怪研究大屠杀的历史学家总是试图把那些进退维谷的局面隐藏起来。

来自个人和公众的检审到底会起怎样的逆反作用，洛夫特斯的经历只是其中的一例。下面再举两例。

1.《马可波罗》杂志1995年2月的期刊中刊登了一篇题为"战后世界史上最大的禁忌：纳粹'毒气室'根本不存在"的文章。《马可波罗》杂志是日本德高望重的出版公司文艺春秋所出版的9份周刊和月刊中的一种。该文章是一个38岁、叫马萨诺瑞·尼什欧卡的内科医生写的。在文章中他称大屠杀纯属"捏造",说有关"'毒气室'的传说只是为迎合心理战术而做的一种宣传"。这种舆论宣传很快成了历史。尼什欧卡还说,"最近波兰在奥斯威辛集中营遗址上向世人开放的'毒气室'只是战后波兰共产党政权或统治波兰的苏联捏造出来的。不光是在奥斯威辛集中营,其他'二战'时德国控制的地方也没有发现对犹太人进行'种族灭绝'的'毒气室'"。

该杂志文章引起了政府和机构的迅速反应。以色列政府通过驻东京的大使馆进行抗议。西蒙·威森塞尔中心通过一些主要的广告客户对这家杂志进行经济封锁。这些赞助商包括:三菱电器、三菱摩托、卡地亚、大众和菲利普·莫里斯。72小时内这些赞助商通知文艺春秋,如果再不采取措施,他们不仅要从《马可波罗》,还要从这家出版社的其他杂志中抽掉自己的广告。起初,编辑们都为这篇文章辩护,后来主动说可以刊登对该文章的驳论,但遭到了西蒙·威森塞尔中心的拒绝。日本政府发表官方声明,称这篇文章"极不合时宜"。而且,在不断增加的经济压力下,发行25万册的《马可波罗》杂志在1月30日被迫停版。出版公司的总裁隈研吾·田中解释说,"我们刊登的这篇文章,对纳粹分子对犹太人进行血腥屠杀这个事实很不公平,而且还给犹太社会以及其他相关的人带来极大的痛苦和艰难"。《马可波罗》杂志的主要工作人员被解职,报摊上的杂志也被收回。两周后,也就是2月14日,田中辞去了总裁的职位(虽然他仍保留文艺春秋总裁的职位)。

《历史回顾》杂志1995年3/4月版称日本出版社的决定为"剖腹自尽",宣称"犹太人—犹太复国主义团体以其特有的速度和冷酷对这篇文章做出了回应",而且"该出版社还屈从于由该团体联合起来的国际经济抵制和运动"。作家尼什欧卡说:"《马可波罗》杂志是被犹太组织用广告(压力)的方式挤垮的。文艺春秋顺从了他们。这些犹太人压垮了辩论的空间。"《历史回顾》杂志称这次事件为"自由言论和自由探索事业的巨大失败",并且总结道:

美国的报纸和杂志一致断定，日本人对"犹太人"一直很有"成见"。日本人认为犹太人操纵着世界的经济命脉，不管是谁，只要侵害了他们的利益，都会受到严重的惩罚。美国人经常以此来贬低日本人。《马可波罗》杂志的谋杀/自杀事件不太可能使日本人从中解除这种"成见"。像美国一样，日本人也希望能卷入一种奥威尔式的"双重思想"，一边将《马可波罗》杂志消亡的惨痛教训铭刻在心，一边把那些导致这种消亡的人视为软弱无力的受害者。（第2—6页）

从否定者的角度来看，犹太人的所作所为与他们一直反对指控的行径毫无二致——操纵经济势力、控制大众媒介。西蒙·威森塞尔中心的阿戎·布瑞巴特不想用什么严肃的反驳文章来抬举他们的观点，他只这样回应道，"如果这不是真的，那他们根本没有什么可担心的。如果是真的，他们最好对我们友善些"。

2. 1995年5月7日，同盟国击败纳粹德国后的50年，厄内斯特·曾德尔，著名的新纳粹主义出版商、大屠杀的否定者在多伦多的总部遭到火灾，造成了大约40万美元的损失。火灾发生时曾德尔正出外演讲。他发誓说，这种事情已不是第一次发生了，但这绝不会阻止他为事业而奋斗所做的努力："遭到过殴打、轰炸和唾沫星子……但是曾德尔不会被赶出城。我的工作是合理合法的，应该受到加拿大《权利和自由法案》的宪法保护。"1985年和1988年，曾德尔曾两次被指控"传播有关大屠杀的错误信息"，在法庭审判中他站起来为这些权利辩护。1992年加拿大的高级法院宣布曾德尔无罪，因为指控他的法律本身就是不合法的。

据《多伦多太阳》杂志报道，承认这次纵火事件的是一个叫"犹太人武装抵抗运动"的团体，这是"'犹太人防御联盟'的一个影子分支"。这个团体和《多伦多太阳》联系过，该杂志经过一番调查发现，该纵火事件还与"'犹太人防御联盟'的另一个叫卡哈那的分支、一个极右的犹太人复国主义团体"有关。"多伦多犹太人防御联盟"的领导迈尔·阿莱维否认他们和纵火事件有任何关系。但是几天后，也就是5月12日，阿莱维和其他三个伙伴，其中包括"洛杉矶犹太人防御联盟"的头头艾弗·鲁宾，曾企图闯进曾德尔的家。工作人员拍下了这些即将破门而入的闯入者，而且叫来了警察。警察和坐在车里的曾德尔一起把他们吓跑了。然而，他们却得到无罪释放。

问题是，像约翰·德姆让由克的故事一样，这个故事我也是从否定者那儿听说的，他们利用这些事件来证明他们关于犹太人无所不用其极的观点。而"历史回顾研究机构"（IHR）却利用"马可波罗"事件，在募捐信中要求人们出资支持反对所谓的"犹太人—犹太复国主义者的阴谋"的斗争。曾德尔也装着说，在他筹集资金重建被烧掉的办公室时，是那些"犹太人"想袭击他。

不管是什么人关于什么话题的言论自由，我的观点是，不管是在什么情况、什么时候，政府都不该予以限制，但那些私人组织应该任何时间都有权利限制本组织内的言论。否定者应该拥有出版自己的书籍和杂志的权利，在其他刊物上发表自己的观点（比如说在大学的报纸上登广告）。但对各所高等院校来说，既然拥有自己的报纸，就应该享有禁止否定者侵犯其读者的权利。

他们应该享有这种自由吗？这是个策略问题。对于那些明知道是错误的观点却置之不理、希望它赶快消失，还是站起来当众驳斥？我认为一旦某种观点已经引起众人的注意（不可否认，否定大屠杀的观点就属于这种情况），就应该适当地对其进行分析。

从一个比较广义的角度来看，我相信可以合理地解释为什么不该掩饰、隐藏、压制，或更糟糕的是，利用国家权力来压制别人的信仰体系，不管这些信仰听上去多么古怪、不切实际或恶毒。为什么？

- 或许这些观点完全正确，如果我们那样做，我们将毁坏真相。
- 这些观点或许部分正确，我们不想错过任何一点真相。
- 这些观点或许完全错误，但是通过检查这些错误的观点，可以发现和确定真相；我们还可以找出别人思维出错的原因，从而改进自己的思维方式。
- 在科学研究中，我们不能了解任何事情的绝对真相，因此我们得时刻警惕，看看自己错在哪里，别人又对在哪里。
- 如果你属于大多数人时能采取一种容忍的态度，你成为少数人时别人很可能反过来宽容你。

即使某种思想审查机制确立起来，如果或当这种机制赖以存在的条件发生变化时，它反而会对你不利。我们来做一下假设。假如大多数人都否定进化论和大屠杀，那么创世论和大屠杀否定者就会处于统治的地位。如果这个时候确立了某种审查机制，那么相信进化论和大屠杀的人就会受到审查。人们的大脑，不管它会产生什么样的思想，都不应该受到压制。1925年的田纳西州只有少数人支持进化论，在政治上颇具势力的原教旨主义基督教徒就成功地通过了反进化论的法律，规定只要在公立学校教授进化论就是犯法。克拉伦斯·达罗在斯科普斯审判案的结束语中做了以下精彩的论述：

> 如果今天你认为在公立学校教授像进化论这样的理论是违法的，那么明天你就会认为在私立学校教授也是违法的，明年就连在教堂教授都是违法的了。下一次立法时，你或许还会禁止出版书籍或发行报纸。无知和狂热分子总是在忙着吞食、吞食并且渴望得到更多可以下咽的东西。今天是那些公立学校的教师，明天便是私立学校的。后天轮到那些传教士、演讲家、杂志、书籍和报纸。再过一段时间，尊敬的先生，便开始了人对人、信条对信条的斗争，直到飘扬的旗帜和震天的锣鼓开回到16世纪那些辉煌的时代，一个用柴火去烧死那些胆敢用知识、文化和启蒙来开发人们心智的英雄的时代。（Gould 1983a，第278页）

第十三章

谁说大屠杀从来都没发生过，他们为什么这么说

大屠杀否定运动综观

> 那些纳粹卫兵非常乐意给我们说，我们根本没有活着出来的机会。他们特别喜欢强调这一点儿。他们坚持认为，大战结束后，世界的其他地方根本不会知道发生了什么事。会有谣传、推测，可人们找不到确实的证据。最后人们会得出这样的结论：像这样惨无人道的事情根本不会发生。
>
> ——特伦斯·德·普雷斯，《幸存者》，1976

当历史学家们问"怎么会有人否定大屠杀呢？"否定者便会这样说，"我们不是否定大屠杀的存在"。事情明摆着，这两个不同的团体是在用不同的方法界定大屠杀。在对大屠杀所做的大多数定义中，否定者明确否定的有以下三点：

1. 大屠杀是基于种族、有目的的种族灭绝。
2. 大屠杀是一个以毒气室和火葬场为主要方式、具有高端技术、组织良好的灭绝方案。
3. 据估计，有 500 万—600 万的犹太人被杀害。

否定者并不否定反犹情绪弥漫纳粹德国，或者希特勒及许多纳粹领导人都痛恨犹太人。他们也不否认犹太人遭到流放，财产被充公，或者被圈进集中营，在那里备受折磨，饱受拥挤、疾病和超负荷的劳动之苦。具体说来，就像布拉德利·史密斯在大学报纸上登的广告"有关大屠杀的论战：一个公开辩论的案例"以及其他各种材料中所概括的那样，否定者的立场是：

1. 根本就不存在要灭绝欧洲犹太人的纳粹政策。对"犹太人问题"的"最后解决"是把他们从帝国中流放出去。因为"二战"初期取得的成功，帝国所要面对的犹太人远远超出它所流放的数目。后来因为战争的失利，纳粹把犹太人限制在犹太人区，最后关进集中营。

2. 导致犹太人死亡的原因主要是疾病和饥饿，而且从根本上说，这是战争末期同盟国摧毁德国的军备和粮食供给而造成的。有很多人遭到枪决或被吊死（或许死于实验毒气）。为了战争，德国人确实过度强迫犹太人为他们干活，但因为干活累死的犹太人只占了很少的一部分。毒气室只是用来驱除衣服和毯子上的虱子。火葬场只是用来处理那些因疾病、饥饿、过度劳动、枪杀或吊死的人。

3. 死在难民区和集中营中的犹太人有30万—200万，不是500万—600万。

在本书的下一章，我将对这些问题进行专门的讨论，但我希望在这里做个简单的回答：

1. 任何历史事件中，实际的结果往往与最初的意图不符，这种情况也大多很难证明。所以历史学家最好把研究重点放在偶然的结果而不是最初的意图上。"最后解决"的实际实施随着时间而变化，受制于以下偶发事件，如不断增长的政治势力、对实行各种不同迫害手段与日俱增的信心、战争的不断深入（尤其是反对俄国的战争）、把犹太人流放出帝国的失利和通过疾病、疲劳、过度的劳动、无辜乱杀及大规模的枪决等方式根绝犹太人政策的失效。不管根绝欧洲犹太人的行动是出于官方的命令还是暗中得到默许，反正最后有上百万的犹太人惨遭死亡。

2. 客观存在和文字记录的证据同时表明，纳粹分子进行种族灭绝时所采用的方式正是毒气室和火葬场。然而，不管谋杀时用了哪种手段，谋杀总归是谋杀。正像我们最近在卢旺达和波斯尼亚所看到的那样，进行大规模的屠杀活动并不是非得采用毒气室和火葬场的方式。譬如说，在苏联被占领区，纳粹分子用别的方式而不是毒气杀死 150 万犹太人。

3. 有 500 万—600 万犹太人惨遭杀害是一个大概但有根据的估计。这是对住在欧洲的犹太人、流放到集中营的犹太人、从集中营解救出来的犹太人、在"兵团"行动中死去的犹太人以及战后存活下来的欧洲人的数量进行整理而得到的数据。这只是简单的人口统计学的问题。

当我同人们谈论起大屠杀的否定者时，经常听到的评论之一便是，他们不是疯狂的种族主义者就是马上要疯掉的傻瓜。谁会否定大屠杀？我想把这些人找出来，所以我见了一些否定者，并请他们用自己的话论述一下他们自己的观点。大体上说，我发现这些否定者还比较容易接近。他们很乐意谈论他们的运动以及其中的成员，态度也相当坦率。而且他们还很慷慨地提供了一大批他们出版的刊物的样本。

"二战"后，随着反"纽伦堡审判案"势力的增长，德国的修正主义势力开始抬头。"纽伦堡审判案"一般被看成是"胜利者的审判"，既不客观，又不公正。20 世纪 60 年代和 70 年代，随着下列书籍的发表，大屠杀修正主义开始兴起。这些书包括：弗兰兹·沙伊德尔 1967 年的《捍卫德意志民族》、埃米尔·阿瑞兹 1970 年的《六百万的谎言》、理查德·哈伍德1973年的《真的死了六百万吗?》、奥斯丁·阿普1973年的《六百万的骗局》、西思·克里斯托夫森1973年的《奥斯威辛集中营的谎言》、保尔·拉西尼耶1978年的《揭露种族屠杀的神话》以及该运动的圣典之作,即阿瑟·巴茨1976年的《二十世纪的骗局》,等等。正是在这些著作中否定者们构建了他们的三个主要观点,即不是故意要进行种族灭绝;没有使用过毒气室和火葬场;死亡的犹太人远远少于600万。

尽管其发行组织已被破坏得无以修复,巴茨的书仍在发行,其他所有的著作都被《历史回顾》杂志所取代。此杂志是"历史回顾研究机构"的传声筒。该机构的杂志和年度会议已经成了运动的中心,里面包括一小撮奇奇怪怪的人物,像机构总裁和杂事编辑马克·韦伯,作家和传记作家大卫·欧文,像牛蝇一样的人物罗伯特·法利森,亲纳粹出版商厄内斯特·曾德尔和摄像出品人大卫·科尔。(见图17)

图17 《历史回顾》杂志1994年11/12月版封面
图中所列为大屠杀否定运动中的关键人物,其中包括本章所谈到的几个人。从左到右依次是:罗伯特·法利森、约翰·鲍尔、拉斯·格蓝那塔、卡罗、马托哥诺、厄内斯特·曾德尔、弗里德里希·伯格、大卫·科尔、罗伯特·康泰斯、汤姆·马塞勒斯、马克·韦伯、大卫·欧文、朱尔根·格拉夫。

历史回顾研究机构

最初"历史回顾研究机构"是由威利斯·卡图于1978年组织创建的。卡图也出版《右翼》和《美国信使》杂志（很多人认为这些杂志有极强的反犹情绪）。卡图现在也经营着"正午出版社"和"自由大厅"。有人认为"自由大厅"是个极右组织。1980年，该机构许诺，谁能提供证明奥斯威辛集中营的犹太人被毒死的证据，并使之成为头条新闻，就可以拿到5万美元的奖赏。梅尔·默梅尔斯坦提供了有关证据，并成为头条新闻。后来一个电视片对其领奖及因"个人遭遇"而得到额外的4万美元做了详细的报道。"历史回顾研究机构"的第一任理事威廉姆·麦卡尔顿（又名路易斯·布兰登、桑德拉·罗斯、大卫·伯格、朱利斯·芬科尔斯坦和大卫·斯坦福）因与卡图发生冲突，于1981年遭到解雇。精神疗养教堂的职员汤姆·马塞勒斯继任理事，他曾担任"科学神教教堂"某一刊物的编辑。马塞勒斯在1995年离开机构后，该杂志的编辑马克·韦伯接任理事。

自从1984年的火流弹摧毁其办公大楼以来，"历史回顾研究机构"开始谨慎起来，尽量不把自己的住址透露给外人，这是可以理解的。该机构坐落于加州俄韦恩的一个工业区内，其办公大楼上没做任何标记，不管什么时候，那扇镶着一面单向镜子的玻璃门总是关得很严实。若想进去，必须向大楼前办公室内的秘书出示证件，获得许可后方能入内。大楼内有几间办公室供不同工作人员使用，还有一个藏书丰富的图书馆。不足为奇的是，里面收藏的大部分都是有关"二战"和大屠杀方面的书籍。另外，机构内还设有一个仓库，除了书和录像带，仓库内还储存着过时的历史评论杂志、小册子以及其他一些推销材料。所有一切，据韦伯所言，加上刊物订阅，占了该机构财政税收收入的80%。其他20%主要来自免费的捐赠（机构是作为一个非营利性组织注册的）。不管机构以何种方式募集资金，1993年与创始人卡图的决裂（后来又打起了官司）

后，其资金来源就开始枯竭了。

与卡图决裂之前，"历史回顾研究机构"的经济来源主要依赖"爱迪生基金"，总共资助了1500万美元，是托马斯·爱迪生的重孙女让·法拉尔·爱迪生留下的一笔遗产。据大卫·欧文（1994）称，这些资金中大约有1000万美元被卡图"在瑞士的家人浪费在法律诉讼中"，而剩下的500万美元主要用于"为自由存活的卡图分队"。"从那个时候起，这笔基金就去无定向。可以查出几笔数目，大部分目前都存在瑞士银行。"

当机构的理事会投票表决是否要与卡图断绝所有关系时，卡图丝毫没有妥协的意思。据该机构称，卡图做了好多不肯示弱的举动，其中之一就是"雇了一些暴徒袭击机构的办公大楼"，而且"还撒了一个弥天大谎，说自从去年9月以来，一直是犹太复国主义者'反诽谤联盟'在管理着'历史回顾研究机构'"。（Marcellus，1994）1993年12月31日，机构在指控卡图的诉讼中胜诉。现在他们以他袭击机构办公楼造成的损害来起诉他，因为他使机构的办公设备毁于一旦。不仅如此，他们还指控他挪用公款。韦伯宣称："这些钱都进了'自由大厅'和其他一些由卡图控制的产业。或许这些钱全被卡图自己挥霍掉了。但我们正试图查出这一切。"（1994b）

1994年2月，机构理事汤姆·马塞勒斯给机构内的成员寄去一批标有"来自机构的紧急呼吁"的邮件，这是因为"机构的编辑和经济信誉正面临着威胁……在过去的几个月中，它们已从我们的业务中吸走了成千上万美元，而且在继续榨干我们"。如果得不到自己的成员的援助，马塞勒斯写道，"机构维持不下去了"。人们指控卡图的行为"越来越古怪"，在私事和公事上都是这样。而且他还使机构卷入了"三个耗费巨资的版权侵权行为"。最有趣的是，否定者最近一直在试图摆脱与以前反犹分子的种种联系，摆出一副讲求事实的历史学者的模样。顺着这股反卡图的潮流，他们指责卡图使"机构及其创办的杂志改弦易辙，使之从一个严肃无党派立场的修正主义学术、报道和记录机构变成一个歇斯底里、为种族主义—民粹主义做宣传的团体"。

大卫·科尔认为，卡图后的"历史回顾研究机构将不得不靠出售杂志和书籍来筹集资金"、被迫依靠那些带有反犹倾向的右翼支持者。

> 为了使历史回顾机构得以维持下去，他们不得不去迎合那些极右分子的口味。我觉得看看他们出售的书就会发现那些真正情节复杂内容实在的历史传记，或其他一些出版物，很可能连亨利·福德的《国际犹太人》和《以色列人的外交礼节》这样的书都不如。如果出售有关大屠杀修正主义的著作是其主要的经济来源，那么他们的处境就糟透了。他们不得不向金钱低头。有很多上了年纪的人，他们有存款或社会保障金，并且愿意把生命中余下的时间都投入到反对犹太人的事业中去。布拉德利·史密斯能弄到5000美元、7000美元和3000美元的支票。这些人非常非常有钱，可他们从不用自己的真实姓名。如果能根据思想意识立场来制定一个真正不错的邮寄清单那就大有赚头了。历史回顾机构就有这么一个专门迎合那些极右分子的清单。（1996）

到1996年，历史回顾机构仍旧不断举行研讨会（大约有250人出席），机构承办的杂志也继续发行（发行量为5000份到10000份），并且仍然定期将那些促销的文献、书籍、录像带的目录邮寄出去。不管该机构与卡图决裂后是否能生存下去，我们都应该记住这一点，否定者的团体五花八门，不仅仅包括由这个机构联合起来的那些组织。

马克·韦伯

可能除了大卫·欧文外，否定大屠杀的运动中只有马克·韦伯对历史知识和历史传记了解得最多。有人宣称，韦伯在印第安纳大学获得的欧洲现代史硕士学位是伪造的。但我与该大学通过电话，证明他的学位是真的。1985年在厄内斯特·曾德尔的"自由言论"审判案中，韦伯是以被告证人的身份出席的，也就是从那个时候起，他开始在否定运动中抛头露面。韦伯否定任何种族和反犹主义，并宣称，"对于德国的新纳粹主义，除了从报纸上了解的那一点儿外，别的我知道得很少"。但是，韦伯曾一度担任《民族先锋》的新闻编辑。这份刊物是《国家联盟》威廉姆·皮尔斯的新纳粹主义和反犹主义组织的传声筒。他没有否认自己曾在萨沃的内布拉斯加大学发表的韦伯采访录中评述过以下言论，即美国正在变成一个"有些墨西哥、波多黎各化的国家"，而这全因"白种的美国人"生育能力差而造成的。（在我们这个越来越彼此隔离的社会，这种情绪也没有什么特别奇特之处。在1995年历史回顾机构举行的研讨会上，韦伯的妻子告诉我，那些白人应该停止抱怨其他种族的人孩子生得太多，他们自己去多生些孩子。）1993年2月27日，韦伯成了西蒙·威森塞尔中心卧底行动的调查对象。哥伦比亚广播公司（CBS）秘密地拍摄了该调查的情况。从拍摄的胶片来看，一个自称是斯沃雷的调查员和韦伯在一家咖啡店见面。两人在讨论着《正确之路》。这是一份伪造的杂志，目的是引诱那些新纳粹分子暴露他们的身份。韦伯很快便识穿了斯沃雷的身份：一个"为某人效劳的密探"，而且"显然在撒谎"。了解真相以后，韦伯便匆匆离开了咖啡店。（1994b）后来，在一部描写欧洲和美国新纳粹主义的HBO电影中，韦伯成了人家描述的对象。韦伯说威森塞尔对这件事的报道与事实相去甚远。

　　西蒙·威森塞尔中心的这种秘密勾当惹来很多麻烦。然而，人们不禁感到纳闷，如果一个人试图疏远新纳粹主义的否定运动（他自己是这样宣称的），为什么韦伯还会同意这样的一次会面。就连韦伯的朋友大卫·科尔也承认："这个社会不仅被恐惧和暴力所控制，而且政府为了维持良好的社会秩序，不断地向人们灌输谎言。韦伯没觉得这些是问题。"科尔还这样说道："否定者批评那些犹太人，说他们对自己人或全世界撒了谎。然而，同样这些修正主义者会以

恭维的口吻谈起纳粹如何为了鼓舞士气、保持优等种族的理念而向他们的人民灌输谎言和虚假的东西。"（1994）

韦伯本人极为聪明，长得也很标致。如果他不再紧紧咬住犹太人和大屠杀这个问题不放，那么他会成为一个不错的历史学家。他了解历史，又深知目前的政治，在很多论题中都表现出极强的辩论才能。不幸的是，这些论题之一是犹太人的问题。他一直把犹太人看成为一个整体，担心它会对美国和世界文化构成威胁。韦伯似乎不能把个别的犹太人，不管他是否赞同他们的行为，和他不赞成的"犹太种族"分开。他似乎也抓不住当代文化固有的本质。

大卫·欧文

大卫·欧文没有受过正规的历史训练。但毫无疑问，他掌握了有关主要纳粹分子的一些重要资料。虽有争议，但他是否定者中历史知识最渊博的一个。他的注意力横亘整个第二次世界大战。是他撰写了历史著作《德累斯顿的毁灭》（1963）和《德国原子弹计划》（1967）。他的传记作品包括：《狐狸的踪迹》（1977）、《希特勒的战争》（1977）、《丘吉尔战争》（1987）、《赫尔曼·戈林传记》（1989）和《戈培尔：第三帝国的幕后操纵人》（1996）。从这些作品中可以看出，他对大屠杀的兴趣与日俱增。"我认为大屠杀的历史应该重新改写。我得向我的对手和他们所采用的策略脱帽致意。他们的策略是在市场上兜售大屠杀这个词儿。我有点儿希望看到这个词后面有个小'TM'。"（1994）对欧文来说，否定大屠杀的运动已成为一场战争，他还用军事的语言描述这场战争："我目前正置身于一场生存战争中。我的打算是，我宁愿在联军登陆之后再活5分钟，也不愿在胜利的旗帜飘起前英勇就义。我坚信，在这场战役中我们将是赢家。"（1994）欧文还说，因为自己变成了否定者，写完《戈培尔的传记》后，他的出版商要撤销合约，而且还要尽力收回其"6位数字的预付金"。该传记将由欧文自己在伦敦的"焦点出版社"出版。

欧文对大屠杀所持的态度也经过了一个长期的演化过程。1977年，他宣称，谁要能提供希特勒下令灭绝犹太人的证据，他就主动给他1000美元。这是他否定大屠杀生涯的开始。《勒赫特报告》否定奥斯威辛集中营的毒气室是杀人用的。读了该报告后，欧文不仅开始否定希特勒的参与，而且否定整个大屠杀。令人惊奇的是，有时他会在不同的否定观点之间徘徊不定。1994年他曾对我说，读艾希曼的回忆录使他"庆幸自己目光没有那么狭窄，竟然会去否定大屠杀"。（1994）也就是在那个时候他告诉我，只有50万—60万犹太人不幸成了战争的牺牲品。他认为，从道德上来说，这个数目和在德雷斯登或广岛被炸死的人数大体相当。可1995年7月27日，当一家澳大利亚电台节目主持人问他有多少犹太人死在纳粹手中时，欧文说或许是400万："和其他任何一个科学家一样，我得先给你一个大体的数目范围，我还可以告诉你这个范围的最下限是100万。这个数目已经够恐怖的了。但到底死了多少得看你所谓的'屠杀'是什么意思。把人们关进集中营，他们因虐待、风寒或其他流行病而丧命，如果这算是屠杀，那就是400万。毋庸置疑，战争结束时的确有不少人在上述情况下死在集中营里。"（《探照灯》社论，1995，第2页）

尽管如此，欧文还是在1985年厄内斯特·曾德尔的"自由言论"审判案中出庭为被告作证。那以后，他受到了不同政府的犯罪指控。他在很多国家都遭到流放或排斥。书店里下架了他的书，仍然出售的书店遭到破坏。1992年5月欧文对德国的观众说，在一号奥斯威辛集中营重建的毒气室是"战后人们编造的伪证"。这之后的那个月，他一进罗马就被警察围住，并被押送到去慕尼黑的下一班飞机。他在慕尼黑被指控触犯了德国"诽谤死者回忆"的法律。他被判有罪，并且处以3000马克的罚款。他上诉时，维持原判，罚款增加到3万马克。1992年下半年，住在加州的欧文收到了加拿大政府发出的通告，禁止他进入加拿大。但他还是去加拿大接受由一个保守的自由言论组织颁发的乔治·奥威尔奖。领奖时他遭到了加拿大皇家警察的拘捕，被铐上手铐押送出境，理由是他在德国所受到的判决表明他很有可能在加拿大犯同样的罪行。很快，澳大利亚、加拿大、德国、意大利、新西兰和南非等国也发出通告，禁止他入境。

欧文矢口否认他与"历史回顾研究机构"有任何正式的联系（"机构高层领导名单里没有我的名字"），但他定期在该机构所举行的研讨会上演讲，不断地给世界各地的否定者团体作报告。1995年在加州俄韦恩举行的"历史回顾研究机构"研讨会上，欧文是重要的发言人，很多与会者都公开地表示了他们的爱慕之情。不演讲时，欧文就在自己的书摊边忙活着，一边卖书，一边忙着给读者签字。购买《希特勒的战争》的人都会收到一个标有卐的小旗子，就像插在希特勒黑色奔驰上的那个一样。在同几个偶像交谈中，欧文解释说，全世界的犹太人团体都在反对他，禁止出版他的书，也不让他演讲。没错，欧文被邀演讲时，的确受到了来自犹太人团体的巨大阻力。譬如说，1995年，有个自由言论团体请欧文到伯克里的加州大学演讲。但是此演讲计划遭到盯梢，结果没有如期举行。但我们得严格区分对某件事是地方自发的反应，还是有计划的世界范围内的阴谋。欧文似乎搞不清这其中的区别。

1995年，欧文出席了德博拉·利普斯达特所作的关于反对否定大屠杀观点的演讲。演讲完毕，欧文站起来宣布自己也在场，这样一来他很快便被观众团团围住，都来要他签名。欧文说他带来一箱子《赫尔曼·戈林传记》，并且把书分发给周围的学生，这样学生们就能辨别清楚"我们当中到底谁在撒谎"。哦？如果根本就没什么灭绝犹太人的计划，那读者们怎么理解《赫尔曼·戈林传记》第238页的内容？这里，欧文写道，"戈林所能预见的可能性只能是移民出境。'第二个可能性如下，'戈林在1938年措辞谨慎地说，'如果在任何可预见的未来德意志帝国发现自己卷入了外交政治冲突，那事情不言而喻，在德国我们首先得制订一个解决犹太人问题的宏伟计划。'"既然欧文宣称纳粹所谓的"根绝"和"最后解决"就是指移民出境，那么戈林所提到的"第二"方案又是什么意思？读者又该如何理解传记第343页的内容呢？

如今的历史书上说，那些遭流放的人中有很大一部分，尤其是那些年纪太小、体弱多病不能干活的人，都被无情地处理掉了。现存的记录不能证明这些屠杀是事先预谋好的。"上级"并没有下达明确的命令，是当地纳粹（绝不都是德国人）接到摊在他们手上遭流放的犹太人自己做出的决定。这些都是临时性的决定，这可从像汉斯·弗兰克总督愤怒的爆发中看出来。1941年12月16日弗兰克总督在克拉科奥举行的一次研讨会上大为光火："我已经在协商，要把他们统统赶到（更远的）东部去。1月柏林要开一个关于这个问题的研讨会……这个研讨会是1942年1月20日的'瓦恩西会议'中决定的。不管怎样，一场大规模的犹太人迁出活动即将开始……可犹太人会落得怎样的下场？你以为他们会被送到巴尔第克省那些干净整洁的住宅区吗？在柏林他们告诉我们：你们还犹豫什么，我们也用不着那些犹太人了，你们自己把他们清除掉就行了！"

"这里的柏林，"欧文说，"很可能指的是纳粹党——希姆莱、海德里希和纳粹党卫军。"这段从《赫尔曼·戈林传记》中原封不动引用的文字是欧文自己的翻译和解释（欧文能讲一口流利的德语）。从这段引文，以及很多其他的段落，看不出大屠杀是无组织无计划的行为，但它们的确让人觉得一切都是事先安排好的。上面确实下达过直接或心照不宣的命令。这其中唯一临时性的是预定结果达成过程中出现的一些偶然事件。最后，"清算"这个词除了研究大屠杀的历史学家所做的解释，它还能有什么别的含义吗？

欧文是靠卖书和做演讲来谋生的，这可能是他加入否定运动的原因之一。他对大屠杀的内容修改得越多，书卖得越多，也就会有更多的否定者或右翼团体邀他作报告。我认为，他之所以越来越深地滑入否定者的行列，不是历史证据使然，而是因为他在这个阵营中广受欢迎，而且有利可图。主流学术团体已把他拒之门外，所以他得在一些边缘领域里创立起自己的神龛。欧文是一个一流的文献记录者和叙述历史学家，但他不是一个出色的理论家，总是通过大量引用来证明自己的偏见。他首先要证明希特勒根本没有意识到大屠杀，接着为戈林辩护，现在要为戈培尔洗清罪名。

罗伯特·法利森

罗伯特·法利森曾经是里昂大学正式的文学教授，后来成了"修正主义的教皇"。这是澳大利亚否定者赋予他的头衔，也是他坚持不懈地坚持否定大屠杀的一些主要信条而得到的回报。为质疑支持大屠杀的权威，让他们"给我看看或者画一下毒气室的样子"，法利森发表过无数的声明、信件、文章和随笔。为此他不仅丢了工作，而且还挨过揍、受到审判、被人定罪、交过5万美元的罚款，并且被免去所有公职。法利森是因触犯了1990年通过的费比斯—盖索特法律而被定罪的（该法律的一部分是受到法利森一些活动的启发）。根据费比斯—盖索特法，"不管以何种方式，只要触犯了附加在1945年8月8日'伦敦协议'上的'国际军事法庭法令'第6款中所规定的冒犯人性的一种或多种罪名，不管是根据同一个法令的第9款所规定的团体成员触犯，还是根据法国或国际司法所规定的个人触犯，都属于犯罪"。

法利森撰写过很多书来否定大屠杀的方方面面。这些书包括：《奥斯威辛集中营的谣言》《驳斥指控我篡改历史的论文》以及《安妮·弗兰克的日记是真的吗》，等等。《奥斯威辛集中营的谣言》发表后，麻省理工学院著名的语言学教授诺姆·乔姆斯基写了一篇文章为法利森辩护。乔姆斯基宣称法利森有自由否定任何他想否定的东西。这引发了关于乔姆斯基政治立场的论战。乔姆斯基对澳大利亚《象限》杂志的记者说，"我在法利森的作品中看不出有任何反犹倾向"。这里乔姆斯基有些过于天真了。1991年在法国受审期间，法利森为《卫报周刊》总结了自己对犹太人的立场："所谓的希特勒毒气室与所谓的对犹太人实施的种族灭绝是同一个历史谎言。这个谎言成就了一些规模巨大的金融骗局，其主要受益人是以色列和国际

犹太复国主义组织,主要受害人却是整个的德国和巴勒斯坦人民。"(所有这些都引自"反诽谤联盟",1993)

法利森喜欢捉弄他称之为"根绝主义者"的对手。比如说,1995年在去往参加"历史回顾研究机构"在加州俄韦恩举行的研讨会的路上,他去参观了设在华盛顿特区的美国大屠杀纪念馆,并且设法与纪念馆的一个理事见了面。法利森不断用纪念馆"缺乏证明"纳粹用毒气室屠杀犹太人的证据这个话题纠缠这位理事,惹得他大为光火。研讨会期间,法利森把我请到他下榻的旅馆,和我谈论有关毒气室的趣闻逸事。他骚扰了我半个小时,当着我的面晃着手指,要求我提供出"一个,仅仅是一个"能证明毒气室是大屠杀工具的证据。我只是一遍又一遍地问,"你所指的'证据'是什么意思"?他不愿(或者是无法)回答这个问题。

厄内斯特·曾德尔

所有否定者中最没心机的便是亲纳粹的宣传家和出版商厄内斯特·曾德尔。曾德尔自己宣布说他的目标是"恢复德意志民族"。曾德尔认为,"第三帝国的某些方面颇值得称羡,我想让人们注意到这一点",譬如说那个时期的优生学和安乐死都令人敬佩。为了达到这个目标,曾德尔不断地通过他以多伦多为基地的"萨米斯达特有限出版公司"出版发行书籍、传单、录像带和录音带。只要捐出一小部分的资金就可以上网进入曾德尔的崇拜者对其随身所带物品所做的归类档案,其中包括:他的法庭审判程序的手抄本;其《实力:曾德尔主义者 vs 犹太复国主义者》的拷贝,以及诸如"斯皮尔伯格的'辛德勒'是辛温特勒吗"这样的文章;他在众多媒体抛头露面的录像带;他和大卫·科尔去奥斯威辛集中营旅行的录像;和一些宣称"德国人,不要再为你们没做过的事道歉"和"对大屠杀感到厌倦了吗?你已无法控制这个局面了"的滞销品等诸如此类的东西。

1995年轰炸事故后,我在多伦多曾德尔家与办公室拜访了他。

他是一个风趣友善的人，可一旦谈到把德国人从"屠杀过600万犹太人这个负担中"解救出来的使命，他就立刻严肃起来。就是当着作家亚历克斯·格罗比曼和另外两个犹太人的面，曾德尔也毫不犹豫地讲出自己的各种反犹主义观点。他说他坚信，将来犹太人会经历到前所未有的反犹情绪。像其他否定者一样，曾德尔也受不了那么多人在关注犹太人，正如他在1994年的一次采访中所说：

> 坦率地说，我觉得犹太人不应该那么自大，以为自己是整个宇宙的中心。他们不是。只有像他们那样的民族才会自认为了不起，以为整个世界都在围着他们转似的。我有些同意希特勒的看法：他最不在意的就是那些犹太人的想法。对我来说，犹太人和其他人没什么分别。那足以让他们受不了。他们会扯着嗓子尖叫，"喂，喂，那个叫厄内斯特·曾德尔的人竟然说犹太人和那些普通人没什么区别"。没错，妈的，他们会这么说。

曾德尔说，大屠杀的观点对"民族社会主义"产生的影响是：它"使很多思想家不能重新审视德国式的民族社会主义所提供的种种可能性"。把大屠杀的重担从德国人民的肩头卸掉，纳粹主义也不会看上去那么糟糕。听起来疯狂吗？即使曾德尔自己也承认他的观点有点儿极端："我知道或许我的观点还不成熟，我不是什么爱因斯坦式的人物，我知道。我不是康德，不是歌德，也不是席勒。作为一个作家，我也不是海明威。他妈的，我是厄内斯特·曾德尔。我用双腿走路，我就有权利发表自己的观点。我试图做得温和些。我的长期目标是希望敲响自由之钟，或许在有生之年我能取得的成就还没有现在的大，但这也无关紧要。"1994年，曾德尔说他"很快就要和美国的一家卫星公司达成协议。该公司说他们可以把卫星信号发射到欧洲"。他想使大屠杀的否定运动成为欧洲和美国的主流运动，这样一来，他想，"再过15年，人们就连在吃饼干喝啤酒的时候都会谈论修正主义"。（1994）

斯比贝伯格是谋取暴利的种族主义者和偏执狂

对孩子们灌输大屠杀的观点是对他们的侮辱

抨击德意志民族的《辛德勒的名单》是人们虚构出来的,而不是历史事实

图18　厄内斯特·曾德尔的滞销品样品

大卫·科尔

大屠杀否定者中最自相矛盾的人物要数大卫·科尔了。科尔的母亲"是在世俗犹太教的熏陶下长大的",而他父亲是在"德国实施'闪电战术'时的伦敦长大的正统教徒"。科尔一边自豪地夸耀自己的犹太血统,一边又否定犹太现代史中最重要的一次事件。在1994年的一次采访中,科尔对我说,"我这样做是个混蛋,我不这样做也是个混蛋。也就是说,如果我不提犹太教,别人就会说我是因感到羞愧不敢提。如果我主动提到它,又会被指控是在利用自己的种族"。科尔所关注的是客观证据,特别是关于用毒气室和火葬场进行大屠杀的证据。在洛杉矶加州大学一次关于大屠杀的辩论中,科尔因为自己的观点而挨了揍。"一群把我恨得咬牙切齿的家伙"定期寄给他一些威胁信,扬言要要了他的命。一般说来,"犹太人防御联盟""反诽谤联盟"和其他一些犹太人组织,"因为我是犹太人,所以他们对我特别苛刻"。人们称他是一个自我厌恶的犹太人、反犹分

子、种族叛徒。《犹太人新闻》中的一篇社论把他比作希特勒、侯赛因和阿拉法特。

科尔和蔼可亲、生性乐观，但在他眼里自己却是个为了坚持某个事业的叛逆者。其他的否定者大多都是政治或种族方面的思想家，科尔的兴趣要更深刻一些。他是个准思想家、无神论者和存在主义者，试图去了解思想是如何创造出现实的。在这个不断探索的过程中，科尔参加了一切能想象得到的边缘组织，这包括：革命共产主义党、世界工人党、约翰·伯奇协会、林登·拉路奇协会、自由主义党、无神论者和人文主义者。

> 到处都有我的影子。我是革命共产主义党的一分子，也是约翰·伯奇协会的成员。我有大约5个不同的名字，照直说，美国各个不同的政党中没有一个会少了我的影子。我不仅订购了"反诽谤联盟"和"犹太人保卫联盟"的刊物，而且还是他们的支持者。我有一张世界犹太人会员卡。我一边为右翼的遗产基金会工作，一边又为左翼的美国公民自由联盟效劳。我之所以这样做，是因为我可以从中获得一种优越感，觉得自己比那些思想家，那些为追求一些抽象的概念而苦苦奔波却难脱贫穷，又被人洗过脑的傻瓜高明得多。(Applebaum 1994，第33页)

然而，否定大屠杀只是一系列深深吸引他的思想意识之一。这些意识观念都是他在被南加州高中开除后迷上的。虽然没受过大学教育，但父母却定期给他生活津贴以供他自学成才。科尔有一个私人图书馆，里面有成千上万卷藏书，其中相当一批是与大屠杀有关的书籍。他熟谙自己所研究的课题，"对每一个话题谈论起来都头头是道，如数家珍"。他对其他边缘观点的热情只维持几个月到一年，但大屠杀这个课题"讲求的是客观证据，不是只要人去相信的抽象概念。我们所谈论的这些事情，大部分证据都还在"。1992年夏天在布拉德利·史密斯的赞助下，科尔开始了他的寻找证据之旅，把上面提到的大部分证据都拍摄了下来。"我估计自己需要一万五到两万美元。布拉德利马上开始筹款，他花了一个半月就筹足了这个数目。"科尔做研究的目的是：

> 尽力使修正主义运动脱离边缘地带而成为主流运动……我要得到那些非右翼人士和非新纳粹分子的支持。目前这样的处境很危险，因为那些否定修正主义的历史学家创造了一个真空地带。这些真空中已经有了像厄内斯特·曾德尔那样的人。曾德尔很讨人喜欢，但他是个法西斯主义者，不是可以领导世界大屠杀修正主义运动的那种人。（1994）

科尔声称，他希望那些专业的学者能研究一下他拍摄的那些录像（他称曾把录像给了耶路撒冷的亚德·瓦什爱姆）。但与此同时，他又把录像加工成可出售的产品，通过"历史回顾研究机构"的目录销售出去，就像他当初出售那些奥斯威辛集中营的胶片一样。他说他已卖出了3万份拷贝。

大卫·科尔喜欢煽风点火，这不单是对那些历史学家而言。譬如，他会把正在约会的美国人和非洲人带到一个否定者的聚会，让那些白人种族主义者"看着他们谈恋爱时的尴尬和呆板"。即使极不赞成某些否定者的信仰和政治立场，而且他知道会招来鄙视甚至皮肉之苦，他还是以"否定者"的身份出现在大众媒体前。像科尔这样的局外人能做些什么呢？他十分恼火曾被历史学家拒之门外，他说，"历史学家不是神明，不是宗教人物，更不是教士。我们有权利要求他们做出进一步的解释。我并不为自己所问的问题感到耻辱"。（1994）然而，人们会纳闷，他为什么要问这样的问题，为什么否定主义如此牢靠地锁定科尔的注意力。

有趣的是，1995年科尔好像有点儿与否定者们决裂了。这源于一系列的事件，其中包括发生在1994年10月科尔又一次出现在纳粹死亡营的视频之旅中。根据布拉德利·史密斯所说，科尔和皮尔斯·圭劳姆（法利森的法国出版商）、亨利·罗克思及罗克思的妻子特瑞斯坦·毛德瑞勒，这些人一起去查看纳茨维勒集中营的毒气室。当他们一行走进保存毒气室的大楼时，据史密斯说，"其中一个守卫找了个借口出去了，并把出口处的门从里面反锁上"。20分钟后，那个守卫来打开门，他们便回到了停车处。结果科尔发现，"他车子的前窗被砸碎了，他的旅游日记、论文、书、一些私人用品、录像带、胶卷全被偷走了。一句话，他所有的研究全不翼而飞。他被洗劫一空"。史密斯说这次旅行使他损失了8000美元。为弥补此损失，他正在出售科尔那盘讲述他自身经历的长达80分钟的录像带。

具有讽刺意味的是，罗克思对科尔的这段经历矢口否认：

> 别人把我们6人反锁在毒气室里可不是为了诱我们上当。那个守卫只是反锁上门，因为他说只有经过特许的人（就像我们这一行人）才能进来参观。游客敲门时，他还得去开门。我和妻子都记得当时只有一个守卫在场。据那个守卫和后来在舍迈科（斯特鲁斯夫附近）的宪兵说，这种偷窃事件在当地并不鲜见，尤其是那些带有外国牌照的汽车更是行窃的主要对象。起初，我以为这种行窃是专门针对修正主义者的，但却找不到可以证明这个判断的任何证据。我与同行其他几个人的谈话也排除了这种可能性。科尔的故事可能使人觉得那些守卫也参与了这次专门针对修正主义者的行窃行为，但我觉得指控那些守卫诱骗了我们，并且参与了偷窃事件有欠公正。（1995，第2页）

另一点颇具讽刺意味的是，当罗伯特·法利森在《阿德莱德研究所通讯》宣称说斯特鲁斯夫的毒气室从没用来屠杀犹太人时，科尔以公心驳斥了他的观点：

> 法利森能提供什么证据来"证明"斯特鲁斯夫的毒气室从来都没被当成屠杀的工具？他提到了一个"已经消失"了的"专门技

术",但是,"多亏另外一个证据",我们才弄明白他的意思。为了得到更多的信息,他建议我们去参考一下《历史回顾》杂志中的有关内容。人们希望杂志中的文章能帮他们弄明白,另外一个能确认"专门技术"存在和其结论的证据到底是什么。关于这点儿,法利森拒绝给我们提供任何启示。那我们到底得到了什么?一个已经消失的报告,一个向我们保证说他知道报告的内容,但觉得没有必要提供任何进一步证据的修正主义者。如果一个"根绝主义者"也以这种方式行事,修正主义者又该作何反应?最初的证据丢失后,修正主义者总是例行地打发掉相关的文件。当涉及文献的内容时,我们不接受"异端邪说",我们当然也不会想当然相信根绝主义者的话。(1995,第3页)

大屠杀否定运动中的犹太人议程

贯穿几乎所有否定者文献,如书籍、文章、社论、评论、专论、指南、小册子和促销材料的主导情绪是对犹太人以及与犹太人有关的一切的极大兴趣。《历史回顾》杂志的每一期中都包括有关犹太人的内容。

为什么犹太人的特别关注渗透到《历史回顾》杂志的方方面面?马克·韦伯直言不讳地为该杂志的这种立场辩护:

> 我们特别关注犹太人是因为没有别的人敢这么做。一部分原因是因为我们存在;一部分的乐趣是我们可以关注一个别人不敢涉足的话题,并且能提供有关的信息。我希望在这个社会里,人们应该像关注犹太人那样关注德国人、乌克兰人或匈牙利人。在西蒙·威森塞尔所谓的"容忍纪念馆",人们经常提到"二战"期间德国人对犹太人的所作所为。这个社会中容许并且鼓励用那些别的团体认为是恶毒的典型偏见去描写德国人或匈牙利人。这是双重标准,攻击大屠杀的战役是其最为壮丽的表现。我们可以在华盛顿

也建一个纪念馆，纪念那些遭受非美国人残害的非美国人。我们没有为那些美洲印第安人、受到奴隶制度毒害的黑人等建一个同样的纪念馆。这个纪念馆的存在本身就说明了这个社会对犹太人问题不正常对待引起的敏感。历史回顾研究机构及其成员在我们发表的言论中获得了一种解放的感觉。实际上，不管别人批评还是赞成，我们根本不在乎。不管怎样，我们仍旧会我行我素。我们没有丢掉工作，因为这就是我们的工作。（1994b）

这个声明中没有太多模糊的地方。对有关"犹太人"和大屠杀"战役"话题过度敏感就是不正常，敢于挑战这些话题就会产生一种"快乐"和"解放"的感觉。然而，德国人才是真正的受害者，才应该受到社会的优遇。

否定大屠杀运动中阴谋的一面

一份强烈的阴谋色彩贯穿于大屠杀否定运动中关于犹太人议程的理论。"历史回顾中心"（不要和"历史回顾研究机构"混淆）出版的《"大屠杀"新闻》的第1期中宣称道，"是那些犹太复国主义者的舆论轰炸造成了'大屠杀'的谎言。如此大规模的舆论宣传目的是要那些非犹太人对犹太人产生一种负疚心理，这样当那些复国主义者用极其残忍的手段洗劫巴勒斯坦人的家园时，他们就可以一声不吭"。否定者越为自己的观点辩护，他们就越相信这些观点，犹太人和其他一些人就越会起来抗议，否定者也就越坚信犹太人大屠杀之说的阴谋味道。在否定者看来，犹太人故意"创造"出大屠杀这一概念，目的是给以色列人赢得更多的资助、同情、关注、权力以及其他诸如此类的东西。

这种阴谋之说影响了现代否定运动，其中一个经典的例子便是《帝国主义：历史和政治的哲学》一书的出版。该书是弗兰西斯·帕克·约基以尤利科·瓦拉志的名字写的，目的是为献给阿道夫·希特勒。"历史回顾研究机构"的目录中对该书做了这样的描述:"这是一部宏伟的历史哲学巨著,是号召人们为捍卫欧洲和西方世界而武装起来的嘹亮号角。"是这本书把大屠杀否定运动介绍给"历史回顾研究机构"的创始人威利斯·卡图的。《帝国主义》一书详细描写了根据希特勒国家社会主义的原型而建成的"帝国主义"体系,并指出,在帝国主义制度下,民主将会枯萎,选举制度也将终止,权力将会落到大众手中,所有的生意都会变成公有。据约基所称,问题的关键是"犹太人","他们活着的唯一目的就是要报复欧洲和美国的白人民族"。作为一个阴谋家,约基描写了那些"歪曲的文化传统"如何利用秘密操作"犹太教会—国家—民族—人民—种族"这一机制来瓦解西方社会。(Obert 1981,第20—24页)他还叙述了希特勒如何为保护雅利安种族的纯洁性而英勇地反对像犹太人、亚洲人、黑人和共产主义者这样一些"低劣的种族"——文化上的"外星人"和"寄生虫"。

约基所展示的这种阴谋倾向在美国并不鲜见,这是美国政治中所谓的"妄想狂"的一例。举例来说,华盛顿特区的"德-美反诽谤联盟"成立的目的就是"保护被遗忘的少数人、保护德国和美国人的利益"。该联盟出版了一幅低俗的讽刺漫画,旨在讥笑犹太媒介大亨如何通过控制新闻媒介传播大屠杀这个骗局的。其中的一个卡通上有这样一个问题:"犹太人创造大屠杀的神话有多久了?"该联盟还刊登了一则广告,广告中这样问道:"如果德国的科学家还在管事,那些挑战者还会如此无所顾忌?"广告中大叫道:"我们不这样认为!"接着便解释说,苏联"在美国的第五纵队"已经偷偷把德国科学家从美国太空总署中清除掉了。对于阴谋家来说,这形形色色的邪恶势力贯穿于历史发展的始终,其中当然包括犹太人,除此之外还有光明会、圣殿骑士团、马尔塔骑士、互济会、世界主义者、废奴主义者、奴隶所有者、天主教徒、共产主义者、外交关系委员会、世界野生动物基金会、国际货币基金会、民族联盟、国际联盟、联合国等(Vankin and Whalen 1995)。否定者认为,很多这些组织的背后操纵者都是"犹太人"。

约翰·乔治和莱尔德·威尔科克斯对政治极端分子和一些边缘团体进行概括，总结出一系列关于这些组织的本质特征，这有助于从更广阔的视角来考察大屠杀否定运动的一些基本规律（1992，第63页）：

1. 他们相信绝对真理的存在。
2. 美国或多或少操纵在一批阴谋家手中。实际上，他们认为，这个邪恶的阴谋团体势力极其强大，控制着世界上很多国家。
3. 公开表示对对手的仇视。对他们来说，这些对手（实际上在极端分子的眼里是"敌人"）对"那个阴谋"持同情态度，所以应该遭到仇视和蔑视。
4. 对民主的进程没有信心。主要是因为大多数人认为就连美国政府都受"那个阴谋"的左右。极端分子通常不屑于讲和。
5. 不乐意让某些公民享有基本的民权，因为敌人不配享有自由。
6. 一意孤行、胡乱指控，惯于进行某些暗杀活动。

大屠杀否定运动的核心及其疯狂的边缘

大屠杀否定运动和其他一些边缘运动的发展有着惊人的相似之处。因为否定者并不是有意识地去仿效某些模型，譬如那些创世论者，我们可以追寻出边缘运动在试图加入主流时所共有的一些思维模式：

1. 运动开始时，思想庞杂，其成员代表了社会极边缘部分，很难进入社会的主流（如20世纪50年代的创世主义运动，70年代的大屠杀否定运动）。
2. 随着运动的不断发展和演化，运动中的一些成员开始使自己和运动本身挣脱激进的边缘地带，尽力在学术和科学领域内建立起自己的信誉。(创世主义在20世纪70年代开始成为"创世科学";否定运动在70年代建立了历史回顾机构。)

3. 在努力争取认可的过程中,运动的重点由原来反对现状的措辞转为对自己信仰体系的肯定陈述。(创世论者放弃了反进化论的策略,采取了争取"同等时间"的立场;历史回顾研究机构与机构创始人卡图决裂,大多数否定者尽力摆脱其法西斯分子、反犹分子的名声。)

4. 为了渗透进像学校这样的公共机构,当其观点得不到认可时,就以宪法《第一修正案》为借口,宣称其"言论自由"权受到了侵害。(20世纪70年代和80年代创世论者在几个不同的州制定了"同等时间"法案;曾德尔在加拿大的"自由言论"审判案[见图19];布拉德利·史密斯在大学报纸上刊登的广告。)

5. 为了引起公众的注意,尽力把出示证据的负担转移到现行体制上去,要求"出示一种证据"。(创世论者要求能证明过渡时期的"一块化石";否定者要求证明犹太人是在毒气室里遭屠的"一个证据"。)

大屠杀否定运动也拥有一些极端分子。那些临近疯狂边缘的成员大都持新纳粹和白人优越论的观点。比如说,大屠杀否定者和自称为白人隔离主义者杰克·威考夫的《评论》由纽约的黎明出版社出版。"犹太人的法典在与人类开战,"威考夫宣称:"革命共产主义和国际犹太复国主义是一丘之貉,他们有着共同的目标,即建立一个以耶路撒冷为首都的专制世界政府。"(1990)在一封从加利福尼亚寄来的标有字母"R.T.K."的信中,威考夫还发表了这样一个声明,"在希特勒和国家社会主义的政策下,德国军队接受的是白人种族主义的教育。世界上从来没有过像德国兵这样宏伟壮观的战士。我们的工作是用遗传学和历史学的事实来进行再教育"。(1990)有趣的是,得到密斯的认可,威考夫为《历史回顾》杂志写书评。

图 19　在加拿大"自由言论"一案审判期间,厄内斯特·曾德尔身着纳粹集中营囚犯服,手举宣称犹太人和大众媒介串通起来搞阴谋的牌子,站在其支持者中间

否定者所创办的另一份时事通讯是《复兴》杂志。1994 年 1 月版刊登了一篇题为"如何把暴力犯罪分为两半:一个大胆的建议"的文章。这篇文章没有署名。作者的解决办法是老式的纳粹行径:

> 美国共有 3000 万黑人,其中男性占了一半。这一半的男性中又有 1/7 介于 16—26 岁之间,也就是这一部分人成了黑人中的暴力分子。3000 万的一半是 1500 万。1500 万的 1/7 大约 200 万多一点。这就说明有 200 万而不是 3000 万的黑人在犯罪。斯大林时期的苏联,古拉格劳动营的人数有时高达 1000 万。而美国拥有更先进的技术,有能力控制和运营一个容量在这个数字 20% 左右的营地。经过心理测验和遗传检测都没发现有暴力行为迹象的、没有吸

毒或犯罪记录的黑人应该得到释放。对于大多数被关押的罪犯，除了那些不可救药的"问题青年"，到了27岁都应该释放出去，给那些更年轻的16岁的新一批罪犯腾出地方。（第6页）

"国家社会主义德国工人党""外国组织"在内布拉斯加的林肯市发行了一份叫《新秩序》的双月刊报纸。人们从这里可以订购卍大头针、旗帜、臂章、钥匙链和大奖章；纳粹卫军歌曲和演讲；画有象征"白人力量"图案的T恤衫；各种各样宣传白人力量、新纳粹主义、希特勒和反犹太主义的书籍和杂志。譬如说，1996年7月、8月份的报纸解释道，"不到2002年全球的黑人将彻底灭绝（因为感染了艾滋病）"。这个"好"消息的下面画着一张幸福愉快的脸，脸的旁边有句口号："纳粹日愉快！"关于奥斯威辛集中营，报纸上是这样讲的，"德国人以其惯有的系统谨慎的作风对每一个死者都做了详细的记录和分类。3年的时间奥斯威辛集中营里只死了那么一小部分人，这实际上证明了波兰纳粹阵营中的环境是何其地健康和干净！"当然，问题在于"那些犹太人会利用这些真相来支持他们那邪恶的谎言和狂想出的迫害情结"。（第4页）

对于否定阵营中的这一面，马克·韦伯、大卫·欧文等人是敬而远之。比如说，韦伯就曾这样抗议，"为什么这也有关系？鲁·罗林斯曾在历史回顾研究机构供过职。《评论》一书正在风口浪尖上。过去，他或多或少也是个修正主义者。但是出版商杰克·威考夫现在越来越深地卷入到种族主义的事端中去了。我猜，他们和否定者的关系就有几点一致。除此之外没有任何关系"。（1994 b）然而这些人以及他们的同类也自称为"大屠杀修正主义者"，他们的文献到处引用标准的否定言论。综观大屠杀运动的发展史，厄内斯特·曾德尔是这场运动公认的精神领袖。

举例说，《大屠杀谎言的故事》一书就是为献给罗伯特·法利森和厄内斯特·曾德尔、布拉德利·史密斯和鲁·罗林斯所写的。书的前14页都是用来讽刺犹太人及其"大屠杀谎言"的非常粗俗的卡通漫画。漫画之后，作者写道："用毒气室进行大屠杀的荒谬谎言已成为西方的非正式国教。政府、公立学校和大众媒体都在强迫年轻的一代接受这种病态的教义，向他们灌输仇恨德国人的思想。"

　　不是所有的否定者都持同样的观点。但所有的否定者都指控犹太人是法西斯主义者、充满狂妄思想的阴谋家，这可是不争的事实。这表现在盲目轻信以及更为微妙和更具渗透力的反犹主义情绪上。人们的言语交谈会流露出这种情绪。譬如，"我有些最好的朋友是犹太人，但是……"或者"我不是反犹主义者，可是……"然后列举一系列"犹太人"的所作所为。就是这种偏见促使否定者去寻找真相、怀疑即使被笃信无疑的东西。他们为什么觉得大屠杀没发生过？对这个问题的回答取决于你询问的对象，对历史、金钱、声誉、信仰、政治立场以及个人所怀有的恐惧、妄想和仇恨等诸多因素。

第十四章

我们怎么知道大屠杀确有其事

揭露大屠杀否定者的观点

对大多数人来说,"揭露"一词带有否定的含义。但当作为对某些非同寻常的观点(否定大屠杀的观点肯定属于此类)予以答复时,这个词恰如其分。当然有很多需要揭露的谎言。但我要做的远非如此。在对否定者的观点进行揭露的过程中,我要论证我们是如何知道大屠杀的确发生过,是以大多数历史学家都认可的特定方式发生的。

很多否定者都认为,关于大屠杀没有不可改变的真理标准。当你涉足研究大屠杀时,尤其是当你不停地出席报告会、研讨会,试图追寻出历史学家之间所存在的分歧时,你会发现,就连历史学家之间也对有关大屠杀的一些大小观点争论不休。丹尼尔·戈尔德哈根在1996年出版了《希特勒心甘情愿的刽子手》一书。在书中,作者宣称不只是纳粹党员,就连"普通"的德国人都参加了大屠杀。这本书在社会上造成的喧嚣足以说明,对于大屠杀发生的确切内情、时间、原因和方式,历史学家之间也没有达成共识。尽管如此,研究大屠杀的历史学家之间所争论的问题和大屠杀否定者所极力宣扬的观点之间有天壤之别。否定者不承认大屠杀是有预谋的、用毒气室和火葬场的方式所进行的大规模种族屠杀以及有500万—600万犹太人惨遭杀害等事实。

大屠杀否定观点的方法论

在对大屠杀否定理论中的三个核心论点进行详细的阐述之前,让我们先来看看否定者的方法论,即他们的逻辑推理方式。他们推理上的误区与创世论这样的边缘理论有着惊人的相似之处。

1. 他们专门盯住对手的弱点,却很少对自己的立场发表任何确定性的言论。譬如说,否定者注重强调目击证人证词中的偏差。

2. 他们对持相反意见的学者所犯的错误穷追不舍,并且由此暗示,因为对手有几个结论是错的,那么其所有的结论都是错的。否定者专门指出人体肥皂的故事,说那已证明仅是个虚构的事而已。他们指出"大屠杀令人难以置信的缩水",因为历史学家把死在奥斯威辛集中营的犹太人从400万降到100万。

3. 他们经常断章取义地引用一些重要主流人物的话来支撑自己的观点。这些人物有耶胡达·鲍尔、劳尔·菲尔伯格和阿尔诺·迈耶等,甚至还包括那些纳粹头头。

4. 他们把学者就某领域所进行的真正实在的辩论误认为是整个领域的纷争。他们把从目的与功用角度对大屠杀展开的辩论,误认为是对大屠杀是否发生过所做的论证。

5. 他们抓住那些未知的东西大做文章,对那些已知的东西却置之不理。专门采用有利于自己的证据,对那些不适合的不予考虑。有关毒气室的问题,他们对我们知之甚少的东西抓住不放,而对目击证词和法医鉴定却漠然不理。

因为有关大屠杀那不可胜数的证据——大屠杀持续了那么多年,牵涉到那么多国家,又有成千上万的记录和文献以及数以百万计的零碎信息——这其中肯定有些证据经过加工后可以支持否定者的观点。否定者处理证据的典型方式可以从其对待纽伦堡纳粹审判的证据中略窥一斑。一方面,否定者认为,审判中纳粹的供述都不可信,因为他们是在战胜国的军事法庭上受审的。马克·韦伯宣称,"那些证据大都是逼供得来的,多是些虚假的证词和带有欺骗性质的文献。

纽伦堡审判带有明显的政治目的,其主要目的不是揭露真相,而是压制战败国领导人的气焰"。(1992,第201页)但韦伯不能,也没有哪个人能证明那些供述是逼供得来的、伪造或骗人的。然而,即使否定者能证明其中的一些证词确实带有这种性质,这也并不意味着所有的供述都是如此。

另一方面,否定者总是引用纽伦堡审判中的证词来支持他们的观点。譬如说,虽然他们否定那些承认大屠杀发生过、且他们的确参与其中的纳粹分子的证词,但他们却接受像阿尔伯特·斯比尔这样的纳粹分子的证词,因为这些人宣称他们对大屠杀一无所知。但即使如此,否定者也不愿对这些证词做进一步的深究。斯比尔的确在审判中声明他不知道种族灭绝政策。但他的日记中却有另一番陈述:

> 1946年12月20日。所有的结果都表明:希特勒一直都痛恨犹太人;他从不掩饰这一点儿。喝完汤,蔬菜还没端上来前,他会泰然自若地说,"我想灭绝欧洲的犹太人。这是国家社会主义和世界犹太主义之间具有决定意义的交锋。其中有一方要一败涂地,那当然不是我们"。所以,我在法庭上的证词是真的,我是不知道屠杀犹太人的计划;但只是从表面来看,我没撒谎。被人提问和回答问题是我站在目击证人席上那许多小时里最难熬的时刻。对自己所知道的没有予以反应,我感到的不是恐惧而是羞愧。我对站在桌子旁边无精打采沉默的自己、对自己在道德上的冷漠以及所压抑的很多行为感到羞惭。(1976,第27页)

另外,马蒂亚斯·史米德特在《阿尔伯特·斯比尔:一个神话的终结》一书中,对斯比尔在实施"最后解决"中的活动做了详细的描述。首先,1941年斯比尔在柏林没收了23765所犹太人公寓;他知道有7.5万名犹太人被流放到了东部;曾亲自视察过毛特豪森的集中营,命令减少建筑材料,并把资源调配到了其他什么地方。

1977年，斯比尔对一家报纸的记者说："我仍然觉得自己的罪过主要是认可了迫犹以及大批屠杀犹太人的计划。"（1984，第181—198页）否定者只引用斯比尔在纽伦堡审判中的证词，却无视他自己对那些证词的解释。

证据的汇合统一

不管我们想证明什么，我们一定要注意从别的资源中搜集一些可以证明自己观点的额外证据。就像考古学和古人类学家们一样，历史学家们也是运用同样的推理方法，即威廉姆·怀威尔所谓的"一致归纳法"或集中证据法，推断出大屠杀发生过这一结论。否定者们似乎认为，只要他们能在大屠杀的体系中找出一点儿漏洞，就能瓦解其整个的理论大厦。这是他们推理中最基本的缺陷。大屠杀不是一个单一的事件，而是由发生在成千上万个不同的地方的成千上万个不同的事件组成的，并且被上百万个零星的资料所证实，而且这些资料都指向同一个结论。不是在这儿或那儿挑点儿小毛病、小漏洞就可以把整个大屠杀的定论否定得了的；同样，大屠杀也不是那一点儿孤立零碎的资料能证明得了的。

举个例子来说，把从地质学、古人类学、植物学、动物学、爬行动物学、昆虫学、生物地理学、解剖学、生理学和比较解剖学中获得的证据集中到一起，才能证明进化论的正确性。任何一个单独的领域所提供的证据都证明不了"进化论"。一块化石仅是一张快照。但如果把在某一地层中发现的化石与其同类或不同类的化石放在一起进行研究，把它与其他地层中的物种进行比较，与现代的有机物相对照，与世界其他地方的物种相参照，以及与其他一些诸如此类的研究工作相对照，不管是过去还是现在，那么这块化石就会从一张简单的快照转变成一幅活动的画面。从不同的领域所获得的证据聚集汇合到一起，就会得出一个伟大的结论，即进化论。这个过程和证明大屠杀的过程没什么两样。下面是证据集中的一个范例：

书面文献：数以百计或千计的信件、备忘录、设计蓝图、命令、单据、演讲、文章、论文集和供状。

目击证人证词：幸存者的叙述、狱卒、纳粹小头目、纳粹党卫军、司令官、当地市民，甚至是那些承认大屠杀的上层纳粹分子。

照片：官方的军事和新闻照片与胶卷、民间拍摄的照片、囚犯们偷偷拍下的照片、航空照片、德国和同盟国的电影胶卷。

客观证据：在某些集中营、劳动营和死亡营中发现的人造物品。尽管程度不同，但很多物品仍保留或经过重建后恢复到原来的样子。

人口统计：所有那些否定者宣称在大屠杀中存活下来的人都不见了。

大屠杀的否定者忽略了各种证据的汇集。他们只捡出有利于自己理论的那些证据，对于其他的，或者有意逃避，或者置之不理。历史学家和科学家也要对证据进行筛选，但与否定者的不同。历史和科学是可以自我完善的机制，一个人的错误可以在同行（真正意义上的同行）那里得到"纠正"。修正本身指的是在新证据或对原有证据新的解释的基础上对现有理论进行修改。修正的原则不应该基于政治意识形态、宗教信仰或其他人类情感。当然，历史学家也是有感情的人，但他们是真正的修正主义者，因为历史的证据最终会把主观的谷糠和事实的麦粒区别开来。

现在让我们来考察一下，证据的汇总怎么证明大屠杀确实发生过，否定者又是怎样选择歪曲资料来支持自己的观点的。有位幸存者说他在奥斯威辛集中营时听说过用毒气毒死犹太人的事。否定者说这个幸存者夸大事实，他的记忆也不可靠。另一位幸存者也讲述了一个相同的故事，虽然细节不同，但大致也是关于奥斯威辛集中营毒死犹太人的。否定者宣称，集中营里到处流传着一些诸如此类的谣言，很多幸存者听了后把这些谣言进行加工，最后成了自己的记忆。战后，一个纳粹党守卫坦白说，他实际上看到过有人被毒死并且被火化掉。

否定者又说，这些供述都是同盟国强迫那些纳粹分子承认的。但是现在有一个来自纳粹特遣队的成员，一个曾经帮纳粹把尸体从毒气室搬运到火葬场的犹太人。这个纳粹兵说，他不仅听说过，而且亲眼目睹了犹太人被毒死的过程，实际上他本人曾参与其中。否定者解释说，来自特遣队的言论根本没什么意义，因为他们夸大了死者的数目，就连屠杀发生的具体日期都弄错了。那么集中营的司令官呢，战后他可是坦白说他不仅听说过、目睹过、参与过，而且还一手操纵了整个的屠杀过程？那是因为他受到了酷刑，否定者说。但是关于他的自传呢？那可是他在受到审判、定罪、被判处死刑后写的，那时他根本就没有必要撒谎。否定者的解释是，没人会知道为什么有些人竟承认那些荒诞不经的罪行，但有些人就会那么做。

没有一个单一的证据能证明"大屠杀"的存在。但把所有的证据编织到一起就会形成一个模式、一个有根有据的故事，否定者的故事就会由此而分崩离析。不是历史学家必须提供"一个证据"，而是否定者现在得用 6 种不同的方法来否定 6 份不同的历史资料。

我们所拥有的证据远不止这些。我们有进行毒气室和火葬场计划的宏伟蓝图。否定者称，那只是用来清除虱子和处理尸体的。多亏同盟国挑起对德战争，德国人才没有机会把犹太人流放到原籍，相反他们把犹太人关进了拥挤不堪、疾病和跳蚤泛滥成灾的集中营。纳粹党大量订购齐克隆-B 又怎么说呢？主要是用来清除集中营中患病者身上的虱子。阿道夫·希特勒、海因里希·希姆莱、汉斯·弗兰克和约瑟夫·戈培尔等所做的那些关于"灭犹"的演讲又如何解释？哦，就像把犹太人流放出第三帝国一样，他们主要是想"根除"犹太人。那么阿道夫·艾希曼在审判时的供词呢？那是因为他受到了威胁。难道德国政府自己就没承认过纳粹试图灭绝欧洲的犹太人吗？是的，他们承认过，但他们是在撒谎，这样他们才能重新加入国际社会。

现在，否定者必须得对能得出同一个结论的至少 14 个不同的证据做出合理的解释。这些证据将不断地汇集下去。如果那 600 万名犹太人没有死，那他们去哪儿了？否定者说，他们去了西伯利亚、皮奥里亚、以色列和洛杉矶。可为什么他们彼此之间又找不到呢？找得到。你没听说过阔别多年的兄弟姐妹最后终于联系上的故事吗？解放集中营时所拍摄的和新闻影片中所有那些尸体和饥饿的犹太人呢？那些人一直受到很好的照顾，直到战争末期同盟国无情地轰炸德国的城市、工厂和资源供应线，使食物无法运送到集中营去。纳粹曾英勇地挽救过那些囚犯，但同盟国的联合力量实在太强大了。囚犯们讲述的那些纳粹暴行，即乱射狂打、悲惨的环境、冰冷的温度、一批接一批的死者，以及其他诸如此类的事该如何理解？否定者说，那是由战争的本质决定的。美国人拘留了日籍美国人和纯粹的日本人及日本民族主义者。日本人囚禁过中国人。苏联人又折磨过波兰人和德国人。纳粹和其他人没什么分别。

现在我们有18个可以汇集得出同一个结论的证据。对每个证据否定者都能找出点碴儿，坚决把自己的信仰坚持到底。他们用的是"事后合理化"的方法，即用事后推理来证明相反的证据，然后要求研究大屠杀的历史学家来否定他们的推理。汇总那些支持大屠杀的材料表明，历史学家已经完成举证责任。否定者要求每一个单独的证据都能证明大屠杀的存在，那是因为他们忽视了一个事实：没有哪个历史学家曾宣称单一的证据可以证明大屠杀或其他事的存在。我们必须把单一的证据作为整体的一部分进行考察，这样就可以认为大屠杀已被证明存在过。

意　图

否定大屠杀的观点中第一个主要的核心是，基于种族的大屠杀并不是希特勒及其追随者的预谋。

阿道夫·希特勒

否定者凡事总是喜欢采用自上而下的策略，这里我也采用这种方式。大卫·欧文在其 1977 年所著的《希特勒的战争》一书中辩论说，希特勒根本就不知道大屠杀的存在。那以后不久，他的观点宣传到哪里，他的钱就摆到哪里。他发出悬赏说，只要有人能提供出文献证据，确切地说，一份能证明希特勒发动大屠杀的书面文献，他就奖给他 1000 美元。我所谓的"快照谬误"中的一个经典的例子便是从历史的银幕中摘选出一个小小的片段来作为自己的证据。欧文在《希特勒的战争》的第 505 页提供了一份希姆莱在 1941 年 11 月 30 日的电话记录。这一天，纳粹首领"从希特勒在'狼穴'里的碉堡"给帝国的二把手（帝国安全司令部部长）赖因哈德·海德里希打电话，下令说："不应该'清算'犹太人。"欧文从这句话里得出结论："元首下过命令，说不准清算犹太人。"（1977，第 504 页）

但是，我们必须通过快照所处的背景来研究快照本身的含义。正如劳尔·希尔伯格所指出的，希姆莱日志的全部记录是这样的："把犹太人从柏林弄走。没有清算。"这是指对某些犹太人实施的某一次特别的流放行动，而不是指整个的犹太人群。而且希尔伯格还惊叹道："流放竟成了清算。不是执行者忽视了这个命令，就是命令下达得太晚了。犹太人已被转移到里加（拉脱维亚的首都）。"（1994）况且，希特勒取消清算命令，言外之意就是清算运动当时正在进行。这也满足了大卫·欧文 1000 美元悬赏的挑战和罗伯特·法利森"一个证据"的要求。如果当时没有实施灭绝犹太人的计划，那希特勒为什么觉得有必要停止某一次的灭绝活动呢？希姆莱的这个记录也表明，发动种族灭绝运动的不是希姆莱或戈培尔，而正是希特勒本人。对于希特勒在这次运动中的角色，斯比尔曾做出这样的评价，"我猜，或许他没太涉足大屠杀技术方面的问题，但由枪击转向毒气室的决定肯定是他做出的。这一点我很清楚，理由也很简单，不经他的允许谁也不能就任何重大的事情做出最后的裁决"。（Sereny 1995，第 362 页）正如伊斯拉埃尔·古特曼所指出的，"有关犹太人的所有重要决定希特勒都参与过。他周围的人总是喜欢把自己的计划和设想告诉他，因为他们知道他对此（犹太人问题）感兴

趣。他们想取悦他，成为帮他实现他的愿望和意志的功臣"。(1996)

希特勒是否确切地下达过灭绝犹太人的命令并不重要，因为这个命令根本就用不着说出来。大屠杀"不仅仅是法律和命令的产物，它更是一种精神，一种共同的理解、共识和同步进行的活动"。这种精神在希特勒的演讲和作品中交代得很清楚。从其早期的政治漫谈到最后在柏林碉堡的彻底垮台，希特勒对犹太人的成见始终没变。1922年4月12日，在慕尼黑的一次演讲中，希特勒对台下的观众说："犹太人是分解人民的细菌。也就是说，犹太人存在的本质就是为了毁灭，这个民族必须被毁掉，因为他们根本就没有为大众谋福利的任何观念。这个民族有些与生俱来的劣根性，他自身永远都无法摆脱这些劣根性。犹太人的存在对我们是有害的。"（Snyder 1981，第29页）这个演讲后来发表在《国家观察员》的报纸上。23年后（1922—1945），当他的世界开始剥落瓦解时，他说："我当着全世界的面公然反对犹太人……我已非常清楚地表明，犹太人这个寄生在欧洲体内的寄生虫迟早会被清除掉。"（1945年2月13日；Jackel 1993，第33页）他还宣称："首先，我要求各个民族的领导人及其所率领下的人民严格遵循种族法律，无情地反对各个民族共同的敌人，即国际犹太主义。"（1945年4月29日；Synder 1981，第521页）

在这期间，希特勒还发表过几百个同样的声明。比如说，在1939年1月30日的一次演讲中，希特勒这样说道："今天，我想再度成为一个预言家：如果国际金融对欧洲内外的犹太人赞助并使各个国家再卷入另一场世界大战的话，那结果将不会是布尔什维克的天地，因此也不会是犹太人的胜利，而是整个犹太民族在欧洲大陆的灭绝。"（Jackel 1989，第73页）希特勒甚至这样对匈牙利的元首说："在波兰，事态已经……很清楚，如果那儿的犹太人不想干活，就应该枪毙。如果他们不能干活，那么就应该把他们像肺结核细菌那样清除掉，因为他们会感染那些健康的身体。自然界中像兔子和鹿这样无辜的动物，一旦得病就得杀掉，以免它们传染疾病。如果人们能明白这一点，也就不会觉得对犹太人残忍了。就连无辜的动物都要受到这样的惩罚，为什么我们要放过那些想让我们接受布尔什维克主义的混蛋呢？"（Sereny 1995，第420页）还要引用多少诸如此类的言辞才能证明是希特勒下令屠杀了100个、1000个、1万个犹太人呢？

纳粹精英所谓的"灭绝"

大卫·欧文和其他的否定者通过玩"灭绝"一词的文字游戏使希特勒的那些演讲听上去好像不那么杀气腾腾。现代字典中对"灭绝"一词的解释是"清除、灭绝或毁灭"。很多纳粹演讲和文献中只要提到犹太人，就会用到这个词儿。但是欧文坚持认为，灭绝的真正含义是"清除或根除祸害"，并且辩论说"这个词在现在（1994年）是这种意思，但阿道夫·希特勒指的是另一种意思"。但仔细核查一下那个时代的字典，灭绝还是"灭绝"的意思。欧文又用"事后合理化"的推理来辩论：

> 不同的词由不同的人说出来便有不同的含义。问题是当时希特勒提到这个词儿时到底指什么。首先，我请大家注意一下那个记载着1936年8月4日计划制定情形的备忘录。阿道夫·希特勒在备忘录中是这样说的，"这4年内，我们的军队要始终处于战备状态，这样我们随时都可以与苏联开火。如果苏联成功地征服了德国，那么德国人民将面临着毁灭的危险"。这就是"灭绝"这个词所出现的语境。这里，希特勒提到"灭绝"这个词绝不是指8000万的德国人将遭到实质性的毁灭，而是指德国这个民族的势力将遭到削弱。（1994）

这里我要指出，在1944年12月举行的一次有关在阿登高地反击美军的会议上，希特勒命令他手下的将军"一批一批地把美国人收拾干净"。这难道是说希特勒在命令手下把美国人从阿登高地一批一批地运送出去？欧文对此这样反驳道：

> 我们可以把这次讲话同他 1939 年 8 月就波兰问题作的一次演讲比较一下，在这次演讲中他说，"我们要摧毁波兰的有生力量"。下令摧毁任何一股敌对势力，是任何一个指挥官都会行使的权力。如何摧毁敌人或如何"把他们赶出去"或许是比较中听的措辞，却不实际。如果你俘虏了美国兵，不管他们是做了战俘还是捐躯沙场，他们所受到的摧残都是一样的。这就是"灭绝"一词在这里的含义。（1994）

但纳粹党卫军突击队头目鲁道大·布兰德特用这个词是什么意思？布兰德特就"灭绝感染整个国家的肺结核病"这一问题专门写信给柏林的纳粹党卫军医师格拉威兹博士。一年后，已成为纳粹行政长官的布兰德特在给继海德里希之后成为国家安全总局局长的厄内斯特·卡尔登勃鲁纳的信中提到，"我把加快欧洲占领区犹太人灭绝速度的新闻发布大纲邮寄一份给你"。这是同一个人用同一个词儿来谈论根除肺结核病和犹太人的进程。（见图 20）在这样的上下文中，灭绝除了"灭绝"的意思还能指什么呢？

汉斯·弗兰克对这个词儿的运用又该做怎样的解释呢？在 1940 年 10 月 7 日举行的一次纳粹会议上，弗兰克在总结他作为德国占领区波兰行政总管第一年的工作时这样说道，"在仅仅一年的时间内，我无法把所有的跳蚤和犹太人都清除掉。但是随着时间的推移，在大伙的帮助下，我想这个目标不难达到"。（Nuremberg Doc. 3363-PS，第 891 页）1941 年，弗兰克在总督克拉科奥的办公室就即将召开的瓦恩西会议而举行的一次政府工作会议中致辞：

> 目前，据政府部门统计，大约有 250 万个犹太人，加上这些犹太人各种各样的亲戚朋友，犹太人的数目达到 350 万人次。我们不能把所有这些犹太人全都枪毙，也不能把他们统统毒死，我们将

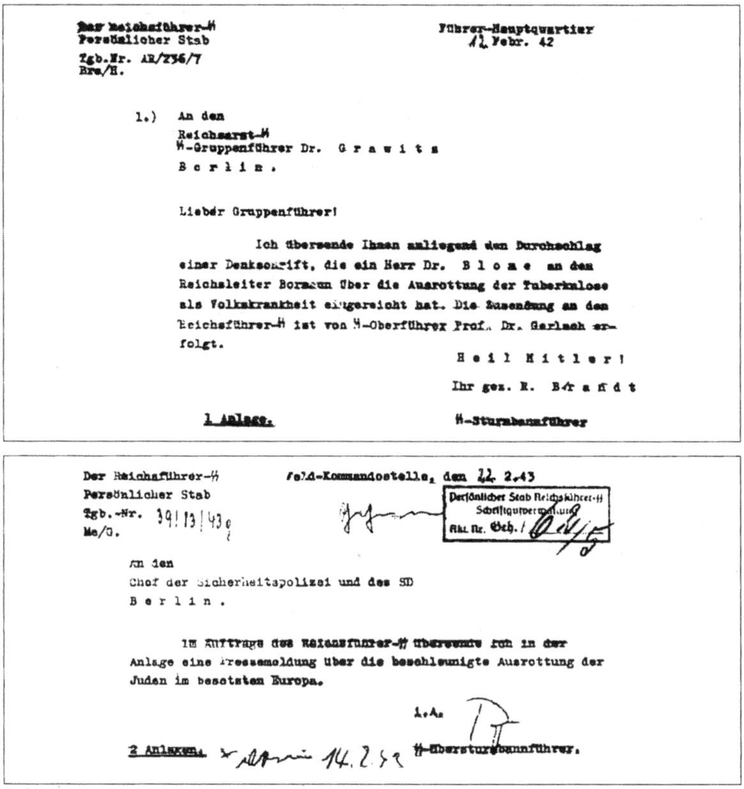

```
Der Reichsführer-SS              Führer-Hauptquartier
Persönlicher Stab                12. Febr. 42
Tgb.Nr. AR/236/7
Bre/H.

    1.) An den
        Reichsarzt-SS
        SS-Gruppenführer Dr. Grawitz
        Berlin.

        Lieber Gruppenführer!

                Ich übersende Ihnen anliegend den Durchschlag
        einer Denkschrift, die ein Herr Dr. B l o m e  an den
        Reichsleiter Bormann über die Ausrottung der Tuberkulose
        als Volkskrankheit eingereicht hat. Die Zusendung an den
        Reichsführer-SS ist von SS-Oberführer Prof. Dr. Gerlach er-
        folgt.
                                H e i l  H i t l e r !
                                Ihr gez. R. B r a n d t

        1 Anlage.               SS-Sturmbannführer
```

```
Der Reichsführer-SS       Feld-Kommandostelle, den 22.2.43
Persönlicher Stab
Tgb.Nr. 39/13/43 g
Me/G.

    An den
        Chef der Sicherheitspolizei und des SD
        Berlin.

                Im Auftrage des Reichsführers-SS übersende ich in der
        Anlage eine Pressemeldung über die beschleunigte Ausrottung der
        Juden im besetzten Europa.
                                i.A.
        2 Anlagen               SS-Obersturmbannführer.
```

The Reichsführer SS   Field Command Post
Personal Staff   Secret   Feb. 22, 1943
(Diary Entry No.)
To: Chief of Sicherheitspolizei [Security Police] and
    SD [Security Service]
    Berlin

As ordered by the SS Reichsführer, I am sending you the outline
of a press announcement concerning the accelerated extermination
of the Jews [Ausrottung der Juden...] in occupied Europe.
                                On behalf of
                                SS Obersturmbannführer

Two Enclosures

The "Ausrotten" Debate—the Meaning of "Extermination."

The February 12, 1942, memo from SS Sturmbannführer Rudolf Brandt to the SS Reichsdoctor Dr. Grawitz, proves that he means "to kill" TB when speaking of the "Ausrottung der Tuberkulose" in the first paragraph, as he does in the second document which translates "... concerning the accelerated extermination of the Jews in occupied Europe." The same man is using the same word to discuss the same process of extermination for both TB and Jews. Documents and translation courtesy of National Archives, Washington, DC.

图 20　1942 年 2 月 12 日，鲁道夫·布兰德特写给纳粹医生格拉威兹的手迹（顶端）；1943 年 2 月 22 日写给纳粹长官厄内斯特·卡尔登勃鲁纳关于灭绝犹太人的手迹（底端）

第十四章　我们怎么知道大屠杀确有其事

不得不采取某些措施，以达到彻底灭绝的目的。关于这一点，我们将和第三帝国所采取的重大举措结合起来考虑。像第三帝国那样，帝国占领区的领域内也必须清除犹太人。怎么达到这样的目的取决于所采用或创造的手段，关于这种手段的效果届时我会通知大家。（原材料翻译，国家档案，华盛顿特区，T922，PS2233）

如果照欧文和其他的否定者所宣称的那样，"最后解决"指的是流放出第三帝国，那弗兰克是要用火车把跳蚤流放出波兰吗？为什么弗兰克在会议上提到除枪杀或毒死之外的灭绝方式呢？

下面是约瑟夫·戈培尔日记中的一部分内容。戈培尔是柏林总督、第三帝国的宣传部长、帝国负责执行战争计划的全权代表。其日记的内容如下：

1941年8月8日。关于华沙犹太人区内流行的天花麻疹伤寒病："是那些犹太人在传播传染病。应该早点儿把他们关到难民营里，让他们自生自灭，或趁早清除掉他们。不然的话他们会把病传染给那些文明的国家。"

1941年8月19日。拜访过希特勒的司令部后："首相坚信他对'雷希塔格'的预言会实现：如果犹太人胆敢再挑起战争，那么他们的末日也就到来了。这几个星期几个月来，这预言正在一步步地变成现实，这使整个事态都显得有些可怕。东方的犹太人正在付出代价，在德国这代价已经支付了一部分，将来他们还将继续付出。"（Broszat, 1989, 第143页）

希姆莱也经常谈论到"灭绝"犹太人这个话题。这个证据也表明否定者对这个词的定义是错误的。比如说，在1937年关于基督教发展史的一个演讲中，希姆莱告诉他的纳粹指挥官说："我坚信，当初罗马皇帝灭绝最初那些基督教徒的行径和我们对待共产党的手段毫无二致。罗马帝国时代，基督教徒是城市中最邪恶的渣滓。同样，我们这个城市中也居住着最邪恶的犹太人和最邪恶的布尔什维克人。"（Padfield 1990，第 188 页）1941 年 6 月，希姆莱通知奥斯威辛集中营的司令官鲁道夫·霍恩斯，说希特勒已下令就犹太人问题做出"最后解决"，霍恩斯将在奥斯威辛集中营中起着举足轻重的作用：

> 这是一个艰难而又辛苦的任务，不管有多大的困难，它都要求你全身心地投入。不久，国家安全总局（RSHA）的艾希曼会去找你，届时他会告诉你这次行动的详细细节。加入这次行动的有关部门也会在适当的时间予以通知。但是对于这个计划必须严格保密，即使对你的上司也不要透露。犹太人是德国人民永久的敌人，必须予以清除。在战争中遇到的所有犹太人都要毫无例外地清除掉。如果我们不把犹太人连根拔除，总有一天德国人民会毁在他们的手中。（Padfield 1990，第 334 页）

希姆莱发表了很多诸如此类的混蛋演讲。其中，最臭名昭著的要数 1943 年 10 月 4 日对纳粹党卫军的演讲了。这次讲演被录在一种氧化的红色磁带上。希姆莱演讲时不断地参考自己的笔记。刚开始讲话时，他还关了下录音机查看一下录音效果。然后他继续演讲。知道自己的话都要被录下来，他一连讲了 3 个多小时，谈及了无数个话题。这其中包括军事和政治形势、斯拉夫民族和种族之间的混合，以及优越的德意志民族怎样帮助他们赢得战争等诸如此类的话题。演讲进行了两个小时后，希姆莱开始谈论 1934 年纳粹党内对叛变分子的血腥镇压，以及对"犹太人进行灭绝"的计划。

> 这里我还想十分坦率地指出一个非常棘手的问题。现在我们之间可以公开谈论这个问题，但不能把这个问题公布于众。就像 1934 年 6 月 30 日，我们为恪守命令，履行自己的职责，毫不犹豫地处决了那些遭到失败的同志。我们从来都没谈论起这件事，以后也不会谈论。感谢上帝给我们足够的毅力来对此事保持缄默，从来

都不谈论它。我们都感到害怕，可大家心里明白，如果下一次接到同样的命令，如果有必要的话，我们还会做出同样的事。

我现在谈论的是清除灭绝犹太民族。这件事说起来容易，"犹太人应该被清除掉"，每一个党员都会这么说，"事情明摆着，这是我们的计划，即清除或灭绝犹太人。就是这样"。然后，那8000万英勇的德国人都行动起来，每个人都能从容自如地对付那些犹太人。很明显，其余那些人都是猪，但这其中非常特别的一头猪就是那了不起的犹太人。但所有那些用这种口吻谈论这件事的人中，没有一个曾察觉到这点儿，也没有一个人能忍受这一点儿。在座的大部分人都明白，当看到100具尸体一个一个摆在那里、500具尸体并排躺在那里，还有1000具在排队等候意味着什么。坚持挺过这种场面，同时又能保持自己的体面，使我们变得强硬，排除那些由人性的弱点引起的感伤。这是一项空前绝后的光荣行为。因为我们清楚，如果我们容忍那些犹太人继续在每一所城市秘密地进行颠覆、煽动和扰乱民心的活动，我们的轰炸计划、战争所面临的负担和困难将会多么严重。如果犹太人仍然是德意志民族的一部分，我们的国家很有可能又回到1916年至1917年时代的状况。（原材料翻译，国家档案，华盛顿特区，PS series 1919，第64—67页）

欧文对这段引言的反应也很有趣：

欧文：我保存着一个希姆莱在1944年1月26日的演讲报告。在这次演讲中，他面临的是同样的一批听众。这次希姆莱以更坦率的口气谈到"灭绝"德国的犹太人。他宣布说实际上他们已经彻底解决了犹太人的问题。在场的听众都跳起来鼓掌。一位上将事后回忆说，"当那个人（希姆莱）宣称他已经把犹太人全部杀光时，我们都在波兹南。我仍清楚地记得他告诉我们这件事时的情形。'如果有人问我，'希姆莱说，'你怎么连孩子都杀了，那我只能说我还没有那么懦弱，把自己能做的事留给我的孩子们去做。'"这倒很有趣。后来,一个被英国俘虏的海军上将把这段话录了下来。希姆莱并没有意识到他的话被别人录了下来,这盘磁带很好地总结了希姆莱演讲的实际内容。

舍默:这听起来好像是他打算屠杀犹太人,而不单单是把他们流放出帝国。

欧文:我同意。希姆莱的确提到过这一点儿。准确地说,他是这样说的,"我们要把犹太人清除干净。我们要谋杀掉他们。我们要把他们杀死"。

舍默:这些话还有什么言外之意吗?

欧文:是的。希姆莱承认我所提到的 60 万。但问题的关键是,希姆莱哪儿也没说"我们要杀死几百万的犹太人"。他也没说要杀死成千上万的犹太人。他只是在谈论解决犹太人问题的办法,说他们将不得不把妇女儿童都杀掉。(1994)

欧文又陷入了"专案合理化"的思想误区。既然希姆莱没有准确地说出到底要杀几百万,所以他真正指的是几千个。但请注意,希姆莱也从来没说过几千个。欧文只是在推测他想推测的东西。实际被屠杀的数目来自别的一些资料,这些资料和希姆莱的演讲以及其他一些零碎的证据一起都指向同一个结论,即希姆莱指的是几百万的犹太人将遭到杀害。惨遭杀害的犹太人事实上也就是几百万。

党卫军特别行动队(别动队)

最后,一些来自纳粹下层官员的证据也充分证明希特勒的种族灭绝政策。别动队是纳粹占领区内一些负有特殊使命的机动党卫军和警察部队。他们主要的任务是在德国占领某些村镇前清杀当地的犹太人和其他一些不受欢迎的人。比如说,1941 年到 1942 年冬天,别动队 A 的报告中显示,在爱沙尼亚遇害的犹太人有 2000 个,在拉脱维亚 7 万个,立陶宛 136421 个,白俄罗斯 4.1 万个。1941

年11月14日,别动队B报道说有45467个犹太人遭到枪杀。1941年7月31日,白俄罗斯的总督报道说,前两个月中遭到杀害的犹太人有6.5万个。据别动队C估计,到1941年12月为止,被他们杀死的犹太人达9.5万个。1942年4月8日,别动队D报道说他们共杀死了9.2万个犹太人。不到一年的时间犹太人的死亡总数达546 888人。

在《逝去的美好时光:当局者和旁观者眼中的大屠杀》(1991)这本书中,可以看到无数份别动队成员的目击证词(Klee, Dreseen, and Riess, 1991)。比如说,1942年7月27日(星期天),纳粹指挥官卡尔·科瑞什默给妻子索斯卡写过一封信。信中,他首先为没有经常写信回去而感到抱歉,原因是他身体不太舒服,"情绪又低落",因为"目睹这儿发生的一切让人伤感而且变得残忍"。他解释说,他"沮丧的心情主要是因为看了太多死人(包括妇女和儿童)"。那些死人是谁?当然是犹太人。犹太人应该去死,因为"在我们看来,这是一场反犹太人的战争,犹太人应该首先能感觉到这一点儿。在苏联,只要德国兵到过的地方,就不会再有犹太人。你可以想象得出,起初,我真需要一些时间来努力使自己适应这一切"。在随后的一封信中(没标日期),他给妻子解释说,"这里不容许有任何怜悯和同情。如果敌人占了上风,家里的妇女儿童根本就别指望有什么同情和怜悯。也就是因为这个,只要需要,不论我们走到哪里,都要赶尽杀绝。而另一方面,那些俄国人都是些头脑简单、唯命是从的家伙。这儿再没什么犹太人了"。最后,在1943年10月19日一封署名为"你值得我所有美好的祝愿和全部的爱,你爸爸"的信中,科瑞什默给汉娜·阿伦特所谓的"平庸的恶"提供了一个范例:

> 如果不是因为对我们在这个国家做的事产生了愚蠢的想法的话,这收入很不错,因为我可以很好地养活你们所有的人。以前信中我给你提过,我应该得到这份薪水,也认可它所产生的后果。"愚蠢的想法"这一措辞不是很准确。不能目睹死人的惨状是一个

弱点，克服这个弱点最好的办法就是经常去杀人。这样杀人会变成一个习惯。(第163—172页)

或许并不存在进行种族灭绝的书面命令，但纳粹的这种意图已昭然若揭，妇孺皆知。

意图主义－功用主义之争

战后的几十年里，历史学家一直就"意图主义"和"功用主义"的问题辩论不休。意图主义者认为，希特勒从20世纪20年代起就有对犹太人进行种族灭绝的意图，30年代的纳粹政策也是根据这个目标而制定的，对苏联的入侵也与对犹太问题的"最后解决"息息相关。相反，功用主义者认为，纳粹最初的计划主要是为了把犹太人驱逐出境，后来对俄战争失败后，才逐渐演化出"最后解决"方案。研究大屠杀的历史学家劳尔·希尔伯格认为，这些只是人为的区别，"真实的情形要复杂得多。我认为希特勒下达过灭犹命令，但这个命令本身却是一个过程的产物。希特勒说过很多同类性质的话，这些话鼓励官僚机构按某种思路去主动展开一些活动。整体说来，我认为，任何有组织的射杀，尤其是对年幼的孩子和老人，任何一种形式的毒气活动，都来自希特勒的命令"。(1994)

历史证据证明，意图主义的观点没能经得起时间的考验。正如罗纳德·海德兰德所概括的，直接的原因是，人们逐渐意识到，"国家社会主义竞争激烈，本质几乎是无政府和无统一的领导。这种本质表现在其各式各样的竞争对手、无处不在的个人政治、各个机关中时时刻刻都在进行的权力角逐等各个方面上……或许功用主义最大的好处在于，它能栩栩如生地描绘出第三帝国的混乱本质，以及其领导人决策中所牵扯到的各种复杂因素"。(1992，第194页)但功用主义可行的最终原因是，有些事件，尤其是像大屠杀这样随时都可能发生的复杂事件，很少按计划或预期的方案发生。在研究大屠杀的学者耶胡达·鲍尔的眼里，即使1942年1月纳粹最终决定实施"最后解决"的瓦恩西会议，"最后解决"也是从最初的驱逐到最终的灭绝计划实施过程中一个偶然的举措。瓦恩西会议后，纳粹制定了一个实际的计划，准备把犹太人发配到马达加斯加去，而且试着把犹太人卖掉，以换取现金，这个计划有力地佐证了上述观点。鲍尔引用了希姆莱在1942年12月10日所做的笔记，"我就把犹太人当作赎金这个问题征求元首的意见。元首说如果犹太人可以换回数量可观的外汇，我可以全权受理这件事"。(1994，第103页)

这种功用主义的视角难道就说明纳粹没有灭绝犹太人的意图了吗？不是这样的，鲍尔说，这种视角只是表明了历史发展的复杂性和某些历史时刻的权宜性：

> 战前的德国，移民出境的政策最适合当时的国情。当移民政策效果缓慢或不彻底时，把犹太人驱逐到像苏联和马达加斯加这些真正的日耳曼雅利安人很少居住的"原始"地带便成为权宜之计。1940年晚期和1941年早期德国产生了要控制欧洲、通过控制欧洲进而控制世界的野心时，这时驱逐的手段也难遂人意。基于纳粹人的逻辑思维，大屠杀的政策便应运而生。所有这些政策的制定都为了达到一个目的：清除犹太人。(Bauer 1994，第252—253页)

这里所形成的功用顺序如下：从把犹太人驱逐出德国（包括充公犹太人大部分的财产和家园），集中隔绝（通常把他们关押在过分拥挤和肮脏的环境内，使之身染重病而死），再对其实行经济剥削（无偿的强劳动，因过度劳累和饥饿而死去），直到最后彻底的种族灭绝。古特曼同意这种历史偶然性的观点："'最后解决'的制定是从最底层开始的，先是从局部开始，而后从一处到另一处不断地升级，直至最后成了一个广泛存在的现象。我不知道这是否称得上是一个计划。但可以说是个蓝图。是一系列反对犹太人的举措最后导

致了大屠杀政策的制定。"（1996）

大屠杀也可以用反馈环的模式加以描述，这个反馈环是由信息、意图和行为的不断流入流出而形成的（见图21）。从1933年纳粹掌权并且开始制定反对犹太人的法律开始，到"打砸抢之夜"和其他对犹太人的暴力行为，再到把他们流放到难民营和劳动营，一直到最后在劳动营和死亡营中对其实施的灭绝政策。驱动这整个过程的是像仇外主义、种族主义和暴力行为等内在的心理因素和以下几个外在的社会因素相互作用的结果。这些社会因素包括：严格的社会等级制，强硬的中央集权制度，不容异己（宗教、种族、民族、性别和政治上的异己分子），用暴力机制来处理异端分子，经常采用暴力的手段强迫法律的实施，以及漠视公民的自由权利，等等。克里斯托弗·布朗宁极其精练地概括了第三帝国内这种反馈环的运行：

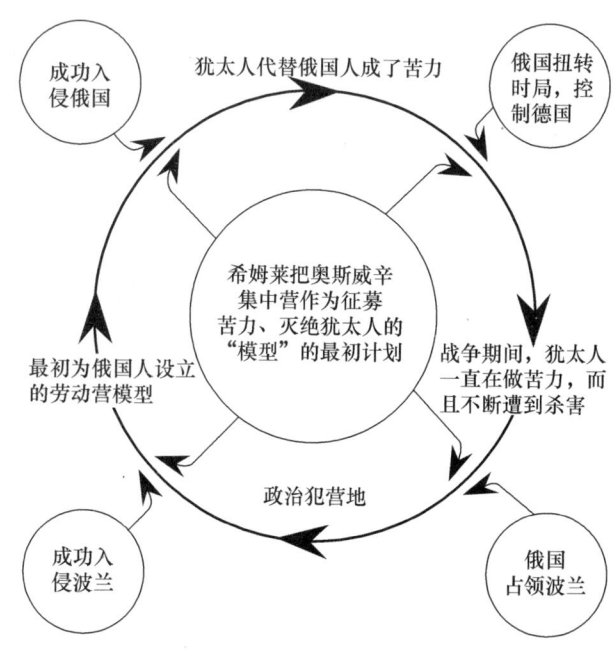

图21 大屠杀反馈环。内在心理状态和外界社会环境交互作用可能产生一个种族屠杀的反馈环

总而言之，纳粹官僚已经深深地卷入，并且忠诚地去"解决犹太人的问题"。种族灭绝这一最后的决策是不断积累形成的，不是突然间的大飞跃。他们已经投身于一场政治运动、一种职业或一项任务中去。他们所居住的环境已经弥漫了大屠杀的气息。这不仅包括那些他们没有直接参与的计划，如对波兰知识分子的清算、在德国把那些精神不好或有残疾的人用毒气毒死，一直到在苏联进行的大规模的毁灭战。这还包括在他们眼皮底下发生的大规模屠杀和死亡，让那些关在罗兹营中的犹太人忍饥挨饿，在西尔比亚的惩罚性远征和报复性枪杀。纳粹分子这一桩桩劣行的本质表明，这些人已经表明了自己的立场，发展了自己的职业兴趣。是这些立场和兴趣不可避免地导致使用同样的杀戮手段解决犹太人问题。（1991，第143页）

历史向人们揭示了人类行为的复杂性，但这些复杂性所显示的却是一些简单的本质特点。希特勒、希姆莱、戈培尔、弗兰克以及其他一些纳粹分子一心一意想解决犹太人问题，主要是因为他们是恶毒的反犹主义者。开始时或许他们只是想重新解决犹太人的问题，后来却以种族屠杀而结束。这是因为历史的最终轨迹是由某一个特殊的时刻与之前的种种意图相互作用而形成的。希特勒及其追随者从功用和意图的角度铺设了一条历史之路，这条路最后只能通向集中营、毒气室和火葬场，以及成百万犹太人的死亡。

毒气室和火葬场

大屠杀否定论的第二个核心是毒气室和火葬场并不是进行大屠杀的工具。怎么会有人否认纳粹用过毒气室和火葬场呢？不管怎么说，很多集中营中现在还保留着一些这样的设施。为了揭露真想，否定者们就不能亲自去看看吗？有关这一方面的证据呢？1990年，阿尔诺·迈耶在《天堂为什么没有暗下来？》一书中指出，"研究毒气室的资料很少，又不可靠"。否定者们引用这句话来为其立场辩护。迈耶是普林斯顿大学一位颇有名望的外交历史学家,这样你便明白,能引用这样一位权威人士的话来佐证自己的观点,否定者们或许会感到很得意。但是那句话的上下文却是:

> 研究毒气室的资料既很少,又不可靠。即使希特勒和纳粹对反犹的意图直言不讳,纳粹特务也会例行公事地清除掉其行动和器具上的谋杀痕迹。到目前为止,没发现实施毒气室计划的书面命令。在苏联军队开进德国之前,纳粹党卫军不仅毁掉了大部分的集中营记录,这些记录绝非完整,而且把几乎所有的谋杀火化设施全都夷为平地。同样,那些犹太人的尸骨也被小心翼翼地处理掉了。(1990,第362页)

显而易见,迈耶想论证的不是大屠杀中有没有用毒气室。他的这段话极为简练地总结了为什么大屠杀所留下的客观证据没有人们期望的那么明显。

否定者并不否定毒气室和火葬场的存在,但他们宣称,这些设施主要是用来清除衣服和毯子上的跳蚤的,而火葬场主要是用来处理"自然"死亡的尸体的。在详细考察纳粹用毒气室作为大屠杀工具的证据之前,我们先大体看看不同资料汇聚而成的证据:

纳粹官方文献:大量订购齐克隆-B(氢氰酸气体的商品名)、修建毒气室和火葬场的蓝图、订购毒气室和火葬场建筑材料的订单。

目击证人证词:幸存者的叙述、犹太人的日记、纳粹卫兵和司令官的供词等都证明了毒气室和火葬场是进行大屠杀的工具。

照片:有关集中营的照片、在奥斯威辛集中营秘密拍摄下的焚烧尸体的照片、同盟国空中侦察兵在奥斯威辛集中营——伯肯奥拍摄的囚犯们被赶进毒气室的照片。

集中营本身:集中营建筑物本身以及里面保留的人造物品。经现代法医鉴定,那里的毒气室和火葬场曾用来屠杀过一大批人。

这些资料来源中没有哪一个单独可以证明毒气室和火葬场是种族屠杀的工具。但各方面资料汇合起来却不可阻挡地得出这样的结论。比如说，纳粹分子根据上面下达的书面命令把大批齐克隆-B运送到集中营。这个结论可以从营中残留的煤气罐，以及目击证人提供的在毒气室中曾使用过齐克隆-B的供词中总结出来。

至于毒死过程本身，否定者反问：为什么没有一个受害人能说出详细过程？（Butz，1976）这个问题好像是在问，为什么那些在柬埔寨杀人场上丧生或在斯大林时期冤死的人不能活过来指控杀害他们的刽子手呢？我们的确拥有几百份来自纳粹党卫军和纳粹医生的目击证词，而且还有把犹太人尸体从毒气室里拖到火葬场的纳粹小头目的供词。在其《目击奥斯威辛集中营：毒气室中的三年生活》一书中，菲利普·缪勒这样描写了奥斯威辛集中营的骗局和用毒气毒死犹太人的过程：

> 两个纳粹党卫军士兵在门口的两边各就其位。其余的士兵挥动着手中的警棍，不停地大声喊叫着，像追赶猎物那样追逐着一个个赤身裸体的男人、女人和孩子，把他们赶进火葬场内的一个大房间。有几个纳粹党卫军士兵离开了火葬场，最后离开的士兵从外面锁上了入口的大门。很快，越来越大的喷嚏声、尖叫声和求救声从门内传了出来。我听不清他们在喊些什么，因为那阵阵呐喊声很快就被咚咚的砸门和撞门声淹没了，其中还夹杂着呜咽声和哭喊声。过了一段时间，嘈杂声变得越来越弱，也听不见什么尖叫声了。只是偶尔听见几声呻吟、嘎嘎声和闷闷的砸门声从门缝里传过来。但很快连这最后的一点声息也消失了。在突然来临的静寂中，我们每个人都感觉到这种可怕的大屠杀所带来的那份恐惧。
>
> 火葬场内一切都安静下来后，一个纳粹小头目，后面跟着一个士兵，出现在火葬场的扁平房顶上。两人的脖子上都吊着防毒面具。他们把一些椭圆形看起来像食物罐的长盒子放下来，每个罐子

上都标着死者的头颅和所用的毒药。刚才还只是一个可怕的念头，还有些疑虑，顷刻间这一切都成了现实：火葬场里的那些人都被毒死了。（第 61 页）

我们还有纳粹党卫军的供词。1945 年 5 月 6 日，纳粹小队副下士佩里·布罗德在德国的英国占领区被英国人俘虏。1942 年起布罗德开始在奥斯威辛集中营的"政治处"工作，一直在那儿待到 1945 年 1 月集中营解放。被俘后，在为英国人做口头翻译期间，他写了一个回忆录，这个回忆录在 1945 年 7 月传到了英国情报机构手中。1945 年 12 月，他发誓说他所写的那一切都是真的。1947 年 9 月 29 日，该文献被翻译成英语，并且在纽伦堡审判中作为证明毒气室是大屠杀的操作设施的证据。布罗德在 1947 年得到释放。1959 年 4 月，在对奥斯威辛集中营的卫兵进行审判的过程中，布罗德被传唤到庭作证。在法庭上，布罗德承认是他写了那本回忆录，并且肯定了其真实性。他并没有收回以前的任何证词。

我之所以把布罗德写回忆录的背景做了如此详细的交代，是因为那些否定者坚持认为，那些可恶的纳粹分子都是在逼供的情况下，或因某种奇怪的因素作怪才编造出那些供词（但对那些有利于他们的供词，否定者却毫不犹豫地接受下来）。布罗德从来都没受过酷刑，他不会因坦白交代而得到或损失什么。即使给他撤回证词的机会，在后来的这次审判中他当然有这个机会，他也没有撤回。相反地，他对整个毒害犹太人的过程进行了详细的描述，这其中包括齐克隆 -B 的运用、早期在奥斯威辛集中营 II 区进行的毒气实验、在伯肯奥两个废弃的农场内修建的两个临时性营地（奥斯威辛集中营 II）的情况，布罗德能准确地用他们的行话叫出这些营地的名字，即"碉堡 I 和碉堡 II"。布罗德还能回忆起在伯肯奥修建火葬场 II、III、IV 和 V 的情景，能够准确地描绘出（与那些规划蓝图相比较）其中的更衣室、毒气室和火葬场的设计情况。然后布罗德以耸人听闻的细节描述了毒死犹太人的过程：

第十四章　我们怎么知道大屠杀确有其事　　　　　　　　　　251

消毒剂起作用了……他们用铁棍和锤子撬开几个看上去没有什么危险的锡皮盒子，盒子的说明上写着：速效杀虫剂，小心有毒。盒子里盛着一些蓝色小豆状的小球。盒子一打开，里面的小球就通过盒顶的一个小孔摇晃出来。这样一个接一个的盒子被摇空了。过了大约两分钟的时间，里面的尖叫声慢慢地被一种低低的呻吟所代替。大多数的男人都已经昏迷过去。又过了两分钟……所有的一切都结束了。死一般的寂静笼罩着一切……一具具的尸体被堆放在一起，一张张嘴巴还在张着……把彼此交织在一起的尸体移出房间不是件容易的事，因为毒气已把他们的四肢熏僵了。（Shapiro 1990，第76页）

否定者们指出，在布罗德的陈述中，整个过程持续了4分钟。这与霍恩斯司令官等人的供词不符。在霍恩斯的供词里，整个毒杀的过程好像持续了二十几分钟。就因为这样的不符，否定者就把整个叙述给否定了。十几份不同的供词对于整个毒杀过程所持续的时间各有自己的说法，否定者就因此认为根本就不存在毒杀这回事。这讲得通？当然讲不通。很明显，由于毒杀时的外部条件不同，每个过程所用的时间也有所不同。这些外部条件包括：温度（氧氢酸煤气从小球中蒸发的速度取决于空气的温度）、被毒杀的人数、倒入的齐克隆-B的数量，更不用说每个观察者对时间的感觉不同。实际上，如果这些叙述中所估计的时间长短完全相同，那么我们倒会怀疑是不是摘自同一个叙述。这里，时间误差反倒有力地说明了这些证据的可靠性。

下面把布罗德的证词和集中营内科医生约翰·保尔·克雷姆尔医生的证词比较一下：

1942年9月2日。凌晨3点第一次来到特别行动的现场。与这儿发生的一切相比，但丁的《地狱》简直称得上是喜剧。奥斯威辛集中营应该叫"灭绝营"才名副其实。

> 1942年9月5日中午。中午到了特别行动的妇女集中营：所有恐怖景象中最为恐怖的一幕。西什夫·西罗军医今天对我说的话没错：我们正处在世界的肛门里。（1994，第162页）

否定者们又抓住了克雷姆尔提到的"特别行动"而不是"毒杀"这个词大做文章。但是，在1947年对奥斯威辛集中营在克拉科奥的营地据点进行审判的过程中，克雷姆尔对自己所提到的"特别行动"予以详细的说明：

> 到1942年9月2日凌晨3点为止，我被安排加入毒害犹太人的行动。大屠杀是在伯肯奥郊外一个森林中的几个小村舍内进行的。那些小村舍在纳粹的行话中叫"碉堡"。所有在营地值班的纳粹医生轮流参加毒杀活动，这便是所谓的"特别行动"。作为一名医生，我的任务主要是待在附近的"碉堡"内随时准备帮忙。我们是坐汽车去的。我和司机坐在前座。一群纳粹医护人员整整齐齐地坐在后座，随时准备营救在毒杀过程中受到伤害的纳粹卫兵，以防他们被毒烟熏死。当那些命中注定要被毒死的人运送到铁路的斜坡上时，纳粹卫兵从中挑选出能干活的人，其余的——多是老人、孩子、抱着孩子的妇女以及其他被判定不能干活的人——被装上卡车运往毒气室。在那里，他们先被赶进木板房里脱衣服，然后光着身子进入毒气室。通常没有什么意外事情发生，因为纳粹卫兵不准他们出声，说要给他们洗澡清除身上的虱子。等把他们都赶进毒气室，门关紧后，戴着防毒面具的卫兵由侧面墙上的开缝把锡罐中的东西倒进毒气室。门缝里传来受害者的呐喊声和尖叫声。很明显，他们在做垂死挣扎。这些呐喊声很快便消失了。

把布罗德和克雷姆尔的证词汇聚到一起，再加上其他很多人的证词，我们便可以证明，毒气室和火葬场的确是纳粹用来屠杀犹太人的工具。（1994，第162页注释）

我们还有上百份幸存者的叙述，里面详细描述了奥斯威辛集中营装卸和挑选犹太人的过程，而且我们还有关于这些过程的照片。我们有目击证人的证词，证明纳粹在毒杀犹太人之后，在一些大坑里焚烧被毒死的尸体（那些火葬场事后通常被摧毁掉）。我们还有一张摄有这些焚烧镜头的照片。这是一个叫亚历克斯的希腊籍犹太人偷偷拍摄下的（见图22）。奥尔特，奥斯威辛集中营中一个法国的纳粹小头目，还能回忆起这张照片拍摄时的情景：

图22 奥斯威辛集中营焚烧尸体的露天大坑。一个叫亚历克斯的希腊籍犹太人偷偷地拍摄了这张照片

那天，为了拍这张照片，我们彼此进行了分工。有些人专门负责保护拍照片的人。最后的时刻终于来了。我们都聚集在从外面通向五号火葬场毒气室的入口处，电网上方瞭望岗楼里没有纳粹兵，照片拍摄地附近也没有。亚历克斯，一个希腊籍的犹太人，迅速地取出相机，对准一堆正在燃烧的尸体，迅速按下了快门。这就是照片上有一些特遣队的囚犯正在尸体堆旁干活的原因。

否定者们又说，在同盟国空中侦察兵拍摄的集中营的照片中，可没有关于毒气室和火葬场内活动的情景。实际上，否定者约翰·鲍尔在1992年专门出版了一本书，整本书的话题都是关于该证据缺乏的辩说。这本书的质量很高，为了能清楚地显示出那些空中照片的细节，鲍尔把光滑的照片印在有光泽的纸上。这本书耗费了鲍尔无数的钱财，所有的版面设计和打字工作都是他一手完成的，就连排版印刷也是他自己干的。这本书不仅花光了他所有的积蓄，妻子还向他发出最后通牒：是要她还是要大屠杀。他选择了后者。鲍尔的书是针对1979年中央情报局关于空中照片的报告，即《大屠杀回顾录：奥斯维辛集中营和伯肯奥灭绝系统的回思》。该书的两个作者，第诺·布拉格涅尼和罗伯特·鲍尔布瓦耶，在书中出示了同盟国军队拍摄的高空照片，并且宣称这些照片可以证明纳粹的灭绝活动。据鲍尔所称，这些照片都遭到了篡改、被做了记号、被修改过，是伪造出来的。谁伪造的？中央情报局，为的是与迷你系列电视剧《大屠杀》中所描述的故事情节相适应。

多亏内文·布赖恩特博士，我才得以让一个懂得研究空中照片的人准确地分析了一下中央情报局提供的那些照片。布赖恩特是加州帕萨德纳的加州理工／美国太空总署的喷气推力实验室里负责绘图和意象加工运用软件的主管。布赖恩特和我用了1979年中央情报局也没有的数码升级技术对那些照片进行了仔细的分析研究。我们能够证明这些照片没被篡改，我们也确实能在上面找到有关灭绝活动的证据。这些照片是在飞机飞过集中营上空时拍下的，而且是按一定的顺序拍摄的（在前去轰炸最后的目标IG法本工业区的途中拍摄的）。因为有关集中营的照片都是前后相隔几秒拍的，在实体镜中观察前后两张连续的照片就可以看出移动的人群和车辆，这也有利于做进一步的观察。图23中所示的高空照片清楚地显示出火葬场Ⅱ的轮廓特征。注意看一下火葬场的烟囱投下的长长的影子，也注意一下在与火葬场成直角的附近的毒气室房顶上那4个摇摆不定的身影。鲍尔说这些影子都是画上去的。但是图24中在毒气室的房顶上可以看到4个影子的结构。这是一个纳粹卫兵摄影师拍摄到的火葬场Ⅱ的后部。（如果你径直顺着火葬场Ⅱ的烟囱看下去，会看见长方形的地下毒气室的两边在地面上突出了几英尺。）照片上提供的证据恰好和目击证人所讲述的实际情形相吻合：纳粹卫兵通过毒气室房顶的裂缝向室内倒齐克隆-B小球。高空照片（图25）显示的是正向火葬场Ⅴ走去，就要被毒死的一群囚犯。毒气室在整个建筑物的尽头，火葬场上有两个烟囱。从集中营的日志上我们可以看出，这些囚犯是从国家安全总局（RSHA）转运地转

图23　1944年拍摄到的纳粹集中营火葬场Ⅱ的空中照片。注意图中火葬场屋顶上那4个摇摇晃晃的身影。并把它们和图24中火葬场屋顶上那4个小小结构相比较。这些照片证明了纳粹卫兵通过火葬场屋顶向室内倒齐克隆-B小球的证词

图 24　1942 年拍摄的纳粹火葬场 II 的背面照片

图 25　1944 年开往火葬场 V 的犹太人的空中照片

第十四章　我们怎么知道大屠杀确有其事

运来的一些匈牙利籍犹太人。有些被挑出来干活，其余的被遣送到屠杀地。（其余的一些照片及其详细的讨论，可以在1997年舍默和格罗比曼的论述中看到。）

原因很明显，没有记录真实毒杀场面的照片。出示照片证据的困难在于，任何一张有关集中营活动的照片，即使没有受到篡改，本身都不能证明什么。这里有一张显示纳粹在集中营焚烧尸体的照片。否定者们会说，那算什么，那是正常死亡的，不是被毒死的囚犯。又有几张空中照片显示了伯肯奥火葬场的详细情况，并且记录了囚犯被赶进去的情形。否定者们又会说，那又算什么，囚犯们进去是为了清除因自然死亡而被火化的尸体，或者他们是为了清除身上的虱子才进去的。这样，又是证据的背景以及与其他证据的汇集才使这些照片有说服效果。没有哪一张照片所拍摄的内容与有关集中营生活的供词相抵触，这有力地说明了毒气室和火葬场是大屠杀的工具。

共死了多少犹太人

否定论中的最后一个核心内容就是大屠杀中犹太人的死亡人数。保尔·拉西尼耶在其《披露种族屠杀的神话：纳粹集中营和所称的欧洲犹太人灭绝行动研究》一书中总结道，"1931年到1945年间，最少有4419908个犹太人成功地逃离了欧洲"。这样看来，死在纳粹手中的犹太人远远少于600万。然而，大部分研究大屠杀的学者都把死亡的总数确定在510万—630万。

人数估算的确有所不同，但历史学家用不同的方法和资料加以证明，最后基本上都同意受害犹太人的数目在500万—600万。估算结果的不同实际上正说明了其可信程度。也就是说，如果估算都一样，那很可能所用的数据都是"伪造"的。结果不尽相同，但上下的误差都在一个合理的范围内浮动，这说明大屠杀期间死掉的犹太人就在500万—600万。到底是500万还是600万这无关紧要，总而言之死的人不少。而不是一些否定者所说的，只死了十几万人，或者是"仅仅"100 万或 200 万。随着来自俄罗斯和苏联领土的新信息的到来，估算的结果会更为准确。但是总的数字不太会变动超过几万，更不可能是几十万或者几百万。

被屠杀的犹太人数目

国家	最初的犹太人数	最小损失	最大损失
奥地利	185 000	50 000	50 000
比利时	65 700	28 900	28 900
波希米亚和摩拉维亚	118 310	78 150	78 150
保加利亚	50 000	0	0
丹麦	7 800	60	60
爱沙尼亚	4 500	1 500	2 000
芬兰	2 000	7	7
法国	350 000	77 320	77 320
德国	566 000	134 500	141 500
希腊	77 380	60 000	67 000
匈牙利	825 000	550 000	5 690
意大利	44 500	7 680	7 680
拉脱维亚	91 500	70 000	71 500
立陶宛	168 000	140 000	143 000
卢森堡	3 500	1 950	1 950
荷兰	140 000	100 000	100 000
挪威	1 700	762	762
波兰	3 300 000	2 900 000	3 000 000
罗马尼亚	609 000	271 000	287 000
斯洛伐克	88 950	68 000	71 000
苏联	3 020 000	1 000 000	1 100 000
总数	9 796 840	5 596 029	5 860 129

上面的表格显示的是国家统计的在大屠杀中死掉的犹太人数目。这些数字是由几个学者共同编辑出的，每个学者都根据自己不同的专业和与此相关的地理位置来进行估算，然后由伊斯拉埃尔·古特

曼和罗伯特·罗兹埃特汇总在《大屠杀百科全书》中。这些数字是根据人口统计学得来的，这个统计考察了在欧洲每一个村庄、城镇和城市登记的犹太人的数目，根据报道运送到集中营的犹太人的数目、从集中营中解放出来的犹太人数目、在"特别行动"中被"别动队"杀死的犹太人的数目，以及从"二战"中存活下来的犹太人的数目。图表中最大和最小的数目代表了误差范围。

最后，人们可能会想问否定者们一个非常简单的问题：如果那600万的犹太人没死，那么他们去哪儿了？否定者们会回答说，他们现在住在西伯利亚和卡拉马祖。几百万犹太人突然出现在俄罗斯、美国和世界其他一些穷乡僻壤中，这有点儿荒唐吧。实际上很难发现大屠杀的幸存者。

阴谋论

除了犹太人，死在纳粹手中的还有另外几百万人。这包括吉卜赛人、同性恋者、精神或身体有残疾的人、政治犯，尤其是那些俄国人和波兰人。但否定者根本不关心这些人到底死了多少。这个事实和广泛存在的对死在大屠杀中的非犹太人的漠然态度有关，当然和否定者的反犹核心也不无关系。

与否定者的"犹太人情结"相媲美的是他们对阴谋理论的迷恋。一方面，他们否定纳粹制定过（也就是说阴谋计划过）屠杀犹太人的计划，他们以阴谋家往往走极端（像肯尼迪阴谋论）这种说法来强化自己的观点。在历史学家还没来得及证明希特勒及其追随者阴谋屠杀欧洲犹太人之前，否定者就要求出示有力的证据。（Weber 1994b）既然他们这么坚持，那也没办法。可另一方面，没有得到他们所要求的证据前，他们也不能宣称大屠杀是犹太复国主义者的一个阴谋，目的是为了得到德国人的赔偿，以此资助新成立的以色列政府。

在后面这种观点中，否定者又宣称，如果大屠杀真的像历史学家们所说的那样发生过，那么"二战"期间肯定妇孺皆知。（Weber 1994b）就像诺曼底登陆一样闻名遐迩。另外，纳粹之间也应该讨论这种谋杀计划。嗯，由于显而易见的原因，登陆的日期在登陆之前一直是保密的。大屠杀也是同样的道理。这不是纳粹之间可以随便谈论的事情。其实，阿尔伯特·斯比尔在日记中谈过这一点：

> 1946年12月9日。想象那些上层人物偶尔见面时会鼓吹他们自己的罪行是错误的。在审判中，我们被比作黑手党的头头。我记得看过一些电影，有些镜头专门讲述一些传说中的黑帮头头，穿着睡衣坐在那里闲聊，聊的都是关于谋杀和权力、制定阴谋诡计、发动政变等方面的话题。但是，这种暗室预谋的氛围却不适合我们领导的风格。在我们的私人交往中，不管所要进行的活动有多么邪恶，我们都缄口不语。（1976，第27页）

纳粹党卫军士兵西奥多·马尔兹缪艾勒在讲述他到达库尔姆奥夫集中营被告知谋杀计划时的情形佐证了斯比尔的上述观点：

> 我们到达时必须到营地的纳粹司令官鲍思曼那里去报到。鲍思曼在他所下榻的官邸接待了我们，当时纳粹卫兵长官阿尔伯特也在场。他解释说，你们现在已成了库尔姆奥夫集中营光荣的卫兵，并补充说，在这个营地里，瘟疫正在折磨着人类，要把那些传播这种瘟疫的犹太人根除掉。我们要对在这里的所见所闻保持沉默，否则的话，我们的家人就会被关押被判死刑。（Klee, Dresse, and Riess 1991, 第217页）

否定者说，犹太人制造一个大屠杀的说法是别有用心的，目的是为了资助新成立的以色列政府。（Rassinier 1978）这个问题的答案再明显不过。在以色列成立之前，美国或其他任何国家没出一分钱时，关于大屠杀的基本事实就已确立。况且，赔款的数目确定时，以色列从德国收到的赔款不是基于被杀犹太人的数目,而是基于以色列吸收和重新安排战前从德国和德国占领区逃离的犹太人的数目,以及战后从大屠杀中存活下来并逃到以色列的犹太人的数目。1951年3月,以色列要求四大列强的赔款应该基于下面这个数目:

> 以色列政府不准备取得和出具一份记载被德国接管或掠夺去的所有的犹太人的财产声明,据说这份财产总值60多亿美元。我们只要求索赔将纳粹统治国的犹太移民并入以色列已经花费和将要花费的费用。据估计,这些移民的数目达50万,这就意味着安置这些移民得需要15亿美元的开支。(Sagi, 1980, 第55页)

事情明摆着,如果索求的赔款基于所有幸存者的总数目,那些复国主义阴谋家要夸大的不是被纳粹杀死的犹太人而是幸存者的数目。实际上,根据所定的赔偿条款,如果按否定者所说,大屠杀中只死了几万犹太人,那么德国欠的赔款还要多。那500万—600万的幸存者到哪儿去了呢?否定者或许会说,那些复国主义阴谋家用德国的赔款做了一笔更大的交易:他们不仅获得了金钱,更得到了世界人民长期的支持和同情。事情辩论到这里我们真的是给弄糊涂了。为什么那些所谓的阴谋家放着到手的钱不要,而去相信未来那笔根本不能确定的赔款?实际上,以色列是德国赔款的受益人,这种说法纯属子虚乌有。德国大部分的赔款都给了个别的幸存者,而不是以色列政府。

道德等同观

当所有这一切观点都站不住脚时,否定者不再在大屠杀的意图、毒气室和火葬场以及犹太人的死亡数目上斤斤计较,而是把注意力转移到纳粹对待犹太人的态度上。否定者认为,这态度和其他国家对待其所认证的敌人没什么区别。比如说,美国在日本两个住着普通居民的城市投下原子弹（Irving，1994），并且强硬地把那些日籍美国人关进营地。这也正是德国人对其所认证的内部敌人，即犹太人的做法。

对于这个问题的回答包括两方面的内容。第一，仅仅因为另一个国家作恶，并不说明你自己的邪恶是正确的。第二，国家有系统、有组织地屠杀那些手无寸铁的人民，不是因自卫，争夺更多的领土、原材料或财富，而是因为觉得这些人是某种邪恶的力量或种族低等，战争和这种行为之间是有区别的。在耶路撒冷的审判中，"最后解决"的主要执行者之一阿道夫·艾希曼竭力想用道德等同的观点来为自己辩护。但是，法官却并不买他的账，正如下面这个审判片段中所记录的：

> 本杰明·阿莱维法官对艾希曼说：你经常把灭绝犹太人的行径和对德国城市的轰炸相比，把谋杀犹太妇女和儿童与在轰炸中被炸死的德国妇女相比。你肯定明白就这两者之间有着最本质的区别。一方面，轰炸是迫使敌人投降的一种工具。就像德国人用炮弹迫使英国人投降一样。在那种情况下，战争的目的就是要使全副武装的敌人举手投降。另一方面，你把那些手无寸铁的犹太男人、妇女和儿童赶出家园，交到盖世太保的手中，最后把他们送到奥斯威辛集中营集体灭绝时，这是与上述行为完全不同的两码事，不是吗？
>
> 艾希曼：的确有很大的区别。但在当时，那些犯罪行为都是得到国家法律许可的，所以该负责任的是那些下达命令的人。
>
> 阿莱维：但是你肯定知道国际间公认的有关战争的法律和法规，这些法律法规是为保护公民免受非战争行为侵害而制定的。
>
> 艾希曼：是的，我意识到了这一点儿。
>
> 阿莱维：难道你从来都没觉得自己的尽忠职守和良知良心之间发生过冲突吗？
>
> 艾希曼：我觉得人们应该把这种现象称为内心世界的撕裂。

当人被从一个极端晃到另一个极端时，就会面临着这种进退维谷的窘迫局面。

阿莱维：那个时候人们必须漠视或忘记自己的良心。

艾希曼：没错，可以这么说。

整个审判期间，艾希曼从来都没有否定过大屠杀的存在。他的观点是，"既然国家认可了这些罪行的合法性"，那该负责的是那些"下达命令"的人。这是在纽伦堡审判中很多纳粹人所采用的经典辩护方式。他们以为，既然纳粹的高层——希特勒、希姆莱、戈培尔和戈林都自杀了，他们自己也就摆脱了一切干系。我们也摆脱了一切的瓜葛。

像那些否定进化论的观点一样，否定大屠杀的观点也不会自行消失，而且这场运动相当残酷，也绝非无足轻重。否定大屠杀的运动不仅对犹太人，而且对我们所有的人，以及我们的后代已经产生了极其恶劣与严峻的后果。这种后果将会继续下去。我们必须对否定者的观点予以驳斥。我们拥有自己的证据，我们必须站起来为自己辩护。

第十五章

分类和连续关联体

非洲—希腊—德国—美国种族面面观

科学书很少成为畅销书。成为畅销书的科学书或者与宇宙的起源及命运有关,如斯蒂芬·霍金的《时间简史》,或者与生存中的形而上学有关,如弗瑞特奥夫·卡普拉的《物理学的道》。既然这样,那么自由出版社一本标价为30美元的书怎么会一下子卖掉50万本(是的,1500万美元)?这本书中充满了图表、绘图、曲线、300多页的附录、注释和参考文献,而且所有这一切都是关于心理测验这种晦涩的话题。因为那其中的一条曲线指出了白人和黑人在智商上存在的15点差别。在美国,没有什么比谈论种族争端问题的读物更畅销了。理查德·赫尔斯坦和查尔斯·默里一起撰写的《钟形曲线》在全国的科学家、知识分子和社会活动家中掀起了一股狂热。这股狂热一直持续到今天,即"钟形曲线大战",一本批驳该书的书名。

不管在我们这个时代还是任何别的时代,《钟形曲线》中的论点并没有什么新奇之处。实际上,1994年早期,颇负盛名的《情报》杂志发表了另一个颇有争议的科学家菲利普·拉什顿的一篇文章。拉什顿在文章中指出,黑人和白人不仅在智商上存在着差别,而且在下列几方面也有所不同,这包括:成熟的速度(第一次性交、第一次怀孕的年龄），个性（进攻性、谨慎性、冲动性和社交性），社会组织（婚姻的稳定性、守法性和精神健康），生育能力（生育随意性、性交的频率和男性生殖器的大小），等等。拉什顿认为，除了智商低，黑人发育早，易冲动，擅进攻，精神不是很健康，守法性差，性随意而且性交频繁，男性生殖器相对来说比较大（这与智商的高低成反比，其证据来自分发避孕套的人）。

《钟形曲线》和拉什顿的文章都承认得到了"先锋基金"的帮助。这引起了我的注意，是因为它与大屠杀否定运动有一定的联系。"先锋基金"是百万富翁威克利夫·普雷斯顿·德雷于1937年创立的，目的是赞助那些有助于提高"种族改良"、能证明白人优越于黑人、把黑人遣返回非洲、与"定居在最初13个州的白人……和/或相关种族"后代的教育有关的研究项目。（Tucker 1994，第173页；"先锋基金"不承认这些为其目前的目标）。比如说，诺贝尔物理学奖得主威廉·肖克利因其长达十多年的遗传智商研究而收到了17.9万美元的赞助。肖克利认为，"在社会管理和一般的组织能力方面"，欧洲的白人是"最能干"的一个种族，殖民地生活中"最残忍的淘汰机制"使白种人成为一个相当优越的种族。（Tucker 1994，第184页）拉什顿的工作得到了"先锋基金"大约几万美元的赞助。

"先锋基金"还出资支持《人类季刊》。该杂志早期的编辑之一是罗杰·皮尔森。20世纪60年代，皮尔森刚移民到美国时，曾与"自由大厅"的组织者、《历史回顾》杂志——大屠杀否定运动的先驱刊物——的创始人威利斯·卡图在一起工作过。在过去的23年中，皮尔森和他的组织从"先锋基金"得到的赞助不少于78.74万美元。根据威廉姆·塔克所言，皮尔森和卡图"经常责备'纽约的钱商'，怪他们引发'第二次同族互杀的战争'。他们还抱怨为使德国和整个世界都处于自己的金融控制下，同盟国发动的反对第三帝国的'罪恶战争'"。（1994，第256页）卡图的"正午出版社"，一家不仅出版否定大屠杀的书籍而且还发行种族主义和优生学小册子的出版社，也重点介绍皮尔森的《种族和文明》一书。该书中描写到"那些'象征……人类尊严'、具有贵族血统的日耳曼人，如何'因受地主税租的压迫……而不得不与犹太人以及别的非日耳曼人联姻'。这样做虽然有足够的钱财保住家族的基业，却牺牲了自己的'血统'，'因而放弃了他们真正的贵族传承'"。（Tucker 1994，第256页）皮尔森承认，《种族和文明》一书是以汉斯·冈瑟的著作为原型的。虽然皮尔森称冈瑟在"二战"后已经非纳粹化了，但冈瑟在第三帝国成立之前、帝国期间以及帝国灭亡后都是德国首屈一指的种族理论家。皮尔森还参加过"新世纪"顾问委员会。有人称该委员会为"法国知识分子新纳粹团体"。但在皮尔森看来，这个团体仅仅有些右倾而已。

我和罗杰·皮尔森通过电话。我采访皮尔森时，他确认说他刚来美国的前三个月的确和威利斯·卡图在一起工作过，他们共同编辑由卡图主办的《西方命运》杂志。但是他非常明确地否定曾用过"纽约的钱商"这样的字眼。同时，他也驳斥了其他几个对自己的指控，其中包括"据传，他曾经鼓吹帮助掩藏过约瑟夫·门格勒"这一罪名（Tucker 1994，第256页）。这种谣言似乎已经传得沸沸扬扬。这件事尤使皮尔森恼火，因为1945年3月门格勒逃跑时，他还只是个17岁半的少年，正在英国军队里接受基本的步兵训练。他从来没和门格勒有过任何形式的接触。他认为，这种指控就像城市中流传的那些传说，在书籍和文章中循环往复，但没人能追踪其渊源。

我发现，皮尔森是个和蔼的人，讲起话来声音轻柔，而且对于这个时代发生的一些重大的问题进行过严肃的思考。他当时是"人类研究所"的名誉主席（他68岁，仅仅算半退休）。"人类研究所"于1979年接管了《人类季刊》，他由此成为该杂志的出版商。那个时候，皮尔森扩大了杂志的涵盖面，使其包括社会学、心理学和神话等方面的内容。他还在董事会里增添了一些新成员，如心理测试家雷蒙德·卡特尔和神话学者约瑟夫·坎贝尔。皮尔森宣称，他任职期间，"人类研究所"和《人类季刊》都没有认可像黑人遣返或白人优越这样的种族观点。

既然这样,可大家为什么会以为他们支持这些种族观点?皮尔森承认说,他接管《人类季刊》之前,该杂志的确认可过这些观点。而他自己认为,理想的社会化应该尽可能地同质化(即祖先是英国新教徒的美国人),让那些精英人物掌控整个局面。他解释说,问题是现代的战争和政治正在干扰这种"自然"的过程,这是从他个人的亲身经历中得出的结论:

"二战"期间我在英国军队服役。1942年5月29日,我唯一的兄弟,一个年仅21岁的英国战斗机飞行员,在与纳粹陆军元帅隆美尔作战时死在北非战场。这件事对我的触动很大,直到我32岁。那时我已结婚,有了自己的家庭。我还经常梦见弟弟回家的情景。也是在那次战争中,我还失去了4个表兄弟和3个关系最好的校友。他们都很年轻,也没有孩子。我知道还有很多人没孩子之前就战死了。我从中得到的体会是,现代战争中很多有才华的年轻人应征参战,这样的人越多,最后捐躯沙场的人也越多。这使我深切地感觉到,这个世界肯定有哪个地方不对头,而且问题还很严重。因为一边是频繁生儿育女的芸芸众生,而与此同时,那些聪明能干的人却死在战场。今天,我之所以极力反对战争,是因为战争招募并摧残了那些富有才智的青年人,这样做极不合理。另外,战争也摧残了文化。看看在"二战"期间我们对欧洲那些大城市做了些什么。《战争和生命繁殖》这本书给我们提供了一个很好的例子。该书写于1915年,作者是斯坦福大学的校长大卫·斯塔尔·乔丹。该书讲述了一个年轻英国人的故事。这个年轻人没有孩子,在"一战"中战死沙场。书中还谈论了战争是如何摧毁西方文明的问题。我重新出版了这本书,目的是为了表明,欧洲人纯粹是一群不知好歹的好战分子,他们不知道到底什么对自己有好处。几个世纪以来,他们不断地用战争的方式来摧残自己,因此,从进化论的角度来看,他们不适合生存下来。

在那些日子里,我曾是一个了不起的国家民族主义者,相信基因的纯净性。国家过去曾是个育种池，现在不是了。国家是由彼此有血缘关系的人组成的，这是过去的看法，我们正在进入一个多种族、多文化的时代。我怀疑从进化论的角度来看这种现象值不值得，因为它有悖于物种的进化。（1995）

为了使我更好地了解他的观点，皮尔森送给我几本他自己写的书，并且选了几份过期的《人类季刊》给我。他坚信我从这些东西中可以看出，几十年以前喧嚣一时的种族主义论调近几年已经偃旗息鼓了。这些杂志中有很多与种族毫无关系的有趣文章，可也有很多文章确实与该问题有关，虽然这些问题现在是用一些较为技术性且比较温和的行话表达出来。这里我仅举几例。《人类季刊》杂志1991年秋季、冬季那一期中刊登了理查德·林恩写的一篇题为《不同种族智力演化》的文章。林恩在这篇文章中总结道，生活在温带和寒带气候里的高加索人和蒙古人"面临着认知上严峻的生存问题"。"自然选择的压力更有利于那些高智商的人生存下来，这就是为什么高加索人和蒙古人智商最高的原因"（第99页）。我猜，那些埃及人、希腊人、腓尼基人、犹太人、罗马人、阿兹特克人、玛雅人和印加人，所有这些极其混杂的人种都住在"不具挑战性"的温暖环境里，所以就不是特别聪明。很久以前住在北欧的穴居人智商肯定很高，虽然大家一致公认现代人比他们聪明得多。公平地讲，该杂志的确也在同一期中刊登了批驳这种观点的文章。

该杂志1995年的夏季版着重强调了格雷德·惠特尼在1995年6月2日在"行为遗传学协会"的会长致辞。致辞中称，在谋杀率高低这点上，白人和黑人之间存在9点不同，并用曲线图和图表予以形象的说明。惠特尼就此总结道："不管你是否喜欢，这都是一个合理的科学假设，即在谋杀率这一点儿上，种族之间存在的一些或很多差别都是由下列表现基因差异的变量引起的。这些变量包括：智商低、缺乏心电感应、过激的行为以及缺乏远见的冲动。"（第336页）这个假设的证据是什么？没什么证据。什么证据也没有。而这个致辞是当着一屋子的行为遗传学家说出的,并且发表在一份人类学家、心理学家和遗传学家都看的科学杂志上。也就是在同一期杂志上,皮尔森对历史做了一个长达 28 页的总结,发表在一篇题为《西方思维中的遗传概念》的文章里。皮尔森在文章中哀叹现代社会中存在的劣生现象,指出精英人物正被普通大众所超越。"本世纪出现了严重的劣生倾向。这是由以下几个因素导致的:空军征兵对人才的筛选、富有才华的年轻人被卷入欧洲的战争、欧洲对精英人物实行的种族屠杀活动、苏联和中国以及具有创造性的社会成员不愿生太多的孩子这种遍及世界各地的现象。"(第 368 页)

我不是在有选择地摘取杂志中的内容。皮尔森在最近的一本《遗传和人性:种族、优生学和现代科学》一书中阐述了同样的主题。皮尔森在文章的结尾做了极为生动的预言。他说,如果我们不采取措施解决文中提到的问题,那么"任何一个种族,只要其行为违背了统治整个宇宙的力量,就注定要衰落。除非它去经历一个痛苦、严苛逼迫和完全不情愿的自然重选择和重适应的优生过程,或屈从于一个更为严厉的惩罚,即绝种"(1996,第 143 页)。我问皮尔森"完全不情愿的优生再选择"是什么意思,是指国家强迫的种族隔离、遣返、绝育,还是种族灭绝?"都不是。我只是指自然选择和自然淘汰,而且如果目前的状况继续下去,就会出现种族灭绝。进化论本身就是优生学的一个实例。从长远来看,自然选择就带有优生的倾向。"但是对种族之间在智商、犯罪率、创造力、进攻性和冲动性进行了长篇大论之后,我们得出的结论似乎是:是那些非白人导致了种族灭绝的现象,因此有必要对这些非白人采取一定的措施。

种族的结束

是否有可能阻止不同种族间的通婚,保持基因的纯正?有哪个民族曾经是或能够成为皮尔森所谓的"育种单元"吗?正如卢卡·卡瓦利·斯夫尔兹及其同事保罗·梅诺兹和阿尔伯特·派亚兹在《人类基因的历史和地理》一书中所阐述的，只有在世界范围内实施纳粹统治才可能立法制定这种物种隔绝墙壁的政策，自然本身不会产生这种壁垒。《时代》杂志对这本书大为赞赏，认为它的出现"使《钟形曲线》变得扁平"（比喻贴切，因为这书重 8 英磅，长达 1032 页）。作者在该书中提供了他们 50 多年来在人口遗传学、地理学、生态学、考古学、形体人类学和语言学中获得的证据。该书指出，"从科学的角度来看，人们不能对种族这个概念达成共识"。（1994，第 19 页）换句话说，从生物学的角度来看，种族的概念毫无意义。

但是不管白人还是黑人，我们不都能识别出来吗？那当然，作者说："大家可能不同意，种族类型都有一种一致性，即使外人都能分辨出来。"尽管如此，作者继续分析道："那些基于肤色、头发颜色和形状以及面部特征而构建的主要种族类型反映的都是表面的差别。如果用一些更为可靠的基因特征——这些特征起源于最近由气候和性选择而引起的物种演化——更深入地分析一下，就会发现种族类型间的差别不像表面那么简单。"（第 19 页）传统的种族分类实际上很肤浅。

难道种族间不应该相互混合成一些模糊的系统，而且在彼此混合中保持着自己的独特性和独立性吗？（Sarich，1995）是的，应该这样。但种族间应该怎样划分取决于划分者是一个"堆合分类者"还是"精细分类者"——是注重种族之间相似还是差异。达尔文指出，他那个时代的自然学家会引用从 2—63 个不同的人种分类。根据分类学家采用的不同标准，今天也存在着 3—60 个不同的种族。卡瓦利·斯夫尔兹和他的同事总结道，"虽然毫无疑问只存在着一个人类，但很明显没有什么客观理由说我们不可以对任何一种分类继续分类"。（1994，第 19 页）比如说，人们或许会以为与东南亚人相比，澳大利亚的土著居民与非洲黑人联系更密切，因为他们长得更像（面部特征、头发类型和皮肤颜色是人们用来辨别不同种族的基本标准）。然而，从遗传的角度来看，澳大利亚人与非洲人的关系最远，而与亚洲人最近。虽然这种结论和我们的直感大相径庭，但从进化论的角度来看是合情合理的。因为当初人类从非洲移出后,穿过中东和远东南下到达东南亚,并由此进入澳大利亚,这种迁移过程需要几万年的时间才能完成。不管他们长得怎么样,从进化论的角度来看,澳大利亚人和亚洲人关系更为密切,他们之间也的确如此。又比如说,谁又能知道欧洲人是由65%的亚洲人和35%的非洲人基因组合而成的混血儿?但是从进化论的观点来看这倒不足为奇。

另一部分种族分类问题是,同群体之间的基因变种大于不同群体之间的基因变种。正如卡瓦利·斯夫尔兹和他的同事们所论证的那样,"从统计学的角度来看,群体内基因变异要大于群体之间的基因变异"。换句话说,一个群体内个体的变化程度要比群体之间个体的变化程度大。为什么?进化论给了我们这样的答案:

> 所有物种都经历了很大的基因变异,即使那些小物种也不例外。这种个体的变异是经过长期积累而形成的,因为在各大陆形成前,甚至是物种起源之前,也就是大约50万年前,就出现了人体的多态现象。大部分物种都存在着这种多态现象,但出现的频率不同。因为人类在地域上的差别是最近才有的,只占了物种进化大约1/3或更少的时间。因此,物种之间没有很多时间来形成一些实质性的分歧。(1944,第19页)

而且,作者重复说(毫不夸张地说):"与主要的群体或者是同一物种之间的差异相比,群体与群体之间出现的差异要小得多。"(1994,第19页)实际上,最近的调查显示,如果有场核战争把其余所有的人都毁灭掉,只留下一小群澳大利亚的土著居民,人种变异的85%都会被保留下来。(Cavalli-Sforza and Cavalli-Sforza 1995)

种族主义的结束

至关紧要的总是个体而不是群体,重要的也总是个体而不是群体之间的差别。这不是自由派的幻想或保守派的炒作，而是物种进化的一个事实。正如一个昆虫学家在1948年指出的，"生物学家正逐渐意识到个体的独特性和任何物种个体变异范围的广泛性。是这种意识导致了现代分类学的产生"。这个昆虫学家认为，分类学家对物种及其类属的概括，甚至所做的那些更高层次的分类，"往往只是对那些独特个体和某一特别个体结构的描述，这些描述不同于其他任何人的观察结果"。心理学家也容易草率地下概括性结论，该昆虫学家补充说，"今天，人们会把迷宫里的一只老鼠当作所有同类老鼠以及所有老鼠的标本，不管是在什么情况下，也不管是今天、昨天和明天"。更为糟糕的是，这种一概而论的结论还推及到人的身上："6只血统和品种不明的狗被称作'狗'，即所有种类的狗。如果用这种模糊或略有暗示的结论来描述你、你的表亲或所有其他的人会怎么样？"（第17页）

如果这位昆虫学家谈的只是虫子，那他的名气要小一些。但在其职业生涯中途时，他突然改弦易辙，从研究不起眼的黄蜂（wasp）转而去研究众所周知的另一个物种，即美国社会享有特权的白人特指祖先是英国新教徒的美国人，一个特殊的人类变种。实际上，他是这样总结的：如果即使连小小的黄蜂一族都呈现了那么多的变异现象，那么人类会呈现更多变异吗？因此20世纪40年代，该昆虫学家开始了历史上最深入彻底的人类性行为研究。1948年，阿尔弗雷德·金赛，原来的昆虫学家，现在的性学家，出版了《人类男性性行为》一书。金赛在这本书中评述道，"目前研究所供参考的历史文献表明，很多人的异性恋或同性恋不是一种'或者全是''或者全不是'的观点。"（Kinsey, Pomeroy, and Martin 1948, 第638页）这两种行为可以同时存在。或者说，这两种都不是临时性的行为。异性恋可以变成同性恋，反之亦然。每一种行为所持续的时间因人而异，中间起伏很大。金赛写道："比如说，有些人一年，或者一个月、一周甚至是一天之内既与异性又与同性发生性行为。"（第639页）人们还可以说，"甚至同一个时间内也可进行不同的性行为"。因此，金赛总结说："认为只存在两种人，同性恋或异性恋者，这种观点缺乏证据。而把同性恋描述为第三种性行为也不符合事实。"由这个结论推及一般的分类学，金赛推论出个体独特的观点：

> 男性本身并不代表两种各自独立的人种，即异性恋和同性恋。这个世界上不是除了绵羊就是山羊。不是所有的东西都黑白分明。自然界中很少有各自独立的范畴，这是分类学的基本原则。现实的世界是一个连续关联体，这体现在它的方方面面，只是人脑才发明了那些种类范畴来试图把连续的现实分割成一些单独的鸽子间。对人类性行为的这一方面了解得越快，就能越快地更好地了解性行为的现实。（第 639 页）

金赛注意到这种性差异对道德和伦理的含义。如果变种和独特性是规范，那么什么样的道德形式能囊括人类所有的行为呢？就人类性行为这一项，金赛就对 1 万多个人中的每一个人都做了 250 个不同的测试。那就是 250 万个资料点。关于人们之间存在的不同行为，金赛这样说道，"这些不同的特征在不同的人身上经过无数次的重新组合把其组合的可能性增加到无穷"。（Christenson 1971，第 5 页）既然所有的道德体系都是绝对的，这些体系的变异又如此广泛，那绝对的道德体系对于其所约束的团体来说都是相对的。阐述完男性问题之后，金赛得出了这样的结论，基本上没什么可以证明"天生反常这种现象，即使对那些社会不愿意接受的性行为来说"也是这样。相反，正如他那些庞大的统计数据表及其犀利的分析所论证的，即使有证据，这些证据也只能得出这样的结论，即"如果大多数人能了解个人行为后面的动机背景，那么他们就可以理解大多数性行为"（Kinsey，Pomery，and Martin 1948，第 678 页）。

金赛把变异现象称作是"几乎是所有生物原则中最为普遍的原则"。但当人们"希望他们的同胞遵守立法者所制定的模式或法律所形成的一些假定的理想标准时，即使这些模式或标准并不适合每个人的真实状况"，人们似乎忘记了这个普遍的原则。金赛指出："就像社会科学家所坚持的那样,社会形式、法律准则和道德标准可能是对人类生活经历的规范。"但恰如所有统计和人口学所概括的那样,"当用到特定的个体时,这些笼统的规范几乎没什么意义"。我们从这些法律中了解更多的是那些立法人的情况,不是关于人类本质的一些规律:

> 各种规定只说明公众对这些规定的认可。一个人认为正确的东西,另一个人可能认为是错的;一个人厌恶和痛恨的东西,另一个人可能珍惜有加。任何一个特殊的案例,个人变异的范围都比人们通常以为的大得多。在我研究的昆虫中,有些结构特征就存在着很大的差异,大约在1200%上下浮动。在我研究的一些人类最基本的形态和生理特征中,变异浮动的范围大约是12000%。人们制定那些社会形式和道德准则时,似乎无视于个人之间存在的差异。他们似乎也不管每个人的具体情形如何,就武断地进行判决、奖赏或惩罚。(Christenson 1971,第7页)

金赛的理论也可以用到种族问题上。黑人和白人、放纵和聪明,这一类的词所描述的是一种连续不断的现象,而不是某一特殊的类别。如果这样,我们怎么能武断地把"黑人"说成是"行为放纵",而"白人"却是"脑瓜聪明"呢?金赛的结论是,"不管对人还是对昆虫来说,一分为二的变异是例外,连续关联的变异才是规则"。同样,我们就对某种行为做出对与错的评判,根本"不考虑绝对正确和绝对错误之间无数其他的可能性"。既然这样,恰如生物演化,文化变革的希望在于我们对文化差异和个性的认识:"在有机物的世界里,正是这些个体差异促进了自然的进步和演化。人类社会变革的希望也正在于人们之间的这些个性差异。"(Christenson 1971,第8—9页)

在美国,我们容易混淆种族和文化。比如说,"白人或高加索人"不等同于"朝鲜裔美国人",而等同于"瑞典裔美国人"。前者大体是指一个假设的种族或遗传的合成词,而后者指的是文化传统。

1995年，西方学院的校报宣布说，大学一年级的学生中几乎有一半（48.6%）是"有色人种"。然而，要我根据传统的种族特征去辨别不同种族的学生，会要了我的命。我也做不到。因为经过成年累月的不断混杂，人们已很难把这些特征识别出来。我怀疑他们当中大多数的人都属于"带连字符种族"，一个比"纯种"更荒谬的概念。用种族的分类来识别不同的人，即"高加索裔""西班牙裔""非洲裔美国人""土著美国人"或者"亚洲裔美国人"，既不可行又可笑。一方面，"美国人"不是一个种族，所以像"亚洲裔美国人"和"非洲裔美国人"这样的称呼是典型因混淆了文化和种族之间的差别而造成的。另一方面，人们对以往的历史又了解多少呢？如果退回到2万或3万年前，在亚洲人越过白令海峡登上美洲大陆之前，后来那些土著的美洲人实际上就是亚洲人。而那些亚洲人呢，可能是在几十万年前迁移到亚洲大陆的非洲人。所以我们应该把"土著美国人"换成"非洲-亚洲裔美国人"。最后一点，如果"源于非洲"（唯一的种族渊源论）的理论是正确的，那么现代世界上所有的人都是非洲人的后裔（卡瓦利·斯夫尔兹认为这可能是近7万多年前的事）。即使我们接受所谓的"枝状台灯"理论（多种族起源论），所有的原始人类最终也都来自非洲。我外婆是德国人，而外公则是希腊人。下一次填那些表格时，我应该查一下"其他种族的情况"，然后填写上有关我种族和文化血统的真实情况"非洲—希腊—德国裔美国人"。我会以此为荣。

第五部分
希望之树常青

胸臆浩荡,希望永驻。
人生苦短,福佑长伴。
归途望断,魂牵梦绕。
安歇此生,来世再叙。
古朴未琢,印第安人。
我主云里,我主风行。
性本高洁,科学难移。
苍苍白日,漠漠银河。
天宇之下,雾山之端。
率真造化,惠我希望。

——亚历山大·蒲柏,《人论》,1733

第十六章

蒂普勒博士会见潘洛斯博士

科学能找到所有可能的世界里最好的那一个吗？

阿尔弗雷德·罗素·华莱士是英国19世纪著名的自然主义学家。他的名字将永远和查尔斯·达尔文的名字连在一起，因为他俩共同发现了自然选择的理论。因为坚持在所观察的每一种结构和行为中找到一个最终的旨意，华莱士给自己带来了重重麻烦。对华莱士来说，是自然选择塑造了每一个有机物，并使它们更好地适应环境。他对自然选择的过度强调导致了其理论中"超适应主义"的产生。使达尔文深感沮丧的是，华莱士在1869年4月的《评论季刊》中辩论道，人脑不全是物种进化的产物，因为自然界中不存在人脑大小的、能胜任像高级数学和审美鉴赏这样非自然能力的大脑。没有特定的旨意，就没有物种进化。华莱士的回答呢？"一个能驾驭一切的神明在关注着所有的运行规律，指挥着物种的变异，决定着物种的积累，直至最后产生一种足够完善的结构组织，可以认可甚至协助改善我们智力和道德的本质。"（第394页）物种进化论结果证明了上帝的存在。

华莱士陷入了超适应主义的泥沼，因为他认为物种进化应该在这个所有可能的世界中最好的世界里创造出最好的有机物。既然进化论没有创造出这么一个有机物，那这其间肯定还活跃着另一种力量,即一个更高明的神明。具有讽刺意味的是,被华莱士的进化论推翻过的那些自然理论家也提出过同样的观点,其中最出名的是威廉姆·帕利在1802年发表的《自然神学》一书。该书是这样开始的:

> 假设我经过石楠丛林,双脚突然碰到了一块石头。有人问我,那里怎么会有一块石头?我可能回答说,我不知道还会有什么相反的可能性,那石头一直就在那儿……但如果我在地上拾到一块手表,当问及手表为什么会在那儿时,我则很难再用第一种回答来答复目前这个问题,因为就我的阅历来看,那块手表可能一直就在那儿。那么,为什么不能用同一种回答来答复关于石头和手表的这两个问题呢?原因在于,不会是其他别的原因,当我们仔细审查那块手表时,会发觉它是由几部分为了某个目的拼凑而成的。

对帕利来说,一块手表的存在是有旨意的,它肯定是别人有意造出来的。有了造表人才有手表,就像有了世界的缔造者,即上帝,才有了世界一样。但华莱士和帕利都可能读过伏尔泰的《坎迪德》中的一个故事。这里,一个研究"哲学—神学—宇宙学"的教授潘洛斯博士,通过推理、逻辑和类比的方法"证明"了现存世界是所有可能的世界中最好的一个:"事实已经证明,万物不能按别的方式运行。因为既然万物的形成都有旨意,那么所有的事物必然都有最好的结果。譬如,鼻子是为了戴眼镜而生的,所以我们会戴眼镜。很明显,双腿的结构适合穿裤子,所以我们会有裤子。"(1985,第238页)伏尔泰塑造潘洛斯博士这个形象是为了揭露这种观点的荒谬性,因为作者坚决反对潘洛斯式的范例,即在所有可能的世界中最好的世界里,一切都是最好的。自然的构成并不完美,现存世界也不是所有可能的世界中最好的一个。这只不过是我们所拥有的世界,离奇古怪,瞬息万变,而且不无瑕疵。

对大多数人来说,正因为这个世界不是最完美的,所以未来才有希望,世界很快就会完美起来。这种希望恰恰就是宗教、神话、迷信和新时代信仰的源泉所在。当然处处都可发现这种希望不足为奇，但我们希望科学能凌驾于愿望之上。我们应该这样做吗？毕竟科学是人类科学家的职业，里面凝结着他们的希望、信仰和愿望。我仰慕阿尔弗雷德·罗素·华莱士的才华，但后见之明让我们看到，他对更好世界的希望侵蚀了他的科学。但华莱士以来科学肯定就有所进步吗？不是。一大批书籍，尤其是物理学和天文学方面的，证明不管是科学还是宗教，希望一直常青。卡普拉所著的《物理学之"道"》，尤其是他的《转折点》一书毫不掩饰地把科学和宗教的混合看成理想世界的根源所在。剑桥大学的理论物理学家约翰·波尔金霍恩后来皈依了英国国教。在其所著的《一个物理学家的信仰》中，波尔金霍恩指出，物理学证明了基于4世纪基督教信仰模式的"尼西亚信经"。1995年，物理学家保尔·戴维斯因为促进宗教的进步而获得了100万美元的泰姆普勒顿奖。这个奖部分源于其所著的《上帝的意志》（1991）一书。然而，此领域内最严肃的尝试应该归功于约翰·巴罗和弗兰克·蒂普勒1986年的《人类宇宙原则》和弗兰克·蒂普勒1994年的《不朽的物理：现代宇宙学、上帝和复活》。在第一本书中，作者声称他们证明是有人别具匠心地设计了这个宇宙，因此世间存在着一个智慧的总设计师（上帝）。第二本书中，蒂普勒希望说服读者，他们以及每一个人在未来都会通过一种超级电脑复活过来。这种种尝试展示了一个研究个案，使人们看到希望如何塑造信仰，甚至在最为深奥微妙的科学领域。

我读《不朽的物理》一书并与其作者交谈时，给我印象最深的是，蒂普勒、华莱士和帕利之间的相似之处。我慢慢地意识到，蒂普勒实际上就是潘洛斯博士的化身。他是一个现代的超适应主义者，一个20世纪的自然神学家。（听到这个类比时，蒂普勒承认自己是个"进步"的潘洛斯）。蒂普勒训练有素的大脑使他完全可以和亚历山大·蒲柏《人论》中的印第安人（见第五部分卷首引言）相媲美。但对蒂普勒来说，上帝不仅出没于云层和风际之间，而且还漫步于太阳和宇宙之上，企图寻找一个不是更卑微而是更了不起的天堂。

蒂普勒的背景或许能够解释其潘洛斯倾向——他要使现存世界成为所有可能的世界中最好的一个的愿望。从年轻时代起，蒂普勒就以杜邦的座右铭为训诫，即"更好的生活来自化学"，以及这句话所代表的一切，即科学所带来的纯粹不掺假的进步。比如说，他深深地被雷德斯通的火箭计划和人类登上月球的可能性迷住了。8岁那年，他就给德国伟大的火箭科学家沃纳·冯·布朗写过一封信，信中说："是科学可以带来无穷的进步这个信念使沃纳·冯·布劳恩致力于科学探索；这种信念也会激励我奋发向上。"（1995）

蒂普勒在亚拉巴马州一个叫安达鲁西亚的小镇长大。1965年他在那里高中毕业，并代表全班在毕业典礼上致告别辞。蒂普勒准备的演讲话题是反对种族隔离。对于20世纪60年代的美国最南部来说，这并不是一个受欢迎的立场，尤其对一个只有17岁的年轻人来说。蒂普勒的父亲，一个经常为大公司打官司的律师，也反对种族隔离。但父亲坚决反对儿子到公众场合去宣扬这么一个容易引起争议的话题，因为蒂普勒毕业后要离开小镇去上大学，可他们全家还要继续在那儿生活。尽管（或许是因为）他从小接受的带有强烈原教旨主义影响的南部浸会教派的教育，蒂普勒说自己16岁时就已经是个不可知论者了。蒂普勒在一个中上层的家庭里长大，受到政治观点自由的父亲和没有什么政治观点的母亲的影响。他是家中的长子，下面有个比他小4岁的弟弟。

一个人在家里出生的前后顺序有什么不一样吗？弗兰克·萨洛韦曾做过一个多变量的相关性研究，看看基于以下变量，人们对一些异端理论的接受或拒绝程度如何。这些变量包括："皈依一种新理论的日期、年龄、性别、国籍、社会经济阶层、亲戚网的大小、以前与新理论倡导者接触的程度、宗教和政治观点、所从事的科研领域、所获得的奖励和荣誉、三种独立测量出色表现的标准、隶属的教派、与父母之间发生的冲突、旅游经历、受教育的程度、身体上的残疾和出生时父母的年龄等。"通过运用多重回归模型，在对超过100万个资料点进行分析的过程中，萨洛韦发现，在家里出生的前后顺序是影响科学革新接受程度的最强烈的因素。

征求了100多个历史学家的意见之后，萨洛韦让他们对3892个被调查者的立场进行评估，即评估他们对在1543年到1967年出现的28个不同的科学争议所持的立场。结果，作为家中晚生孩子的萨洛韦发现，在接受革新观念的可能性这一方面，晚生的要比早生的孩子高出3.2倍。对于那些激进的社会变革，其可能性要高出4.7倍。萨洛韦指出"因偶然而出现这种现象的可能性几乎是零"。从历史的角度来看，这意味着，"因为早生的孩子对旧观念的抗议，晚生的孩子通常被介绍或协助去接受其他一些重要的理论变迁模式。即使那些新观念的倡导者很少是早生的孩子，像牛顿、爱因斯坦和拉瓦锡，从整体上来说，大多持不同意见的仍是早生的孩子。但皈依新理论的却是那些晚生的孩子"。（第6页）萨洛韦研究了一下有关独生子的一些资料，结果发现，独生子对激进观念的接受程度介于早生孩子和晚生孩子之间。

为什么早生的孩子比较保守、容易受既定权威的影响，而那些晚生的则思想却比较开放，容易接受一些变革性的新观念？出生的顺序和个性之间有什么关系？早生的孩子，因为出生早，所以父母对他们的关注也相对多一些；而晚生的孩子比较自由一些，父母也不逼着他们去接受或服从那些陈规旧念。大体说来，早生的孩子有较强的责任心，这包括负起父母的责任照顾好弟弟妹妹。父母通常不去教训那些晚生的孩子，因此他们也用不着非去接受和服从权威的观念。萨洛韦用达尔文"兄弟—竞争"的模式对此做了进一步的研究。在这个模式里，孩子们为得到父母的关注和认可而彼此竞争。早生的孩子身高力大，反应敏捷，懂事早，因此受到的好处最多。晚生的孩子为了从父母那儿得到更大的利益，得要出一些新的花招。这就解释了为什么早生的孩子喜欢选择一些比较传统的职业，而晚生的从事的多是非传统的职业。

成长心理学家J. S. 特纳和D. B. 赫尔姆斯指出，"通常情况下，早生的孩子垄断了父母的大部分时间和注意力。这些早生的孩子出生时，他们的父母不仅年轻、愿意和孩子一起嬉戏，而且还肯花时间和他们交谈，参加他们的各种活动。这有助于增进父母和孩子之间的亲密程度"。（1987，第175页）很明显，这种注意力指的是更多的奖赏和惩罚。这样调教出来的孩子惯于在权威面前低头，容易用所谓的"正确方法"思考问题。R. 亚当斯和B. 菲利蒲斯（1972）、J. S. 基德韦尔（1981）说，父母对孩子这种不平等的关注使早生的孩子更加努力地去争取父母的认可和赞同。H. 马库斯（1981）总结，与晚生的孩子相比，早生的孩子凡事表现得更热切、依赖性强，更容易循规蹈矩。A. 希尔顿（1967）曾用20个早生的孩子、20个晚生的孩子和20个独生子做了一个母子互动的实验。结果发现，4岁时，与晚生的孩子和独生子相比，早生的孩子对母亲的依赖性特别强，他们更经常地寻求母亲的帮助和安慰。此外，母亲通常更倾向于参加早生孩子所做的游戏（如摆积木）。最后，R. 尼斯比特（1968）表明，与早生的孩子相比，晚生的孩子更容易去参加较为危险的活动，这些活动往往带有一定的冒险性，由此会导致产生一些"异端"的思想。

　　萨洛韦不是说出生的前后是影响人们是否接受激进观念的唯一因素。远非如此。实际上，正如他所指出的，他是在"把孩子在家里出生的前后顺序假设成影响孩子心理成熟的因素"。（第12页）换句话说，我们先用出生顺序这个变量为基准，从而确定其他变量，如年龄、性别和社会地位等，对接受新观念所起的作用。当然，不是所有的科学理论都同样地激进，正是考虑到这一点儿，萨洛韦发现了晚生的孩子和"接受自由激进观念"的能力之间存在的相互关系。萨洛韦指出，晚生的孩子倾向于"从统计学和可能性的角度来看待世界（譬如达尔文的自然选择和量子力学理论），所以不容易形成基于秩序和可预测性上的世界观"。与此相对照，如果早生的孩子也肯接受新观念，那么他们往往选择最保守的新观念，即那些"典型的对社会、宗教和政治现状予以重新确认的观念。这些观念强调的是社会等级、秩序、完全的科学确定性"。（第10页）

远不像他自己以为的那么激进，蒂普勒的理论实际上很保守，因为它重新确认了等级分明、井然有序的世界观以及上帝的不朽和最终的宗教地位等观点。或许蒂普勒是在16岁就放弃了上帝，可快50岁时，他却以其所有的聪明才智来为帕利那神圣的制表人和华莱士那驾驭一切的设计师辩护。"这是在重新回归生命之链，"蒂普勒断言，"其间的差别在于，这是一个世俗的链条。"即使他的物理观点也带有保守的色彩：

> 从物理的角度来看，我的观点很保守。我所接受的是标准的方程式，即传统的量子力学和相对论方程式。要了解宇宙，我们只需改变介于过去和将来之间的边界条件。这种观点有悖于直觉，因为人类总是由过去到现在再到未来发展，所以我们都心照不宣地认为宇宙也应以同样的方式运行。我想说的是宇宙没有理由也按同样的方式运行。物理学家一旦站在未来的立场综观一切，那么整个宇宙将会容易理解得多，就像站在太阳的角度来看太阳系一样。（1995）

这个家里的长子在用他所掌握的先进科学知识捍卫父母的宗教信仰。"我父亲对上帝的信任从来都模糊不清。因为他一直是个理性主义者，又喜欢宗教信仰中的理性根基，他自然很喜欢这本书。我母亲看到这本书也会高兴，因为它在很多方面捍卫了基督教的传统观念。"（1995）的确，蒂普勒的原教旨主义基督教背景不断地闪现在他对"上帝""天堂""地狱"和"复活"这些词的引用及单纯的字面理解中。（1994，第14页）但是真正用现代物理学理论来解说犹太—基督教的机会多吗？机会还不错，蒂普勒说："比如说，如果回顾一下所有有关像灵魂这样的理论，你会发现并不多。灵魂可能是物体的模式或一种神秘的精神物质。那就是灵魂。柏拉图认为灵魂是由精神物质构成的，而托马斯·阿奎纳却认为灵魂是复活的产物，这也是我在自己的书中主张的观点。因为有两种可能性，其中一个

'必然正确'。"（1995）当然，还存在第三种可能性，如果灵魂指的是离开肉体还可以存活的东西，那根本没有什么灵魂。（蒂普勒说，如果这样定义"灵魂"他同意灵魂根本就不存在。然而他宣称，古代人是从功用的角度来定义"灵魂"的，即灵魂是指把生命和肉体分开的东西。这样就只存在两种可能性。但这不是现代大多数神学家界定灵魂的方式。）

大多数科学家直到晚年才敢公开发表这样一些颇有争议的言论。蒂普勒刚开始在麻省理工学院学物理时，就已经对介乎科学和科幻小说之间的朦胧地带表现出极大的兴趣：

> 当我们学物理的学生在宿舍里谈论时间隧道时，我开始意识到这个问题的存在。我们经常谈论物理学中那些真正的边缘问题，像许多历史书中对物理学的解释。我读过戈德尔关于封闭时间曲线的文章。这篇文章深深地吸引了我，我赶快去把《阿尔伯特·爱因斯坦：一个哲学家/科学家》一书中的第二卷复印下来。从该书中我得知，爱因斯坦在发现相对论的过程中意识到时间隧道的可能性，他甚至还谈论过戈德尔的那篇文章。这给了我极大的信心，因为大多数学物理的人或许不相信时间隧道的可能性，但是戈德尔和爱因斯坦相信，他们都不是什么无足轻重的科学家。（1995）

蒂普勒的第一篇文章发表在有名的《物理评论》上。这篇文章是在他读硕士时写的。文章认为时间机器可能真的会发生。"旋转缸和全球因果违反的可能性"在当时是革新的观念。科幻作家拉瑞·尼温甚至还把它改编成了一个短篇故事。

攻读物理学博士期间，蒂普勒和马里兰大学搞相对论的人在一起工作，从而奠定了他以后著作的基础。1967年，蒂普勒在伯克利的加州大学做博士后时遇见了也在做博士后的英国宇宙学家约翰·巴罗。蒂普勒和巴罗一起讨论了布兰登·卡特的《人类规律》

一书的手稿。手稿讨论的是"人择原理"。"我们认为,采用书中的观点并对此加以拓展是个不错的主意。这就是《人类宇宙原则》成书的原因。在该书的最后一章,我们把弗里曼·戴森(1979)关于生命生生不息的观点与物理学简化论和全球广义相对论的观点融合在一起,然后又阐述了 ω 点理论。"蒂普勒的推理听起来很有逻辑,但是他的结论却越过了科学的界限:

> 我希望我们的书能概括一切,于是我就对自己说,既然这样,那么宇宙扁平说和宇宙封闭说(而不是宇宙开放说)又该怎么解释呢?宇宙封闭说存在的问题之一是交流问题,因为我们到处都有事件视野。于是我又对自己说,如果没有事件视野,那就不成问题了。但是如果没有事件视野,那么 c- 边界会是什么样子?啊哈,那会是一个单一的点。时间末端的一个点使我想起了泰尔哈德的 ω 点,在泰尔哈德看来这个点就是上帝。我想或许这其中存在着某种宗教方面的联系。(1995)

巴罗和蒂普勒的理论实际上是对哥白尼学说的攻击。哥白尼认为,人类的存在在宇宙中并没有什么特殊的位置和旨意。我们所说的太阳只是存在于一个普通星系边缘一百亿个星星中的一个,而太阳本身也只是已知的宇宙空间内上百亿个星系中的一个,而且这个星系根本就不在乎人类的存在与否。相比较而言,卡特、巴罗和蒂普勒则坚持认为,人类在宇宙中的存在确实有着重要的旨意,不管是从观察者还是存在者的角度来看。卡特(1974)接受了海森堡"不定原则"中的部分理论。这个理论认为,人们对一个物体的观察会改变这个物体本身,并把这个结论由微观的原子(海森堡的研究领域)推论到宏观的宇宙:"我们所要观察的东西一定会受到我们作为观察者本身的影响。"在其"虚弱的人类原则"理论中,巴罗和蒂普勒振振有词地辩论道,对于被观察的宇宙来说,一定要按被人观察的方式来形成自己的结构:"宇宙的一些基本特征,包括像形状、大小、年龄以及变化规律这样的品质，一定要按观察者所能适应的方式来进行演化，因为如果有知的生命不在另一个可能存在的宇宙上繁衍生息，人们根本不可能问到有关这个可能存在的宇宙的形状、大小、年龄以及其他一些诸如此类的问题。"这其实是一个同义循环的问题：要想宇宙被人观察，那么一定得有观察者。明摆着，谁会反对一个类似这样的观点？卡特、巴罗和蒂普勒所引起的争议不在于其"虚弱的人类原则"，而在于其"强盛的人类原则""最终的人类原则"和"共享的人类原则"。巴罗和蒂普勒对"强盛的人类原则"的定义是："宇宙必须拥有一些能使某一历史阶段中生命繁殖生息的品质"；对"最终的人类原则"的定义是："宇宙中一定会出现智能的信息加工过程，而且这个过程一旦形成，就永远不会消失。"（第21—23页）

也就是说，宇宙恰恰就应该像现在这个样子，否则就不会有生命的存在。因此如果没有生命，宇宙也不会存在。再则，"共享的人类原则"指出，一旦创造出生命（这是不可避免的），这生命将会以这样的方式来改变宇宙，即宇宙会保证生存于其中的生命繁荣昌盛，生生不息。"一旦企及 ω 点，生命不仅会控制一个宇宙中所有的物质和力量，而且还会控制那些可能存在的宇宙中的物质和力量。生命将会在一切可能存在的宇宙空间中蔓延开来，而且将会储存起无穷无尽的信息，这其中包括我们可能了解的一切知识。这就是所有一切的终极状态。"这个 ω 点，也就是蒂普勒所谓的时空中的一个"奇异点"，与传统宗教中的"永恒"观念相对应。奇异点也是宇宙学家用来描述宇宙大爆炸的理论起点、黑洞的中点以及大崩塌中可能的终点。宇宙间所有的人和事都将归结为这最终的一点。

像潘洛斯博士一样，巴罗和蒂普勒把他们这种令人难以置信的观点和几个似乎是偶然发生的事件、条件和物理常数以一定的方式联系起来，并以为没有这种联系就不会有生命存在。比如说，他们在下面这个事实中发现了极为重要的东西：

$$\frac{\dfrac{\text{质子与电子之间的电力}}{\text{质子与电子之间的重力}}}{\dfrac{\text{宇宙的年龄}}{\text{光穿过一个原子需要的时间}}} \text{大致等于}$$

上述关系一旦出现本质性的变化，那么我们所了解的宇宙和生命将不复存在。因此他们得出结论，现存世界不仅是所有可存在的世界中最好的，而且还是唯一一个可能存在的世界。巴罗和蒂普勒还做出假设：上述关系也就是著名的迪拉克的"大数假设"绝不是偶然现象。改变上述关系中的任何一个常量，整个宇宙的状况将大为改观，我们所了解的生命形式将不复存在，宇宙也会消失无踪。这种观点存在着两个问题：

1. 抓阄抽奖问题。在众多像肥皂泡一样的宇宙中，各个宇宙的运行规律都存在着一些轻微的差别，我们所在的宇宙或许只是其中的一个小泡泡而已。根据李·斯莫林和安德雷·林德（1992）新提出的这个颇有争议的理论，每当一个黑洞倒塌下来，就会出现一种单一的混沌状态。我们的宇宙就诞生于这种混沌物质。每一个倒塌的黑洞都会产生一个新的婴儿宇宙，并稍稍改变一下这个小宇宙中的物理规律。既然天地间可能存在着上百亿个倒塌的黑洞，那就可能有上百亿个带有轻微差别物理规律的泡泡。只有那些拥有和我们一样的物理规律的泡泡才能产生类似我们这样的生命形式。不管是谁，只要处于其中的一个泡泡中，都会认为他所处的泡泡是独一无二的，因而他们的存在是经过别具匠心的设计的。这就像抓阄抽奖，看起来极不可能有人会赢，可最后有人会赢！天体物理学家和科幻作家约翰·格里宾甚至把这种现象和进化论相类比。在进化论中，每一个新诞生的新泡泡都与其父母有着轻微的差别，而且不同的泡泡之间也互相角逐竞争，"在一个超级空间里为了一席之地而展开你争我夺的竞争"。（1993，第252页）加州理工学院的科学家汤姆·麦可多诺和科幻作家大卫·布林极具戏剧性地描述，"或许我们应该把我们自身的存在,以及这完善方便的物理规律,都归功于我们之前宇宙中一代又一代人不断试验和错误的结果。那是一个个如母子关系紧密关联在一起的宇宙,每一代都在黑洞那孕育一切的深渊里生育繁殖"。

  这个模式可以解释很多内容。我们这个特殊的泡泡宇宙是独一无二的,但它不是唯一存在的,也没有经过什么特别的规划设计。各种不同的条件汇聚到一起创造出生命,这仅仅是个偶然,一些没有经过规划设计的事件汇合在一起。没有必要去假设一个智慧的总设计师。从长远的历史角度来看,这种模式是合情合理的。我们的宇宙观从哥白尼时代起就一直在不断地扩展,太阳系、银河系、宇宙,一直到多个宇宙观。泡泡宇宙论是这个逻辑串的下一步,而且从明显的物理规律来看,这个理论也是最好的解释模式。

  2. 设计问题。正如大卫·休谟在《关于人类理解力的探索》(1758)中对事物间的因果关系所做的那段精彩的论述一样,一个凡事各就其位的世界之所以看上去井然有序,是我们的感觉使然。我们已经感知到自然的本来面目,所以在我们的观念里世界就应该按这个样子形成。如果这个宇宙和世界有所改变,那么你的生活就要这样来改变:这个宇宙和世界必须呈现出你所认为的那个样子,不能是别的样子。"虚弱的人类原则"认为,宇宙必须呈现出要被观察的那个样子,这里还应加一个修饰语,即"某些特定的观察者所认为的那个样子"。正如理查德·哈迪森所指出的那样,"阿奎纳认为两只眼睛是个比较理想的数目,因为这证明了上帝的存在和仁爱。然而,两只眼睛是个比较理想的数目,是不是因为我们已经习惯了这个数目呢"?(1988,第123页)只要有耐心和有数数的爱好,任何人任何地方都能发现客观的恒量和宇宙中的大数之间那种所谓的偶然关系。比如说,约翰·泰勒在其所著的《大金字塔》(1859)一书中评论说,如果你把金字塔的高度除以底部边长的两倍,你将得到一个近似 3.14 的数目。泰勒还认为他发现了古代腕尺的长度等于地球的直径除以 40 万。这两个发现这么神奇,泰勒认为不可能是巧合。别人发现，用大金字塔的底边边长除以其建筑石块的宽度，所得到的数等于一年中的天数；把大金字塔的高度乘以 10 的 9 次方大约等于从地球到太阳的距离，以及其他诸如此类的巧合。数学家马丁·加纳对华盛顿纪念碑做过分析，他发现这个纪念碑中蕴含了很多与 5 有关的数字，"纪念碑高达 555 英尺 5 英寸。基部的面积是 55 平方英尺，窗口与基部的距离是 500 英尺。如果把基部的面积乘以 60（或把一年中的月份数目乘以奠基石 5），其得数是 3300。而且，'华盛顿'一词由 10（5 的 2 倍）个字母组成。如果把奠基石的高度乘以基部的面积，结果是 18.15 万——这几乎等于光在一秒中行驶的英里数"。"一般的数学家只需 55 分钟就能发现上述'真理'，"加纳指出，"埋头去钻研一大团未经整理的资料。这些资料乍看上去错综复杂，让人很难相信那是人类智慧的产物，但经过一番研究后却可得到一个清晰的模式。这是件何其容易的事。"（第 184 页）作为怀疑论的怀疑者，加纳"让读者自己决定他们是应该把 ω 点理论作为一种优越于'科学教'的新型科学宗教……还是觉得这种理论是因读了太多的科幻小说而产生的一种疯狂的幻觉"。（1991b，第 132 页）

所有这些都不能阻止蒂普勒的探索精神。没有约翰·巴罗的合作，他继续在《不朽的物理》中阐述自己的观点。他把这本书的初稿交给牛津大学出版社，出版社又把它转交给审稿人。结果出版社拒绝出版该书。蒂普勒收到了"无名氏"的审稿意见，但由于意外，这些无名审稿人的名字没有从影印中清除掉。其中的审稿人之一是一个物理学家，世界倡导科学和宗教合一的先驱者。这个物理学家说，"如果我是在不相信其中内容的情况下写了这本书，那我才有可能推荐它"。（1995）

一个篇幅较长、论述更为详细的手稿交到了双日出版社并且得到认可。该书的销售在欧洲（尤其是在德国）要比在美国好，但大部分评论都带诋毁性质。著名的德国神学家沃夫哈特·潘内伯格相信上帝是未来之神，在《兹爱贡》杂志（1995 年夏天）上主动支持蒂普勒的观点。但大多数的科学家和神学家都赞成天文学家约瑟夫·西尔克在《科学美国人》中对该书的评论，"在为上帝的存在寻找一个合理解释的过程中，蒂普勒走到了一个滑稽可笑的极端。在持久稳定、博大宏伟的未知世界面前表现出一种谦卑的态度，是现代物理学真正应该有的态度"。（1995年7月，第94页）

在博大宏伟的未知世界面前，蒂普勒所表现的不是谦卑而是一种历久不衰的乐观精神。当有人让他用一句话来概括其书的基本旨意时，蒂普勒说："理性无限增长；进步永无休止；生命长盛不衰。"以何种方式？蒂普勒复杂的论点可归结为以下三点：（1）蒂普勒说，在遥远的未来，人类，宇宙中唯一的生命形式将会离开地球，定居在银河系上的其他地方，而且最终将到所有其他的星系上去居住。如果不这样做，当太阳不断地扩展、把整个地球都笼罩在它的光热之中时，地球将会化为一团灰烬。那时我们的命运就可想而知了。因此，如果我们必须要迁居到别的星球上，我们会那么做。（2）如果科学技术继续以目前的速度发展（想想从20世纪中叶那房间大小的庞大计算机发展到今天的手提电脑才用了多长的时间），1000年或1万年之后，不但移居别的星系和宇宙的愿望将变为现实，而且带有超储存和超模拟现实的超型电脑将从根本上代替目前的生物生命（生命和文化只是这些超型电脑中所产生的信息系统，即生物基因和文化基因）。（3）当宇宙最终倒塌的时候，人类和他的超型电脑将会利用倒塌过程中释放出的能量，重新把曾经在宇宙中活过的每一个人（因为这是个有限的数目，超型电脑的储存能力将足以完成这一伟大的工程）创造出来。既然不管从哪一方面来看，这种超型电脑都无所不能，其影响又无所不在，就像万能的上帝；既然"上帝"能把我们重新塑造成各种各样的生命实体，那么，不管从哪一方面来看，我们都会永存世间。

与华莱士和帕利一样，蒂普勒也试着把自己的观点根植于纯理性之上，不求助于神秘主义，也不靠宗教信仰。他们的结论本身就可以创造出一个宇宙，在这个宇宙中，人类已经而且将永远占有一席之地……难道说这是纯粹的巧合吗？"一方面，不管你怎么努力，所有的一切最终都毫无意义；另一方面，你的确影响了宇宙的发展历史，两者相比，后者不是更为理想吗？"蒂普勒坚持说，"如果宇宙万物的确有了存在的旨意，那么宇宙将是一个比较愉快的地方。我认为，连宇宙会呈现这种景观的可能性都不敢去假设，这也未免太荒谬了吧"。(1995)

这听上去有点像希望常青的观点。但蒂普勒宣称，这是"我自己对全球广义相对论研究过程中所推出的合乎逻辑的结论"。他认为部分问题在于他的那些同事"所受的教育让他们如此强烈地仇恨宗教，即使只是暗示说某些宗教观点可能有道理也会惹恼他们"。蒂普勒断言道，"在广义相对论这个领域中，一些像罗杰·彭罗斯和斯蒂芬·霍金这样的大人物之所以没有得出相同的结论，是因为一旦意识到这个方程推出的结论如此古怪，他们就畏缩不前了"。尽管彭罗斯和霍金没有再做进一步研究，但蒂普勒在一个令人深思的评论中解释说，大部分人一般不会理解，因为"ω点理论的本质是全球广义相对论。你必须受过一定的训练，能从尽可能大的角度去审视宇宙，并且主动地去研究整个现实的宇宙世界——要想象它过去和将来的数学结构。那就意味着你必须是全球广义相对论者。在这一点上只有3个人胜我一筹，而且只有两个人的势力与我相当"。(1995)

与我交谈过的一位有名的天文学家说，蒂普勒写这样荒谬的书肯定是为了赚钱。但不管是谁，只要和蒂普勒就这本书聊天交换过意见都会意识到，他写这本书既不为名也不图利。他对自己的观点极为严肃，而且做了充分的准备，随时迎战他知道一定会来的攻击。在我看来，蒂普勒对人及其未来寄予了深切关怀。他写这本书是为了纪念妻子的祖父母，也就是"孩子们的曾祖父母"。他们不幸死在大屠杀中，但"他们是怀着宇宙复活的希望离开人世的，这种希望，正如我在书中所表明的那样，将在时间之末得以实现"。这里蕴含着一种深层的含义。或许蒂普勒从来都没真正放弃他浸会原教旨主义基督教的家庭背景。只要努力工作、诚恳做人，再加上好的科学，生命就会永恒。但在这到来之前，我们要耐心等待。与此同时，我们又怎能重建一个能保证我们活到可以复活那一天的社会、政治、经济和道德体制呢？作为他那个时代的潘洛斯博士，蒂普勒将在他下一本书中试着回答这个问题。这本书初步命名为《物理学的道》。

我喜欢看蒂普勒的书。他的书涉及面广，包括空间探索、微技术、人工智能、量子力学和相对论。他文笔简洁，笔锋饱满。但我在他的作品中发现了6个问题，前4个是任何有争议的观点共有的问题。这些问题并不证明蒂普勒或其他任何人的理论是错误的。它们只是提醒我们要用怀疑的精神去看待事物。虽然蒂普勒的观点也可能有道理，可他得举证证明，而不能只靠机智的逻辑推理来说服我们。

1. 希望长盛不衰的问题

在《不朽的物理学》的第1页蒂普勒就宣称，他的 ω 点理论是"经得起检验的物理理论，它可以证明一个万能、万知、无处不在的上帝的存在。在很远的将来，上帝会使我们每一个人复活过来，居住在一个纯粹的犹太基督教徒的天堂"。不仅如此，而且"不管哪个读者，只要他失去了亲人，或者对死亡怀有恐惧，现代科学都会这样对他说，'不要难过，你和你的亲人都会复活过来'"。因此，基于信仰我们始终相信是正确的东西，在物理上也证明是正确的。亲人复活的机会有多大？恐怕不很大。在第305页做了简洁有力的论证后，蒂普勒最后承认说："ω 点理论是一个可以在未来物理世界里运用的科学理论，但目前我们唯一的证据就是其理论上的魅力。"魅力本身不能证明一个理论的对与错。但当一个理论恰好道出了我们内心最深切的愿望时，我们要特别小心，不要贸然去接受它。当一个理论似乎应和了我们对永恒的希望时，那它很可能错了。

2. 信仰科学的问题

当面对自己理论中的局限时，只辩论说因为科学解决过很多类似的问题，所以它也会解决眼前这个是不够的。蒂普勒声明，为了垄断我们的星系和最终去垄断所有的星系，我们必须加快宇宙飞船的速度，使其接近光速。怎么才能做到呢？这不成问题。科学会找到解决办法。蒂普勒用了20页的篇幅逐年列举了人类在电脑、宇宙飞船和飞船速度方面取得的惊人进步。在"科学家附录"中，他精确地描述了怎么制作一个相对反物质火箭。这一切都有意义而且迷人，但绝不能证明下面这个推理：因为可能发生，所以将会发生。科学的确存在着自身的局限性，而且科学发展史上也充满了失败、走弯路和陷入死胡同的例子。科学发展取得了巨大的成功并不意味着科学就能或者会解决将来的问题。在遥远的未来，人们将按我们认为（和希望）的那样去做，真的能做出这样的预测吗？

3. 如果—那么论证方式问题

蒂普勒的推理方式如下：如果密度参数大于1，那么整个宇宙就会关闭倒塌；如果贝肯斯坦界限正确；如果希格斯玻色子是一种自旋为零的玻色子；如果人类在有足够的技术使他们永久地离开地球前不会灭绝；如果人类离开这个星球；如果人类可以发展能使他们以规定的速度穿行星际之间的科学；如果人类能发现别的适合居住的星球；如果科学技术可以减缓宇宙倒塌的速度；如果人类不能遇见有损于其利益的其他生命形式；如果电脑能在时间之末达到无所不能、无所不知的状态；如果ω点/上帝能复活所有的生命；如果……那么他的理论就是正确的。这里的问题显而易见：如果这其间的任何一步失败了，整个的论点将会全盘倒塌。如果密度参数小于1而宇宙将会永久不断地扩展下去呢？（有证据显示宇宙会出现这种情况。）如果人类的灭绝是由污染和核武器引起的呢？如果我们在地球上就能解决资源分配问题而不必进行空间探索呢？ 如果我们遇到一些技术发达的外星人，他们想垄断我们的星系和地球或奴役或灭绝我们呢？

如果缺乏客观证据来支持其观点，如果—那么的推论方式，不管听上去多么合理，只能是哲学（科学的前身或科幻小说）而不是科学。为证明上帝和永生的存在，蒂普勒创制了一种极为合理的论证方式。其论证一步紧跟一步，但如果整个理论本质上只是推测，那其中很多步骤都可能是错的。另外，他不用现实做参考物而是机智地转向遥远的未来，这种转换本身就包含着逻辑漏洞。首先，他假设时间之末上帝和永生的存在（他的ω点边界条件，他所谓的"最终的人类原则"），然后从后向前推理，以推断出他假定正确的东西。蒂普勒宣称所有的广义相对论者都是采用这种推理方式的（也就是说，当他们分析黑洞的时候）。即使这是真的，我想大多数广义相对论者在拥有足够的客观证据证明其假设之前也对其假设有所保留，而且我也不知道还有哪些广义相对论者曾试着阐述上帝、永生、天堂和地狱的问题。蒂普勒曾做过几个经得起验证的预言，但要证明人类的永生还需很长很长的一段时间。宇宙的末日也是很久很久以后的事。

4．类比的问题

在《物理学之"道"：近代物理学和东方神秘学相似处探索》（1975）一书中，物理学家弗瑞特奥夫·卡普拉宣称，现代物理学和东方神秘主义之间出现的这些"并行"现象并非偶然。相反，卡普拉辩论说，东方的古代哲学家和现代西方科学家的确发现了一个唯一的共同点。虽然双方的描述不同，但他们谈论的是一码事（加里·祖卡夫在《起舞的物理大师》一书中有同样的分析）。真的是这样吗？还是下面这种情形更有可能：人脑用那么多不同方式来给这个世界赋予秩序，这就注定了古代神话和现代理论之间会有某些朦胧的相似，尤其当你执意想发现这些相似处时。

蒂普勒更胜卡普拉一筹。他不仅发现了存在于古代犹太—基督教和现代物理学和天文学之间的相似之处，而且为使它们更和谐，他还对两者进行了重新定义："这个宗教中每一个单独的术语，比如说，'无所不在''无所不知''无所不能''复活（精神）'和'天堂'都应作为新概念介绍进物理学。"（1994，第1页）读者发现，蒂普勒尽力使上述每个词成为物理术语，或把一些物理术语变成宗教措辞。当从上帝和永生开始向后推论时，蒂普勒在很大程度上是创造出，而不是发现了物理和宗教之间的联系。他声称这样做既产生了很好的物理学又形成了不错的神学。但在我看来，由于缺乏客观证据，它们只能是很好的哲学和不错的推理性科幻小说。仅仅因为两个来自不同的领域的观点听起来相似，并不意味着它们之间就存在着某种有意义的联系。

5．记忆和身份问题

蒂普勒辩论说，在宇宙末日的 ω/ 上帝将重构每一个曾经活过或可能曾经在实体现实中活过的人，包括他们各自的记忆。这里的第一个问题是，如果记忆指的是彼此相连的神经细胞，或者是我们对这些细胞连接并不完美的不停重建，那么 ω/ 上帝怎么能重构出并不真正存在的东西呢？能被创建的记忆与一个人真正的记忆模式之间有着天壤之别，况且记忆中很大一部分被时间冲蚀掉了。错误记忆综合征引起的争议就是一个很好的例子。我们对记忆的运行知之甚少，对记忆重建的了解就更微乎其微。记忆可不能像倒放录像带那样重建。事件发生了，人的五官对这些事件有选择地加工，并把加工的结果刻在脑海之中。记忆被重新回顾起时会有所改变，改变的程度取决于个人的情绪、以前的记忆、随后发生的事件和记忆等。随着岁月的流逝，这样的过程会反复出现上千次，以至于我们都会产生疑问，我们是真有记忆，还只是记忆中的记忆的记忆。

这里还存在着另一个问题。如果 ω/ 上帝使我复活，连同我所有的记忆，那被恢复的是哪些记忆？我一生中某一特殊时刻的记忆吗？那么，复活过来的那个人就不是我。是我一生中所有时刻的记忆？那也不会是我。这样，不管 ω/ 上帝怎样使我连同我的记忆一起复活过来，那都不可能是我。如果一个叫迈克尔·舍默的人复活过来，但却失去了所有的记忆，那么他会是谁呢？既然如此，那我是谁？在我们开始考虑如何将一个实实在在的人复活过来前，首先得把有关记忆和身份的这些问题搞清楚。

6．历史和丢失的过去的问题

　　一个人可能仅仅是一个由基因和神经细胞储存构成的电脑，可一个人的生命，也就是说，一个人的历史，却不仅仅是基因和神经细胞的储存。人是在与别的生命和别的生命历史、与所处的环境不断作用中产生的。一个人所处的环境，其本身就是无数因素交互作用的产物。这就像一个变量繁多、错综复杂的矩阵，里面交错编织着数不清的大小事件。这个矩阵中的变量数目也多得不可思议，即使蒂普勒的电脑都容纳不了——一个可以储存 10 的 10 次方的 123 次方"比特"（即 1 后面加上 10 的 123 次方个 0）的电脑。（这个数字的前提是贝肯斯坦界限正确；天文学家基普·索恩认为该界限很值得怀疑。）即使蒂普勒的电脑有足够的计算能力，可以把所有那数不尽的历史必然事件——气候、地理、人口迁入和迁出的情况、战争、政治革命、经济循环、经济倒退及萧条、社会倾向、宗教革命、范例变迁、意识领域的革命以及其他诸如此类的事件重建起来，不管 ω/上帝如何重新捕捉那所有的个别汇合点，怎么解释所有偶然和必然事件之间的交互作用呢？

　　蒂普勒的回答是，量子力学告诉我们，这些记忆、事件和历史汇总点的数量是有限的。在遥远的未来，电脑所拥有的计算能力是不可估量的，它能把你一生中所有时间里所有可能的变化状态都重建出来。但是，在第 158 页，蒂普勒承认这个回答有个很重要的问题："我得提醒读者，我这里忽略了光不透明和不连续的问题。在考虑进这些因素之前，我说不准实际上到底能从过去中抽出多少信息。"过去是否可以被复原是个严肃的问题，因为历史是通过对优先发生的事件加以控制，从而促使某种行为发生的一系列事件的汇总。历史中也会经常出现一些很小的偶然事件，但我们对此知之甚少。

假如所有一切都敏感地悬于起始条件，即所谓的蝴蝶效应，那 ω/ 上帝又如何重建所有的蝴蝶呢？

这种历史观使蒂普勒博士和潘洛斯博士都偏离了常规，正如伏尔泰在《坎迪德》末尾所指出的：

> 有时，潘洛斯会对坎迪德说，"在这个所有可能的世界中最好的世界里，所有的事件都是彼此相连的。因为，如果你没有因爱上丘恩贡德小姐而在背后挨上重重的几脚，也没被人从那高贵的城堡中赶出来，如果你进宗教裁判所时没有受到热烈的欢迎，如果你没有赤着脚在美国各地遨游，如果你没把手中的利剑刺到男爵的身上，如果你没有把来自埃尔多拉多的羊群全部丢掉，如果你不愿吃这里带糖的柠檬和开心果"。"你说的没错，"坎迪德说，"但我们必须得料理好我们的花园。"（1985，第 328 页）

也就是说，不管我们生命或历史中的偶然和必然事件发生的先后顺序如何，看来结果都同样地不可避免。但是坎迪德的回答中包含了另一个真理。我们不能了解在任何一个给定的时刻影响历史发展的偶然和必然事件，更不用说任何历史序列的起始状态。该方法论的弱点也正是哲学的力量。虽然我们不能对过去和现在所有的资料进行加工，也无法知道导致我们行为的起始状况和事件的汇合点，但我们可以在其中找到人类的自由，即料理我们的花园。我们因无知而自由，也因知道左右我们的大部分原因都已过去而自由。是这份了悟，不是永恒的物理和超型的电脑所保证的复活，使我们的希望之树常青。

第十七章

人们为什么相信一些稀奇古怪的东西

1996年5月16日星期四晚,为制作美国公共广播公司《比尔·奈 科学男人》的节目,我赤脚走过烧着的煤炭。这个了不起的科学教育系列片的制作人希望就伪科学和一些超正常现象制作一个适合儿童观看的专栏。他们以为,对火上行走进行科学的解释会是一个很卖座的电视节目。因为比尔·奈是我女儿的偶像,我同意主持火中行走这个活动。伯纳德·莱坎德,一个研究等离子的物理学家,也是世界上重要的火上行走专家,点燃大火,散开煤块,打着赤脚,漫步穿过火丛,脚上没有烫起任何水泡。我试着向煤堆边上靠近时,莱坎德提醒我说煤堆中拨开的那条路正中间的温度是800华氏度。我竭力只去想着莱坎德的安慰话:火上行走起作用的不是正面思维,而是一种物理力量。打个比方说,在炉子里烘烤蛋糕时,炉子里蛋糕、空气和金属盘子的温度都是400华氏度,但只有金属盘子会烫伤皮肤。滚烫的煤块,即使温度高达800华氏度,也会像蛋糕一样安全,因为这两者导热的速度都很慢,只要我迅速地穿过火丛,根本不会有什么危险。可是我那光溜溜的脚指头,一点一点地从烧红的煤块上挪开,显然对上述观点有所怀疑。这可不是在蛋糕上行走,脚趾给大脑传递的是这个信息。这的确不是在蛋糕上行走,但走了6英尺、3秒钟后,我的脚趾并没什么损伤。我恢复了对科学的信心,从头直到脚趾。

在火上行走，多么荒谬的一件事。我有满橱子和满书架的卷宗，里面记载了各种各样稀奇古怪的事情。但什么是荒诞的事呢？对此我还没有正式的定义。像色情作品、荒诞的东西难以定义，但你一眼便能看出。对不同的观点、个案或者个人的研究都要对症下药，不能以偏概全。一个人看来是荒谬的东西，在另一个人眼里可能是极为珍贵的信念。谁能说得准呢？

那好，对我也对上百万其他的人来说，存在这么一个衡量标准，那就是科学。我们会问，一个观点的科学证据是什么？做"信息广告"的超级明星托尼·罗宾思，一个做"自助"研究的宗教大师，20世纪80年代早期就开始了他的事业，通过举行周末研讨会的形式使火上行走这一活动达到高潮。罗宾思问观众："如果想找到一个实现自己心愿的途径，你会怎么做？"罗宾思说，如果你敢在火上行走，那么就没有你干不成的事。罗宾思自己真的能赤脚穿过滚烫的煤块而不烫伤双脚吗？当然能。我也能。你也可以做到。但是你我做起来不会像罗宾思那样，我们不用沉思默想、吟唱圣歌，或者花上几百美元去举行个研讨会，因为在火上行走和精神力量一点儿关系都没有。相信火上行走是精神的力量，这就是我所谓的稀奇古怪的东西。

火上行走者、心灵学研究者、研究不明飞行物的人、遭到外星人绑架的人、人体冷冻者、坚持永生观点的人、客观主义者、创世论者、否定大屠杀者、极端的非洲中心论者、种族理论家和宇宙学家——这些人相信科学，但他们也相信上帝。我们遇见过很多这样的人。我敢说，虽然对这些人及其信仰追踪研究了20多年，但这本书中所谈的还只是一些皮毛。下面这些该如何理解呢？

- 整套生命博览会所研究的话题，譬如，"用电磁法使鬼神显出半身"、"巨型大脑：拓展智力的新工具"、"变革性的能量机"和"拉撒路"——雅克·普西尔所塑造的一个3.5万岁的宗教大师。

- 深入拓展大脑/智力的圆屋顶。这是"约翰·大卫设计的一个方案,目的是在大范围内运用大脑/智力拓展法,其中包括对大脑损伤者的重新教育问题"。这个圆屋顶配有完整的"系统的语音训练和证件资格培训、立体声设备、扩音器、信息交换器、电报设施和大脑/智力矩阵现频器。也包括隔音材料和有关咨询"。这一切的花费是多少?只需6.5万美元。
- 一张成批寄出的明信片,只要用食指按一下卡片上的那个紫色的圆点,然后"用手指紧紧地压住圆点下面的小球,把它从左边滚到右边,你就可以接进'宇宙连接站'热线电话了"。当然,这个热线当然是以900开头的收费号码,每分钟只花3.95美元。"一个颇有资历的通灵者能运用过去、现在和将来所有的事情启发你!"

雅克·普西尔真的能和一个死了几万年的人交谈吗?这似乎极不可能。可能性更大的是,我们听到的是雅克·普西尔那肆意奔放的想象。深入拓展大脑/智力的圆屋顶这个方案真的能治愈损伤的大脑吗?给我们看看可以证明这个非凡观点的证据。他们提供不出什么证据。一个通灵者真的能在电话上(或者是面对面地)给我提供一些有见识、有价值的意见吗?我对此有所怀疑。

我们的文化和思维中到底潜在着什么可以诱发这些信仰的因素呢?怀疑者和科学家对这个问题做出了各种各样的回答:缺乏教育、受到错误的教育、不能进行批判思维、宗教的兴起与衰落、新时代的种种信仰,以及电视看得太多、书看得太少、阅读了错误的书、没得到父母的指教、蹩脚的老师、本身的无知和愚蠢等。有人从加拿大安大略省寄给我一个他所谓的"你所反对的那些东西最可恶的代表"。那是一个在白天都发光的橘红色纸板标牌,是从当地书店弄来的,上面潦草地写着:"新时代的书挪到了科学书籍那边。""这个社会就那么轻松地用伏都教和迷信代替了科学和批判研究,这着实把我吓了一跳。"这个人在信中写道,"如果有什么图标可以标明这种现象已如何深植于我们的文化中,这个木板牌就是"。作为一种文化,我们似乎很难把科学和伪科学、历史和伪历史、理性之言和胡说八道区分开来。但我认为这个问题复杂得多。要了解这种现象的本质,我们必须透过文化和社会,深入研究人的情感和思维。人们为什么相信一些荒诞的东西,这不是哪一个回答就能解决的问题。

但我们可以从本书中讨论的形形色色的例子中总结出一些彼此相关的潜在动机:

1. 起安慰作用的信念。在众多相信荒谬东西的原因中,最重要的一个就是人们愿意去相信这些东西。有东西相信的感觉很不错,让人觉得舒服。据1996年盖洛普民意调查,美国成年人中96%相信上帝、90%相信天堂、79%相信奇迹、72%相信天使(《华尔街杂志》,1996年1月30日第A8页)。怀疑者、无神论者、那些好战的反对宗教分子试图瓦解人们对较高力量、复生和天意的信仰,其实这是在反对几万年的历史发展,也可能是十几万年的物种进化。(如果宗教和对上帝的信仰也有生物根基的话,有些人类学家相信这一点儿。)综观所有有记载的历史,遍览世界各地,像这样的信仰和如此众多的信奉者司空见惯。除非一个适当的世俗代替品出现,否则这些数字不太可能会发生本质性的改变。

怀疑者和科学家并不具备免疫能力。马丁·加纳是现代怀疑运动的奠基人之一,曾经扼杀过各种形态的荒谬信仰。加纳把自己归为哲学有神论者一类,或用一个更广义的术语,"费德主义者"。加纳这样解释道:

> 费德主义是指在信仰的基础上,或由于某些情感而非理性的原因相信什么。作为一个"费德主义者",我不相信有什么可以证明上帝存在和灵魂不朽。不仅如此,而且在我看来,无神论者的观点更具说服力。真正有悖于客观证据的其实就是那些堂·吉诃德式的情感信仰。如果你相信一些形而上学的东西是因为某种强烈的情

感,而且这种信仰并不与科学及逻辑有尖锐的抵触,那你就有权坚持,只要该信仰给你足够的满足。(1996)

同样,人们也经常会问:"你对来生怎么看?"我的回答通常是:"我当然赞成这种观点。"我赞成这种观点并不说明我相信它。但谁不想去相信这么一种观点呢?问题就在这里。去相信那些使我们感觉良好的东西,这是正常人的反应。

2. 欲望的即刻满足。很多稀奇古怪的东西都可以让你即刻得到满足。"900数码心灵咨询热线"(以下简称"900热线")就是个经典的例子。我有个魔术师/心灵主义者的朋友就在这条热线上工作。所以我有了解该热线内部工作情况的机会。大部分这样的公司每分钟都收3.95美元,其中接话费是每分钟60美分。如果一个心灵专家连续工作,每小时就能赚得36美元,公司也就会有201美元的盈利。他们的目的是尽可能不让咨询者挂断电话,这样就有利可图;但通话时间又不能太长,太长了他们会拒绝付电话费。根据我朋友的记录,最长的电话持续了201分钟,也就是他们为此会赚793.95美元。通常咨询的话题有一到四个:爱情、健康、钱财和工作。心灵专家采用"冷读"技术,先是漫无边际地胡扯,然后慢慢地转入正题。"我觉得你们之间存在着某种紧张的关系,其中有个人太在意对方了","我似乎觉得你的问题来自经济上的压力","你一直在打算换个工作"。这种老生常谈的内容几乎对每个人都适用。如果你指出这个心灵专家猜错了,他只要说这事将来会发生就行了。心灵专家不必总猜对。打电话的人往往只记住那些猜对的,而且最重要的是,他们希望专家们猜对。怀疑者不会去花这3.95美元,但那些信徒却会这么做。人们大多都是在晚上和周末打咨询电话,那些最需要人交谈的时刻。传统的心理治疗太正规,花费又高,费时间,治疗的效果需要很长时间才能看出来,而且往往是靠慢慢地满足你的心灵需要,只有个别才能马上解决你的问题。相比而言,"900热线"只需打个电话(很多在"900热线"供职的心灵术士,包括我的朋友，都称其为"穷人的心理咨询"，因为每分钟只花3.95美元。我可不这样认为。有趣的是，这两种主要的心理咨询机构之间还有冲突。那些所谓的"真正"的心灵学家觉得，那些"业余"的使他们看上去很假）。

3. 简单明了的解释方法。三言两语就可以解释一个错综复杂、瞬息万变的世界，这更容易马上满足人们的心理需要。不管是好人还是坏人，都会发生这样或那样的好事或坏事，这似乎没什么规律可言。科学的解释通常艰难晦涩，需要一定的训练和努力才能弄懂。迷信、对命运和超自然现象的信仰提供了一条通往人生迷宫的捷径。来看一下澳大利亚怀疑协会的领袖哈利·爱德沃兹举的一个例子。

作为一个实验，1994年3月8日，爱德沃兹在新南威尔士圣詹姆士当地一家报纸上发表了一封有关他的宠物鸡的信。信中写道，小鸡停在他的肩上，偶尔把电话卡留在他的肩头。摸清了小鸡来去的时间和"存放"电话卡的地点，并且把这和后来发生的事联系在一起，爱德沃兹告诉读者，这意味着他要交好运。"在过去的几周里，我在对号码的牌戏中中奖、早已彻底忘掉的一些钱财又回来了，而且自己新近出版的书也收到了大批的订单"。爱德沃兹的儿子，也因为这只鸡而好运不断，"捡到一个盛满钱的钱包，归还给失主后却得到了一笔报酬，拾到一块手表、一张没用过的电话卡、一个领养老金的证书，还有一个钟"。爱德沃兹接着解释说，他把小鸡的羽毛拿给看手相的人看，"又去查看了一下小鸡出生的星座，还咨询了一个解读过去的人，确认这只鸡是一个慈善家的化身。他建议我应该把鸡卖掉，这样就能把好运传播给其他人"。在信的末尾爱德沃兹说他打算卖掉这个"吉祥物"，并留下了汇款地址。爱德沃兹在后来给我的信中非常兴奋地写道："我坚决相信，只要是与'好运'有关的东西都可以出售，信不信由你，我这个'吉祥物'收到两个订单和20美元的汇款。"我信。

4. 道德和意义。目前，对大多数人来说，科学和世俗的道德观念和价值标准难遂人意。没有一种更高的力量去相信，人们会问，为什么还要讲道德？伦理道德的基础是什么？我们活着到底是为了什么？所有这一切都有什么意义？科学家和世俗人文主义者对这些很有分量的问题做了很好的解答，但是由于各个方面的原因，这些解答并没有广泛地深入人心。对大多数人来说，在一个浩瀚无际、冷酷无情、毫无意义的世界里，科学所提供的只是冷酷残忍的逻辑。伪科学、迷信、神话、魔术和宗教却能使人们在瞬息间就可感受到道德标准和价值观念的安慰力量，因为它们的解释简单、直接、能深入人心。因为我曾信仰再生基督徒，所以对于为科学所困扰的人我深表同情。哪些人有这种感觉呢？

像别的杂志一样，为了增加发行量，《怀疑》杂志也经常把大批邮件发送到成千上万的客户手中。我们的邮件中往往附有一个"商业复函"信封，随带着一些介绍怀疑者协会和《怀疑》杂志的有关文献。我们从来都没在这些邮件中讨论过宗教、上帝、无神论或者任何其他类似的话题。但是每发送一批邮件我们都会收到标有"邮款已付"字样的信封。显而易见，我们的存在对这些回信的人是一种冒犯。有些信封中塞满了垃圾和碎报纸。其中有一个信封粘在一个装满石头的盒子上。有的信封内装着我们的文献，可上面涂满了诅咒和令人丧气的话。一个上面写着："我不会感谢你们，只有那些睁眼瞎才是真正的瞎子。"另一个上面写着："不必谢我，我会帮忙传递你们那固执己见的反基督言论。""包括你们这些怀疑者，将来每个人都会跪下来，每张嘴都会承认耶稣基督是自己的主。"有许多信封中还装着一些宗教册子和文献。有人寄给我一张"去第777号永恒天堂的票：你将和上帝之子耶稣一样永垂不朽"。票的费用只是要承认"耶稣是你的救星和主，那一刻你就得以永生了"。如果我不承认呢？票的另一面是另一张票，这是一张"和魔鬼及天使一起在火海里得到永生"的免费票。你能猜到这张票的号码吗？没错，是666。

对怀疑者、科学家、哲学家和人类学家来说，解决人们为什么相信荒诞的东西这个问题的一个有效途径就是建立一套既具意义又令人满意的道德标准和价值观念。

5. 希望之树常青。把所有的理由连在一起就是这一章节的题目。这个题目很好地传达了我的信念。从本质上来说，人类喜欢憧憬未来，总是在寻求更高层次的幸福感和满足感。不幸的是，人类的这种特性导致的必然结果是，人们总是急切抓住那些对美好生活所做出的种种不切实际的承诺，相信只有不容异己、愚昧无知或灭绝别人才能过上好一点的生活。但往往是，因为太注重来世，我们错过了现实生活中所拥有的东西。现实生活是一种不同的希望之源，但它仍是希望：希望人类所拥有的聪明才智和同情心会解决生活中那数不清的大小问题，提高我们每个人的生活质量；希望历史能一如既往地向前发展，为全人类争取更大的自由；希望理性和科学、人类所拥有的爱心和同情心能使我们更好地了解宇宙、了解世界、了解我们自己。

第十八章

为什么聪明人也相信一些稀奇古怪的东西

> 当人们希望创建或支持一个理论时,他们是怎样地曲解客观事实使其为该理论服务!
>
> ——约翰·麦凯,《奇特的大众幻觉和疯狂的人群》,1852

偶然性:一系列事件毫无预定和计划地凑在一起。(牛津英语词典)是下列一系列事件的汇合让我知道如何回答本章题目中提出的问题。1998年4月,我在为本书第一版出版巡回宣讲。心理学家罗伯特·斯坦恩伯格(以其在多重智力上的前沿研究而著称)出席了我在耶鲁法学院的演讲。他认为演讲颇具启发意义,但又令人困扰。斯坦恩伯格说,听到各种稀奇古怪的信仰当然觉得有趣,因为我们自信不会愚蠢到去相信诸如外星人绑架、鬼神、超感觉的知觉以及大脚印等超正常的无稽之谈。但他反驳说,令人不解的不是为什么人们会去相信这些怪诞的东西,问题是为什么你和我,作为我们的一个子集(相对于他们),或为什么那些聪明人也相信这些东西。接着斯坦恩伯格飞快地列出了一大串他心理学同事的一些信仰。不管从哪个角度来看,那可以说是一些聪明人,但他们的信仰也可以说是荒诞不经的。斯坦恩伯格挪揄地问,他自己或我的哪一个信仰将来也会被认为是荒谬的?

另一个偶然事件发生于我在波士顿麻省理工学院作报告的第二天。我作报告时,在同一幢楼里,只隔着几扇门,威廉姆·戴姆波斯基，一个数学兼哲学家，正在给学生上课，讲的是如何从一个系统的噪音里推测出设计信号。按学术界的标准，戴姆波斯基是个聪明人。他从芝加哥大学获得数学博士学位，伊利诺伊大学芝加哥分校得到哲学博士学位，普林斯顿神学院得到神学硕士学位。1998年，剑桥出版社出版了其《设计推论》一书。但是，他的书和上课的主题是科学证明了上帝的存在（从自然界推测出的设计信息暗示着有一个伟大的总设计师存在）。事实上，他作为西雅图发现研究的科学与文化复兴中心的研究员，全职从事这项工作。在我"稀奇古怪"的万神殿里，这个观点要高居榜首之处（达尔文一个半世纪前抨击过佩里的设计观点），结束后，我和戴姆波斯基在波士顿一个古雅的酒馆里聊了几小时。我深深地为他的多思、理性和聪明所吸引。为什么像这样的才子，有这样资历的人不去从事一个更有前途的职业，而去追逐一些虚幻的影子，企图证明一个根本不能证明的东西——上帝呢？（对该立场更为详尽的辩护，见我1999年写的《我们如何去相信》一文。）

公平地讲，威廉姆·戴姆波斯基的情况并不特殊。有很多极度聪明、受过良好教育的学者和科学家与他有着同样的信仰。虽然那些老式的创始主义者，像亨利·莫里斯和杜恩·吉希，也在他们的名字后挂了博士的头衔，他们研究的不是生物学，也不隶属于主流的学术机构。但新一代的创世主义者来自更为传统的渠道。菲利普·约翰森是首屈一指的加州大学伯克利分校的法律教授，其1991年出版的《审判达尔文》一书掀起了最新一轮的否定进化论浪潮。休·罗斯在多伦多大学取得了天文学博士学位，后来做了加州理工学院的研究员。罗斯创立了"相信的理由"这个组织，目的（组织名称里有暗示）是给基督教徒提供其信仰的科学依据。（Ross 1993, 1994 and 1996）更让人惊奇的是迈克尔·贝赫是利哈伊大学的化学教授。贝赫1996年所著的《达尔文的黑匣子》一书已成为"智能设计"中《圣经》一样的经典之作。当罗斯和贝赫收到威廉姆·巴克利的邀请，加入其在美国公共广播公司（PBS）主办的进化论和创始论辩论小组时，他们的观点受到了那些保守知识分子的最终认可。(巴克利的 PBS "火线"节目于 1997 年 12 月播放。该节目决定"进化论者应该承认创始论"。这次辩论赛象征着新创世论的兴起。这新一轮的运动用的是诸如"智能-设计理论"、"突然出现理论"和"最初复杂性理论"等委婉的词语。"最初复杂性理论"指的是,生命"不可简约的复杂性"证明了它是由一个智能的设计师,即上帝创造的。)

然而,在我看来,聪明人相信怪诞事物的典范是弗兰克·蒂普勒,杜兰大学理论数学教授,世界领先的宇宙学家和全球广义相对论学家。蒂普勒与像斯蒂芬·霍金、罗杰·彭罗斯和基普·索恩这样的杰出人物过从甚密。他在一些领先的物理杂志上发表过上百篇技术性的论文,他对传统物理的研究在同事中也备受推崇。1996 年蒂普勒写了《永生的物理:现代宇宙学、上帝和复活》一书。在书中,他宣称要证明(书中的《科学家附录》里提供了不少于 122 页的数学方程和物理公式)上帝是存在的,来世并非虚无,而且在遥远的宇宙未来,我们都会通过超级电脑复活过来。该电脑有足够大的记忆储存,可以把我们经历的现实毫无二致地重新创造出来。这是放大了的星际迷航全息甲板。

我们怎么才能把蒂普勒的这种信仰和他巨大的才智联系起来呢?我就这个问题问了他的几个同事。加州理工学院的基普·索恩极其迷惑地摇着头。他说自己曾在加州理工学院和蒂普勒交换过意见。蒂普勒的每一步论证在科学上都是站得住脚的,但其推理之间的跳跃却完全没有根据。一个加州洛杉矶大学的宇宙学家说,她认为蒂普勒肯定需要钱,否则谁会去写那样的无稽之谈?其他一些人的评价不太适合公开发表。我甚至还问过斯蒂芬·霍金。他说(通过他那已经独一无二的声音合成):"我的意见会被看成毁谤中伤。"

当然,没错,蒂普勒和戴姆波斯基会以为是我在相信一些荒诞不经的东西。在他们压倒一切的事实证据和逻辑推理面前我竟仍然固执地坚持自己的怀疑。当我把霍金的评价告诉蒂普勒时,他回答说:"你不能诋毁物理规律"。戴姆波斯基则对我说,"如果我不相信有支持设计论点的东西,我不会提出来。"所以完全有理由去怀疑怀疑者的言论。但我们会做得更好，如果我们记得是那些观点的最初提出者而不是怀疑者应该承担举证的责任。但我的目的不是要评价这些观点的有效性（我认识蒂普勒和戴姆波斯基，也把他们当朋友看，但在我的《我们如何去相信》一书中我却批判戴姆波斯基的观点，该书中我也在驳斥蒂普勒的理论）。相反，我的目的是探索智力（和其他一些心理变量）与信仰之间的关系，尤其是那些根据几乎所有标准都被认为是边缘的信仰（不管这些标准被证明是对的还是错的）。

荒诞的东西，聪明的人

作为《怀疑》杂志的主编，怀疑者协会的执行董事和《科学美国人》"怀疑"专栏的作家，我日常的工作就是分析解释我们大体上所指的"稀奇古怪（怪诞）的东西"。遗憾的是，对于怪诞事物的定义大家还没有形成一个正式的共识，因为这在很大程度上取决于持某个特别论点的知识基准和宣称该论点的个人和组织。一个人的荒诞信仰可能是另一个人的正常论点，曾一度的荒诞信仰随后也可能演变成正常的现象。从空中坠落的石头曾经是几个愚蠢的英国人的信仰，而现在我们有了解释这种现象的陨石理论。用科学哲学家托马斯·库恩的行话来说，最初，变革性的观念都是对既成典范的诅咒，但随着典范转移在该领域的出现，原来的诅咒也会变成正常的科学。

但在研究具体例子的过程中，我们仍然可以构建一个怪诞事物的大体轮廓。一般说来，我所指的"怪诞事物"是指：（1）在某一特定领域不为大多数人所接受的观点，（2）一个逻辑上不可能或极其不可能的观点，（3）一个只有传闻逸事、没有确凿的证据支撑的观点。在本章引言所举的例子里，大部分神学家都承认上帝的存在不能用科学来证明，所以蒂普勒和戴姆波斯基企图用科学来证明上帝的做法不仅难以被其所在领域的大部分人所接受，而且因为逻辑上不可能而无法找到确凿的证据。再举个例子，几乎所有的物理学家和化学家都不接受冷聚变，因为这种现象极不可能出现，而且又没有正面的证据加以佐证。但仍然有一小撮聪明人（阿瑟·克拉克便是著名的一例）对冷聚变的未来抱有希望。

在实际操作的层面上也很难给"聪明人"下定义。但至少这里有一些大家公认的成就标准可以供我们参考。研究表明，聪明人最起码要有研究生水平的智商（尤其是博士学历），在大学教书或科研（尤其是那些公认的知名学府），有经过同行评审而发表的文章，以及其他诸如此类的资历。虽然对拥有这些资历的人有多么聪明会有所争议，但这其中的一些聪明人相信怪诞的东西是一个真实的、可以通过可测数据进行量化的问题。而且，我和那么多有怪诞信仰的人打过交道，并且对其信仰进行过评估，这份经验也可作为主观评估的根据。虽然没机会对我所研究的对象进行正式的智商测验，但在无数的电视、电话、见面和采访中，尤其是通过我在加州理工学院组织举办的系列演讲，我有幸见到一大批真正聪明的人，一些智商超高的优秀学者和科学家。其中那一小部分绝顶聪明的天才真的让我有种"异类"的感觉。所有这一切因素综合起来让我对自己所研究对象的智商有了一个合理的判断。

一个难题的简单回答

"绅士们一生中肯定也吃过不少的胡话。"
"胡话是什么，奥·布来恩？"我应道……
"哦，彼得，"他说，"是人们给傻子吃的东西。"
——皮·西普尔，《马里亚特》，1833

怀疑运动通常假定，实际上已成了格言，智商和教育是抵抗智商低、没有受过教育的大众轻易相信胡言乱语的坚实的壁垒。的确，我们怀疑者协会在分发到学校和媒介的教育性资料上做了很多投资，理由是这可帮助我们与假科学和迷信做斗争。这些努力的确没有白费，尤其是对那些只是听说过我们所研究的现象但却不知道其科学解释的人。但那些智商精英真的不受我们文化中那些被误以为是道理的胡说八道的影响吗？胡话只是傻瓜的饲料吗？答案是否定的。为什么？

对于我们这些专门从事揭露虚假和解释不可解释之物的人，这是我所谓的难题：为什么聪明人相信荒诞的东西？乍看上去，我的回答似乎有些自相矛盾：聪明人相信荒诞的东西是因为他们擅长为那些因非理性原因而得到的信仰辩护。

也就是说，我们很多人很多时候相信某些东西，其原因和客观证据与逻辑推理没什么关系（大概说来，聪明人更善于引用这些证据和推理）。相反，像遗传倾向、父母的偏好、兄弟的影响、同行的压力、教育经验和生活的印象，所有这些变量都会塑造个性喜好和情感倾向。这些，加之无数的社会和文化影响，促使我们选择一定的信仰。我们很少会坐下来，认真研究我们所拥有的事实证据，掂量其中的利害关系，而且不管以前相信什么，掂量后选择最具逻辑最有理性的信仰。相反，我们是通过我们一生中所积累的各种理论、假设、预感、偏见和成见等彩色过滤器来看待客观事实的。我们从对所拥有的这些资讯中挑选出能确认我们已经相信的东西，忽视或摒弃那些不能支持我们信仰的资料。

当然，所有人都会这样做，但聪明人因为所拥有的才气和训练更擅长这一点。显然，有些信仰听上去更合逻辑、理性，而且有证据支撑。但我的目的不是判断信仰的有效性。我所感兴趣的是，我们首先是怎么开始信那些东西的，而且，明知没有证据或只有相反的证据，为什么还要坚持信下去？

信仰的心理学

这里有几个信仰心理学的原则，能更好地回答我所提出的难题。

1. **智商和信仰**

虽然有些证据证明聪明人对迷信和超自然的东西不那么轻信，

但总体结论却不那么分明，而且还很有限。举例说，1974年在对佐治亚高中高年级的学生所做的调查表明，智商高的学生比智商低的明显少迷信一些。（Killeen et al. 1974）1980年心理学家詹姆士·阿尔科克和L. P. 奥提斯的研究发现，相信超自然的东西与较低的批判思维技能有关。1989年W. S. 梅瑟和R. A. 格里格斯发现信仰超身体的心灵现象、超感觉的直觉和先知先觉与以分数为标准测量的课堂表现成反比（即信仰越高，分数越低）。

但应该指出的是，这三个不同的研究用了三种不同的测量标准：智商、批判思维技能和上课的表现。这些指标并不总能判断聪明与否。而且我们所谓的"怪诞事物"也不专指迷信和超自然的现象。譬如说，冷聚变、创始主义和大屠杀修正主义不能算是迷信或超自然。《相信魔术》是心理学家斯图尔特·维斯关于此话题最好的书之一。在为该书写的评论里，斯图尔特·维斯（1997）总结说，虽然对有些人来说智商和信仰之间有关系，但对另一些人来说可能正相反。尤其是，他指出，新时代运动"使诸如信仰和智商的观念广为传播，尤其是在那些以前被认为根本不可能相信迷信的人之间"。这里指的是那些有较高智商、较高社会经济地位和较高教育水平的人。结果，大家一直以为有信仰比没信仰的人智商低，这种观点只是对某些观念和一些特殊的社会团体有效。

大体说来，智商独立于信仰，与信仰正交。在几何中，正交指的是"和某物成直角"；在心理学里，正交指的是"从统计上来说是独立的。在一个实验设计中，所研究的变量可以说在统计上是独立的"。譬如说，"创造力和智商这两个概念与高水平的智商相对正交（即统计上是没什么关系的）"。（牛津英语词典）直觉上，更聪明的人好像更有创造力。实际上，在所有受智力影响的职业里（比如，科学、医学和创造艺术），一旦在所有从业者之间达到一定的水平（这个水平的智商大约在125左右），那个职业最成功的和最一般的人之间智商上不会有什么区别。在那个水平点其他和智商无关的一些变量，像创造力、取得成就的动机和要成功的驱动力开始发挥作

用。（Hudson 1966，Getzels and Jackson 1962）

譬如，认知心理学家迪安·开司·西蒙顿对天才、创造力和领导才能做的研究（1999）表明，创造性天才和领导天生的智商不如他们提出很多想法并能从中挑选出那些最可能成功的能力重要。西蒙顿辩论说，天才的创造过程是一个达尔文式的变种和选择过程。这些天才提出了一大堆各式各样的想法，他们会从中选择那些最容易成活和繁殖的。两次获诺贝尔奖的科学天才莱纳斯·鲍林说，"你得有很多很多的想法，然后摒弃那些不好的想法……除非先有很多想法和对这些想法进行筛选的原则，否则你不会有什么好的主意"。像《阿甘正传》，西蒙顿说，天才做天才的事，"天才所拥有的创造性理念和产品会在某一特定的学术和美学领域留下极为广博的影响。换句话说，创造性天才的杰出成就在于他们为后代留下了一批令人敬畏、独特又具有高度适应力的遗产。实际上，实证研究反复表明，任何一个创造性领域最为强大的成功标志就是一个人所创造的具有影响力的产品数量"。比如说，在科学上，最重要的预测获诺贝尔奖的指标是发表文章的引用率——一个测定个人生产力的指标。同样，西蒙顿指出，莎士比亚被称为文学天才不仅因为他出色，更因为"或许在那些讲英语的家庭的书架上，只有《圣经》才可以和莎士比亚著作全集媲美"。在音乐界，西蒙顿说，"莫扎特是比塔蒂尼略胜一筹的音乐天才，部分是因为莫扎特所留下的经典音乐术语是塔蒂尼的30倍。实际上，现代所演奏的古典音乐有1/5是出自3个作曲家之手，即巴哈、莫扎特和贝多芬"。换句话说，这些人被称为创作天才不是因为他们聪明，而是因为他们多产而且善于做出最好的选择。（Sulloway 1996）

所以智商也与形成人们信仰的变量成正交。这种关系可以形象地表示如下：

魔术是解释这种关系的一个很有用的类比。普通人一般认为，魔术师很难骗过那些聪明人，因为他们更善于识破魔术背后的把戏。但是你去问任何一个魔术师（我自己问过很多），他们会告诉你，如果观众是一屋子的科学家、学者或最理想的门萨俱乐部那些高智商

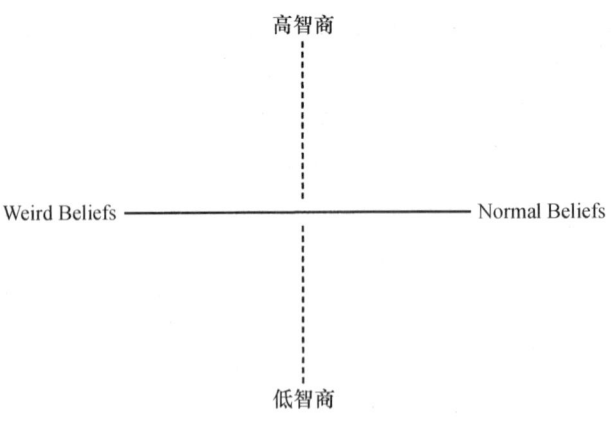

的成员,那他们的魔术效果最佳。这样一批人借着他们的智商和教育水平,以为自己会更好地识破魔术师的把戏。其实这只是幻觉。这帮人更容易被骗,因为紧紧地盯住魔术本身很容易使他们错过那些误导线索。"了不起"的魔术师詹姆士·兰迪,我所认识的最聪明的人之一,用最简单的魔术就轻轻松松地骗了那些诺贝尔奖得主。他很清楚,智商和识别魔术把戏的能力无关(或者有点成反比)。引人注目的是,在过去几年里,我曾给世界各地的门萨组织作过报告。让我感到吃惊的是,如此罕见的聪明人竟然相信那么多怪诞的东西,尤其相信超感觉的知觉。有个会议竟然讨论他们是否情商也高!

另一个问题是,聪明人或许只在一个领域里表现得聪明。我们会说,他们的聪明只是适合某个特定的领域。智商研究中,大家一直在争论大脑是一个表示"一般领域"还是"特定领域"的概念。比如说,进化心理学家约翰·杜比、莱达·柯斯麦和史蒂文·平克拒绝接受大脑是适宜于各个领域的加工机制。相反,他们用大脑模板这个概念来研究进化史中出现的具体问题。另一方面,有很多心理学家接受带有"一般领域"性质的全球智力这个观念。(Barkow et al. 1992)考古学家史蒂芬·米森(1996)竟然说是因为大脑可以用于一般的领域人类才成为人类:"现代大脑演化过程中的关键一步是,一个瑞士军刀状的大脑转变为一个具有流动智能的大脑,由专门到一般智力的过渡。也就是因为这个转变，人们才能设计出复杂的工具、创造出艺术作品、信奉各种不同的宗教。不仅如此，流动性的认知能力可以挖掘出大脑其他方面的潜力，这些潜力在现代世界中起着举足轻重的作用。"（还可参见 Jensen 1998；Pinker 1997；Sternberg 1996；and Gardner 1983）看来人脑是由一般和特殊两种模板构成的。卡内基·梅隆大学认知神经基础中心的大卫·诺伊尔告诉我说："现代神经学的确清楚地表明，成人大脑里有很多功能不同的电路。然而，随着对大脑的进一步了解，我们发现这些电路很少直接影响和人们经历有关的那些特定的复杂区域，譬如'宗教'和'信仰'。相反，我们倒发现与最基本的人类经历有关的电路，像识别在空间里的位置、预测好的事情的发生（比如什么时候得到奖赏）、记忆起以前发生的事和专注于目前的目标。像宗教信仰这样复杂的行为不是单一的模板而是由几个系统的交互作用造成的。"（个人通信；也见 Karmiloff-Smith 1995）

如果聪明人在一个领域聪明（领域具体性），但在另一个完全不同的领域里却只是一般，那怪诞的信仰就可能产生于后者。哈佛的海洋生物学家巴利·费尔突然转而研究考古学，写了一本叫《公元前的美国：新世界的古代居民》（1976）的畅销书。该书讲的是哥伦布发现美洲以前的人。可悲的是，费尔根本没什么关于这个话题的知识，而且显然在他之前，考古学家已经对哥伦布之前的美洲居民做了几个假设（像埃及人、希腊人、罗马人和腓尼基人等），并因证据不足而抛弃了这些假设。这是关于科学社会性的一个绝妙例子，而且也有力地说明了为什么在一个领域聪明并不意味着在别的领域也会出色。科学是一个社会过程，科学家在这个过程中彼此合作而且学着接受某些范例。处于同一个团体的科学家读同样的杂志，参加同样的研讨会，评论彼此的文章或书稿，经常彼此交换关于有关这个领域的事实、假设和理论。通过如此广博的经验，他们会很快辨别出哪些想法可能成功，哪些明显错了。从别的领域插进来的新手，通常是满腔热忱，但却没有必要的训练和经验。这些人因为在原来领域的成功，而提出一些他们认为具有革新性的想法。实际上，这个领域的从业者大多瞧不起这些想法（通常是不予理睬）。这不是因为（这些新手通常这样以为）内部人不喜欢外来户（或者所有伟大的革命者都会受到迫害和忽略），而只是因为在大多数情况下，那些所谓的革新性建议早在几年或几十年前就因为十分合理的理由而被摒弃了。

2．性别和信仰

在很多方面智商和信仰之间的正交关系与性别和信仰之间的关系大体相似。因为心理媒介者像约翰·爱德华、詹姆士·凡·普拉格和西尔维亚·布朗的大批涌现，观察者，尤其是那些报道这些现象的记者，不难发现，任何团体的聚会（尤其是在能容纳几百人的旅馆会议大厅里，每人得付几百美元才能入场），大部分（大约75%）都是女人。可以理解，记者们通常会问，是不是女人更迷信，不如男人有理性。男人通常瞧不起通灵之类的事情，而且会嘲笑和死人交谈这种念头。的确，通过几个研究发现，比起男人，女人更迷信，也更相信那些超自然的东西。比如，在一个对纽约市132个男人和女人的调查中，女人比男人更容易相信敲打木头或在梯子下走会带来坏运。（Blum and Blum 1974）另一个研究表明，同是受过大学教育，女人比男人更相信先知先觉。（Tobacyk and Milford 1983）

虽然这些研究得出的结论令人信服，但都是错的。问题是有限的采样调查。比如说，如果你出席任何由创始主义者、大屠杀修正主义者或相信不明飞行物的人举行的会议，你会发现基本上没有女人在场（在那些场合我见过几个女人，但大多是出席者的配偶，而且她们看上去烦得要命）。因为与主题和辩论方式有关的种种原因，创始主义、修正主义和不明飞行物学是男人们的信仰。所以，虽然性别和人的信仰目标有关，但好像和信仰过程没什么关系。实际上，发现女人比男人更相信先知先觉的同一研究表明，男人比女人更相信"大脚印"和"尼斯湖水怪"。憧憬未来是女人的事，追踪那些荒诞不经的怪兽是男人们的事。男人和女人在信仰的力量上没什么区别，有区别的只是他们所选择相信的对象。

3. 年龄和信仰

年龄和信仰之间的关系也复杂多样。有些研究，如 1991 年的盖洛普民意调查显示，30 岁以下的人比年龄大的人更容易迷信，上了年纪的人比年轻人更容易对事物产生怀疑。另一个研究表明，年轻一点的警察更容易相信满月效应（据称，满月的时候犯罪率要高）。这种关系在其他一些研究中却不那么明显。英国民俗家阿娇·贝内特（1987）发现，上了年纪的英国退休女人更容易相信预兆。心理学家西摩·爱泼斯坦（1993）对三个不同的年龄组做过调查（9—12，18—22，27—65），发现每个组信仰的比例取决于信仰的具体内容。对心电感应和先知先觉的信仰没有年龄上的差别。比起大学生和孩子们，有更多年长的成年人说他们有一个好运符咒。相信可以心想事成的比例随着年龄的递增直线下降。（Vyse 1997）最后，我和弗兰克·萨洛韦发现，对上帝的宗教信仰也是随着年龄的递增直线下降，直到 75 岁后有所反弹。

这些参差不同的结果是由所谓的"按情况"效应造成的。这种效应表明，两个变量间不存在简单的线性因果关系。相反，对于"X 导致了 Y"这个问题，答案总是，"这取决于什么情况下"。譬如，贝内特总结说，她研究的那些上了年纪的女人大多失去了权利、地位，尤其是亲人。对她们来说，信仰超现实的东西可以帮她们复原。在我们的研究中，我和萨洛韦得出这样的结论，年龄和信仰因个人早年所受的影响和对生命终结的认知的不同而不同。

4. 教育和信仰

如同智商、性别和年龄，教育和信仰的关系也不是泾渭分明的。比如，心理学家克里斯·布兰德（1981）发现智商和专制主义之间存在着很强的反比关系（智商越高，专制的倾向越低）。布兰德总结道，专制者不是钟爱权力，而是"简单地以为这个世界的结构应该由他们来决定"。这里，专制主义是指把世界按种族、性别和年龄来划分的偏见。布兰德把这其中的关联关系归结于"晶体智力"，一种由教育和人生经验形成的较为灵活的智商。但布兰德也迅速指出，只有在开放自由的教育下，这种"晶体智力"才和专制主义呈现很明显的反比关系。换句话说，不是聪明人而是受过教育的人成见低、不专制。

心理学家 S. H. 布拉姆和 L. H. 布拉姆（1974）发现教育和迷信之间成反比关系（随着教育程度的提高，迷信下降）。劳拉·奥的斯和詹姆斯·阿尔科克（1982）表明，比起大学生和一般公众，大学教授更容易对事物持怀疑态度（前两者之间信仰上没什么大区别）。大学教授之间信仰的种类又有所变化，其中英语教授更容易相信鬼神、超感觉的知觉和算命。不足为奇的是，另一个研究发现（Paschoff et al. 1997），自然和社会科学家比他们从事艺术和人文研究的同事更具怀疑精神。当然，在这种情形下，心理学家是最具怀疑态度的（或许因为他们对信仰的心理最了解，也最知道人们会如何轻易地被愚弄）。

最后，理查德·沃克、斯蒂芬·胡克斯特哈和罗德尼·沃格尔（2001）在三个不同的大学对三个由理科生组成的小组进行了调查。研究表明，科学教育和信仰超现实的东西之间没有关系。也就是说，有个强大的科学根基不能保证不相信非理性的东西。在这些测验中，成绩好的学生不比成绩差的学生更多或更少地相信伪科学。显然，学生们并不能根据自己所学的科学知识来辨别伪科学。我们的看法是，这种现象是由传统的教授科学的方法造成的：老师只是教学生去思考什么，而不是如何思考。

但教学生如何去思考是否真的就能减少他们对超自然现象的迷信，还有待进一步观察。按说，在过去的30年里，批判思想运动一直在强调这一点。然而，民意调查显示，超自然的信仰仍在持续上升。比如，2001年6月8日的盖洛普民意调查显示，自1990年以来，相信下列超自然现象的人数有明显增长，即闹鬼的房子、鬼神、巫术、与死者交谈、心灵或精神治疗、造访过地球的外星人和超人的洞察力。我认为，性别、年龄和教育对信仰超自然东西的影响视具体内容而言。盖洛普的调查证实了这一点，因为它发现：

性别：女人比男人更相信鬼神和与死者交谈的现象。另一方面，男人比女人更相信外星人在过去的某个时间造访过地球。

年龄：18—19岁的美国人比他们年长一点的人更容易相信闹鬼的房子、巫术、鬼神、造访过地球的外星人和超人的洞察力。这一年龄段的人在其他信仰上倒没什么太大的区别。那些30岁以上的人较容易相信魔鬼附身。

教育：比起别人，那些受过最好的高等教育的美国人更容易相信大脑对身体的治愈力。另一方面，在所调查的其中三个现象里，信仰随着教育程度的下降而升高，即魔鬼附身、占星术和闹鬼的房子。

来自调查的其他结果

	相信	不确定	不相信
超感知觉	50%	20%	27%
鬼屋	42%	16%	41%
魔鬼附体	41%	6%	41%
鬼神	38%	17%	44%
心灵感应	36%	26%	35%
接触外星人	33%	27%	38%
超常洞察力	32%	23%	45%
同死人对话	28%	26%	46%
占星术	28%	18%	52%
女巫	26%	15%	59%
轮回转世	25%	20%	54%
穿越	15%	21%	62%

2001年3月5日的盖洛普显示了一个更引人注目的民意调查结果。这是针对那些不相信和不理解进化论的人所做的调查。具体说来，所调查的美国人中：

45%的人同意这个观点："过去的大约1万年里，上帝把人造成大体是现在这个样子。"

37%的人同意这个观点："人类是从低级的生命形式经过几百万年的发展而演化来的，但上帝指导了整个过程。"

12%的人同意这个观点:"人类是从低级的生命形式经过几百万年的发展而演化来的,上帝在这个过程中没起任何作用。"

自从盖洛普在1982年开始提出这个问题以来,尽管在公立学校进化论的教育中投入了大量的财力和精力,譬如利用纪录片、书籍、杂志等方式从各个不同的层面对该理论进行展示,但美国人对于进化论这个问题的看法并没什么明显的变化。盖洛普确实发现,受的教育多、收入也高的人较容易认为进化论是有证据支撑的;也发现年轻的比年长的更容易相信有证据证明达尔文的理论(这里年龄这个变量又不是那么明显),然而,只有34%的美国人认为他们对进化论"非常了解",而更多一点的人,即40%的人认为他们对创世论"非常了解"。年轻一点的、受教育多的、收入高的人容易说他们对这两种理论都非常了解。

5. 性格和信仰

很清楚,人类的思想和行为颇为复杂,所以像如上所述的研究很少展示一些简单和统一的发现结果。比如,对神秘经历因果关系的研究,其结果就参差不齐。研究宗教的学者安德鲁·格里利(1975)和其他一些人(海和莫里塞,1978)发现一个很小但很重要的倾向,即神秘经验随着年龄、教育和收入的增加而增加,但在性别上却没什么差别。相反,J. S. 雷文(1993)在研究1988年一般社会调查的资料时发现,年龄的差别并没对神秘体验产生多大的影响。

但在由智商、年龄或教育所界定的任何一个团体里,性格特征和人们的怪诞信仰有关吗?首先,特色或一些相对稳定的性情是描述个性的最佳概念。这里的假设是,这些个性特色,因为"相对稳定",不会被临时的状态或环境所改变。当今最重要的特色理论是有名的"五因素模型"或"五大因素",包括:(1)尽职尽责的责任心(能力、秩序、尽职),(2)随和(信任、无私、谦虚),(3)对不同体验的开放性(幻想、感情、不同的价值观),(4)外向性(合群、独断、寻找刺激),(5)神经过敏(焦虑、愤怒、忧郁)。在我和萨洛韦所做的对宗教和信仰上帝的研究中,我们发现对不同经历的开放程度是最重要的指标。开放程度越高,对宗教和上帝信仰的程度越低。在对个别科学家的性格和其对像超自然等边缘观念的接受度研究中,我发现一个健康的平衡,即较强的责任心和开放度容易产生适当的怀疑精神。这在古生物学家斯蒂芬·古尔德和天文学家卡尔·萨根的职业生涯中表现得尤为明显。两人都在责任心和开放度之间保持着健康的平衡。一方面,他们接受一些最终都证明是正确的非同寻常的观点,但又不会开放到盲目接受别人提出的任何疯狂的想法。比如,萨根不反对研究外星人信息,虽然这一观念在当时有些邪教倾向,但他没有去接受像UFO和造访地球的外星人这些更有争议的观点。(Shermer 2001)

在一个对神秘经历(怪诞信仰的一个分支)研究史的综合性调查中,心理学家大卫·沃尔夫(2000)总结了一些很有一致性的性格特点:

> 在神秘主义的等级测试中,那些分数高的在诸如复杂性、对新经验的开放程度、兴趣的广泛度、创新精神、对歧义的容忍度和创造性个性等变量上得分也较高。而且,这些人在接受催眠的能力、专心程度和幻想的倾向性这些指标上也得分较高。这些指标暗示了一种能力,即暂停对想象和真实事件进行识别判断的能力和集中脑力资源对所幻想的事物做出尽可能生动的描述的能力。容易受催眠影响的人也通常是那些称自己经历过宗教转变的人。对这些人来说,这种转变基本上是一种经验而不是认知现象,也就是说,这种经历对他们的感觉、情感和观念运动等反应机制的模式有明显的改变。

6. 心理控制点和信仰

对信仰的心理学研究最有趣的领域之一就是心理学家所谓的"心理控制点"。对外控点指标高的人来说,环境是不以人的意志为转移的,事情发生就发生了。内控点高的人易于相信对环境的控制力，相信事情是因他们的努力而发生的。（Rotter 1996）外控点容易使人产生更大的焦虑，内控点使人们更相信自己的判断，怀疑权威，不太顺从或受制于外界的影响。就信仰来说，研究表明，怀疑者内控力强，有信仰的人外控力高。（Marshall et al.，1994）比如，杰罗姆·脱巴西克和加利·米尔福德在1983年对路易斯安那理工大学入门心理学的学生做了调查。他们发现，比起内控力强的学生，外控力高的学生容易相信超感觉的知觉、巫术、招魂说、转世投胎和先知先觉，而且更迷信。

然而，詹姆斯·麦加里和本杰明·纽贝里1997年对强烈相信超感觉的知觉和心灵现象的人的研究，发现了一个有趣的现象。令人吃惊的是，这些人竟然表现了极高的内控力。麦加里和纽贝里的解释是，"相信超感觉的知觉或许让这些人觉得生活中的问题不是那么困难或难以解决，也给了他们影响干预政治和政府的决定的希望"。换句话说，因为对超感觉知觉的执着可以帮着把注意力从外控转移到内控力。

环境会降低外控点对信仰的影响，尤其是与环境的不确定性和迷信的程度有所关联时（随着不确定性的增高，迷信的程度增大）。比如，人类学家布罗尼斯拉夫·马林诺夫斯基（1954）对特罗布里恩群岛（新几内亚沿岸）的居民做过研究，发现他们出海捕鱼时行驶得越远就越容易发明一些迷信仪式。在濒海湖的平静水域里很少见到迷信仪式。但一到险象环生的深海捕鱼时，特罗布里恩群岛的渔民便被一种不可思议的力量所控制。马林诺夫斯基总结说，魔力的思想来自环境条件而不是本身的愚蠢："无论在什么地方，只要有机会和偶然、有希望和恐惧在左右着人们的情绪，而且这种影响范围广阔、力度深远，我们就会发现魔力。但如果所从事的职业确定、可靠，用理性的方法和技术的程序完全可以掌控，那就基本上没什么魔术可言。"我们来看看棒球选手的迷信。棒球赛中，击中一个球相当困难，最好也是3/10的概率。而击球手则以他们对仪式和迷信的广泛依赖而著称，他们相信这些会给他们带来好运。然而，同样这些迷信的击球者，一旦进了比赛场地，马上放弃所有迷信思想，因为他们大都有90%的进球机会。所以，像其他与信仰有关而与智商成正比的变量一样，个人和信仰体系所在的环境也很重要。

7．影响和信仰

对"都是些什么人加入了邪教"这个问题，研究邪教的学者（或者，很多人喜欢用一个贬义味道轻一点的词——"新宗教运动"）解释说，没有简单的答案。年龄似乎是唯一恒定的变量：年轻人比年长者更容易相信邪教。但除此之外，像家庭背景、智商和性别之类的变量与对邪教的信仰和承诺成正比。研究表明，2/3的邪教成员来自正常家庭，而且他们加入邪教时也没什么心理上的异常现象。（Singer 1995）聪明人和不聪明人都容易加入邪教。女人大多倾向于加入像 J. Z. 奈爱特的以"辣玛"为主的邪教（据称，奈爱特可以和一个3.5万岁叫"辣玛"的宗教大师交谈，大师会传授一些人生的智慧和经验，其带有印度口音的英语根本不耽误任何交流）。男人则易于相信民兵和其他反政府组织。

然而，如果智商和性别与其参加哪个团体有关，那么智商和性别与一般的加入过程、成为邪教成员的欲望和所信仰的邪教教义无关。实际上，心理医生马克·加兰特尔（1999）暗示说，加入这样的团体是人类所共有的进化遗产所造就的生存环境的一个有机组成部分。在人类进化史中，大家聚合起来、结成某些密不可分的团体是常见的习俗，因为与处于共同境遇的人在一起可以减少风险、增强生存的机会。但如果结成团体是人类共有的现象，为什么有些人加入而有些人则不呢？

问题的答案是影响原则的说服力和所要加入的团体的类别。邪教专家和活动家史蒂夫·哈桑和玛格丽特·辛格（1990）列举了几个影响和塑造思想行为并导致人们参加危险组织的心理因素（这些都和智力毫无关系）：认知失调、对权威的服从、对组织的顺从和附和，尤其是对奖赏惩罚的操纵和有意控制行为、信息、思想和情感的经历（即哈桑所谓的"咬模型"）。社会心理学家罗伯特·西奥迪尼（1984）在其极具说服力的关于影响的书中表明，所有人都会受到一系列社会和心理变量的影响，包括外表的吸引力、相似性、重复的接触和暴露、熟悉程度、责任的分布、互惠性以及很多其他因素。

为怪诞信仰辩护的聪明偏见

1620年英国哲学家和科学家弗朗西斯·培根对这个难题有个简单的回答：

> 一旦接受了某种看法（不管是既成的还是本身令人愉快的看法），人的理解力会集中所有力量来支持和赞成它。虽然会有更多也更有说服力的相反证据，但这些证据或被忽视，或遭到鄙视，或因为某种筛选标准而被置之不理。人们以为通过这种预先设定的有害偏见，先前得出的结论的权威就不会受到挑战……这就是所有迷信存在的方式，不管是占星术、梦幻、预兆、神的审判或其他诸如此类的东西。因为对这些虚幻的东西乐此不疲，如果迷信的东西变成现实，人们就把它标记下来；如果预言不灵，虽然这是更经常发生的事，也忽略或对此不予理睬。

聪明人为什么相信怪诞的东西？因为，借着培根的见解再重申一下我的观点：聪明人相信怪诞的事是因为他们更善于为由不聪明的理由而得到的信仰做出辩护。

我们已经看到，有丰富的科学证据可以证明这一论点。但有两种极具影响力的认知偏见会阻碍我们对事物做出客观评价——智能归因偏见和确认性偏见。实际上，聪明人特别善于操纵这些偏见。

智能归因偏见。当我和萨洛韦向我们的研究对象询问他们为什么信仰上帝以及他们为什么以为别人信仰上帝时（他们可以做出书面回答），我们收到了一大批思想深刻且论述详尽的论文（很多把答案厚厚地装订在一起）。我们发现这些材料是一个很有价值的资源库。对其加以分类整理后，我们总结出下面一些主要原因。

人们为什么相信上帝：

1. 因为这个世界或宇宙设计精良/自然的美丽/完美/复杂多样（28.6%）；
2. 日常生活中对上帝的体会/上帝在我们中间存在的感觉（20.6%）；
3. 相信上帝能使人舒服、放松、得到安慰，而且赋予生活以意义和目的（10.3%）；
4. 《圣经》上说上帝存在。（9.8%）
5. 只是因为信仰/需要相信点东西的需要。（8.2%）

你认为别人为什么相信上帝：

1. 相信上帝能使人舒服、放松、得到安慰，而且赋予生活以意义和目的（26.3%）；
2. 信教的人生来就相信上帝（22.4%）；
3. 日常生活中对上帝的体会/上帝在我们中间存在的感觉（16.2%）；
4. 只是因为信仰/需要相信点东西的需要（13.0%）；
5. 人们相信上帝是因为对死亡和那些未知的东西的恐惧（9.1%）；
6. 因为这个世界或宇宙设计精良/自然的美丽/完美/复杂多样（6.0%）；

这里你会注意到，对于"人们为什么相信上帝"这个问题的回答，智力上的原因，即"设计精良"和"对上帝的体会"，处于第一和第二位，但在对"你认为别人为什么相信上帝"这个问题的回答中分别落到了第6和第3位。两个最常见的情感上的理由是：相信上帝让人感到"舒服"和"生来就相信上帝"。把所有答案按理性和感性分成两类，我们做了一个"卡方检验"。我们发现，（卡方 [1] =328.63 [r.49], N=1356, p,0.0001）差异显著。根据8.8：1的比值，

第十八章 为什么聪明人也相信一些稀奇古怪的东西

我们可以得出这样的结论，认为自己的信仰是理性的，而他人的信仰是感情或其他因素使然的人，是相信别人也是受到理性驱使的人的9倍。

这个发现的一个解释是归因偏见，或者把自己或别人的信仰归因于某种情势或个性倾向。如果归因于某种情势，我们会在所处环境中找出一个原因（"我的忧郁是家人去世造成的"）；如果归因于个性倾向，我们会把性格特征看成是相信上帝的原因（"她的忧愁是因为她忧郁的性格造成的"）。归因问题的是，我们经常不假思索地就接受那些最初能想到的理由。（Gilbert et al. 1988）还有，社会心理学家卡罗尔·塔夫瑞和卡罗尔·韦德（1997）解释说，人们倾向于"为自己良好的行为而邀功（个性归因），把不好的都归结于情势"。比如说与别人交往时，我们会把成功归功于自己的努力和聪明，而把别人的成就看成是运气和环境的结果。（Nisbett and Ross 1980）

我们相信发现了智能归因偏见的证据——认为自己的行为都是理性的而别人的则是情绪使然。我们自己对某种信仰的承诺是基于理性的考虑和明智的选择（"我反对枪支管控是因为统计显示有枪的人越多，犯罪率越低"）。但我们却把别人的信仰归因于需要和情绪（"他赞成枪支管控是因为他是个只说不做的自由主义者，需要把自己当成受害者"）。这种智能归因偏见也可以用来解释宗教信仰和对上帝的信奉。作为善于在事物中寻找模式的动物，看到这个宇宙明显合理的设计，我们就相信有一个更高的智者在主宰着日常生活中的偶发事件。这些都是从智力上为信仰辩护的有力根据。但别人的宗教信仰却被看成是感情需要或教养的问题。

聪明人，因为他们智商高，且受过良好的教育，更善于为由非理性的途径而得到的信仰做理性上的辩护。但和其他人一样，聪明人也意识到感情的需要和成长过程中所受的教育是大多数人获得信仰的主要途径。智能归因偏见，尤其是对聪明人来说，是为这些信仰辩护的有力工具，不管这些信仰多么荒诞。

确认性偏见。确认性偏见是回答"为什么聪明人相信怪诞东西"

这个问题的核心。确认性偏见指的是去寻找有利于已经存在的信仰的证据，并用这些证据来进一步确定这些信仰的倾向。这种偏见不仅忽略而且会对不利的证据做重新解释。在对这种偏见的综合论述中，心理学家雷蒙德·尼克森（1998）总结说，"如果想找一个最应该注意的人类推理上的问题，确认性偏见便是其中之一。这种偏见看上去往往理由充分，而且无处不在。这让人不得不纳闷，个人、团体和国家之间所产生的各种辩论、争吵和误解是不是就是该偏见造成的"。

在法庭上，律师常采用对抗式的辩论方式。对抗辩论最常用的方法就是确认性偏见——律师故意挑选有利于其辩护人的证词、忽略那些相反的证据（胜诉远比证据的真伪重要）。尽管如此，但心理学家仍然认为，实际上，每个人都会有这种确认性偏见，只是没意识到罢了。在其1989年的研究中，心理学家邦妮·谢尔曼和齐瓦·孔达给学生们一些与他们深信不疑的东西相反的证据，同时也给他们一些支持其信仰的证据。结果发现，学生们都试着去减弱第一批证据的有效性而着重强调第二批的价值。迪安娜·库恩在1989年对一些孩子和年轻的成年人进行了研究。她给他们一些与其所相信的理论相反的证据，结果发现，"他们或者根本不理与其理论不相符的证据，或者有选择性地对其进行歪曲加工。同样的证据一边可以用来支持自己的理论，另一边可以驳斥自己不喜欢的观点"。试验后让他们回想一下，他们竟然记不起那些相反的证据到底是什么。随后在1994年的一个研究中，库恩给调查对象播放了一个真实的谋杀审判案录音。结果被调查者不去客观地分析录音所提供的证据，而先就发生的事编个故事，然后看看有哪些证据最适合这个故事。有趣的是，那些对事情的发生只有一个看法的人（与那些愿意至少考虑另一种情况的人相反），对他们找的证据和结论最自信。

心理学家还发现，即使在判断像个性这样主观的问题时，我们还是受到确认性偏见的左右。在一个系列研究中，调查对象被要求对其将要遇见的一个人的个性进行评估。事先有些人拿到了关于内向性格的一些描述（害羞、胆小、安静），另一些人得到的是对外向性格的简介（善于交际、健谈、随和）。在各自的性格评估中，得到内向人性格特征的人断定其为内向人；被告诉外向人特征的断定其为外向人。他们都在这个人身上找到了他们要找的那些性格特征。（Snyder 1981）当然，在这个实验中，确认性偏见是把双刃剑。被评估的人所给的答案也往往是在确认提问者预先的假设。

确认性偏见不仅无处不在，而且会对人们的生活产生极其强大的影响。在1983年的一个研究中，约翰·达利和保罗·格罗斯给调查对象播放了一个孩子在考试的录像，告诉一组人说孩子来自一个社会经济地位都很高的家庭，而对另一组人说孩子出身卑微。然后要求他们基于孩子的考试成绩对其学业能力进行评估。不出所料，被告知孩子出身高的人判定其能力高于年级水平，而那些事先知道孩子出身卑微的认为其能力低于年级水平。换句话说，不同的评估者对同一份材料得出不同的结论，完全取决于他们事先的期望。材料只是来确认那些期望的。

确认性偏见也可能压垮人的情感和成见。患忧愁怀疑症的人会觉得身上的每一点疼痛都预示着严重的健康问题，而一般人往往会忽视这些随机的身体症状。（Pennebaker and Skelton 1978）偏执狂是确认性偏见的另一种体现。如果你坚持认为"他们"就是和你过不去，那生活中发生的所有偶然和不正常的事情都会成为这种偏执假设的证据。同样，成见是另一种形式的确认性偏见。对一个团体的偏见会导致用那种偏见去衡量组里的每一个成员。（Hamilton et al. 1985）即使那些得忧郁症的人，也会专门盯住那些能确认其忧郁的事件和信息、压制那些相反的但会减轻其症状的证据。（Beck 1976）正如尼克森所总结的，"事先假定存在的关系促使人们去找确定这种关系的证据，即便该证据根本就不存在。即使找到证据，他们也会对其进行过度解释，而且会得出该证据根本不能支持的结论"。

就连科学家也逃避不了确认性偏见。在对某一特殊现象进行研究时，科学家会寻找（选择）那些能确认其假设的材料，而忽视（扔掉）那些不能证明其假设的东西。比如，科学史家们断定科学史上很重要的一个实验中存在着明显的确认性偏见。1919年，英国天文学家亚瑟·斯坦利·爱丁顿对爱因斯坦的预测做了验证。爱因斯坦预测的是日食期间（唯一能看见太阳后面星星的时间）太阳对一个来自太阳背后星星的光折射多少。结果证明爱丁顿的测量误差和他的测量结果一样大。正如斯蒂芬·霍金（1988）所描述的，"英国科研小组的测量纯属运气，或者说他们只是在寻找想知道的结果，这种事在科学领域司空见惯"。在对爱丁顿的原始材料重新复查时，历史学家斯·科林斯和吉·平彻（1993）发现，"爱丁顿大可宣称他证实了爱因斯坦的预测，因为他用的是爱因斯坦的推导来判断自己的观测。人们接受爱因斯坦的预测是因为爱丁顿的观测确认了它。不像人们所期望的一般的实验验证，观察与预测应该彼此分开，在爱丁顿的实验里这两者环环相连彼此确认"。换句话说，爱丁顿找到了他想要找的东西。当然，科学自身有一个自我纠正的机制可以克服确认性偏见——其他人会来检测你的结果或重新做实验验证。如果你的实验结果纯粹是由于确认性偏见所致，那别人迟早会发现。是这一点把科学和其他获得知识的途径区别开来。

最后，也是对我们来说最重要的，确认性偏见常用来确认或为怪诞的信仰做辩护。譬如说，心灵术士、算命的、看手相的和占星术士，所有这些人都靠确认性偏见来告诉客户未来要发生的事（有些把这称为"迹象"）。他们只是给客户提供事件的一面（而不是两面——事件的发展不只有一种结果），使他们只注意到发生的那一面，而忽视没有发生的那一面。让我们来看一下命理学。根据命理学的观点，世界上任何一个结构（包括世界本身，还有整个宇宙）的测量和数字里都可以找出有意义的联系。这种理论已使很多人在数字间找到了无数具有深意的联系。这个过程很简单。由要找的数字开始，试着发现以那个数字结尾或与其相近的数字，看看其间的关系。或者，更常见的，你就不停地捣弄那些数字，看看哪些相同的数字会跳出来。比如埃及的大金字塔（第十六章里讨论过），金字塔的底部和一块外壳石头宽度的比例是365，一年中的天数。这种算法，加之确认性偏见，使很多人在金字塔里"发现"地球的平均密度、地轴的运行周期和地球表面的平均温度。正如马丁·加德纳（1957）挖苦道，这个经典的例子表明"一个热切地相信某一理论的聪明人，会多么自如地去操纵它的主题，使其恰巧与所持的观念相吻合"。越聪明的人做得越洒脱。

所以总体上说来，智商高或低和一个人所持信仰的正常或怪诞程度成正比或完全没关系。但这些变量之间又彼此交错、互相影响。正如我在简单答案中提到的，高智商使人更善于为那些因不聪明的理由而得来的信仰辩护。在第三章里，我提到过心理学家大卫·帕金斯（1981）所做的一个研究。帕金斯发现智商和为信仰辩护的能力之间存在着正比关系，信仰和考虑其他信仰可能性的能力之间存在着反比关系。也就是说，聪明人更擅长用推理的方式来为其信仰辩护，但他们对其他可能存在的立场不是那么开通。所以虽然智商并不影响信仰，但确实影响为那些由不聪明的理由而得到的信仰的辩解、推理和辩护。

理论已说得够多了。正如建筑师密斯·凡德罗所说，上帝存在于细节之中。下面几个关于智商和信仰的例子不是来自疯狂的边缘或文化上被边缘化的人，而是来自社会主流，尤其是学术界。这就是难题之所以难的原因。这与评估一个胡说八道的阴谋家发表的政府试图掩盖真相的观点是一回事。这些观点发表在爱达荷州弗林治维拉的车库发表的通讯上。但判断一个哥伦比亚大学政治学教授、坦普尔大学的历史教授、艾默里大学的社会科学家、一个来自硅谷腰缠万贯的天才商人或者哈佛大学获普利策奖的精神病学教授的观点却是另一码事。

不明飞行物和被外星人绑架：聪明人支持的怪诞信仰

不明飞行物和被外星人绑架属于我所说的怪诞信仰，因为宣称真的见过或和外星人遭遇过的观点：（1）不被大多数学天文学家、外空生物学家以及外星信息探索组的人员所接受（虽然大家几乎都想找到地球以外的生命形式）；（2）极其不可能（虽然逻辑上不是不可能）；（3）大部分都是建立在道听途说和不能验证的证据上。那些聪明人支持 UFO 和被外星人绑架的观点吗？虽然以前相信这些观点的人大都来自社会边缘的角角落落，但现在这些信仰已经成功地跻身于主流文化。在 20 世纪 50 年代和 60 年代，那些讲述遭遇外星人的人最多只是关上门躲着暗笑（有时门是敞开的），或最糟的被送到精神病医生那里做心理健康评估。但这些人总会遭到科学家们的讥笑。但在 20 世纪 70 年代和 80 年代，信奉者的资历逐渐发生了变化，到了 90 年代，因为学术界的大力支持，该观点得以进入社会主流。

来看看乔蒂·狄恩 1998 年发表的广被评论的《在美国的外星人》一书。狄恩是哥伦比亚大学的博士、霍巴特学院和威廉·史密斯学院的政治科学教授，而且也是一个有名的女权主义者。书是康奈尔大学出版社出版的。书的开始好像要认真论述一个关于 UFO 的社科性话题。书的论点是，被绑架者觉得被现代美国社会"隔离"了，原因包括经济上的不安全感，环境破坏所带来的威胁，遍布世界各地的军事主义、殖民主义、种族主义，厌恶女人和其他文化上的可憎现象。"我的论点是，侵入美国大众文化的外星人给了我们一些偶像，这些偶像可以帮我们开拓千禧之年民主政治的新局面。"狄恩拒绝用科学和理性来区分理智和荒唐的言行："我们没有选择政策和裁决、治疗和观点的标准。进一步说，我们没有可依赖的程序，不管是科学还是法律上，来提供'合理的假设'。"对狄恩来说，科学不仅提供不了解决办法，而且本身就是问题："'是科学家'不能理解 UFO 团体的'理性'。是'科学家'觉得要去解释为什么有人相信飞碟，或者认为那些有这些信仰的人是在'歪曲事实''有偏见'或者'愚昧无知'。"确实，狄恩总结说，因为后现代主义已经表明所有的真理都是相对的、约定俗成的，UFO 专家的观点和别人的一样正确："早期研究 UFO 的人要驳斥那些真理精粹主义者，因为这些人企图把真理刻入物体中去（或物体之间）。UFO 研究者依靠的不是真理精粹说，而是真理契约说。如果我们在这个世界上的生活是现实契约的结果，那思索片刻你就会发现不是每个人都相信科学家和政府所提倡的现实。"

因为这种相对真理论，狄恩从来也没告诉我们她自己是否相信她的研究对象所告诉她的关于UFO和外星人绑架的故事。在一个电台采访中我问她这个问题，她回答说："我相信他们相信自己讲的故事。"我接受她的解释，紧追着问："但你相信什么？"她拒绝回答这个问题。我想这很公平，她是在力图保持一个客观的立场（虽然节目播出前或在一些非正式场合我也没能让她说出自己的意见）。这里我的观点是，通过不表态，这个聪明人帮着确认了那些怪诞的信仰，增加了其作为可以接受的真理信条的可信度，并表明该信仰是正常社会交流的一部分。实际上，就像没人可以证明仙女的存在，也没有什么可以证明地球上的外星人。20世纪20年代，是仙女之说的鼎盛时期。像夏洛克·福尔摩斯的创造人亚瑟·柯南·道尔这样的聪明人都支持仙女之说。（Randi 1982）

狄恩在真实性问题上模棱两可，但坦普尔大学的历史教授戴维·雅各布斯却选择直言不讳。雅各布斯是在威斯康星大学读的博士。1975年其博士论文《美国的UFO争议》由印第安纳大学出版社出版。1992年他又写了《秘密的生命：关于UFO绑架的一手资料》（这本书竟然由主流的西蒙&舒斯特出版社出版，世界上最大也最有名望的出版社之一）。1998年，雅各布斯再度下赌，发表了《威胁：秘密议程：外星人到底想要什么，他们的计划是什么》一文。在最近的一书中他承认说："在学术界和我的同事谈论这个问题时，我知道他们认为我的智力受到了严重的损伤。"《威胁》发表后不久，我在洛杉矶主办的每周一期的NPR节目中采访了雅各布斯。最起码，他的智力没有受到损伤。我发现他聪明、能讲，而且完全投身于自己的信仰。他说起话来像个知识分子和经验丰富的学者，不仅能沉着冷静地解释他的理论和证据，而且让人觉得他的外星人观点和其所教授的20世纪美国史没什么区别。

但雅各布斯的书中回响着这个神圣的音符："虽然这一切听起来有些离奇，但我是个聪明人。"他第一本书的前言是哈佛的约翰·麦克写的（关于麦克下面详细论述）。麦克称赞雅各布斯"具有学者风范，头脑清醒"，而且其"文件记录一丝不苟"。他的博士学位不仅点缀着第二本书的封面，而且出现在每页的页眉，目的是更深刻地告诉读者，不管书的内容听上去多么荒诞，但他这位哲学博士支持这个说法。雅各布斯的叙述风格让人觉得既学术又科学。他提到他的"研究"、所用的"方法论"、与他合作的"调查者"、他们"巨大的资料库"、为支持资料库而做的"文件记录"以及无数的"理论""假设"和"证据"。这一切不仅证明外星人在地球上而且使我们对其议事议程略窥一斑。所有的观点都依赖模糊不清的照片、颗粒感视频、通过催眠而恢复的记忆和无数的关于夜晚奇遇的道听途说。雅各布斯承认其资料的这些"局限性"。尽管在这个领域里找不到一点客观的证据，他还是辩论说如果把这些资料结合起来人们会马上停止怀疑、飞跃到信仰："关于被绑架的经历大都来自那些没有经验或能力有限的研究人员所报告的一些经过虚构和加工的回忆，这些回忆往往不可靠。这一切都有文化幻想和心理疾病的味道，所以要想人们接受还有着不可逾越的障碍。"确实是这样。但我们却不能低估信仰的力量："可是我确信绑架现象是真的。结果是，这么多年来我所拥有的智力安全网消失了。我变得和这些被绑架者一样脆弱。我应该'更有理性'，但我还是接受了一个既让人尴尬又难以证明的故事。"如果证据如此无力，那为什么像雅各布斯这么聪明的人还相信呢？雅各布斯在书的最后给出的回答断绝了人们对该信仰的任何挑战："外星人愚弄了我们。在我们刚意识到他们的存在时，他们麻痹了我们，使我们不相信而且为自己的怀疑沾沾自喜。"这是一个完美的回环式推论（因此无懈可击）。是外星人让你要么相信要么怀疑他们。不管从哪个方面说，外星人都是存在的。

雅各布斯承认他的证据是道听途说，因而不可证伪。艾默里大学的考特尼·布朗是一个政治科学教授。他在几个主流出版社出版了几本有关外星人和 UFO 的畅销书。布朗用一种叫"资料收集"的方法来支持他的信仰，并称其工作为"科学研究遥控"（SRV）。SRV（在版权页上，名字和缩写都是"远视公司的注册服务标志"）。SRV或更常用的名字"远程观察"，是美国中央情报局 20 世纪 80 年代所雇用的几个研究员所编的一个程序。该程序是用来缩短美国和苏联之间的 PSI 差距的（类似导弹差距）。（其中一个叫埃德·达梅斯的研究员是布朗的导师）冷战期间，美国政府的一些官员担心苏联会在心灵研究上取得更大的进展。所以中央情报局建立了一个小型的部门，在 10 年的时间里花了 2000 万美元来试着"遥视"苏联导弹发射井的位置、主项目自动系统和收集其他一些情报信息。该项目的名字不言而喻。遥视是指坐在房间里，试着"观看"（有点像用大脑的眼睛观看）其方位可能在世界各地的锁定目标。从他在亚特兰大郊区的家里和其为研究 SRV 所成立的研究所里了解到"远视研究所"的遥视方法后，布朗开始遥视外星人和地球以外的人。

像雅各布斯一样，布朗的博士学位也醒目地展示在他的书里。然而有趣的是，在他的第二本书《宇宙探索者：科学遥视、外星人和给人类的信息》里根本看不到他和艾默里大学的任何联系。在 1999 年的一个电台访问中我问及此事。好像艾默里大学不想和研究 UFO 与外星人的人有任何瓜葛。布朗不得不签署一个声明，明确指出当他向媒介和大众谈论外星人时不提艾默里大学的名字。而且，也像雅各布斯一样，节目播出时布朗看上去也只是个"在跟着数据走"（他们惯用的说法）、脑瓜聪明、态度严谨的科学家，不管这些数据会把他们带到何处。

布朗两本书里所提出的观点可以说是荒诞得离谱。通过无数次的 SRV 试验，他说他曾与耶稣和佛交谈过（显然，两人都是级别很高的外星人）、拜访过其他有人居住的星球、曾旅行到住满智能的外星人的火星上，而且他已认定外星人就住在我们中间——其中有一组外星人就住在新墨西哥的地底下。但当直播时我问他这些异乎寻常的观点时，他却退却了，试图把谈话转到遥视技术"科学"的一面，比如，资料收集是一个多么有效和可靠的方法，作为一个社会科学家，他如何把统计学中那些严谨的方法用到他新发现的科学方法中去。他认为所有科学家都要严肃对待这些方法。他的第一本书出版于 1996 年，书名是《空际遨游：科学发现造访地球的外星人》。

书中的描写充斥着科学主义的味道，旨在表明是一个智者在叙述那些怪诞的事情。随便选一个例子看看：

> P4 1/2S 和 P4 1/2 没什么区别，但这是一个素描不是语言叙述。当观察者在第 4 阶段看到一些可视性资料，而且可以把这些资料勾画出来时，观察者就会在实体或者子空间的竖栏里写下"P4 1/2S"，这取决于勾绘出的东西是有形的实体还是子空间的现实。随后观察者会拿出另一张纸，纵向放好，在纸上方中间标上 P4 1/2S ，标上和含有竖栏"P4 1/2S"的矩阵纸一样的页码，并附上字母 A。这样，如果 P4 1/2S 的条目在第 9 页，那关于 P4 1/2S 的素描就位于第 9A 页。

这段文字所描述的是遥视者采用的各种来记录幻觉之旅不同层面内容的方法，这包括真实空间和子空间的邀游。我的目的不是用模糊不清的东西来讥笑这些活动，而是展示聪明人会费多大的劲来为其荒唐的信仰寻找根据。布朗可能在贝尔艺术晚间广播节目里激情澎湃地谈论着外星人入侵和耶稣的忠告。但在我的节目里，他只想谈论他所用的科学方法的严谨性，因为我的节目是加利福尼亚的一个科学广播，很多听众都来自加州理工学院、喷气推进实验所和航天物理群体。

我在电台采访硅谷的天才巨商乔·弗麦吉（1999）时，他做了同样的反应。这个 28 岁就建立起价值 3 亿美元的互联网公司 USWeb（他 19 岁时已经以 2400 万美元的价格卖掉了自己的第一个网络公司），这位商业巨贾要求把他介绍成国际空间科学组织（ISSO）的创始人和主席。他只喜欢谈论他对科学的热爱和他作为 ISSO 的一个新"科学家"的工作（据我所知，他没有受过正规的科学训练）。弗麦吉宣布辞去 USWeb 的职务去专注于他新的怪诞信仰，这一轰动事件曾引起大批的舆论报道。怎么来理解这些报道呢？他的新信仰包括 UFO 着陆、美国政府已经获得了一些有关外星人的技术，并且对其"重新加工"来促进美国的科技工业。弗麦吉解释说，那些报道渲染和歪曲了他真正的信仰。实际上他从没说过美国政府偷窃了外星人的技术。他也不想渲染他1997年和外星人遭遇的经历（我提及此事时他看上去真的很不舒服）。他说这件事被媒体夸大了。我觉得这一点有些奇怪，甚至不真诚，因为是他自己的公共关系公司发起了那些媒体炒作，包括偷窃外星人技术和改变他生命轨迹的与外星人遭遇的故事。

弗麦吉说，1997年秋天的一个早晨，他醒来发现"一个笼罩在一片灿烂夺目的白色光环中的神奇人物正徘徊在他的床前"。那人问弗麦吉："你为什么把我叫到这儿？"弗麦吉回答说："我想在太空旅行。"外星人询问了他的愿望，又问他为什么要满足他的愿望。"为了这个愿望我甚至可以去死。"弗麦吉说。这个时候，那个外星人身上"浮现出一个棒球大小的蓝色的光环……这光环离开他的身体，向我漂来，并进入我的体内。霎时间，我被一种从未体验到的狂喜所征服，比性快感还刺激的那种无上的快乐……我被赋予了某种东西"。这段经历的结果就是ISSO的成立和他1999年在互联网上发表的一本谦虚地命名为《真相》的书。全书洋洋洒洒244页，充满了对人类的警告。书的内容很可能取自20世纪50年代那些B类的科幻电影。书中充满了物理和航空学的术语。这包括弗麦吉写该书的目的——说服"科学界"接受UFO、真空中的"零点能量"、为达到比"光速更快的旅行"而需要的"无推进剂空间推进"和"地球引力推进"以及用"真空浮动"来改变"地球引力和物质惰性"等高端科技存在的现实。

同样，我的目的不是来贬低而是理解这种信仰。为什么像乔·弗麦吉这么聪明的人竟然放弃世俗正常的成功之道，而去追踪像外星人这种虚幻不实的东西呢？哦，弗麦吉是受摩门教的教育长大的，十几岁时他"开始对宗教教义方面的问题感兴趣"。摩门教的人相信人可以和天使直接接触，因为该教的掌门人约瑟夫·史密斯曾和一个叫莫罗尼的天使接触过，是这个天使把那些神圣的金碑文给了史密斯。《摩西教典》就是参考那些碑文而写成的。在《真相》一书里，弗麦吉说"一个叫约瑟夫·史密斯的人受到"天使的启示，

"史密斯关于他和那些灿烂的白色天使的接触的叙述和当代很多有关'外星人拜访者'的描写没什么大区别",所以史密斯和第三种人有过亲密的接触。显然,他并不是唯一的一个。比史密斯早1800年,圣约翰因受到天使的"启发"而写了《圣经》的最后一章;而在圣约翰前不久,来自拿撒勒的一个小村庄的一位木匠也因神灵的启示而得到顿悟。虽然弗麦吉没直接说,但推论显而易见:耶稣、圣约翰、约瑟夫·史密斯和约瑟夫·弗麦吉,每个人都有过和神灵接触的经历,而这经历足以改变世界。弗麦吉觉得这种神圣的职责,或者他与天使的亲密接触的意义是:

> 网络书籍的一个目的是与大家共享一些彻彻底底的新观念,一些有朝一日会改变整个世界的观念。在本书中,我提出一种彻底重建我们的经济体制的方法,这种体制不但会保持地球的生机、与其和谐共存,而且还能有效地保存造就了如此神奇的现代文明的创业进取精神……我的提议激进吗?毫无疑问。疯狂吗?是的。是乌托邦式的狂想吗?完全是。激进和疯狂的提议可以避免一个目光短浅、自大冒险的国家的自我毁灭……我和合伙人成立了USWeb公司。这是地球上最大的网络服务公司。所以当我谈到创造力时,我知道那意味着什么。

他当然知道什么是创造力。他是一个相信怪诞信仰的聪明人,而且有足够的钱来使其观点合法化。但不管是脑瓜还是金钱都不能改变一丁点儿事实——我们找不到一个能证明外星人存在的确凿证据。没有证据的时候,人的想象力会来填补那些空缺。聪明人更长于此技。

这些怪诞学说出自康奈尔大学、艾默里大学、坦普尔大学和硅谷已经使人刮目相看。但UFO和与外星人遭遇团体(更受欢迎的词儿是"绑架")在1994年达到空前的强盛,因为在这一年哈佛医学院精神学家约翰·麦克发表了《绑架:遭遇外星人》一书。书的封面上耀眼地显示着麦克镀金的医学学位证书,旁边陪衬着"普利策奖获得者"的称号（不是精神学方面的著作，而是因其为T. E. 劳伦斯写的传记而得此奖）。这两个证件足以建立该书的可信度。出版商大可以在书的护封上写上："聪明人支持怪诞信仰"。麦克在书的引言里承认，当他第一次听到绑架之说的倡议和发起人巴德·霍普金斯的理论，或人们谈论被绑架的经历时，"我大体是这么说的，这些人肯定是疯了，肯定是"。但当见到这些人时，"他们在其他方面好像很清醒"。而且，就他所知，讲出这样的故事对这些人来说百害而无一利。所以"他们受到困扰是因为确实发生过什么事情"。采访了大约100多个有过外星人经历的人后，麦克的怀疑蜕变成信仰。他的结论是，"没有什么证明他们的故事是出自幻觉、对梦的误读或者空想。他们没有一个看上去像是那种为了某种个人目的而去编造故事的人"。

这点我同意。但"编造"这个词用得恰当吗？我认为不恰当。"经历者"是个更准确的描述。这些人的经历毫无疑问是真的。问题的关键是，这些经历纯属大脑幻觉还是来自客观世界？因为没有实在的证据证明后一假设，那结论自然是，那些经历是对纯粹内心世界体验的大脑体现。假定（这个假定或许很幼稚）他们不是为了引起公众注意、名声或金钱，那么他们把这些经历讲给麦克或其他人的目的是为了用外在的力量来验证内心的一些体会。验证其经历的人越有名，譬如那些"聪明"的确认者，他们的经历就变得越可信："嗨，我可不是脑子发昏，哈佛那个聪明的家伙都说是真的。"

哈佛管理层不会不知道哈佛与边缘学说有所牵连意味着什么。所以他们出面来牵制麦克，试图粉碎其外星人研究议程。但麦克请了个律师，以学术自由的名义拒不退让（麦克是全职教授），并且赢得了继续进行其研究中心"同代人"（"超自然工作研究项目"）工作的权利。很多人质疑麦克的动机。阿诺德·瑞尔曼是哈佛医学院的退休教授，曾带头对麦克的工作做过学术研究。在瑞尔曼看来，麦克"喜欢成为人们注意的中心"。"同事们根本不再在乎他，"瑞尔曼又说，"但因为学术自由的缘故，哈佛得有几个像这样的怪人。"（Lucas 2001）

麦克信仰变迁的结果意义深远，至少从他自己的辩护来看，"通过绑架现象我看到……我们居住在一个或几个充满了有智生命的宇宙。但我们却与这些生命隔离开来，而且失去了可以认识他们的感官"。请允许我对这段话的省略号进行补充："我现在不可避免地说。"（把这句话加到省略号处再看该句话的意思）为什么不可避免？麦克的回答发人深省："现在我看得很明白，我们狭隘的世界观或观察世界的角度是对未来具有威胁的大多数思维模式的主要来源。这些狭隘的模式包括：为了盈利公司所进行的那些毫无头脑的攫取行为和因此所造成的巨大的贫富悬殊、饥饿和疾病，因种族民族主义所产生的暴力，以及由此所带来的可能演变成核屠杀的大规模屠杀，和对地球所造成的前所未有的生态破坏。"

就像他所引用的科幻小说，这种故事已是老生常谈。这些都表明，遭遇故事更深的神秘主题是一种世俗的神学。该神学所信仰的神和救世主是UFO和外星人。这些神的任务是把我们从一种自我的毁灭中拯救出来。罗伯特·怀斯1951年出版的《地球静止的那一天》讲述的就是这么一个救世主寓言故事。书中，那些智力高超的外星人（外星人所住星球的名字是"木匠先生"）前来拯救核武器竞争中的地球。这里我们可以对麦克的动机略窥一斑。麦克是世俗的圣人，还是从"哈佛的高山"上走到人群、为我们传授宇宙真义的摩西？这或许是一种夸张的说法。但麦克在书引言的结语寓意深刻。这段话讲的是，他对托马斯·库恩的模式概念和变革性模式变迁理论的迷恋：

> 我从小就认识托马斯·库恩。在纽约时他的父母和我的父母是朋友。我经常去库恩家里参加圣诞期间的蛋酒会。库恩说过，西方的科学范式已带有神学的刻板。现在人们信的是结构、范畴、语言的两极化，诸如真/假、存在/不存在、客观/主观、内部心灵/外在世界以及发生过/没有发生过等对立概念。我觉得库恩的这个观点很有希望。库恩向我建议说，在调查研究中应尽可能不依靠现

有的语言形式,只是去简单地收集原始材料,不要去管所学到的东西是否适合某一个特定的范畴。这样我才会有所发现,并会试着找一个新的理论范畴来对该发现做系统的解释。

这是一个非常具有讽刺意味的事实。我很难相信库恩自己会赞成这段话。因为在其具有变革性意义的《科学革命的结构》(1962)一书中,库恩所阐述的一个重要论点就是,人们几乎不可能"不依靠现有的语言形式……而只是去简单地收集原始材料"。我们每个人都为世界观所困守,为范例锁定,为文化所局囿。我已解释过,归因和确认这两种偏见无处不在且力量巨大,没人能逃脱。遭外星人绑架的故事中所用的语言形式是20世纪美国大文化背景的一部分。这些文化包括有关外星人的科幻文学、实际的空间探索、关于宇宙飞船的电视电影节目,尤其是主流科学家为寻找地球外信息而做的研究。在很大程度上,怀疑者就是用这些背景文化来解释绑架故事的连贯性——这源于对这些大家共同经历的文化因素中某些主题的记忆。问题是,麦克宣称他的"原始材料"没有受到污染。但就我们所了解的信仰形成的过程来看,这个宣称有欠诚实。(我还要指出,从研究UFO的人、心灵术调查者到提倡冷聚变和永恒运动机器的人,几乎每一个倡导非主流信仰的人都会引用库恩的范例理论,声称相信那些过激的观点是革命性的范例变迁。尽管如此,就凭一次对超自然现象的研究,麦克没法得出这个结论。)乔·弗利德的"女士,只讲事实"这个理论上听起来不错,但事实上根本做不到。所有的观察都受到某个模式或理论的过滤。所以从某个角度来说,麦克立足于怀疑模式的论点倒成了支持某个信仰体系的材料。这怎么可能呢?

约翰·麦克足够聪明,至少他知道他和其他人所用来支持绑架之说的材料和材料收集的技术本身是有争议的。催眠性退行、幻觉角色扮演、有启示性的谈话疗法,所有这些都可以达到所谓的记忆恢复。但现在大家都知道这些技术实际上让人产生错误的记忆。在所有宣称因外星人绑架而失踪的案例中,麦克承认"没有确凿的证据显示这些人的消失是因为遭到外星人绑架"。外星人给做手术留下的疤痕，麦克说，"通常都微不足道，不能成为有用的医学证据"。麦克还注意到，对于有关和外星人性交而丢失的婴儿，"医生没查出一个胎儿因绑架而失踪的证据"。所有的证据加起来，麦克坦白说，"让人抓狂。确凿的证据需要能支撑的材料，但因情况奥妙，很难找到可以佐证的材料"。

承认这些不足，还要继续工作，麦克得采取库恩级别的现实飞跃。局限不在于我们的研究方法，而在于研究对象本身："如果像我怀疑的，绑架现象发生在我们客观的时空中，但又不是字面意义上的时空，那我们所谓的有关发生或没'发生'（即库恩说的搁置已有范畴）事件的回忆的准确性不适合这个情况，至少从字面和物质的角度来说不适合。"这些外星人或许不是来自像外空间那样的"空间"，或许是来自另一维只有那些转瞬即逝的大脑活动才能进入的空间。这样他们就没法满足怀疑者的要求——提供由宇宙飞船采集到的有关这些人的手工艺品。这可能是库恩式的科学模式，但不是瘾君子的，因为没有办法来证明他的观点是错误的。"外星人"是内部另一维空间，只有大脑的想象才能探测到的生命。麦克的这个遁词和我所说的他们纯粹是神经活动的产物没什么分别。因为这两个假设都没法验证，所以在这个问题上我们已离开了科学的领域、进入了文学创作的殿堂。我想科幻小说是描写这个领域最贴切的词汇。

从一开始，认识论就是个很大的问题，因为麦克自己坦白说在这个课题上他已完全放弃了科学的游戏："在这个工作中，和在其他听上去有临床调查意味的研究一样，研究者的心灵，或更准确一点儿，研究者和研究对象之间的心灵互动是获得知识的途径……所以在没有任何客观'证据'的情况下，被研究对象的经历、这个经历的报告以及通过研究者心灵对这些经历的接受……是我们唯一能获得有关外星人绑架知识的途径。"在全书洋洋洒洒的400页后，麦克书的最后一部分标题为"范例变迁"。在这里，麦克再一次倡议哥白尼革命（这是超现实主义和所有类型的边缘学说最喜欢用的一个词）。麦克说:"听起来好像我是在要求文化自我的死亡、一个比哥白尼革命更具颠覆（许多被绑架者宣称其经历真实性时所用的一个词）意义的变革……"但我们还有别的什么办法来了解有关外星人的信息吗？"这些信息已足以表明，一些更深层次、极为重要的东西在发生作用，但这些信息却提供不了用于实证、理性研究所需要的那些特有的证据。"

正如麦克对《士绅》杂志的罗伯特·博因顿所说，"人们总是说外星人要么真的存在，要么就是一个心理现象。但我要请他们考虑一下两者都是的可能性。这个可能性意味着我们对现实的定义要全盘改变"。博因顿注意到麦克一直在通过像 EST 和呼吸疗法技术等这样时髦的新世纪信仰来寻找另外一个现实:"他通过呼吸疗法达到一种恍惚的状态。有一次，他在这种状态中变成了一个 16 世纪的俄国人，亲眼目睹了一帮蒙古人把他 4 岁儿子的头给割了下来。"实际上，麦克向卡尔·萨根（1996）坦白说，"我要找的不是这个。我的个人背景中也没什么可证明发生过这种事。这种经历令人信服纯粹是因为它所引起的强大的情感体验"。在接受《时代》杂志的采访时，麦克说的话令人深思:"我不知道为什么人们那么热衷于寻找通常意义上的客观解释。我们已经失去了了解非客观世界的能力。我是这两个世界之间的桥梁。"

麦克的桥梁作用扩展为另一本书的主题，即《通往宇宙的护照》（1999）。在这本书里，麦克再一次诉求道，"在该书里我并不是要论证外星人绑架的客观事实……相反，我所关注的是外星人的经历对被绑架者本身以及对整个人类所具有的意义"。从这个角度来说，麦克的绑架信仰像一种宗教或其他基于信仰的一些信念，因为对那些相信的人来说，无所谓证据；对那些不信的人来说，不可能有什么证据。换句话说，不明飞行物和外星人的信仰与其他怪诞信仰一样，与支持或反对它们的证据以及信仰者的智商成正比或无关。这就是我的观点。证明完毕。

参考文献

Adams, R. L., and B. N. Phillips. 1972. Motivation and Achievement Differences Among Children of Various Ordinal Birth Positions. *Child Development* 43:155–164.

Alcock, J. E., and Otis, L. P. 1980. Critical Thinking and Belief in the Paranormal. *Psychological Reports*. 46:479–482.

Allen, S. 1993. The Jesus Cults: A Personal Analysis by the Parent of a Cult Member. *Skeptic* 2, no. 2:36–49.

Altea, R. [pseud.]. 1995. *The Eagle and the Rose: A Remarkable True Story*. New York: Warner.

Amicus Curiae Brief of Seventy-two Nobel Laureates, Seventeen State Academies of Science, and Seven Other Scientific Organizations, in Support of Appellees, Submitted to the Supreme Court of the United States, October Term, 1986, as Edwin W. Edwards, in His Official Capacity as Governor of Louisiana, et al., Appellants v. Don Aguillard et al., Appellees. 1986.

Anti-Defamation League. 1993. *Hitler's Apologists: The Anti-Semitic Propaganda of Holocaust "Revisionism."* New York: Anti-Defamation League.

App, A. 1973. *The Six Million Swindle: Blackmailing the German People for Hard Marks with Fabricated Corpses*. Tacoma Park, Md.

Applebaum, E. 1994. Rebel Without a Cause. *The Jewish Week*, April 8–14.

Aretz, E. 1970. *Hexeneinmaleins einer Lüge*.

Ayala, F. 1986. Press Statement by Dr. Francisco Ayala. *Los Angeles Skeptics Evaluative Report* 2, no. 4:7.

Bacon, F. 1620 (1939). Novum Organum. In *The English Philosophers from Bacon to Mill*, ed. E. A. Burtt. New York: Random House.

Bacon, F. 1965. *Francis Bacon: A Selection of His Works*. Ed. S. Warhaft. New York: Macmillan.

Baker, R. A. 1987/1988. The Aliens Among Us: Hypnotic Regression Revisited. *Skeptical Inquirer* 12, no. 2:147–162.

———. 1990. *They Call It Hypnosis.* Buffalo, N.Y.: Prometheus.

———. 1996. Hypnosis. In *The Encyclopedia of the Paranormal,* ed. G. Stein. Buffalo, N.Y.: Prometheus.

Baker, R. A., and J. Nickell. 1992. *Missing Pieces.* Buffalo, N.Y.: Prometheus.

Baldwin, L. A., N. Koyama, and G. Teleki. 1980. Field Research on Japanese Monkeys: An Historical, Geographical, and Bibliographical Listing. *Primates* 21, no. 2:268–301.

Ball, J. C. 1992. *Air Photo Evidence: Auschwitz, Treblinka, Majdanek, Sobibor, Bergen Belsen, Belzec, Babi Yar, Katyn Forest.* Delta, Canada: Ball Resource Services.

Bank, S. P., and M. D. Kahn. 1982. *The Sibling Bond.* New York: Basic.

Barkow, J. H., L. Cosmides, and J. Tooby. 1992. *The Adapted Mind.* Oxford: Oxford University Press.

Barrow, J., and F. Tipler. 1986. *The Anthropic Cosmological Principle.* Oxford: Oxford University Press.

Barston, A. 1994. *Witch Craze: A New History of European Witch Hunts.* New York: Pandora/HarperCollins.

Bass, E., and L. Davis. 1988. *The Courage to Heal: A Guide for Women Survivors of Child Sexual Abuse.* New York: Reed Consumer Books.

Bauer, Y. 1994. *Jews for Sale? Nazi-Jewish Negotiations, 1933–1945.* New Haven, Conn.: Yale University Press.

Beck, A. T. 1976. *Cognitive Therapy and the Emotional Disorders.* New York: International Universities Press.

Behe, M. 1996. *Darwin's Black Box.* New York: Free Press.

Bennett, G. 1987. *Traditions of Belief: Women, Folklore, and the Supernatural Today.* London: Penguin Books.

Bennetta, W. 1986. Looking Backwards. In his *Crusade of the Credulous: A Collection of Articles About Contemporary Creationism and the Effects of That Movement on Public Education.* San Francisco: California Academy of Science Press.

Berenbaum, M. 1994. Transcript of Interview by M. Shermer, April 13.

Berkeley, G. 1713. In *The Guardian,* June 23. Quoted in H. L. Mencken, ed. 1987. *A New Dictionary of Quotations on Historical Principles from Ancient and Modern Sources.* New York: Knopf.

Berra, T. M. 1990. *Evolution and the Myth of Creationism: A Basic Guide to the Facts in the Evolution Debate.* Stanford, Calif.: Stanford University Press.

Beyerstein, B. L. 1996. Altered States of Consciousness. In *The Encyclopedia of the Paranormal,* ed. G. Stein. Buffalo, N.Y.: Prometheus.

Blackmore, S. 1991. Near-Death Experiences: In or Out of the Body? *Skeptical Inquirer* 16, no. 1:34–45.

———. 1993. *Dying to Live: Near-Death Experiences.* Buffalo, N.Y.: Prometheus.

———. 1996. Near-Death Experiences. In *The Encyclopedia of the Paranormal,* ed. G. Stein. Buffalo, N.Y.: Prometheus.

Blum, S. H., and L. H. Blum. 1974. Do's and Don'ts: An Informal Study of Some Prevailing Superstitions. *Psychological Reports* 35:567–571.

Bowers, K. S. 1976. *Hypnosis.* New York: Norton.

Bowler, P. J. 1989. *Evolution: The History of an Idea,* rev. ed. Berkeley: University of California Press.

Boynton, R. S. 1994. Professor Mack, Phone Home. *Esquire,* March, 48.

Brand, C. 1981. Personality and Political Attitudes. In *Dimensions of Personality; Papers in Honour of H. J. Eysenck,* ed. R. Lynn. Oxford: Pergamon Press., 7–38, 28.

Branden, B. 1986. *The Passion of Ayn Rand.* New York: Doubleday.

Branden, N. 1989. *Judgment Day: My Years with Ayn Rand.* Boston: Houghton Mifflin.

Braudel, F. 1981. *Civilization and Capitalism: Fifteenth to Eighteenth Century,* vol. 1, *The Structures of Everyday Life.* Trans. S. Reynolds. New York: Harper & Row.

Briggs, R. 1996. *Witches and Witchcraft: The Social and Cultural Context of European Witchcraft.* New York: Viking.

Broszat, M. 1989. Hitler and the Genesis of the "Final Solution": An Assessment of David Irving's Theses. In *The Nazi Holocaust,* vol. 3, *The Final Solution,* ed. M. Marrus. Westport, Conn.: Meckler.

Brown, C. 1996. *Cosmic Voyage: A Scientific Discovery of Extraterrestrials Visiting Earth.* New York: Dutton.

———. 1999. *Cosmic Explorers: Scientific Remote Viewing, Extraterrestrials, and a Message for Mankind.* New York: Dutton.

Brugioni, D. A., and R. G. Poirer. 1979. *The Holocaust Revised: A Retrospective Analysis of the Auschwitz-Birkenau Extermination Complex.* Washington, D.C.: Central Intelligence Agency (available from National Technical Information Service).

Butz, A. 1976. *The Hoax of the Twentieth Century.* Newport Beach, Calif.: Institute for Historical Review.

Bynum, W. F., E. J. Browne, and R. Porter. 1981. *Dictionary of the History of Science.* Princeton, N.J.: Princeton University Press.

Campbell, J. 1949. *The Hero with a Thousand Faces.* Princeton, N.J.: Princeton University Press.

———. 1988. *The Power of Myth.* New York: Doubleday.

Capra, F. 1975. *The Tao of Physics: An Exploration of the Parallels Between Modern Physics and Eastern Mysticism.* New York: Bantam.

———. 1982. *The Turning Point: Science, Society, and the Rising Culture.* New York: Bantam.

Carlson, M. 1995. The Sex-Crime Capital. *Time,* November 13.

Carporael, L. 1976. Ergotism: Satan Loosed in Salem. *Science,* no. 192:21–26.

Carter, B. 1974. Large Number Coincidences and the Anthropic Principle in Cosmology. In *Confrontation of Cosmological Theories with Observational Data,* ed. M. S. Longair. Dordrecht, Netherlands: Reidel.

Cavalli-Sforza, L. L., and F. Cavalli-Sforza. 1995. *The Great Human Diaspora: The History of Diversity and Evolution.* Trans. S. Thorne. Reading, Mass.: Addison-Wesley.

Cavalli-Sforza, L. L., P. Menozzi, and A. Piazza. 1994. *The History and Geography of Human Genes.* Princeton, N.J.: Princeton University Press.

Cerminara, G. 1967. *Many Mansions: The Edgar Cayce Story on Reincarnation.* New York: Signet.

Christenson, C. 1971. *Kinsey: A Biography.* Indianapolis: Indiana University Press.

Christophersen, T. 1973. *Die Auschwitz Lüge.* Koelberhagen.

Cialdini, R. 1984. *Influence: The New Psychology of Modern Persuasion.* New York: William Morrow.

Cobden, J. 1991. An Expert on "Eyewitness" Testimony Faces a Dilemma in the Demjanjuk Case. *Journal of Historical Review* 11, no. 2:238–249.

Cohen, I. B. 1985. *Revolution in Science.* Cambridge, Mass.: Harvard University Press.

Cole, D. 1994. Transcript of Interview by M. Shermer, April 26.

———. 1995. Letter to the Editor. *Adelaide Institute Newsletter* 2, no. 4:3.

Collins, S., and J. Pinch. 1993. *The Golem: What Everyone Should Know About Science.* New York: Cambridge University Press.

Cowen, R. 1986. Creationism and the Science Classroom. *California Science Teacher's Journal* 16, no. 5:8–15.

Crews, F., et al. 1995. *The Memory Wars: Freud's Legacy in Dispute.* New York: New York Review of Books.

Curtius, M. 1996. Man Won't Be Retried in Repressed Memory Case. *Los Angeles Times,* July 3.

Darley, J. M., and P. H. Gross. 1983. A Hypothesis-Confirming Bias in Labelling Effects. *Journal of Personality and Social Psychology,* 44:20–33.

Darwin, C. 1859. *On the Origin of Species by Means of Natural Selection: Or the Preservation of Favoured Races in the Struggle for Life. A Facsimile of the First Edition.* Cambridge, Mass.: Harvard University Press, 1964.

———. 1871. *The Descent of Man and Selection in Relation to Sex.* 2 vols. London: J. Murray.

———. [1883]. In Box 106, Darwin archives, Cambridge University Library.

Darwin, M., and B. Wowk. 1989. *Cryonics: Beyond Tomorrow.* Riverside, Calif.: Alcor Life Extension Foundation.

Davies, P. 1991. *The Mind of God.* New York: Simon & Schuster.

Dawkins, R. 1976. *The Selfish Gene.* Oxford: Oxford University Press.

———. 1986. *The Blind Watchmaker.* New York: Norton.

———. 1995. Darwin's Dangerous Disciple: An Interview with Richard Dawkins. *Skeptic* 3, no. 4:80–85.

———. 1996. *Climbing Mount Improbable*. New York: Norton.

Dean, J. 1998. *Aliens in America: Conspiracy Cultures from Outerspace to Cyberspace*. New York: Cornell University Press.

Dembski, W. 1998. *The Design Inference: Eliminating Chance Through Small Probabilities*. Cambridge: Cambridge University Press.

Demos, J. P. 1982. *Entertaining Satan: Witchcraft and the Culture of Early New England*. New York: Oxford University Press.

Dennett, D. C. 1995. *Darwin's Dangerous Idea: Evolution and the Meanings of Life*. New York: Simon & Schuster.

Desmond, A., and J. Moore. 1991. *Darwin: The Life of a Tormented Evolutionist*. New York: Warner.

De Solla Price, D. J. 1963. *Little Science, Big Science*. New York: Columbia University Press.

Dethier, V. G. 1962. *To Know a Fly*. San Francisco: Holden-Day.

Drexler, K. E. 1986. *Engines of Creation*. New York: Doubleday.

Dyson, F. 1979. *Disturbing the Universe*. New York: Harper & Row.

Eddington, A. S. 1928. *The Nature of the Physical World*. New York: Macmillan.

———. 1958. *The Philosophy of Physical Science*. Ann Arbor: University of Michigan Press.

Ehrenreich, B., and D. English. 1973. *Witches, Midwives and Nurses: A History of Women Healers*. New York: Feminist Press.

Eldredge, N. 1971. The Allopatric Model and Phylogeny in Paleozoic Invertebrates. *Evolution* 25:156–167.

———. 1985. *Time Frames: The Rethinking of Darwinian Evolution and the Theory of Punctuated Equilibria*. New York: Simon & Schuster.

Eldredge, N., and S. J. Gould. 1972. Punctuated Equilibria: An Alternative to Phyletic Gradualism. In *Models in Paleobiology*, ed. T. J. M. Schopf. San Francisco: Freeman, Cooper.

Epstein, S. 1993. Implications of Cognitive-Experiential Self-Theory for Personality and Developmental Psychology. In *Studying Lives Through Time: Personality and Developmental Psychology*, eds. D. C. Funder et al. Washington, D.C.: American Psychological Association. 399–438.

Erikson, K. T. 1966. *Wayward Puritans: A Study in the Sociology of Deviance*. New York: Wiley.

Eve, R. A., and F. B. Harrold. 1991. *The Creationist Movement in Modern America*. Boston: Twayne.

Faurisson, R. 1980. *Mémoire en defense: contre ceux qui m'accusent de falsifier l'histoire: la question des chambres à gaz* (Treatise in Defense Against Those Who Accuse Me of Falsifying History: The Question of the Gas Chambers). Paris: Vieille Taupe.

Feynman, R. P. 1959. There's Plenty of Room at the Bottom. Lecture given at the annual meeting of the American Physical Society, California Institute of Technology.

———. 1988. *What Do You Care What Other People Think?* New York: Norton.

Firmage, J. 1999. *The Truth*. Internet electronic book produced by the International Space Sciences Organization. When printed out in the web page format it came out at 244 pages.

Futuyma, D. J. 1983. *Science on Trial: The Case for Evolution.* New York: Pantheon.

Galanter, M. 1999. *Cults: Faith, Healing, and Coercion.* 2nd Edition. New York: Oxford University Press.

Gallup, G. 1982. *Adventures in Immortality.* New York: McGraw-Hill.

Gallup, G. H., Jr., and F. Newport. 1991. Belief in Paranormal Phenomena Among Adult Americans. *Skeptical Inquirer* 15, no. 2:137–147.

Gardner, H. 1983. *Frames of Mind: The Theory of Multiple Intelligences.* New York: Basic Books.

Gardner, M. 1952. *Fads and Fallacies in the Name of Science.* New York: Dover.

———. 1957. *Fads and Fallacies in the Name of Science.* New York: Dover.

———. 1981. *Science: Good, Bad, and Bogus.* Buffalo, N.Y.: Prometheus.

———. 1983. *The Whys of a Philosophical Scrivener.* New York: Quill.

———. 1991a. *The New Age: Notes of a Fringe Watcher.* Buffalo, N.Y.: Prometheus.

———. 1991b. Tipler's Omega Point Theory. *Skeptical Inquirer* 15, no. 2:128–134.

———. 1992. *On the Wild Side.* Buffalo, N.Y.: Prometheus.

———. 1996. Transcript of Interview by M. Shermer, August 11.

Gell-Mann, M. 1986. Press Statement by Dr. Murray Gell-Mann. *Los Angeles Skeptics Evaluative Report* 2, no. 4:5.

———. 1990. Transcript of Interview by M. Shermer.

———. 1994a. What Is Complexity? *Complexity* 1, no. 1:16–19.

———. 1994b. *The Quark and the Jaguar.* New York: Freeman.

George, J., and L. Wilcox. 1992. *Nazis, Communists, Klansmen, and Others on the Fringe: Political Extremism in America.* Buffalo, N.Y.: Prometheus.

Getzels, J. W., and P. W. Jackson. 1962. *Creativity and Intelligence: Explorations with Gifted Students.* New York: John Wiley.

Gilbert, D. T., B. W. Pelham, and D. S. Krull. 1988. On Cognitive Busyness: When Person Perceivers Meet Persons Perceived. *Journal of Personality and Social Psychology* 54:733–739.

Gilkey, L., ed. 1985. *Creationism on Trial: Evolution and God at Little Rock*. New York: Harper & Row.

Gish, D. T. 1978. *Evolution: The Fossils Say No!* San Diego: Creation-Life.

Godfrey, L. R., ed. 1983. *Scientists Confront Creationism*. New York: Norton.

Goldhagen, D. J. 1996. *Hitler's Willing Executioners: Ordinary Germans and the Holocaust*. New York: Knopf.

Goodman, L. S., and A. Gilman, eds. 1970. *The Pharmacological Basis of Therapeutics*. New York: Macmillan.

Gould, S. J. 1983a. *Hen's Teeth and Horse's Toes*. New York: Norton.

———. 1983b. A Visit to Dayton. In *Hen's Teeth and Horse's Toes*. New York: Norton.

———. 1985. *The Flamingo's Smile*. New York: Norton.

———. 1986a. Knight Takes Bishop? *Natural History* 5:33–37.

———. 1986b. Press Statement by Dr. Stephen Jay Gould. *Los Angeles Skeptics Evaluative Report* 2, no. 4:5.

———. 1987a. Darwinism Defined: The Difference Between Fact and Theory. *Discover*, January, 64–70.

———. 1987b. *An Urchin in the Storm*. New York: Norton.

———. 1989. *Wonderful Life*. New York: Norton.

———. 1991. *Bully for Brontosaurus*. New York: Norton.

Grabiner, J. V., and P. D. Miller. 1974. Effects of the Scopes Trial. *Science*, no. 185:832–836.

Greeley, A. M. 1975. *The Sociology of the Paranormal: A Reconnaissance*. Beverly Hills, Calif: Sage.

Gribbin, J. 1993. *In the Beginning: The Birth of the Living Universe*. Boston: Little, Brown.

Grinfeld, M. J. 1995. Psychiatrist Stung by Huge Damage Award in Repressed Memory Case. *Psychiatric Times* 12, no. 10.

Grinspoon, L., and J. Bakalar. 1979. *Psychedelic Drugs Reconsidered*. New York: Basic Books.

Grobman, A. 1983. *Genocide: Critical Issues of the Holocaust*. Los Angeles: Simon Wiesenthal Center.

Grof, S. 1976. *Realms of the Human Unconscious*. New York: Dutton.

Grof, S., and J. Halifax. 1977. *The Human Encounter with Death*. New York: Dutton.

Gutman, Y., ed. 1990. *Encyclopedia of the Holocaust*. 4 vols. New York: Macmillan.

Gutman, Y., and M. Berenbaum, eds. 1994. *Anatomy of the Auschwitz Death Camp*. Bloomington: Indiana University Press.

Gutman, Y. 1996. Transcript of Interview by M. Shermer and A. Grobman, May 10.

Hamilton, D. L., P. M. Dugan, and T. K. Trolier. 1985. The Formation of Stereotypic Beliefs: Further Evidence for Distinctiveness-Based Illusory Correlations. *Journal of Personality and Social Psychology* 48: 5–17.

Hardison, R. C. 1988. *Upon the Shoulders of Giants*. New York: University Press of America.

Harré, R. 1970. *The Principles of Scientific Thinking*. Chicago: University of Chicago Press.

———. 1985. *The Philosophies of Science*. Oxford: Oxford University Press.

Harris, M. 1974. *Cows, Pigs, Wars, and Witches: The Riddles of Culture*. New York: Vintage.

Harwood, R. 1973. *Did Six Million Really Die?* London.

Hassan, S. 1990. *Combatting Cult Mind Control*. Rochester, Vt.: Park Street Press.

———. *Releasing the Bonds: Empowering People to Think for Themselves*. Somerville, Mass: Freedom of Mind Press.

Hawking, S. W. 1988. *A Brief History of Time: From the Big Bang to Black Holes*. New York: Bantam.

Hay, D., and A. Morisy. 1978. Reports of Ecstatic, Paranormal, or Religious Experience in Great Britain and the United States—A Comparison of Trends. *Journal for the Scientific Study of Religion* 17: 255–268.

Headland, R. 1992. *Messages of Murder: A Study of the Reports of the Einsatzgruppen of the Security Police and the Security Service, 1941–1943*. Rutherford, N.J.: Fairleigh Dickinson University Press.

Herman, J. 1981. *Father-Daughter Incest*. Cambridge, Mass.: Harvard University Press.

Herrnstein, R. J., and C. Murray. 1994. *The Bell Curve: Intelligence and Class Structure in American Life*. New York: Free Press.

Hilberg, R. 1961. *The Destruction of the European Jews*. Chicago: Quadrangle.

———. 1994. Transcript of Interview by M. Shermer, April 10.

Hilgard, E. R. 1977. *Divided Consciousness: Multiple Controls in Human Action and Thought*. New York: Wiley.

Hilton, I. 1967. Differences in the Behavior of Mothers Toward First and Later Born Children. *Journal of Personality and Social Psychology* 7:282–290.

Hobbes, T. [1651] 1968. *Leviathan*. Ed. C. B. Macpherson. New York: Penguin.

———. 1839–1845. *The English Works of Thomas Hobbes of Malmesbury*. Ed. W. Molesworth. 11 vols. London: J. Bohn.

Hochman, J. 1993. Recovered Memory Therapy and False Memory Syndrome. *Skeptic* 2, no. 3:58–61.

Hook, S. 1943. *The Hero in History: A Study in Limitation and Possibility*. New York: John Day.

Horner, J. R., and J. Gorman. 1988. *Digging Dinosaurs.* New York: Workman.

House, W. R. 1989. *Tales of the Holohoax.* Champaign, Ill.: John McLaughlin/Wiswell Ruffin House.

Hudson, L. 1966. *Contrary Imaginations: A Psychological Study of the English Schoolboy.* London: Methuen.

Hume, D. [1758] 1952. *An Enquiry Concerning Human Understanding.* Great Books of the Western World. Chicago: University of Chicago Press.

Huxley, A. 1954. *The Doors of Perception.* New York: Harper.

Imanishi, K. 1983. Social Behavior in Japanese Monkeys. In *Primate Social Behavior*, ed. C. A. Southwick. Toronto: Van Nostrand.

Ingersoll, R. G. 1879. Interview in the *Chicago Times*, November 14. Quoted in H. L. Mencken, ed. 1987. *A New Dictionary of Quotations on Historical Principles from Ancient and Modern Sources.* New York: Knopf.

Irving, D. 1963. *The Destruction of Dresden.* London: W. Kimber.

———. 1967. *The German Atomic Bomb: The History of Nuclear Research in Nazi Germany.* New York: Simon & Schuster.

———. 1977. *Hitler's War.* New York: Viking.

———. 1977. *The Trail of the Fox.* New York: Dutton.

———. 1987. *Churchill's War.* Bullsbrook, Australia: Veritas.

———. 1989. *Goering: A Biography.* New York: Morrow.

———. 1994. Transcript of Interview by M. Shermer, April 25.

———. 1996. *Goebbels: Mastermind of the Third Reich.* London: Focal Point.

Jäckel, E. 1989. Hitler Orders the Holocaust. In *The Nazi Holocaust*, vol. 3, *The Final Solution*, ed. M. Marrus. Westport, Conn.: Meckler.

———. 1993. *David Irving's Hitler: A Faulty History Dissected: Two Essays.* Trans. H. D. Kirk. Brentwood Bay, Canada: Ben-Simon.

Jacobs, D. 1975. *The UFO Controversy in America.* Indianapolis: Indiana University Press.

———. 1992. *Secret Life: Firsthand Accounts of UFO Abductions.* New York: Simon & Schuster.

———. 1998. *The Threat: The Secret Agenda: What the Aliens Really Want . . . and How They Plan to Get it.* New York: Simon & Schuster.

Jensen, A. R. 1998. *The g Factor: The Science of Mental Ability.* Westport, Conn: Praeger.

Johnson, D. M. 1945. The "Phantom Anesthetist" of Mattoon. *Journal of Abnormal and Social Psychology* 40:175–186.

Johnson, P. 1991. *Darwin on Trial.* Downers Grove, Ill.: InterVarsity Press.

Karmiloff-Smith, A. 1995. *Beyond Modularity: A Developmental Perspective on Cognitive Science*. London: Bradford.

Kauffman, S. A. 1993. *The Origins of Order: Self-Organization and Selection in Evoluation*. New York: Oxford University Press.

Kaufman, B. 1986. SCS Organizes Important *Amicus Curiae* Brief for United States Supreme Court. *Los Angeles Skeptics Evaluative Report* 2, no. 3:4–6.

Kawai, M. 1962. On the Newly Acquired Behavior of a Natural Troop of Japanese Monkeys on Koshima Island. *Primates* 5:3–4.

Keyes, K. 1982. *The Hundredth Monkey*. Coos Bay, Oreg.: Vision.

Kidwell, J. S. 1981. Number of Siblings, Sibling Spacing, Sex, and Birth Order: Their Effects on Perceived Parent-Adolescent Relationships. *Journal of Marriage and Family*, May, 330–335.

Kihlstrom, J. F. 1987. The Cognitive Unconscious. *Science*, no. 237:1445–1452.

Killeen, P., R. W. Wildman, and R. W. Wildman II. 1974. Superstitiousness and Intelligence. *Psychological Reports* 34:1158.

Kinsey, A. C., W. B. Pomeroy, and C. E. Martin. 1948. *Sexual Behavior in the Human Male*. Philadelphia: Saunders.

Klaits, J. 1985. *Servants of Satan: The Age of the Witch Hunts*. Bloomington: Indiana University Press.

Klee, E., W. Dressen, and V. Riess, eds. 1991. *"The Good Old Days": The Holocaust as Seen by Its Perpetrators and Bystanders*. Trans. D. Burnstone. New York: Free Press.

Knox, V. J., A. H. Morgan, and E. R. Hilgard. 1974. Pain and Suffering in Ischemia. *Archives of General Psychiatry* 80:840–847.

Kofahl, R. 1977. *Handy Dandy Evolution Refuter*. San Diego: Beta.

Kremer, J. P. 1994. *KL Auschwitz Seen by the SS*. Oswiecim, Poland: Auschwitz-Birkenau State Museum.

Kübler-Ross, E. 1969. *On Death and Dying*. New York: Macmillan.

———. 1981. Playboy Interview: Elisabeth Kübler-Ross. *Playboy*.

Kuhn, D. 1989. Children and Adults as Intuitive Scientists. *Psychological Review* 96:674–689.

Kuhn, D., M. Weinstock, and R. Flaton. 1994. How Well Do Jurors Reason? Competence Dimensions of Individual Variation in a Juror Reasoning Task. *Psychological Science* 5:289–296.

Kuhn, T. 1962. *The Structure of Scientific Revolutions*. Chicago: University of Chicago Press.

———. 1977. *The Essential Tension: Selected Studies in Scientific Tradition and Change*. Chicago: University of Chicago Press.

Kulaszka, B. 1992. *Did Six Million Really Die? Report of the Evidence in the Canadian "False News" Trial of Ernst Zündel*. Toronto: Samisdat.

Kusche, L. 1975. *The Bermuda Triangle Mystery—Solved.* New York: Warner.

Lea, H. 1888. *A History of the Inquisition of the Middle Ages.* 3 vols. New York: Harper & Brothers.

Lederer, W. 1969. *The Fear of Women.* New York: Harcourt.

Leeper, R. 1935. A Study of a Neglected Portion of the Field of Learning—The Development of Sensory Organization. *Journal of Genetics and Psychology* 46:41–75.

Lefkowitz, M. 1996. *Not Out of Africa: How Afrocentrism Became an Excuse to Teach Myth as History.* New York: Basic Books.

Lehman, J. 1989. Transcript of Interview by M. Shermer, April 12.

Leuchter, F. 1989. *The Leuchter Report.* London: Focal Point.

Levin, J. S. 1993. Age Differences in Mystical Experience. *The Gerontologist* 33:507–13.

Lindberg, D. C., and R. L. Numbers. 1986. *God and Nature.* Berkeley: University of California Press.

Linde, A. 1991. *Particle Physics and Inflationary Cosmology.* New York: Gordon & Breach.

Loftus, E., and K. Ketcham. 1991. *Witness for the Defense: The Accused, the Eyewitnesses, and the Expert Who Puts Memory on Trial.* New York: St. Martin's.

———. 1994. *The Myth of Repressed Memory: False Memories and the Allegations of Sexual Abuse.* New York: St. Martin's.

Lucas, Michael. 2001. Venturing from Shadows into Light: They claim to have been abducted by aliens. A Harvard research psychiatrist backs them. *Los Angeles Times,* September 4.

Macfarlane, A. J. D. 1970. *Witchcraft in Tudor and Stuart England.* New York: Harper.

Mack, J. 1994. *Abduction: Human Encounters with Aliens.* New York: Scribner's.

———. 2001. *Passport to the Cosmos: Human Transformation and Alien Encounters.* New York: Crown.

Malinowski, B. 1954. *Magic, Science, and Religion.* New York: Doubleday, 139–140.

Mander, A. E. 1947. *Logic for the Millions.* New York: Philosophical Library.

Marcellus, T. 1994. An Urgent Appeal from IHR. Institute for Historical Review mailing.

Markus, H. 1981. Sibling Personalities: The Luck of the Draw. *Psychology Today* 15, no. 6:36–37.

Marrus, M. R., ed. 1989. *The Nazi Holocaust.* 9 vols. Westport, Conn.: Meckler.

Marshall, G. N., C. B. Wortman, R. R. Vickers, Jr., J. W. Kusulas, and L. K. Hervig. 1994. The Five-Factor Model of Personality as a Framework for Personality-Health Research. *Journal of Personality and Social Psychology* 67:278–286.

Masson, J. 1984. *The Assault on Truth: Freud's Suppression of the Seduction Theory.* New York: Farrar, Straus & Giroux.

Mayer, A. J. 1990. *Why Did the Heavens Not Darken? The "Final Solution" in History.* New York: Pantheon.

Mayr, E. 1970. *Populations, Species, and Evolution.* Cambridge, Mass.: Harvard University Press.

———. 1982. *Growth of Biological Thought.* Cambridge, Mass.: Harvard University Press.

———. 1988. *Toward a New Philosophy of Biology.* Cambridge, Mass.: Harvard University Press.

McDonough, T., and D. Brin. 1992. The Bubbling Universe. *Omni,* October.

McGarry, J., JU. and B. H. Newberry. 1981. Beliefs in Paranormal Phenomena and Locus of Control: A Field Study. *Journal of Personality and Social Psychology* 41:725–736.

McIver, T. 1994. The Protocols of Creationists: Racism, Antisemitism, and White Supremacy in Christian Fundamentalists. *Skeptic* 2, no. 4:76–87.

Medawar, P. B. 1969. *Induction and Intuition in Scientific Thought.* Philadelphia: American Philosophical Society.

Messer, W. S., and R. A. Griggs. 1989. Student Belief and Involvement in the Paranormal and Performance in Introductory Psychology. *Teaching of Psychology* 16:187–191.

Midelfort, H. C. E. 1972. *Witch Hunting in Southwest Germany, 1562–1684.* Palo Alto, Calif.: Stanford University Press.

Mithen, S. 1996. *The Prehistory of the Mind: The Cognitive Origins of Art, Religion, and Science.* London: Thames and Hudson, 163.

Moody, R. 1975. *Life After Life.* Covinda, Ga.: Mockingbird.

Müller, F. 1979. *Eyewitness Auschwitz: Three Years in the Gas Chambers.* With H. Freitag; ed. and trans. S. Flatauer. New York: Stein and Day.

Neher, A. 1990. *The Psychology of Transcendence.* New York: Dover.

Nelkin, D. 1982. *The Creation Controversy: Science or Scripture in the Schools.* New York: Norton.

Newton, I. [1729] 1962. *Sir Isaac Newton's Mathematical Principles of Natural Philosophy and His System of the World.* Trans. A. Motte; trans. rev. F. Cajoni. 2 vols. Berkeley: University of California Press.

Nickerson, R. S. 1998. Confirmation Bias: A Ubiquitous Phenomenon in Many Guises. *Review of General Psychology* 2, no. 2:175–220, 175.

Nisbett, R. E. 1968. Birth Order and Participation in Dangerous Sports. *Journal of Personality and Social Psychology* 8:351–353.

Nisbett, R. E., and L. Ross. 1980. *Human Inference: Strategies and Shortcomings of Social Judgment.* Englewood Cliffs, N.J.: Prentice-Hall.

Numbers, R. 1992. *The Creationists.* New York: Knopf.

Obert, J. C. 1981. Yockney: Profits of an American Hitler. *The Investigator* (October).

Official Transcript Proceedings Before the Supreme Court of the United States, Case N. 85-1513, Title: Edwin W. Edwards, Etc., et al., Appellants v. Don Aguillard et al., Appellees. December 10, 1986.

Olson, R. 1982. *Science Deified and Science Defied: The Historical Significance of Science in Western Culture from the Bronze Age to the Beginnings of the Modern Era, ca. 3500 B.C. to A.D. 1640.* Berkeley: University of California Press.

———. 1991. *Science Deified and Science Defied: The Historical Significance of Science in Western Culture from the Early Modern Age Through the Early Romantic Era, ca. 1640 to 1820.* Berkeley: University of California Press.

———. 1993. Spirits, Witches, and Science: Why the Rise of Science Encouraged Belief in the Supernatural in Seventeenth-Century England. *Skeptic* 1, no. 4:34–43.

Otis, L. P., and J. E. Alcock. 1982. Factors Affecting Extraordinary Belief. *The Journal of Social Psychology* 118:77–85.

Overton, W. R. 1985. Memorandum Opinion of United States District Judge William R. Overton in *McLean v. Arkansas*, 5 January 1982. In *Creationism on Trial*, ed. L. Gilkey. New York: Harper & Row.

Padfield, P. 1990. *Himmler.* New York: Henry Holt.

Paley, W. 1802. *Natural Theology, or, Evidences of the Existence and Attributes of the Deity: Collected from the Appearances of Nature.* Philadelphia: Printed for John Morgan by H. Maxwell.

Pasachoff, J. M., R. J. Cohen, and N. W. Pasachoff. 1971. Belief in the Supernatural Among Harvard and West African University Students. *Nature* 232:278–279.

Pasley, L. 1993. Misplaced Trust: A First Person Account of How My Therapist Created False Memories. *Skeptic* 2, no. 3:62–67.

Pearson, R. 1991. *Race, Intelligence, and Bias in Academe.* New York: Scott Townsend.

———. 1995. Transcript of Interview by M. Shermer, December 5.

———. 1996. *Heredity and Humanity: Race, Eugenics, and Modern Science.* Washington, D.C.: Scott Townsend.

Pendergrast, M. 1995. *Victims of Memory: Incest Accusations and Shattered Lives.* Hinesberg, Va.: Upper Access.

———. 1996. First of All, Do No Harm: A Recovered Memory Therapist Recants—An Interview with Robin Newsome. *Skeptic* 3, no. 4:36–41.

Pennebaker, J. W., and J. A. Skelton. 1978. Psychological Parameters of Physical Symptoms. *Personality and Social Psychology Bulletin* 4:524–530.

Perkins, D. N. 1981. *The Mind's Best Work.* Cambridge: Harvard University Press.

Pinker, S. 1997. *How the Mind Works.* New York: W. W. Norton.

Pirsig, R. M. 1974. *Zen and the Art of Motorcycle Maintenance.* New York: Morrow.

Planck, M. 1936. *The Philosophy of Physics.* New York: Norton.

Plato. 1952. *The Dialogues of Plato.* Trans. B. Jowett. Great Books of the Western World. Chicago: University of Chicago.

Polkinghorne, J. 1994. *The Faith of a Physicist.* Princeton, N.J.: Princeton University Press.

Rand, A. 1943. *The Fountainhead.* New York: Bobbs-Merrill.

———. 1957. *Atlas Shrugged.* New York: Random House.

———. 1962. Introducing Objectivism. *Objectivist Newsletter,* August, 35.

Randi, J. 1982. *Flim-Flam!* Buffalo, N.Y.: Prometheus.

Rassinier, P. 1978. *Debunking the Genocide Myth: A Study of the Nazi Concentration Camps and the Alleged Extermination of European Jewry.* Trans. A. Robbins. Los Angeles: Noontide.

Ray, O. S. 1972. *Drugs, Society, and Human Behavior.* St. Louis, Mo.: Mosby.

Richardson, J., J. Best, and D. Bromley, eds. 1991. *The Satanism Scare.* Hawthorne, N.Y.: Aldine de Gruyter.

Rohr, J, ed. 1986. *Science and Religion.* St. Paul, Minn.: Greenhaven.

Roques, H. 1995. Letter to the Editor. *Adelaide Institute Newsletter* 2, no. 4:3.

Ross, H. 1993. *The Creator and the Cosmos: How the Greatest Scientific Discoveries of the Century Reveal God.* Colorado Springs, Colo.: Navpress.

———. 1994. *Creation and Time: A Biblical and Scientific Perspective on the Creation-Date Controversy.* Colorado Springs, Colo.: Navpress.

———. 1996. *Beyond the Cosmos: What Recent Discoveries in Astronomy and Physics Reveal About the Nature of God.* Colorado Springs, Colo.: Navpress.

Rotter, J. B. 1966. Generalized Expectancies for Internal versus External Control of Reinforcement. *Psychological Monographs* 80, no. 609:1–28.

Ruse, M. 1982. *Darwinism Defended.* Reading, Mass.: Addison-Wesley.

———. 1989. *The Darwinian Paradigm.* London: Hutchinson.

Rushton, J. P. 1994. Sex and Race Differences in Cranial Capacity from International Labour Office Data. *Intelligence* 19:281–294.

Russell of Liverpool, Lord. 1963. *The Record: The Trial of Adolf Eichmann for His Crimes Against the Jewish People and Against Humanity.* New York: Knopf.

Saavedra-Aguilar, J. C., and J. S. Gomez-Jeria. 1989. A Neurobiological Model for Near-Death Experiences. *Journal of Near-Death Studies* 7:205–222.

Sabom, M. 1982. *Recollections of Death.* New York: Harper & Row.

Sagan, C. 1973. *The Cosmic Connection: An Extraterrestrial Perspective.* New York: Doubleday.

———. 1979. *Broca's Brain.* New York: Random House.

———. 1980. *Cosmos*. New York: Random House.

———. 1996. *The Demon Haunted World: Science as a Candle in the Dark*. New York: Random House.

Sagan, C., and T. Page, eds. 1974. *UFO's: A Scientific Debate*. New York: Norton.

Sagi, N. 1980. *German Reparations: A History of the Negotiations*. Trans. D. Alon. Jerusalem: Hebrew University/Magnes Press.

Sarich, V. 1995. In Defense of *The Bell Curve:* The Reality of Race and the Importance of Human Differences. *Skeptic* 3, no. 4:84–93.

Sarton, G. 1936. *The Study of the History of Science*. Cambridge, Mass.: Harvard University Press.

Scheidl, F. 1967. *Geschicte der Verfemung Deutschlands*. 7 vols. Vienna: Dr. Scheidl-Verlag.

Schmidt, M. 1984. *Albert Speer: The End of a Myth*. Trans. J. Neugroschel. New York: St. Martin's.

Schoonmaker, F. 1979. Denver Cardiologist Discloses Findings After 18 Years of Near-Death Research. *Anabiosis* 1:1–2.

Sebald, H. 1996. Witchcraft/Witches. In *The Encyclopedia of the Paranormal*, ed. G. Stein. Buffalo, N.Y.: Prometheus.

Segraves, K. 1975. *The Creation Explanation: A Scientific Alternative to Evolution*. San Diego: Creation-Science Research Center.

Segraves, N. 1977. *The Creation Report*. San Diego: Creation-Science Research Center.

Sereny, G. 1995. *Albert Speer: His Battle with Truth*. New York: Knopf.

Sheils, D. 1978. A Cross-Cultural Study of Beliefs in Out of the Body Experiences. *Journal of the Society for Psychical Research* 49:697–741.

Sherman, B., and Z. Kunda. 1989. Motivated Evaluation of Scientific Evidence. Paper presented at the annual meeting of the American Psychological Society, Arlington, Va.

Shermer, M. 1991. Heretic-Scientist: Alfred Russel Wallace and the Evolution of Man. Ann Arbor, Mich.: UMI Dissertation Information Service.

———. 1993. The Chaos of History: On a Chaotic Model That Represents the Role of Contingency and Necessity in Historical Sequences. *Nonlinear Science Today* 2, no. 4:1–13.

———. 1994. Satanic Panic over in UK. *Skeptic* 4, no. 2:21.

———. 1995. Exorcising Laplace's Demon: Chaos and Antichaos, History and Metahistory. *History and Theory* 34, no. 1:59–83.

———. 1999. *How We Believe: The Search for God in an Age of Science*. New York: W. H. Freeman.

———. 2001. *The Borderlands of Science: Where Sense Meets Nonsense*. New York: Oxford University Press.

———. 2002. This View of Science: Stephen Jay Gould as Historian of Science and Scientific Historian. In press.

Shermer, M., and A. Grobman. 1997. *Denying History: Who Says the Holocaust Never Happened and Why Do They Say It?* Jerusalem: Yad Vashem; Los Angeles: Martyrs' Memorial and Museum of the Holocaust.

Shermer, M., and F. Sulloway. 2001. Belief in God: An Empirical Study. In press.

Siegel, R. K. 1977. Hallucinations. *Scientific American*, no. 237:132–140.

Simon Wiesenthal Center. 1993. *The Neo-Nazi Movement in Germany*. Los Angeles: Simon Wiesenthal Center.

Simonton, D. K. 1999. *Origins of Genius: Darwinian Perspectives on Creativity*. Oxford: Oxford University Press.

Singer, B., and G. Abell, eds. 1981. *Science and the Paranormal*. New York: Scribner's.

Singer, M. 1995. *Cults in Our Midst: The Hidden Menace in Our Everyday Lives*. San Francisco: Jossey-Bass Publishers.

Smith, B. 1994. *Smith's Report*, no. 19 (Winter).

Smith, W. 1994. The Mattoon Phantom Gasser: Was the Famous Mass Hysteria Really a Mass Hoax? *Skeptic* 3, no. 1:33–39.

Smolin, L. 1992. Did the Universe Evolve? *Classical and Quantum Gravity* 9:173.

Snelson, J. S. 1993. The Ideological Immune System. *Skeptic* 1, no. 4:44–55.

Snyder, L., ed. 1981. *Hitler's Third Reich*. Chicago: Nelson-Hall.

Snyder, M. 1981. Seek and Ye Shall Find: Testing Hypotheses About Other People. In *Social Cognition: The Ontario Symposium on Personality and Social Psychology*, eds. E. T. Higgins, C. P. Heiman, and M. P. Zanna. Hillsdale, N.J.: Erlbaum, 277–303.

Somit, A., and S. A. Peterson. 1992. *The Dynamics of Evolution*. Ithaca, N.Y.: Cornell University Press.

Speer, A. 1976. *Spandau: The Secret Diaries*. New York: Macmillan.

Starkey, M. L. 1963. *The Devil in Salem*. New York: Time Books.

Stearn, J. 1967. *Edgar Cayce—The Sleeping Prophet*. New York: Bantam.

Sternberg, R. J. 1996. *Successful Intelligence: How Practical and Creative Intelligence Determine Succcess in Life*. New York: Simon & Schuster.

Strahler, A. N. 1987. *Science and Earth History: The Evolution/Creation Controversy*. Buffalo, N.Y.: Prometheus.

Strieber, W. 1987. *Communion: A True Story*. New York: Avon.

Sulloway, F. J. 1990. Orthodoxy and Innovation in Science: The Influence of Birth Order in a Multivariate Context. Preprint.

———. 1991. "Darwinian Psychobiography." Review of *Charles Darwin: A New Life*, by John Bowlby. *New York Review of Books*, October 10.

———. 1996. *Born to Rebel: Birth Order, Family Dynamics, and Creative Lives*. New York: Pantheon.

Swiebocka, T., ed. 1993. *Auschwitz: A History in Photographs*. English ed. J. Webber and C. Wilsack. Bloomington: Indiana University Press.

Syllabus from the Supreme Court of the United States in Edwards v. Aguillard. 1987.

Taubes, G. 1993. *Bad Science*. New York: Random House.

Tavris, C., and C. Wade. 1997. *Psychology in Perspective*. Second Edition. New York: Longman/Addison-Wesley.

Taylor, J. 1859. *The Great Pyramid: Why Was It Built? And Who Built It?* London: Longman.

Thomas, K. 1971. *Religion and the Decline of Magic*. New York: Scribner's.

Thomas, W. A. 1986. Commentary: Science v. Creation-Science. *Science, Technology, and Human Values* 3:47–51.

Tipler, F. 1981. Extraterrestrial Intelligent Beings Do Not Exist. *Quarterly Journal of the Royal Astronomical Society* 21:267–282.

———. 1994. *The Physics of Immortality: Modern Cosmology, God and the Resurrection of the Dead*. New York: Doubleday.

———. 1995. Transcript of Interview by M. Shermer, September 11.

Tobacyk, J., and G. Milford. 1983. Belief in Paranormal Phenomena: Assessment Instrument Development and Implications for Personality Functioning. *Journal of Personality and Social Psychology* 44:1029–1037.

Toumey, C. P. 1994. *God's Own Scientists: Creationists in a Secular World*. New Brunswick, N.J.: Rutgers University Press.

Trevor-Roper, H. R. 1969. *The European Witch-Craze of the Sixteenth and Seventeenth Centuries and Other Essays*. New York: Harper Torchbooks.

Tucker, W. H. 1994. *The Science and Politics of Racial Research*. Urbana: University of Illinois Press.

Turner, J. S., and D. B. Helms. 1987. *Lifespan Development*, 3rd ed. New York: Holt, Rinehart & Winston.

Vankin, J., and J. Whalen. 1995. *The Fifty Greatest Conspiracies of All Time*. New York: Citadel.

Victor, J. 1993. *Satanic Panic: The Creation of a Contemporary Legend*. Chicago: Open Court.

Voltaire. 1985. *The Portable Voltaire*. Ed. B. R. Redman. New York: Penguin.

Vyse, S. A. 1997. *Believing in Magic: The Psychology of Superstition*. New York: Oxford University Press.

Walker, D. P. 1981. *Unclean Spirits: Possession and Exorcism in France and England in the Late Sixteenth and Early Seventeenth Centuries.* Philadelphia: University of Pennsylvania Press.

Walker, W. R., S. J. Hoekstra, and R. J. Vogl. 2001. Science Education is No Guarantee for Skepticism. *Skeptic* 9, no. 3.

Wallace, A. R. 1869. Sir Charles Lyell on Geological Climates and Origin of Species. *Quarterly Review* 126:359–394.

Watson, L. 1979. *Lifetide.* New York: Simon & Schuster.

Weaver, J. H., ed. 1987. *The World of Physics: A Small Library of the Literature of Physics from Antiquity to the Present,* vol. 2, *The Einstein Universe and the Bohr Atom.* New York: Simon & Schuster.

Weber, M. 1992. The Nuremberg Trials and the Holocaust. *Journal of Historical Review* 12, no. 3:167–213.

———. 1993a. *Auschwitz: Myths and Facts,* brochure. Newport Beach, Calif.: Institute for Historical Review.

———. 1993b. *The Zionist Terror Network.* Newport Beach, Calif.: Institute for Historical Review.

———. 1994a. *The Holocaust: Let's Hear Both Sides,* brochure. Newport Beach, Calif.: Institute for Historical Review.

———. 1994b. Transcript of Interview by M. Shermer, February 11.

———. 1994c. The Jewish Role in the Bolshevik Revolution and Russia's Early Soviet Regime. *Journal of Historical Review* 14, no. 1:4–14.

Webster, R. 1995. *Why Freud Was Wrong: Sin, Science, and Psychoanalysis.* New York: Basic Books.

Whitcomb, J., Jr., and H. M. Morris. 1961. *The Genesis Flood: The Biblical Record and Its Scientific Implications.* Philadelphia: Presbyterian and Reformed Publishing.

Wikoff, J., ed. 1990. *Remarks: Commentary on Current Events and History.* Aurora, N.Y.

Wulff, D. M. 2000. Mystical Experience. In *Varieties of Anomalous Experience: Examining the Scientific Evidence,* eds. E. Cardena, S. J. Lynn, and S. Krippner. Washington, D.C.: American Psychological Association, 408.

Yockey, F. P. [U. Varange, pseud.]. [1948] 1969. *Imperium: The Philosophy of History and Politics.* Sausalito, Calif.: Noontide.

Zukav, G. 1979. *The Dancing Wu Li Masters: An Overview of the New Physics.* New York: Bantam.

Zündel, E. 1994. Transcript of Interview by M. Shermer, April 26.

译后记

本书的第一版于2002年由湖南教育出版社出版。因为那时自己初涉英文翻译，英语能力、理解力以及其他各种知识储备都还不到位，又兼之当时手头除了一本简单的英文字典没有其他任何工具书，所以有不少的误译、错译和技术性问题。译者对由此而给读者造成的误导深感抱歉。非常感谢三联书店提出重新出版该书，给了我一次改错弥补读者的机会。但因自己所学专业是英国文学，学术研究侧重中西比较哲学、伦理学和美学，对该书所涉及的科普知识的把握会有所不周。多亏责任编辑的耐心，努力和坚持，本书才会以现有的方式呈现给读者。谨此致谢。

在后疫情时代，再版此书具有深刻迫切的现实意义。本书对盛行于美国的伪科学、伪历史和其他反理智、反科学的言论和运动的质疑与探讨，给研读当代美国以及西方世界的现状提供了一个颇有启发性的视角。作者在该书最后提出的问题同样发人深省：为什么在美国连聪明人，甚至是受过高等教育、博学多才的知识分子都会去相信一些稀奇古怪、荒诞不经甚至是迷信反智的东西呢？在一个高度发达的现代化的资本主义国家，还流行着如此众多似乎只有中古时代才有的伪科学、伪历史，其深层的原因是什么？从这个角度来看，该书中对达尔文进化论的讨论有什么现实意义？美国社会是如何吸收消化这些非现代或反现代的潮流，这些潮流的外溢对当代全球化世界产生了怎样的影响？

  所以该书不是简单的科普，更是以故事、推理和具有戏剧化的事件展现美国及西方社会的一个百科缩影或截面。书中鲜活的故事和逸事，貌似虚构，但的确是发生在当代美国社会的一些真实事件和一些人的真实经历。这些神话戏剧般的情节不仅让人诧异迷惑，更让人反思造成它们的社会、体制、种族、文化、历史和教育等诸多原因，从而理解为什么在疫情时代会出现那么多难以理喻、匪夷所思的事。

  该书站在怀疑者的角度对充斥于美国社会形形色色的反理智、反科学的言论和运动进行批驳。怀疑者的立场假定是理性的、科学的，可怀疑者的立场和标准是谁界定的呢？怀疑者在揭露解构的同时提出相应的建构方案了吗？

  对上述问题的思考或许会给阅读该书提供一个深度切入的视角。希望这些问题会帮助读者提高阅读兴趣，从而因获取知识而得到快乐；更希望它们能成为打开书中深层含义的钥匙。

  该版翻译中如有纰漏和不妥，还请读者斧正赐教。

卢明君
2021 年 9 月

新知
文库

01 《证据：历史上最具争议的法医学案例》[美]科林·埃文斯 著　毕小青 译
02 《香料传奇：一部由诱惑衍生的历史》[澳]杰克·特纳 著　周子平 译
03 《查理曼大帝的桌布：一部开胃的宴会史》[英]尼科拉·弗莱彻 著　李响 译
04 《改变西方世界的26个字母》[英]约翰·曼 著　江正文 译
05 《破解古埃及：一场激烈的智力竞争》[英]莱斯利·罗伊·亚京斯 著　黄中宪 译
06 《狗智慧：它们在想什么》[加]斯坦利·科伦 著　江天帆、马云霏 译
07 《狗故事：人类历史上狗的爪印》[加]斯坦利·科伦 著　江天帆 译
08 《血液的故事》[美]比尔·海斯 著　郎可华 译　张铁梅 校
09 《君主制的历史》[美]布伦达·拉尔夫·刘易斯 著　荣予、方力维 译
10 《人类基因的历史地图》[美]史蒂夫·奥尔森 著　霍达文 译
11 《隐疾：名人与人格障碍》[德]博尔温·班德洛 著　麦湛雄 译
12 《逼近的瘟疫》[美]劳里·加勒特 著　杨岐鸣、杨宁 译
13 《颜色的故事》[英]维多利亚·芬利 著　姚芸竹 译
14 《我不是杀人犯》[法]弗雷德里克·肖索依 著　孟晖 译
15 《说谎：揭穿商业、政治与婚姻中的骗局》[美]保罗·埃克曼 著　邓伯宸 译　徐国强 校
16 《蛛丝马迹：犯罪现场专家讲述的故事》[美]康妮·弗莱彻 著　毕小青 译
17 《战争的果实：军事冲突如何加速科技创新》[美]迈克尔·怀特 著　卢欣渝 译
18 《最早发现北美洲的中国移民》[加]保罗·夏亚松 著　暴永宁 译
19 《私密的神话：梦之解析》[英]安东尼·史蒂文斯 著　薛绚 译
20 《生物武器：从国家赞助的研制计划到当代生物恐怖活动》[美]珍妮·吉耶曼 著　周子平 译
21 《疯狂实验史》[瑞士]雷托·U.施奈德 著　许阳 译
22 《智商测试：一段闪光的历史，一个失色的点子》[美]斯蒂芬·默多克 著　卢欣渝 译
23 《第三帝国的艺术博物馆：希特勒与"林茨特别任务"》[德]哈恩斯-克里斯蒂安·罗尔 著　孙书柱、刘英兰 译
24 《茶：嗜好、开拓与帝国》[英]罗伊·莫克塞姆 著　毕小青 译
25 《路西法效应：好人是如何变成恶魔的》[美]菲利普·津巴多 著　孙佩妏、陈雅馨 译

26 《阿司匹林传奇》[英]迪尔米德·杰弗里斯 著　暴永宁、王惠 译
27 《美味欺诈：食品造假与打假的历史》[英]比·威尔逊 著　周继岚 译
28 《英国人的言行潜规则》[英]凯特·福克斯 著　姚芸竹 译
29 《战争的文化》[以]马丁·范克勒韦尔德 著　李阳 译
30 《大背叛：科学中的欺诈》[美]霍勒斯·弗里兰·贾德森 著　张铁梅、徐国强 译
31 《多重宇宙：一个世界太少了？》[德]托比阿斯·胡阿特、马克斯·劳讷 著　车云 译
32 《现代医学的偶然发现》[美]默顿·迈耶斯 著　周子平 译
33 《咖啡机中的间谍：个人隐私的终结》[英]吉隆·奥哈拉、奈杰尔·沙德博尔特 著　毕小青 译
34 《洞穴奇案》[美]彼得·萨伯 著　陈福勇、张世泰 译
35 《权力的餐桌：从古希腊宴会到爱丽舍宫》[法]让-马克·阿尔贝 著　刘可有、刘惠杰 译
36 《致命元素：毒药的历史》[英]约翰·埃姆斯利 著　毕小青 译
37 《神祇、陵墓与学者：考古学传奇》[德]C. W. 策拉姆 著　张芸、孟薇 译
38 《谋杀手段：用刑侦科学破解致命罪案》[德]马克·贝内克 著　李响 译
39 《为什么不杀光？种族大屠杀的反思》[美]丹尼尔·希罗、克拉克·麦考利 著　薛绚 译
40 《伊索尔德的魔汤：春药的文化史》[德]克劳迪娅·米勒-埃贝林、克里斯蒂安·拉奇 著　王泰智、沈惠珠 译
41 《错引耶稣：〈圣经〉传抄、更改的内幕》[美]巴特·埃尔曼 著　黄恩邻 译
42 《百变小红帽：一则童话中的性、道德及演变》[美]凯瑟琳·奥兰丝汀 著　杨淑智 译
43 《穆斯林发现欧洲：天下大国的视野转换》[英]伯纳德·刘易斯 著　李中文 译
44 《烟火撩人：香烟的历史》[法]迪迪埃·努里松 著　陈睿、李欣 译
45 《菜单中的秘密：爱丽舍宫的飨宴》[日]西川惠 著　尤可欣 译
46 《气候创造历史》[瑞士]许靖华 著　甘锡安 译
47 《特权：哈佛与统治阶层的教育》[美]罗斯·格雷戈里·多塞特 著　珍栎 译
48 《死亡晚餐派对：真实医学探案故事集》[美]乔纳森·埃德罗 著　江孟蓉 译
49 《重返人类演化现场》[美]奇普·沃尔特 著　蔡承志 译
50 《破窗效应：失序世界的关键影响力》[美]乔治·凯林、凯瑟琳·科尔斯 著　陈智文 译
51 《违童之愿：冷战时期美国儿童医学实验秘史》[美]艾伦·M. 霍恩布鲁姆、朱迪斯·L. 纽曼、格雷戈里·J. 多贝尔 著　丁立松 译
52 《活着有多久：关于死亡的科学和哲学》[加]理查德·贝利沃、丹尼斯·金格拉斯 著　白紫阳 译

53	《疯狂实验史Ⅱ》[瑞士] 雷托·U. 施奈德 著 郭鑫、姚敏多 译
54	《猿形毕露：从猩猩看人类的权力、暴力、爱与性》[美] 弗朗斯·德瓦尔 著 陈信宏 译
55	《正常的另一面：美貌、信任与养育的生物学》[美] 乔丹·斯莫勒 著 郑嬿 译
56	《奇妙的尘埃》[美] 汉娜·霍姆斯 著 陈芝仪 译
57	《卡路里与束身衣：跨越两千年的节食史》[英] 路易丝·福克斯克罗夫特 著 王以勤 译
58	《哈希的故事：世界上最具暴利的毒品业内幕》[英] 温斯利·克拉克森 著 珍栎 译
59	《黑色盛宴：嗜血动物的奇异生活》[美] 比尔·舒特 著 帕特里曼·J. 温 绘图 赵越 译
60	《城市的故事》[美] 约翰·里德 著 郝笑丛 译
61	《树荫的温柔：亘古人类激情之源》[法] 阿兰·科尔班 著 苜蓿 译
62	《水果猎人：关于自然、冒险、商业与痴迷的故事》[加] 亚当·李斯·格尔纳 著 于是 译
63	《囚徒、情人与间谍：古今隐形墨水的故事》[美] 克里斯蒂·马克拉奇斯 著 张哲、师小涵 译
64	《欧洲王室另类史》[美] 迈克尔·法夸尔 著 康怡 译
65	《致命药瘾：让人沉迷的食品和药物》[美] 辛西娅·库恩等 著 林慧珍、关莹 译
66	《拉丁文帝国》[法] 弗朗索瓦·瓦克 著 陈绮文 译
67	《欲望之石：权力、谎言与爱情交织的钻石梦》[美] 汤姆·佐尔纳 著 麦慧芬 译
68	《女人的起源》[英] 伊莲·摩根 著 刘筠 译
69	《蒙娜丽莎传奇：新发现破解终极谜团》[美] 让-皮埃尔·伊斯鲍茨、克里斯托弗·希斯·布朗 著 陈薇薇 译
70	《无人读过的书：哥白尼〈天体运行论〉追寻记》[美] 欧文·金格里奇 著 王今、徐国强 译
71	《人类时代：被我们改变的世界》[美] 黛安娜·阿克曼 著 伍秋玉、澄影、王丹 译
72	《大气：万物的起源》[英] 加布里埃尔·沃克 著 蔡承志 译
73	《碳时代：文明与毁灭》[美] 埃里克·罗斯顿 著 吴妍仪 译
74	《一念之差：关于风险的故事与数字》[英] 迈克尔·布拉斯兰德、戴维·施皮格哈尔特 著 威治 译
75	《脂肪：文化与物质性》[美] 克里斯托弗·E. 福思、艾莉森·利奇 编著 李黎、丁立松 译
76	《笑的科学：解开笑与幽默感背后的大脑谜团》[美] 斯科特·威姆斯 著 刘书维 译
77	《黑丝路：从里海到伦敦的石油溯源之旅》[英] 詹姆斯·马里奥特、米卡·米尼奥-帕卢埃洛 著 黄煜文 译
78	《通向世界尽头：跨西伯利亚大铁路的故事》[英] 克里斯蒂安·沃尔玛 著 李阳 译

79	《生命的关键决定：从医生做主到患者赋权》[美]彼得·于贝尔 著　张琼懿 译
80	《艺术侦探：找寻失踪艺术瑰宝的故事》[英]菲利普·莫尔德 著　李欣 译
81	《共病时代：动物疾病与人类健康的惊人联系》[美]芭芭拉·纳特森－霍洛威茨、凯瑟琳·鲍尔斯 著　陈筱婉 译
82	《巴黎浪漫吗？——关于法国人的传闻与真相》[英]皮乌·玛丽·伊特韦尔 著　李阳 译
83	《时尚与恋物主义：紧身褡、束腰术及其他体形塑造法》[美]戴维·孔兹 著　珍栎 译
84	《上穷碧落：热气球的故事》[英]理查德·霍姆斯 著　暴永宁 译
85	《贵族：历史与传承》[法]埃里克·芒雄－里高 著　彭禄娴 译
86	《纸影寻踪：旷世发明的传奇之旅》[英]亚历山大·门罗 著　史先涛 译
87	《吃的大冒险：烹饪猎人笔记》[美]罗布·沃乐什 著　薛绚 译
88	《南极洲：一片神秘的大陆》[英]加布里埃尔·沃克 著　蒋功艳、岳玉庆 译
89	《民间传说与日本人的心灵》[日]河合隼雄 著　范作申 译
90	《象牙维京人：刘易斯棋中的北欧历史与神话》[美]南希·玛丽·布朗 著　赵越 译
91	《食物的心机：过敏的历史》[英]马修·史密斯 著　伊玉岩 译
92	《当世界又老又穷：全球老龄化大冲击》[美]泰德·菲什曼 著　黄煜文 译
93	《神话与日本人的心灵》[日]河合隼雄 著　王华 译
94	《度量世界：探索绝对度量衡体系的历史》[美]罗伯特·P.克里斯 著　卢欣渝 译
95	《绿色宝藏：英国皇家植物园史话》[英]凯茜·威利斯、卡罗琳·弗里 著　珍栎 译
96	《牛顿与伪币制造者：科学巨匠鲜为人知的侦探生涯》[美]托马斯·利文森 著　周子平 译
97	《音乐如何可能？》[法]弗朗西斯·沃尔夫 著　白紫阳 译
98	《改变世界的七种花》[英]詹妮弗·波特 著　赵丽洁、刘佳 译
99	《伦敦的崛起：五个人重塑一座城》[英]利奥·霍利斯 著　宋美莹 译
100	《来自中国的礼物：大熊猫与人类相遇的一百年》[英]亨利·尼科尔斯 著　黄建强 译
101	《筷子：饮食与文化》[美]王晴佳 著　汪精玲 译
102	《天生恶魔？：纽伦堡审判与罗夏墨迹测验》[美]乔尔·迪姆斯代尔 著　史先涛 译
103	《告别伊甸园：多偶制怎样改变了我们的生活》[美]戴维·巴拉什 著　吴宝沛 译
104	《第一口：饮食习惯的真相》[英]比·威尔逊 著　唐海娇 译
105	《蜂房：蜜蜂与人类的故事》[英]比·威尔逊 著　暴永宁 译
106	《过敏大流行：微生物的消失与免疫系统的永恒之战》[美]莫伊塞斯·贝拉斯克斯－曼诺夫 著　李黎、丁立松 译

107	《饭局的起源：我们为什么喜欢分享食物》[英]马丁·琼斯 著　陈雪香 译　方辉 审校
108	《金钱的智慧》[法]帕斯卡尔·布吕克内 著　张叶 陈雪乔 译　张新木 校
109	《杀人执照：情报机构的暗杀行动》[德]埃格蒙特·科赫 著　张芸、孔令逊 译
110	《圣安布罗焦的修女们：一个真实的故事》[德]胡贝特·沃尔夫 著　徐逸群 译
111	《细菌》[德]汉诺·夏里修斯 里夏德·弗里贝 著　许嫚红 译
112	《千丝万缕：头发的隐秘生活》[英]爱玛·塔罗 著　郑嬿 译
113	《香水史诗》[法]伊丽莎白·德·费多 著　彭禄娴 译
114	《微生物改变命运：人类超级有机体的健康革命》[美]罗德尼·迪塔特 著　李秦川 译
115	《离开荒野：狗猫牛马的驯养史》[美]加文·艾林格 著　赵越 译
116	《不生不熟：发酵食物的文明史》[法]玛丽-克莱尔·弗雷德里克 著　冷碧莹 译
117	《好奇年代：英国科学浪漫史》[英]理查德·霍姆斯 著　暴永宁 译
118	《极度深寒：地球最冷地域的极限冒险》[英]雷纳夫·法恩斯 著　蒋功艳、岳玉庆 译
119	《时尚的精髓：法国路易十四时代的优雅品位及奢侈生活》[美]琼·德让 著　杨冀 译
120	《地狱与良伴：西班牙内战及其造就的世界》[美]理查德·罗兹 著　李阳 译
121	《骗局：历史上的骗子、赝品和诡计》[美]迈克尔·法夸尔 著　康怡 译
122	《丛林：澳大利亚内陆文明之旅》[澳]唐·沃森 著　李景艳 译
123	《书的大历史：六千年的演化与变迁》[英]基思·休斯敦 著　伊玉岩、邵慧敏 译
124	《战疫：传染病能否根除？》[美]南希·丽思·斯特潘 著　郭骏、赵谊 译
125	《伦敦的石头：十二座建筑塑名城》[英]利奥·霍利斯 著　罗隽、何晓昕、鲍捷 译
126	《自愈之路：开创癌症免疫疗法的科学家们》[美]尼尔·卡纳万 著　贾颋 译
127	《智能简史》[韩]李大烈 著　张之昊 译
128	《家的起源：西方居所五百年》[英]朱迪丝·弗兰德斯 著　珍栎 译
129	《深解地球》[英]马丁·拉德威克 著　史先涛 译
130	《丘吉尔的原子弹：一部科学、战争与政治的秘史》[英]格雷厄姆·法米罗 著　刘晓 译
131	《亲历纳粹：见证战争的孩子们》[英]尼古拉斯·斯塔加特 著　卢欣渝 译
132	《尼罗河：穿越埃及古今的旅程》[英]托比·威尔金森 著　罗静 译
133	《大侦探：福尔摩斯的惊人崛起和不朽生命》[美]扎克·邓达斯 著　肖洁茹 译
134	《世界新奇迹：在20座建筑中穿越历史》[德]贝恩德·英玛尔·古特贝勒特 著　孟薇、张芸 译
135	《毛奇家族：一部战争史》[德]奥拉夫·耶森 著　蔡玳燕、孟薇、张芸 译

136 《万有感官：听觉塑造心智》[美] 塞思·霍罗威茨 著　蒋雨蒙 译　葛鉴桥 审校

137 《教堂音乐的历史》[德] 约翰·欣里希·克劳森 著　王泰智 译

138 《世界七大奇迹：西方现代意象的流变》[英] 约翰·罗谟、伊丽莎白·罗谟 著　徐剑梅 译

139 《茶的真实历史》[美] 梅维恒、[瑞典] 郝也麟 著　高文海 译　徐文堪 校译

140 《谁是德古拉：吸血鬼小说的人物原型》[英] 吉姆·斯塔迈尔 著　刘芳 译

141 《童话的心理分析》[瑞士] 维蕾娜·卡斯特 著　林敏雅 译　陈瑛 修订

142 《海洋全球史》[德] 米夏埃尔·诺尔特 著　夏嬗、魏子扬 译

143 《病毒：是敌人，更是朋友》[德] 卡琳·莫林 著　孙薇娜、孙娜薇、游辛田 译

144 《疫苗：医学史上最伟大的救星及其争议》[美] 阿瑟·艾伦 著　徐宵寒、邹梦廉 译　刘火雄 审校

145 《为什么人们轻信奇谈怪论》[美] 迈克尔·舍默 著　卢明君 译